McDougal Littell

Algebra 1

Concepts and Skills

Larson Boswell Kanold Stiff

Resources in Spanish

This Resource Book contains blackline masters in Spanish for use with *Algebra 1*. The blacklines are organized by lesson within each chapter. Included are reteaching masters for each lesson, quizzes, chapter tests, and materials for alternative assessment.

McDougal Littell
A HOUGHTON MIFFLIN COMPANY
Evanston, Illinois • Boston • Dallas

Contributing Authors

The authors wish to thank the following individuals for their contributions.

Rita Browning
Linda E. Byrom
Karen Ostaffe
Leslie Palmer
Jessica Pflueger
Barbara L. Power

ISBN: 0-618-07875-4

6789-DWI-04 03

Contents

Contents

Descriptions of Resources

This Resource Book is organized by chapter in order to make your planning easier. The following materials are provided:

Reteaching with Practice These two pages provide additional instruction, worked-out examples, and practice exercises covering the key concepts and vocabulary in each lesson.

Quizzes The quizzes can be used to assess student progress on two or three lessons.

Chapter Tests A and B These are tests that cover the most important skills taught in the chapter. There are two levels of tests: A (transitional) and B (average).

SAT/ACT Chapter Test This test also covers the most important skills taught in the chapter, but questions are in multiple-choice and quantitative-comparison format. (See *Alternative Assessment* for multi-step problems.)

Alternative Assessment with Rubric and Math Journal A journal exercise has students write about the mathematics in the chapter. A multi-step problem has students apply a variety of skills from the chapter and explain their reasoning. Solutions and a 4-point rubric are included.

Cumulative Tests These are quarterly tests that can be used to assess students progress on the key skills and concepts in Chapters 1–3, 1–6, 1–9, or 1–12.

NOMBRE ______________________________ FECHA ____________

Refuerzo con práctica

Para usar con las páginas 3–8

OBJETIVO Evaluar una expresión variable

VOCABULARIO

Una **variable** es una letra usada para representar una gama de números.

Una **expresión variable** consiste en constantes, variables y operaciones.

Para **evaluar** una expresión variable escribe la expresión; sustituye el número dado por cada variable y luego simplifica.

EJEMPLO 1 *Describir la expresión variable*

EXPRESIÓN VARIABLE	SIGNIFICADO	OPERACIÓN
$3x$, $3 \cdot x$, $(3)(x)$	3 por x	multiplicación
$\frac{3}{x}$, $3 \div x$	3 dividido entre x	división
$3 + x$	3 más x	suma
$3 - x$	3 menos x	resta

Ejercicios para el Ejemplo 1

Da el significado de la expresión variable y nombra la operación.

1. $4 - x$ **2.** $7y$ **3.** $x + 1$ **4.** $\frac{y}{2}$

EJEMPLO 2 *Evaluar una expresión variable*

Evalúa la expresión cuando $y = 3$.

a. $y - 1$ **b.** $12y$

SOLUCIÓN

a. $y - 1 = 3 - 1$ Sustituye y por 3.
$= 2$ Simplifica.

b. $12y = 12(3)$ Sustituye y por 3.
$= 36$ Simplifica.

Ejercicios para el Ejemplo 2

Evalúa la expresión para el valor dado de la variable.

5. $8 + x$, cuando $x = 6$ **6.** $\frac{10}{s}$, cuando $s = 2$ **7.** $2a$, cuando $a = 20$

8. $9 - y$, cuando $y = 1$ **9.** $9q$ cuando $q = 12$ **10.** $8b$, cuando $b = 3$

EJEMPLO 3 *Evaluar d = rt para hallar la distancia*

Calcula la distancia (d) recorrida si viajas por 5 horas a una velocidad promedio de 65 millas por hora.

NOMBRE ______________________ FECHA ____________

Refuerzo con práctica

Para usar con las páginas 3–8

SOLUCIÓN

$d = rt$	Escribe la fórmula.
$= 65(5)$	Sustituye 65 por *r* y 5 por *r*.
$= 325$	Simplifica.

La distancia recorrida es de 325 millas.

Ejercicios para el Ejemplo 3

11. Calcula la distancia recorrida si viajas por 4 horas a una velocidad promedio de 60 millas por hora.

12. Calcula la distancia recorrida de un avión que vuela por 6 horas a una velocidad promedio de 350 millas por hora.

EJEMPLO 4 *Hallar el área y el perímetro*

a. El área *A* de un triángulo es igual a un medio de la base *b* por la altura *h:* $A = \frac{1}{2}bh.$ Halla el área del siguiente triángulo en pies cuadrados.

b. El perímetro *P* de un triángulo es igual a la suma de la longitud de sus lados: $P = a + b + c$. Halla el perímetro del triángulo en pies.

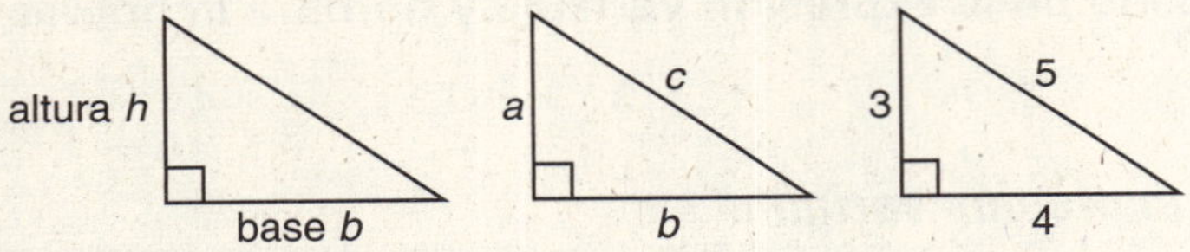

SOLUCIÓN

a.

$A = \frac{1}{2}bh$	Escribe la fórmula.
$A = \frac{1}{2}(4)(3)$	Sustituye.
$A = 6$	Simplifica.

El triángulo tiene un área de 6 pies cuadrados.

b.

$P = a + b + c$	Escribe la fórmula.
$P = 3 + 4 + 5$	Sustituye.
$P = 12$	Simplifica.

El triángulo tiene un perímetro de 12 pies.

Ejercicios para el Ejemplo 4

13. Halla el área de un triángulo con una base de 10 pulg. y una altura de 6 pulg.

14. Halla el perímetro de un triángulo con lados de una longitud de 3 pulg., 9 pulg. y 11 pulg.

LECCIÓN 1.2

NOMBRE ______________________ FECHA ____________

Refuerzo con práctica

Para usar con las páginas 9–14

OBJETIVO **Evaluar potencias**

VOCABULARIO

A una expresión como 2^3 se le llama **potencia**, donde el **exponente** 3 representa el número de veces que se usa la **base** 2 como factor.

Los **símbolos de agrupamiento**, como los paréntesis o los corchetes, indican el orden en que deberían realizarse las operaciones.

EJEMPLO 1 *Leer y escribir potencias*

Expresa la potencia en palabras. Luego escribe el significado.

Forma exponencial	En palabras	Significado
a. 2^4	dos a la cuarta potencia	$2 \cdot 2 \cdot 2 \cdot 2$
b. x^2	x al cuadrado	$x \cdot x$

Ejercicios para el Ejemplo 1

Expresa la potencia en palabras. Luego escribe el significado.

1. 3^3 **2.** 5^2 **3.** x^3

EJEMPLO 2 *Evaluar potencias*

Evalúa la expresión y^4, cuando $y = 3$.

SOLUCIÓN

$y^4 = 3^4$	Sustituye y por 3.
$= 3 \cdot 3 \cdot 3 \cdot 3$	Escribe los factores.
$= 81$	Multiplica.

El valor de la expresión es 81.

Ejercicios para el Ejemplo 2

Evalúa la expresión para el valor dado de la variable.

4. q^3, cuando $q = 10$ **5.** b^5, cuando $b = 2$ **6.** z^2, cuando $z = 5$

7. x^4, cuando $x = 6$ **8.** m^3, cuando $m = 9$ **9.** n^5, cuando $n = 3$

LECCIÓN 1.2 CONTINUACIÓN

NOMBRE ______________________ FECHA ____________

Refuerzo con práctica

Para usar con las páginas 9–14

EJEMPLO 3 *Exponentes y símbolos de agrupamiento*

Evalúa la expresión cuando $x = 2$.

a. $3x^4$

b. $(3x)^4$

SOLUCIÓN

a. $3x^4 = 3(2^4)$ Sustituye x por 2.

$= 3(16)$ Evalúa la potencia.

$= 48$ Multiplica.

b. $(3x)^4 = (3 \cdot 2)^4$ Sustituye x por 2.

$= 6^4$ Multiplica dentro de los paréntesis.

$= 1296$ Evalúa la potencia.

Ejercicios para el Ejemplo 3

Evalúa la expresión para los valores dados de las variables.

10. $(c + d)^3$, cuando $c = 2$ y $d = 5$

11. $c^3 + d^3$, cuando $c = 2$ y $d = 5$

12. $5p^2$, cuando $p = 2$

13. $(5p)^2$, cuando $p = 2$

EJEMPLO 4 *Calcular volúmenes*

Una caja de almacenamiento tiene forma de cubo. Cada arista de la caja mide 1.5 pies de longitud. Calcula el volumen de la caja en pies cúbicos.

SOLUCIÓN

$V = s^3$ Escribe la fórmula de volumen.

$= 5^3$ Sustituye s por 5.

$= 125$ Evalúa la potencia.

El volumen de la caja de almacenamiento mide 125 pies^3.

Ejercicios para el Ejemplo 4

14. La fórmula del área de un cuadrado es $A = s^2$. Calcula el área de un cuadrado cuando $s = 10$ pies.

15. La fórmula del área de un cuadrado es $A = s^2$. Calcula el área de un cuadrado cuando $s = 12$ cm.

LECCIÓN 1.3

NOMBRE ______________________ FECHA __________

Refuerzo con práctica

Para usar con las páginas 15–21

OBJETIVO **Usar el orden establecido de las operaciones**

VOCABULARIO

Para evaluar una expresión que implique más de una operación se utiliza un **orden de las operaciones** establecido.

EJEMPLO 1 *Evaluar expresiones sin símbolos de agrupamiento*

a. Evalúa $5x^2 - 6$, cuando $x = 3$. Usa el orden de las operaciones.

b. Evalúa $7 + 15 \div 3 - 4$. Usa el orden de las operaciones.

SOLUCIÓN

a. $5x^2 - 6 = 5 \cdot 3^2 - 6$	Sustituye x por 3.
$= 5 \cdot 9 - 6$	Evalúa la potencia.
$= 45 - 6$	Evalúa el producto.
$= 39$	Evalúa la diferencia.
b. $7 + 15 \div 3 - 4 = 7 + (15 \div 3) - 4$	Primero divide.
$= 7 + 5 - 4$	Evalúa el cociente.
$= 12 - 4$	Trabaja de izquierda a derecha.
$= 8$	Evalúa la diferencia.

Ejercicios para el Ejemplo 1

Evalúa la expresión.

1. $4 \cdot 3 + 8 \div 2$ **2.** $24 \div 6 \cdot 2$ **3.** $21 - 5 \cdot 2$

EJEMPLO 2 *Evaluar expresiones con símbolos de agrupamiento*

Evalúa $24 \div (6 \cdot 2)$. Usa el orden de las operaciones.

SOLUCIÓN

$24 \div (6 \cdot 2) = 24 \div 12$	Simplifica $6 \cdot 2$.
$= 2$	Evalúa el cociente.

Ejercicios para el Ejemplo 2

Evalúa la expresión.

4. $(6 - 2)^2 - 1$ **5.** $30 \div (1 + 4) + 2$ **6.** $(8 + 4) \div (1 + 2) + 1$

7. $6 - (2^2 - 1)$ **8.** $(30 \div 1) + (4 + 2)$ **9.** $8 + 4 \div (1 + 2 + 1)$

LECCIÓN 1.3 CONTINUACIÓN

NOMBRE ______________________ FECHA ____________

Refuerzo con práctica

Para usar con las páginas 15–21

EJEMPLO 3 *Calcular precios de entrada por familia*

Usa la tabla siguiente, que muestra los precios de entrada a un parque de diversiones. Supón que una familia de 2 adultos y 3 niños va al parque. Las edades de los niños son 6, 8 y 13 años.

a. Escribe una expresión que represente el precio de entrada para la familia.

b. Usa la calculadora para evaluar la expresión.

Precios de entrada al parque de diversiones	
Edad	***Precio de entrada***
Adultos	\$34.00
Niños (3–9 años)	\$21.00
Niños (2 años o menores)	gratis

SOLUCIÓN

a. El precio de entrada para un niño de 13 años es \$34, es decir, el precio para un adulto. La familia debe comprar 3 boletos para adultos y 2 boletos para niños. Una expresión que representa el precio de entrada para la familia es $3(34) + 2(21)$.

b. Si la calculadora usa el orden establecido de las operaciones, la siguiente secuencia de teclas da el resultado 144.

3 [×] 34 [+] 2 [×] 21 [ENTER]

El precio de entrada para la familia es \$144.

Ejercicio para el Ejemplo 3

10. Formula nuevamente el Ejemplo 3 para una familia de 2 adultos y 4 niños. Las edades de los niños son 2, 4, 10 y 12 años.

LECCIÓN 1.3

NOMBRE ______________________________ FECHA ____________

Prueba parcial 1

Para usar después de las lecciones 1.1–1.3

1. Evalúa $5y$ cuando $y = 4$. *(Lección 1.1)*

2. Evalúa $\frac{n}{24}$ cuando $n = 96$. *(Lección 1.1)*

3. Calcula la distancia recorrida de un automóvil que viaja por 2 horas a una velocidad promedio de 45 millas por hora. *(Lección 1.1)*

4. Evalúa x^4, cuando $x = 5$. *(Lección 1.2)*

5. Evalúa $(x - y)^2$, cuando $x = 10$ e $y = 3$. *(Lección 1.2)*

6. Calcula el volumen de un cubo que mide 6 pies de cada lado. *(Lección 1.2)*

7. Evalúa la expresión $\frac{4 \cdot 3 + 6}{(3 + 2) - 4}$. *(Lección 1.3)*

8. Evalúa $(5 + 2)^3 - 10$. *(Lección 1.3)*

9. Evalúa $z^2 - 7 \cdot 8$, cuando $z = 10$. *(Lección 1.3)*

Respuestas

1. ____________
2. ____________
3. ____________
4. ____________
5. ____________
6. ____________
7. ____________
8. ____________
9. ____________

LECCIÓN 1.4

NOMBRE ____________________ FECHA __________

Refuerzo con práctica

Para usar con las páginas 22–29

OBJETIVO **Verificar soluciones de ecuaciones y desigualdades**

VOCABULARIO

Una **ecuación** es un enunciado que se forma al colocar un signo de igualdad entre dos expresiones.

Cuando la variable de una ecuación es reemplazada por un número, y el enunciado que resulta es verdadero, el número es una **solución de la ecuación**.

Al hecho de hallar todas las soluciones de una ecuación se le llama **resolver la ecuación.**

Una **desigualdad** es un enunciado que se forma al colocar un símbolo de desigualdad entre dos expresiones.

La **solución de una desigualdad** es un número que genera un enunciado verdadero, al sustituir la variable de la desigualdad por él.

EJEMPLO 1 *Verificar las soluciones posibles de una ecuación*

Verifica si los números 2 y 4 son cada uno una solución de la ecuación $2x + 3 = 11$.

SOLUCIÓN

Para verificar las soluciones posibles, sustitúyelas en la ecuación. Si ambos lados de la ecuación tienen igual valor, entonces el número es una solución.

x	$2x + 3 = 11$	Resultado	Conclusión
2	$2(2) + 3 \stackrel{?}{=} 11$	$7 \neq 11$	2 no es una solución
4	$2(4) + 3 \stackrel{?}{=} 11$	$11 = 11$	4 es una solución

El número 4 es una solución de $2x + 3 = 11$. El número 2 no es una solución.

Ejercicios para el Ejemplo 1

Verifica si el número dado es una solución de la ecuación.

1. $5p - 2 = 12;\ 3$

2. $8 + 2y = 10;\ 3$

3. $3a + 2 = 14;\ 2$

4. $\frac{t}{4} - 3 = 0;\ 12$

5. $n + 4n = 20;\ 5$

6. $k + 7 = 3k + 1;\ 3$

NOMBRE ______________________ FECHA ____________

Refuerzo con práctica

Para usar con las páginas 22–29

EJEMPLO 2 Usar el cálculo mental para resolver una ecuación

¿Qué pregunta podría usarse para hallar la solución de la ecuación $x - 7 = 15$?

A. ¿Qué número puede restarse a 7 para obtener 15?

B. ¿De qué número puede restarse 7 para obtener 15?

C. ¿De qué numero puede restarse 15 para obtener 7?

SOLUCIÓN

Como 7 puede restarse de 22 para obtener 15, se podría usar la pregunta B para resolver la ecuación $x - 7 = 15$.

Ejercicios para el Ejemplo 2

Escribe una pregunta que pudiera usarse para resolver la ecuación. Usa después el cálculo mental para resolver la ecuación.

7. $z + 7 = 21$ **8.** $3f + 1 = 19$ **9.** $a - 12 = 10$

10. $\frac{y}{3} = 11$ **11.** $4j - 7 = 9$ **12.** $\frac{b}{2} = 4$

EJEMPLO 3 Verificar soluciones de desigualdades

Decide si 6 es una solución de la desigualdad.

a. $3 + w \geq 9$ **b.** $r + 4 > 11$

SOLUCIÓN

	Desigualdad	Sustitución	Resultado	Conclusión
a.	$3 + w \geq 9$	$3 + 6 \overset{?}{\geq} 9$	$9 \geq 9$	6 es una solución.
b.	$r + 4 > 11$	$6 + 4 \overset{?}{>} 11$	$10 \not> 11$	6 no es una solución.

Ejercicios para el Ejemplo 3

Verifica si el número dado es una solución de la desigualdad.

13. $2f - 3 \geq 8;\ 5$ **14.** $2h - 4 > 10;\ 3$ **15.** $13x \leq 6x + 15;\ 2$

Chapter 1

LECCIÓN 1.5

NOMBRE ____________________ FECHA __________

Refuerzo con práctica

Para usar con las páginas 30–35

OBJETIVO **Traducir palabras a símbolos matemáticos**

VOCABULARIO

Para resolver problemas de la vida real, tienes que **traducir** palabras a símbolos matemáticos. En inglés y español, una frase no es una oración completa. En las matemáticas, una **frase** se traduce a expresiones variables. Las oraciones se traducen a ecuaciones o desigualdades.

EJEMPLO 1 *Traducir frases de suma y resta*

Escribe la frase como una expresión variable. Deja que x represente el número.

Frase	**Traducción**
a. La suma de 3 y un número	$3 + x$
b. La diferencia entre un número y 4	$x - 4$
c. 15 más que un número	$15 + x$
d. Un número disminuido por 7	$x - 7$

Ejercicios para el Ejemplo 1

Escribe la frase como una expresión variable. Deja que x represente el número.

1. La suma de 1 y un número

2. 4 menos un número

3. 12 menos un número

4. Un número más 8

5. Un número aumentado por 6

6. La diferencia entre un número y 10

EJEMPLO 2 *Traducir frases de multiplicación y división*

Escribe la frase como una expresión variable. Deja que n represente el número.

Frase	**Traducción**
a. 8 por un número	$8n$
b. El cociente de un número y 2	$\frac{n}{2}$
c. Un número multiplicado por 4	$4n$

NOMBRE ______________________ FECHA __________

Refuerzo con práctica

Para usar con las páginas 30–35

Ejercicios para el Ejemplo 2

Escribe la frase como una expresión variable. Deja que *n* represente el número.

7. El producto de 3 y un número

8. El cociente de un número y 4

9. 12 multiplicado por un número

10. Un medio de un número

11. 9 dividido entre un número

EJEMPLO 3 *Escribir y resolver una ecuación*

a. Traduce a símbolos matemáticos: "El producto de un número y 8 es 56". Deja que x represente el número.

b. Usa el cálculo mental para resolver y verificar la solución de tu ecuación.

SOLUCIÓN

a. La ecuación es $8x = 56$.

b. Usando el cálculo mental, la solución es $x = 7$.

$$8 \cdot x = 56$$
$$8 \cdot 7 = 56$$
$$56 = 56$$

Ejercicios para el Ejemplo 3

Traduce cada oración a símbolos matemáticos. Luego usa el cálculo mental para resolver tu ecuación. Deja que *x* represente el número.

12. Un número más 6 es 15.

13. El cociente de un número y 4 es 7.

14. Un número aumentado por 8 es 15.

15. Un número multiplicado por 3 es 33.

LECCIÓN 1.5

NOMBRE ______________________ FECHA ____________

Prueba parcial 2

Para usar después de las lecciones 1.4–1.5

1. ¿Es $r = 4$ una solución de la ecuación $8 + r^2 = 16$? *(Lección 1.4)*

2. ¿Es $y = 8$ una solución de la desigualdad $2(5y - 4) \geq 65$? *(Lección 1.4)*

3. Escribe una pregunta que pudiera usarse para resolver $3n + 2 = 14$. *(Lección 1.4)*

4. Escribe una expresión variable para "siete menos que cuatro veces un número x". *(Lección 1.5)*

En los Ejercicios 5 y 6, escribe una ecuación o desigualdad que represente la situación. ***(Lección 1.5)***

5. El número h de horas que trabajaste esta semana más las 20 horas que trabajaste la semana pasada es menor que 35.

6. El producto de $20.00 por el número s de suscripciones a un periódico es igual a $600.

Respuestas

1. ____________

2. ____________

3. ____________

4. ____________

5. ____________

6. ____________

NOMBRE ______________________ FECHA ____________

Refuerzo con práctica

Para usar con las páginas 36–41

OBJETIVO **Hacer un modelo y resolver problemas de la vida real**

> **VOCABULARIO**
>
> A la operación de escribir expresiones, ecuaciones o desigualdades algebraicas que representan situaciones de la vida real se le llama **hacer un modelo**. Primero escribes un **modelo verbal** con palabras. Luego traduces el modelo verbal a un **modelo algebraico**.

EJEMPLO 1 *Escribir un modelo algebraico*

Un cine cobra \$6 por boleto. En un día se vendieron \$420 en total. ¿Cuántos boletos se vendieron ese día?

SOLUCIÓN

Modelo verbal [Costo por boleto] · [Número de boletos] = [Total de ventas]

Designaciones Costo por boleto $= 6$ (dólares)

Número de boletos $= n$ (boletos)

Total de ventas $= 420$ (dólares)

Modelo algebraico

$6n = 420$ Escribe un modelo algebraico.

$n = 70$ Resuelve usando el cálculo mental.

El número de boletos vendidos es 70.

Ejercicios para el Ejemplo 1

En los Ejercicios 1 y 2, haz lo siguiente.

a. Escribe un modelo verbal.
b. Asigna designaciones y escribe un modelo algebraico basado en tu modelo verbal.
c. Usa el cálculo mental para resolver la ecuación.

1. El consejo estudiantil está vendiendo gorras de béisbol a \$8 cada una. El grupo quiere recaudar \$2480. ¿Cuántas gorras debe vender el grupo?

2. Tus dos hermanas y tú compraron un regalo para tu hermano. Pagaste \$7.50 por tu parte (un tercio del regalo). ¿Cuál fue el precio total del regalo?

LECCIÓN 1.6 CONTINUACIÓN

NOMBRE ______________________ FECHA __________

Refuerzo con práctica

Para usar con las páginas 36–41

EJEMPLO 2 Escribir un modelo algebraico

Subes por un camino. Subes a una velocidad promedio de 1.5 millas por hora en 2.8 millas. Durante las últimas 3.4 millas, aumentas tu velocidad promedio 0.2 millas por hora. ¿Cuánto tiempo te llevará caminar las últimas 3.4 millas?

SOLUCIÓN

Modelo verbal ([Velocidad en las primeras 2.8 millas] + 0.2) · [Tiempo] = [Distancia]

Designaciones	Velocidad en las primeras 2.8 millas = 1.5	(millas por hora)
	Tiempo = x	(horas)
	Distancia = 3.4	(millas)

Modelo algebraico	$(1.5 + 0.2) \bullet (x) = 3.4$	Escribe un modelo algebraico.
	$1.7x = 3.4$	Simplifica.
	$x = 2$	Resuelve usando el calculo mental.

Demorará 2 horas.

Ejercicio para el Ejemplo 2

3. Un automóvil viaja a una velocidad promedio de 45 millas por hora en 8 millas, reduce su velocidad por 15 millas por hora durante las próximas 4 millas, y luego vuelve a una velocidad de 45 millas por hora. ¿Cuánto tiempo viaja el automóvil a una velocidad reducida?

LECCIÓN 1.7

NOMBRE ______________________ FECHA __________

Refuerzo con práctica

Para usar con las páginas 42–47

OBJETIVO Organizar datos mediante tablas o gráficas

VOCABULARIO

Los **datos** significan información, hechos o números que describen algo.

Las **gráficas de barras** y las **gráficas lineales** se usan para organizar datos.

EJEMPLO 1 *Organizar datos en una tabla*

Los datos de la tabla muestran el número de automóviles de pasajeros producidos por tres fabricantes de automóviles.

Producción de automóviles de pasajeros (en miles)						
Año	**1970**	**1975**	**1980**	**1985**	**1990**	**1995**
Compañía A	1273	903	639	1266	727	577
Compañía B	2017	1808	1307	1636	1377	1396
Compañía C	2979	3679	4065	4887	2755	2515

a. ¿Durante qué año fue la producción total más alta de automóviles de pasajeros?

b. ¿Durante qué año fue la producción total más baja de automóviles de pasajeros?

SOLUCIÓN

Añade otra fila a la tabla. Anota la producción total de automóviles de pasajeros de las tres empresas.

Año	**1970**	**1975**	**1980**	**1985**	**1990**	**1995**
Total	6269	6390	6011	7789	4859	4488

a. Según la tabla, puedes apreciar que la producción total de automóviles fue la más alta en 1985.

b. Según la tabla, puedes apreciar que la producción total de automóviles fue la más baja en 1995.

Ejercicios para el Ejemplo 1

En los Ejercicios 1 y 2, usa los datos del Ejemplo 1.

1. ¿Durante qué año para la Compañía B fue la más alta producción total de automóviles de pasajeros?

2. ¿Durante qué año para la Compañía C fue la más baja producción total de automóviles de pasajeros?

LECCIÓN 1.7 CONTINUACIÓN

NOMBRE ____________________ FECHA ____________

Refuerzo con práctica

Para usar con las páginas 42–47

EJEMPLO 2 Hacer e interpretar una gráfica lineal

Usa los datos del Ejemplo 1. Haz una gráfica lineal para organizar los datos de la producción de automóviles de pasajeros de la Compañía A.

a. ¿Durante qué período de 5 años disminuyó menos la producción de automóviles de pasajeros de la Compañía A?

b. ¿Durante qué período de 5 años disminuyó más la producción de automóviles de pasajeros de la Compañía A?

Solución

Dibuja la escala vertical desde 0 hasta 1400 miles de automóviles, con incrementos de 200 mil automóviles. Marca el número de años en el eje horizontal, comenzando en 1970. Marca un punto sobre la gráfica por cada número de automóviles de pasajeros producido. Traza después una recta desde un punto hasta el siguiente.

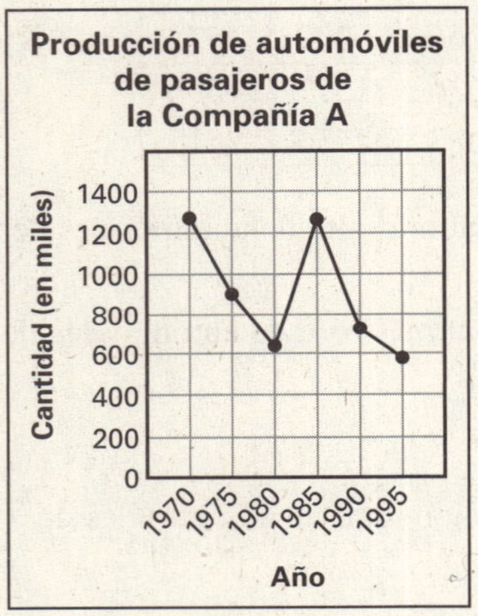

a. La producción de automóviles de pasajeros de la Compañía A disminuyó menos en el período de 1990 a 1995.

b. La producción de automóviles de pasajeros de la Compañía A disminuyó más en el período de 1985 a 1990.

Ejercicios para el Ejemplo 2

En los Ejercicios 3 y 4, usa los datos del Ejemplo 1.

3. Haz una gráfica lineal para organizar los datos de la producción de automóviles de pasajeros de la Compañía C. ¿Durante qué período de 5 años disminuyó más la producción de automóviles de pasajeros de la Compañía C?

4. Haz una gráfica lineal para organizar los datos de la producción de automóviles de pasajeros de la Compañía B. ¿Durante qué período de 5 años aumentó más la producción de automóviles de pasajeros de la Compañía B?

LECCIÓN 1.8

NOMBRE ______________________ FECHA ____________

Refuerzo con práctica

Para usar con las páginas 48–54

OBJETIVO **Usar cuatro formas diferentes para representar funciones**

VOCABULARIO

Una **función** es una regla que establece una relación entre dos cantidades, llamadas **entrada** y **salida**.

El hacer una **tabla de entradas y salidas** es una manera de describir una función.

La colección de todos los valores de entrada es el **dominio** de la función.

La colección de todos los valores de salida es la **gama** de la función.

EJEMPLO 1 *Identificar una función*

¿Representa la tabla una función? Explica.

Entrada	*Salida*
5	1
5	2
10	3
15	4

SOLUCIÓN

La tabla no representa una función. Para el valor de entrada 5 hay dos valores de salida, no uno.

Ejercicios para el Ejemplo 1

En los Ejercicios 1 y 2, ¿representa la tabla una función? Explica.

1.

Entrada	*Salida*
1	4
2	8
3	12
4	16

2.

Entrada	*Salida*
1	5
2	6
2	7
3	8

LECCIÓN 1.8 CONTINUACIÓN

NOMBRE ______________________ FECHA ____________

Refuerzo con práctica

Para usar con las páginas 48–54

EJEMPLO 2 Hacer una tabla de entradas y salidas

Haz una tabla de entradas y salidas para la función $y = 3x + 1.5$. Usa los números 0, 1, 2 y 3 como dominio.

SOLUCIÓN

Anota una salida para cada entrada.

ENTRADA	FUNCIÓN	SALIDA
$x = 0$	$y = 3(0) + 1.5$	$y = 1.5$
$x = 1$	$y = 3(1) + 1.5$	$y = 4.5$
$x = 2$	$y = 3(2) + 1.5$	$y = 7.5$
$x = 3$	$y = 3(3) + 1.5$	$y = 10.5$

Haz una tabla de entradas y salidas.

Entrada x	*Salida y*
0	1.5
1	4.5
2	7.5
3	10.5

Ejercicios para el Ejemplo 2

En los Ejercicios 3 a 5, haz una tabla de entradas y salidas para la función. Usa los números 0, 1, 2 y 3 como dominio.

3. $y = 5 - x$

4. $y = 4x + 1$

5. $y = 9 - x$

EJEMPLO 3 Escribir una ecuación

La feria del condado cobra \$4 por vehículo y \$1.50 por cada persona que va en el vehículo. Representa el costo total C como función del número p de personas. Escribe una ecuación para la función.

SOLUCIÓN

Modelo verbal [Costo total] = [Costo por vehículo] + [Precio por persona] · [Número de personas]

Designaciones
Costo total = C (dólares)
Precio por vehículo = 4 (dólares)
Precio por persona = 1.50 (dólares)
Número de personas = p (personas)

Modelo algebraico $C = 4 + 1.5p$

Ejercicios para el Ejemplo 3

6. Formula nuevamente el Ejemplo 3 si el precio por vehículo es \$1.50, y se cobra \$4 por cada persona que va en el vehículo.

7. Formula nuevamente el Ejemplo 3 si el precio por vehículo es \$3, y se cobra \$2.50 por cada persona que va en el vehículo.

NOMBRE ______________________ FECHA ____________

Prueba del capítulo A

Para usar después del capítulo 1

Evalúa la expresión para el valor dado de la variable.

1. $q - 10$, cuando $q = 13$

2. $34x$, cuando $x = 4$

3. Si manejas a una velocidad promedio de 60 millas por hora por 7 horas, ¿que distancia manejarás?

4. El perímetro de un rectángulo es la suma de los cuatro lados. Calcula el perímetro del rectángulo siguiente.

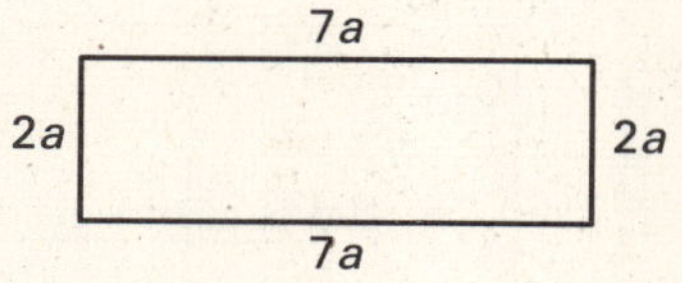

Evalúa la potencia.

5. 2^6

6. 5^3

Evalúa la expresión para el valor dado de la variable.

7. c^5, cuando $c = 3$

8. $(2y)^3$, cuando $y = 3$

Evalúa la expresión para los valores dados de las variables.

9. $x^2 + y$, cuando $x = 4$ e $y = 3$

10. $(a + b)^3$, cuando $a = 3$ y $b = 5$

11. Una caja de arroz mide 19 centímetros de longitud, 12 centímetros de ancho y 3 centímetros de profundidad. El volumen de la caja es el producto de la longitud por el ancho y por la altura. ¿Cuánto mide el volumen de la caja?

Evalúa la expresión.

12. $8 - 6 + 4$

13. $16 \div (4 - 2) - 3$

Verifica si el número dado es una solución de la ecuación o la desigualdad.

14. $3x + 5 = 17;\ 2$

15. $4y - 7 = 3y - 4;\ 3$

16. $2m - 3 < 4;\ 2$

17. $5 + 2n \geq 12;\ 0$

Escribe la frase verbal como expresión algebraica. Usa *x* como variable para tu expresión.

18. La suma de 8 y un número

19. Diez menos que un número

Respuestas

1. ____________
2. ____________
3. ____________
4. ____________
5. ____________
6. ____________
7. ____________
8. ____________
9. ____________
10. ____________
11. ____________
12. ____________
13. ____________
14. ____________
15. ____________
16. ____________
17. ____________
18. ____________
19. ____________

NOMBRE ____________________ FECHA ____________

Prueba del capítulo A

Para usar después del capítulo 1

Escribe el enunciado verbal como ecuación o desigualdad.

20. La suma de tres más x es diez.

21. Cuatro es mayor que seis veces un número t.

Escribe una ecuación o desigualdad que represente la situación.

22. La distancia d a la escuela es $1\frac{1}{2}$ millas más que la distancia p al parque.

23. El perímetro de un cuadrado de un lado s es mayor que o igual a setenta más cinco.

24. La edad de Kiara es al menos 3 años más que la edad de Al.

25. La tabla muestra el contenido de proteínas de algunos alimentos. Haz una gráfica de barras de los datos.

Alimento $(\frac{1}{2}$ *taza)*	espaguetis	arroz	mantequilla de cacahuate
Proteína (gramos)	2	5	8

Haz una tabla de entradas y salidas para la función. Usa los números 0, 1, 2 y 3 como dominio.

26. $y = 7x + 2$

Entrada	*Salida*

27. $y = 12 - 3x$

Entrada	*Salida*

Respuestas

20. ____________

21. ____________

22. ____________

23. ____________

24. ____________

25. Usa la cuadrícula de la izquierda.

26. Usa la tabla de la izquierda.

27. Usa la tabla de la izquierda.

NOMBRE______________________ FECHA__________

Prueba del capítulo B

Para usar después del capítulo 1

Evalúa la expresión para el valor dado de la variable.

1. $25q$, cuando $q = 6$
2. $\frac{16}{x}$, cuando $x = 2$

3. Si conduces por 4 horas a una velocidad promedio de 65 millas por hora, ¿qué distancia manejarás?
4. El área de un rectángulo es el producto del largo y el ancho. Calcula el área del rectángulo siguiente.

Evalúa la expresión para el valor dado de la variable.

5. n^3, cuando $n = 4$
6. $(2x)^4$, cuando $x = 2$
7. $8 + 5a^2$, cuando $a = 7$
8. $64 - \frac{32}{b}$, cuando $b = 4$

Evalúa la expresión para los valores dados de las variables.

9. $x + y^2$, cuando $x = 5$ e $y = 9$
10. $(a - b)^4$, cuando $a = 10$ e $b = 6$

11. Un envase mide 22 pulgadas de longitud, 22 pulgadas de ancho y 20 pulgadas de profundidad. El volumen del envase es el producto de la longitud por el ancho y por la altura. ¿Cuánto mide el volumen del envase?

Evalúa la expresión.

12. $49 \div 7 + 3 \cdot 6$
13. $4[(29 - 12) + 10]$
14. $[44 \div (10 - 8)^2] + 7$
15. $\frac{1}{2} \cdot 18 - 3^2$

Verifica si el número dado es una solución de la ecuación o desigualdad.

16. $16x + 3 = 29 - 3x;\ 2$
17. $10x - 4 \leq 20;\ 5$

Respuestas

1. ____________
2. ____________
3. ____________
4. ____________
5. ____________
6. ____________
7. ____________
8. ____________
9. ____________
10. ____________
11. ____________
12. ____________
13. ____________
14. ____________
15. ____________
16. ____________
17. ____________

NOMBRE ____________________ FECHA ____________

Prueba del capítulo B

Para usar después del capítulo 1

Escribe la frase verbal como expresión algebraica. Usa *x* como variable de tu expresión.

18. Un número aumentado en $\frac{1}{2}$

19. Un número multiplicado por $\frac{2}{3}$

Escribe el enunciado verbal como ecuación o desigualdad.

20. Tres es menor que o igual a cuatro menos un número.

21. La tercera potencia de dos es ocho.

Escribe una ecuación o desigualdad que represente la situación.

22. Cuatrocientos dólares es menor que o igual al producto de $32 por el número *p* de boletos para el parque de diversiones.

23. Escribe un modelo algebraico que se usaría para calcular cuántos minutos *m* dura una clase si hay 8 clases en un día, 5 minutos entre clases, y 6 horas en el día escolar.

24. La tabla muestra el precio de la gasolina por galón durante un período de cuatro meses. Haz una gráfica lineal de los datos.

Mes	marzo	abril	mayo	junio
Precio de la gasolina (por galón)	$1.29	$1.09	$1.19	$1.15

Haz una tabla de entradas y salidas para la función. Usa los números 1, 1.5, 2 y 3 como dominio.

25. $y = 2x^2 + 3.1$

Entrada	*Salida*

26. $y = \dfrac{6}{x} - 0.5$

Entrada	*Salida*

18. ____________

19. ____________

20. ____________

21. ____________

22. ____________

23. ____________

24. Usa la cuadrícula de la izquierda.

25. Usa la tabla de la izquierda.

26. Usa la tabla de la izquierda.

CAPÍTULO 1

NOMBRE ______________________ FECHA __________

Prueba del capítulo SAT/ACT

Para usar después del capítulo 1

1. Tú caminas a una velocidad de 3 millas por hora. Halla la distancia que has caminado en 6 horas.

Ⓐ 2 millas Ⓑ 3 millas
Ⓒ 18 millas Ⓓ 9 millas

2. ¿Cuánto mide el área de la figura?

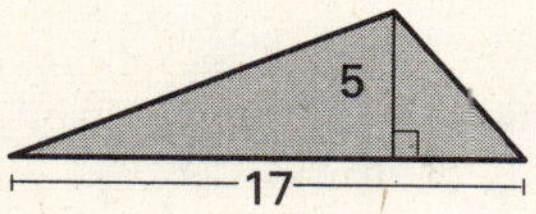

Ⓐ 42.5 Ⓑ 85
Ⓒ 4.25 Ⓓ 8.5

3. ¿Cuál es el valor de $(4x)^2 + 3$, para $x = 3$?

Ⓐ 39 Ⓑ 147
Ⓒ 153 Ⓓ 225

4. ¿Cuál es el valor de $\dfrac{10^2 + 8 \cdot 7}{3(14 \cdot 2 - 15)}$?

Ⓐ $\dfrac{52}{23}$ Ⓑ 4
Ⓒ $\dfrac{187}{39}$ Ⓓ $\dfrac{826}{39}$

5. ¿Cuál de los siguientes números es una solución de la ecuación $4x - 13 = 22 - 3x$?

Ⓐ $\dfrac{7}{9}$ Ⓑ $\dfrac{9}{7}$
Ⓒ 5 Ⓓ 9

6. ¿Cuál de los siguientes números es una solución de la desigualdad $6x - 7 < 43 - x$?

Ⓐ 7 Ⓑ 8
Ⓒ 9 Ⓓ 10

En las Preguntas 7 y 8, escoge el enunciado que se cumple para los números dados.

A El número de la columna A es mayor.
B El número de la columna B es mayor.
C Los dos números son iguales.
D La relación no puede determinarse a partir de la información entregada.

7.

Columna A	*Columna B*
$45 \div (9 - 4) + 3$	$45 \div 9 - 4 + 3$

Ⓐ Ⓑ Ⓒ Ⓓ

8.

Columna A	*Columna B*
3^4	$3^3 \cdot 3^1$

Ⓐ Ⓑ Ⓒ Ⓓ

9. El número de estudiantes de una clase de historia es tres menos que el doble del número de estudiantes de una clase de computación. Si el número de estudiantes de la clase de computación es c, ¿cuántos estudiantes hay en la clase de historia?

Ⓐ $2c$ Ⓑ $2c - 3$
Ⓒ $2c + 3$ Ⓓ $3 - 2c$

10. ¿Cuál de las alternativas siguientes representa una función?

I.

Entrada	*Salida*
2	5
3	5
4	5
5	5

II.

Entrada	*Salida*
2	4
3	6
3	8
5	10

III.

Entrada	*Salida*
1	1
2	2
3	2
4	1

Ⓐ Todas Ⓑ I y II
Ⓒ I y III Ⓓ II y III

NOMBRE ______________________ FECHA ____________

Evaluación alternativa y diario de matemáticas

Para usar después del capítulo 1

DIARIO

1. Sue y Amit compararon su tarea de álgebra y no estuvieron de acuerdo en el valor de $6 + 3^2 \div 3 - 5$. Sue decía que la respuesta era 22, pero Amit decía que el resultado era 4. (a) Explica qué respuesta está correcta y por qué. (b) Establece el orden correcto de las operaciones. ¿Por qué es importante tener un orden establecido de las operaciones? (c) El estudiante con la respuesta incorrecta decía que ésa era la respuesta por la calculadora. ¿Estaba programada la calculadora del estudiante para usar el orden establecido de las operaciones? De ser así, explica por qué esa respuesta estaba incorrecta. De lo contrario, explica cómo llegó la calculadora a la respuesta incorrecta. Especifica lo que debería hacer el estudiante en el futuro para determinar el resultado correcto.

PROBLEMA DE VARIOS PASOS

2. ***i.*** La entrada a una feria cuesta \$1. El valor del boleto de cada paseo en los juegos mecánicos es de \$3. Sally gastó exactamente \$10. Escribe una ecuación que represente la cantidad de boletos que compró Sally. Resuelve la ecuación usando el cálculo mental.

   ii. La entrada a la feria cuesta \$1. El valor del boleto de cada paseo en los juegos mecánicos es de \$3. Naveen gastó \$10 o menos. Escribe una *desigualdad* que represente la posible cantidad de boletos que compró Naveen. Resuelve la desigualdad usando el cálculo mental.

   iii. La entrada a la feria cuesta \$1. El valor del boleto de cada paseo en los juegos mecánicos es de \$3. David gastó menos de \$10. Escribe una *desigualdad* que represente la posible cantidad de boletos que compró David. Resuelve la desigualdad usando el cálculo mental.

   a. Interpreta con tus propias palabras los resultados de los problemas *i, ii* y *iii*.

   b. Determina el mayor número de paseos para cada persona.

3. ***Razonamiento crítico*** Considera lo siguiente:

   a. ¿En qué se diferencian la cantidad de paseos para Naveen y David? ¿Qué palabras clave hacen variar el significado de los problemas de Naveen y David?

   b. ¿Disfrutaron Sally y Naveen necesariamente igual cantidad de paseos? Explica tu razonamiento.

4. ***Escritura*** Crea una situación similar para la posible cantidad de boletos para Rita, que sea diferente de las otras tres situaciones.

NOMBRE ______________________ FECHA ____________

Pauta para la evaluación alternativa

Para usar después del capítulo 1

DIARIO SOLUCIÓN

1. a–c. Las respuestas completas deberían incluir los siguientes puntos.

a.

$6 + 3^2 \div 3 - 5$	$= 6 + 9 \div 3 - 5$	Evalúa la potencia.
	$= 6 + 3 - 5$	Completa la división.
	$= 9 - 5$	Suma y resta de izquierda a derecha.
	$= 4$	Simplifica.

Amit es correcto, desde que usó el orden de las operaciones.

b.
- Explica el orden de las operaciones de esta manera: Primero haz las operaciones que aparecen dentro de los símbolos de agrupamiento. Después evalúa las potencias. Multiplica y divide de izquierda a derecha. Finalmente, suma y resta de izquierda a derecha.
- Explica que es importante tener un orden establecido de las operaciones para que exista consistencia en las matemáticas.

c.
- Explica que la calculadora no estaba programada con el orden establecido de las operaciones y que realizó todos los cálculos de izquierda a derecha.
- Explica que Sue debería asegurarse de meter cada cálculo por separado, usando el orden de las operaciones, usando parentesis si es necesario.

PROBLEMA DE VARIOS PASOS SOLUCIÓN

2. a. $1 + 3x = 10$; $x = 3$, Sally comprará exactamente 3 boletos.

$1 + 3x \leq 10$; $x \leq 3$, Naveen comprará 3 boletos o menos.

$1 + 3x < 10$; $x < 3$, David comprará menos de 3 boletos.

b. Sally y Naveen disfrutarán 3 paseos, David disfrutará 2.

3. a. El número de paseos pueden ser ambos menores que 3, pero Naveen también puede disfrutar 3 paseos. Las palabras clave son *menor que $10* y $10 *o menos*, que cambian el significado de la desigualdad.

b. No; Naveen puede disfrutar 3 paseos o menos; Sally debe disfrutar 3.

4. *Posible respuesta:* Rita puede gastar $10 o más.

PROBLEMA DE VARIOS PASOS PAUTA DE EVALUACIÓN

4 Los estudiantes contestan correctamente todas las partes del problema. Dan claras interpretaciones a los resultados. Los estudiantes son capaces de distinguir entre una ecuación y una desigualdad. Son capaces de comparar correctamente el número de soluciones. Los estudiantes interpretan $<$ versus $\leq$.

3 Los estudiantes son capaces de establecer correctamente los modelos para 1, 2 y 3, aunque pueden cometer algunos errores menores en los resultados. Las gráficas son exactas. Los estudiantes son capaces de interpretar modelos. Sin embargo, la explicación de los razonamientos puede ser débil o puede contener equivocaciones menores.

2 Los estudiantes establecen y resuelven los modelos en forma parcial. Intentan algunas explicaciones e interpretaciones, pero es posible que no sean del todo exactas. No explican las diferencias entre ecuaciones y desigualdades.

1 Los estudiantes no son capaces de plantear o resolver los modelos. Dan muy pocas o ninguna explicación. Parecen no comprender las preguntas.

NOMBRE______________________________ FECHA____________

Refuerzo con práctica

Para usar con las páginas 65–70

OBJETIVO **Representar en gráficas, comparar y ordenar números reales**

> **VOCABULARIO**
>
> Los **números reales** son los números positivos, negativos y el cero.
>
> La **recta de números reales** es una línea cuyos puntos corresponden a los números reales.
>
> Los **números negativos** son los números menores que el cero.
>
> Los **números positivos** son los números mayores que el cero.
>
> Los **enteros** son los números ... $-3, -2, -1, 0, 1, 2, 3$...
>
> Los **números enteros** son los números positivos y el cero.
>
> La **gráfica** de un número es el punto que corresponde al número.

EJEMPLO 1 *Representar en gráficas y comparar enteros*

Marca -3 y 2 en una recta numérica. Luego escribe dos desigualdades que comparen los dos números.

SOLUCIÓN

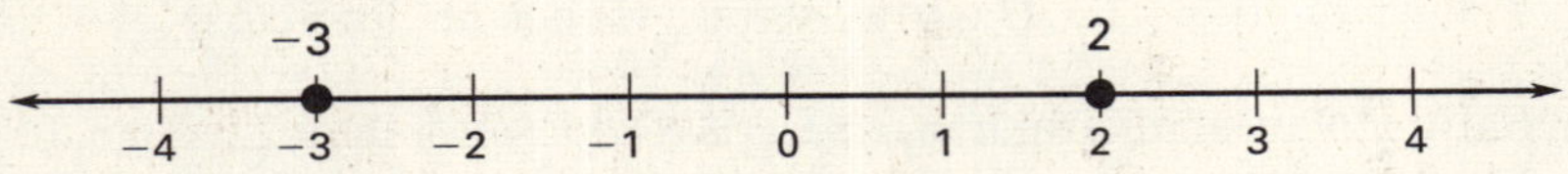

En la gráfica, el -3 está a la izquierda del 2, así que -3 es menor que 2. Puedes escribir esto usando los símbolos:

$$-3 < 2$$

En la gráfica, el 2 está a la derecha del -3, así que 2 es mayor que -3. Puedes escribir esto usando los símbolos:

$$2 > -3$$

Ejercicios para el Ejemplo 1

Marca los números en una recta numérica. Luego escribe dos desigualdades que comparen los dos números.

1. -4 y -7 **2.** -8 y 9 **3.** 5 y -6

EJEMPLO 2 *Representar números reales en gráficas*

Marca el -1.5 y 1.0 en una recta numérica. Luego escribe dos desigualdades que comparen los dos números.

SOLUCIÓN

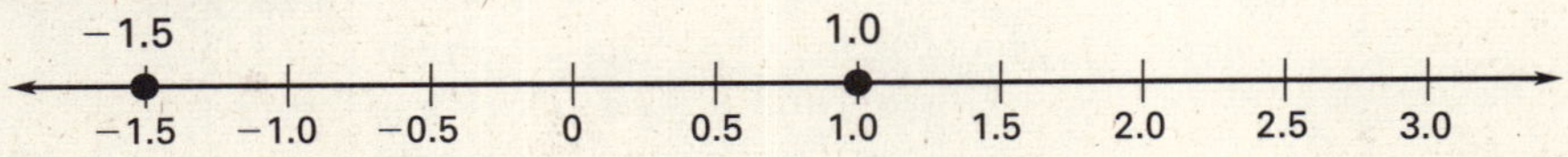

LECCIÓN **2.1** CONTINUACIÓN

NOMBRE ______________________ FECHA __________

Refuerzo con práctica

Para usar con las páginas 65–70

En la gráfica, -1.5 está a la izquierda de 1.0, así que -1.5 es menor que 1.0.

$$-1.5 < 1.0$$

En la gráfica, 1.0 está a la derecha de -1.5, así que 1.0 es mayor que -1.5.

$$1.0 > -1.5$$

Ejercicios para el Ejemplo 2

Marca los números en una recta numérica. Luego escribe dos desigualdades que comparen los dos números.

4. -2.3 y -2.8

5. -5.2 y -4.8

6. -0.6 y 0.3

EJEMPLO 3 *Ordenar números reales*

Escribe los siguientes números en orden creciente: 3.5, -3, 0, -1.5, -0.2, 2.

SOLUCIÓN

Primero, marca los números en una recta numérica.

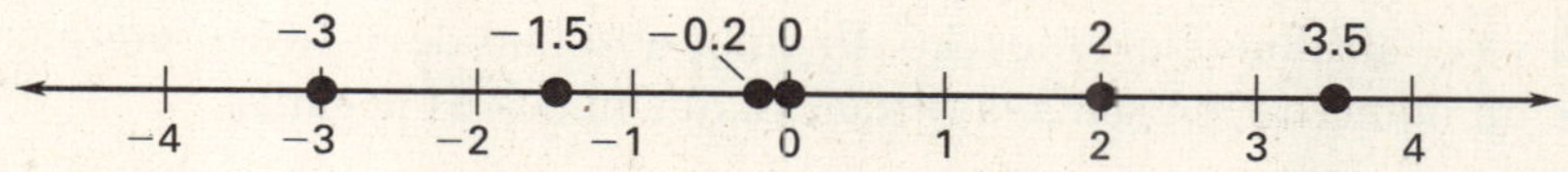

A partir de la gráfica, puedes ver que el orden es -3, -1.5, -0.2, 0, 2, 3.5.

Ejercicios para el Ejemplo 3

Escribe los números en orden creciente.

7. 2, -3, -2.5, 4.5, -1.5

8. $-\frac{3}{4}$, $\frac{1}{4}$, -2, $-\frac{5}{4}$, 1

LECCIÓN 2.2

NOMBRE ______________________ FECHA ____________

Refuerzo con práctica

Para usar con las páginas 71–76

OBJETIVO **Hallar el opuesto y el valor absoluto de un número**

VOCABULARIO

Los **opuestos** son dos números que están a igual distancia del cero en una recta numérica, pero a lados contrarios.

El **valor absoluto** de un número real es su distancia del cero en una recta numérica.

Un **contraejemplo** es un solo ejemplo usado para mostrar que un enunciado es falso.

Chapter 2

EJEMPLO 1 *Hallar el opuesto y el valor absoluto de un número*

a. Halla el opuesto de cada uno de los números 3.6 y -7.

b. Halla el valor absoluto de cada uno de los números 3.6 y -7.

SOLUCIÓN

a. El opuesto de 3.6 es -3.6 porque cada uno está a 3.6 unidades de cero. El opuesto de -7 es 7 porque cada uno está a 7 unidades de cero.

b. El valor absoluto de 3.6 es 3.6. El valor absoluto de -7 es 7, porque el valor absoluto de un número representa la distancia, que nunca es negativa.

Ejercicios para el Ejemplo 1

Halla el opuesto del número. Luego halla el valor absoluto del número.

1. -1.7 **2.** 4.2 **3.** -5

EJEMPLO 2 *Resolver una ecuación de valor absoluto*

Usa el cálculo mental para resolver la ecuación. Si no hay solución, escribe *no hay solución*.

a. $|x| = 3$ **b.** $|x| = -0.5$ **c.** $|x| = \frac{1}{3}$

SOLUCIÓN

a. $-3, 3$ **b.** no hay solución **c.** $-\frac{1}{3}, \frac{1}{3}$

NOMBRE ______________________ FECHA ____________

Refuerzo con práctica

Para usar con las páginas 71–76

Ejercicios para el Ejemplo 2

Usa el cálculo mental para resolver la ecuación. Si no hay solución, escribe *no hay solución*.

4. $|x| = 1.8$ **5.** $|x| = -14$ **6.** $|x| = 11.3$

EJEMPLO 3 Calcular velocidad y rapidez

Un ascensor desciende a una tasa de 900 pies por minuto. Calcula la velocidad y la rapidez del ascensor.

SOLUCIÓN

Velocidad $= -900$ pies por minuto — El movimiento es hacia abajo.

Rapidez $= |-900| = 900$ pies por minuto — La rapidez es positiva.

Ejercicios para el Ejemplo 3

Calcula la rapidez y la velocidad del objeto.

7. Un halcón desciende a 150 millas por hora para atacar a su presa.

8. Un helicóptero desciende a una tasa de 8 pies por segundo.

EJEMPLO 4 Usar un contraejemplo

Determina si el enunciado es *verdadero* o *falso*. Si es falso, da un contraejemplo.

a. El cociente de un número y su opuesto es siempre igual a 1.

b. La expresión $\frac{|a|}{a}$ es siempre igual a -1.

SOLUCIÓN

a. Falso. Contraejemplo: $\frac{5}{-5} = -1$.

b. Falso. Contraejemplo: Si $a = 5$, entonces $\frac{|5|}{5} = \frac{5}{5} = 1$.

Ejercicios para el Ejemplo 4

Determina si el enunciado es *verdadero* o *falso*. Si es falso, da un contraejemplo.

9. La suma de un número y su opuesto siempre es 0.

10. El producto de un número y su opuesto siempre es negativo.

11. El valor absoluto de una fracción negativa siempre es mayor que 1.

LECCIÓN 2.3

NOMBRE ______________________ FECHA ____________

Refuerzo con práctica

Para usar con las páginas 77–83

OBJETIVO **Sumar números reales usando una recta numérica o las reglas de la suma**

VOCABULARIO

Propiedad de cierre La suma de dos números reales cualesquiera es un número real único. $a + b$ es un número real único.

Propiedad conmutativa El orden en que dos números se suman no altera la suma. $a + b = b + a$.

Propiedad asociativa La manera de agrupar tres números al sumar no cambia la suma. $(a + b) + c = a + (b + c)$.

Propiedad de identidad La suma de un número y 0 es el número. $a + 0 = a$.

Propiedad inversa La suma de un número y su opuesto es 0. $a + (-a) = 0$.

EJEMPLO 1 ***Sumar números reales***

Usa una recta numérica para calcular la suma: $4 + 1 + (-3)$.

SOLUCIÓN

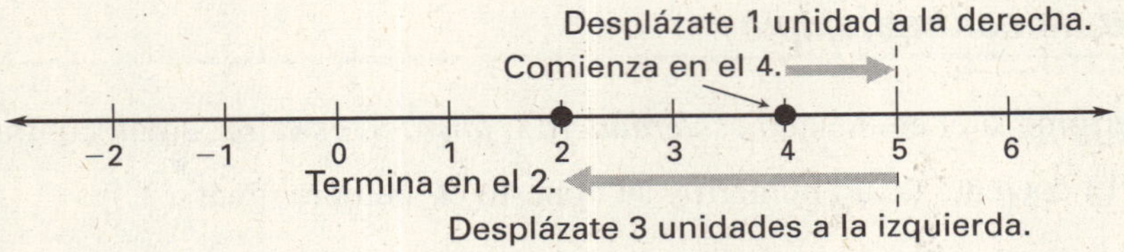

La suma puede escribirse como $4 + 1 + (-3) = 2$.

Ejercicios para el Ejemplo 1

Usa una recta numérica para calcular la suma.

1. $-8 + 6$ **2.** $-5 + (-1)$ **3.** $10 + (-4)$

4. $9 + (-3) + (-2)$ **5.** $-2 + (-4) + (-1)$ **6.** $6 + 1 + (-7)$

Chapter 2

LECCIÓN 2.3 CONTINUACIÓN

NOMBRE ______________________ FECHA __________

Refuerzo con práctica

Para usar con las páginas 77–83

EJEMPLO 2 Usar reglas y propiedades de la suma para calcular una suma

Calcula la suma: $3.8 + (-1.2) + 1.2$.

SOLUCIÓN

$3.8 + (-1.2) + 1.2 = 3.8 + (-1.2 + 1.2)$ Usa la propiedad asociativa.

$= 3.8 + 0$ Usa la propiedad inversa.

$= 3.8$ Usa la propiedad de identidad.

Ejercicios para el Ejemplo 2

Nombra la propiedad mostrada por el enunciado.

7. $(-6) + (-7) = (-7) + (-6)$

8. $5 + 0 = 5$

9. $(-4 + 8) + 6 = -4 + (8 + 6)$

10. $13 + (-13) = 0$

EJEMPLO 3 Usar sumas en la vida real

La temperatura se elevó 5°F de las 7 A.M. a las 11 A.M., se elevó 2°F de las 11 A.M. a las 5 P.M. y descendió después 6°F de las 5 P.M. a las 10 P.M.

Usa las propiedades de la suma y las reglas de la suma para calcular el cambio total de temperatura.

SOLUCIÓN

El cambio total de temperatura se representa como $5 + 2 + (-6)$.

$5 + 2 + (-6) = (5 + 2) + (-6)$ Usa la propiedad asociativa.

$= 7 + (-6)$ Suma 5 y 2.

$= 1$ Suma 7 y -6.

El cambio total de la temperatura, un aumento, puede escribirse como 1°F.

Ejercicios para el Ejemplo 3

11. Una librería obtiene una ganancia de \$342.60 durante el primer trimestre, una pérdida de \$78.35 durante el segundo trimestre, una pérdida de \$127.40 durante el tercer trimestre y una ganancia de \$457.80 durante el cuarto trimestre. ¿Obtuvo ganancias la librería durante el año? Explica.

12. El precio de una acción aumentó \$3.00 el lunes, disminuyó \$1.25 el miércoles y disminuyó \$2.00 el viernes. Calcula el cambio total del precio de la acción.

Chapter 2

LECCIÓN 2.3

NOMBRE ______________________________ FECHA __________

Prueba parcial 1

Para usar después de las lecciones 2.1–2.3

1. Escribe en orden creciente los números $-5.5, 4, \frac{1}{2}, -7.1$ y $-1\frac{1}{3}$. *(Lección 2.1)*

2. Marca en una recta numérica los números -6.8 y -6.7. Luego escribe dos desigualdades que comparen los dos números. *(Lección 2.1)*

3. Evalúa $-|-14|$. *(Lección 2.2)*

4. Usa el cálculo mental para resolver la ecuación. $|x| = 0.5$ *(Lección 2.2)*

5. $(-5 + 1) + -4 = -5 + [1 + (-4)]$ es un ejemplo de la propiedad ____________________. *(Lección 2.3)*

6. Calcula la suma $-15 + 10 + (-5.0)$. *(Lección 2.3)*

7. Calcula la suma $18.3 + 30.7 + (-20.5) + (-8)$. *(Lección 2.3)*

8. Calcula la suma $-57 + 57$. *(Lección 2.3)*

9. Calcula la suma $-\frac{3}{5} + \frac{3}{10} + \left(-\frac{1}{2}\right)$. *(Lección 2.3)*

Respuestas

1. ____________________
2. Usa la recta numérica de la izquierda.
3. ____________________
4. ____________________
5. ____________________
6. ____________________
7. ____________________
8. ____________________
9. ____________________

Chapter 2

LECCIÓN 2.4

NOMBRE ______________________ FECHA __________

Refuerzo con práctica

Para usar con las páginas 84–91

OBJETIVO **Restar números reales usando la regla de la resta**

VOCABULARIO

Los **términos** de una expresión son las partes que se suman al escribir la expresión como una suma.

EJEMPLO 1 *Usar la regla de la resta*

Calcula la diferencia.

a. $-2 - 6$

b. $-1 - (-9)$

SOLUCIÓN

a. $-2 - 6 = -2 + (-6)$ Suma el opuesto de 6.

$= -8$ Suma –2 y –6.

b. $-1 - (-9) = -1 + 9$ Suma el opuesto de -9.

$= 8$ Suma –1 y 9.

Ejercicios para el Ejemplo 1

Calcula la diferencia.

1. $2 - 5$

2. $-5 - 7$

3. $2.5 - 4$

4. $4 - 2.5$

5. $10 - 2$

6. $10 - (-2)$

EJEMPLO 2 *Evaluar expresiones*

Evalúa la expresión $-8 - 3 - (-10) + 2$.

SOLUCIÓN

$-8 - 3 - (-10) + 2 = -8 + (-3) + 10 + 2$ Suma los opuestos de 3 y -10.

$= -11 + 10 + 2$ Suma -8 y -3.

$= -1 + 2$ Suma -11 y 10.

$= 1$ Suma -1 y 2.

Ejercicios para el Ejemplo 2

Evalúa la expresión.

7. $5 + (-3) - 1$

8. $9 - (-2) + 7$

9. $-6 - 2 + (-5)$

Chapter 2

NOMBRE ______________________ FECHA __________

Refuerzo con práctica

Para usar con las páginas 84–91

EJEMPLO 3 Hallar los términos de una expresión

Halla los términos de $-8 - 3x$.

SOLUCIÓN

$-8 - 3x = -8 + (-3x)$ Reescribe la diferencia como una suma.

Cuando una expresión está escrita como una suma, las partes que se suman son los términos de la expresión. Los términos de la expresión son -8 y $-3x$.

Ejercicios para el Ejemplo 3

Halla los términos de la expresión.

10. $7 - 4x$ **11.** $-y - 5$ **12.** $-2a + 1$

EJEMPLO 4 Usar la resta en la vida real

Tú anotas las temperaturas diarias más altas durante una semana. Las temperaturas (en grados Fahrenheit) aparecen en la tabla siguiente. Para completar la tabla, calcula el cambio de temperatura entre un día y el siguiente.

Día	*dom*	*lun*	*mar*	*miér*	*jue*	*vie*	*sáb*
Temperatura más alta	72	75	70	67	71	72	68
Cambio	—	?	?	?	?	?	?

SOLUCIÓN

Resta la temperatura de cada día a la temperatura del día anterior.

DÍA	TEMPERATURA MÁS ALTA	CAMBIO
dom	72	—
lun	75	$75 - 72 = 3$
mar	70	$70 - 75 = -5$
miér	67	$67 - 70 = -3$
jue	71	$71 - 67 = 4$
vie	72	$72 - 71 = 1$
sáb	68	$68 - 72 = -4$

Ejercicio para el Ejemplo 4

13. Durante el mes de enero, la cantidad de nieve caída se anota cada semana. Las cantidades (en pulgadas) aparecen en la tabla siguiente. Para completar la tabla, halla el cambio en la cantidad de nieve caída entre una semana y la semana siguiente.

Semana	1	2	3	4
Cantidad	9	6.5	11	14
Cambio	—	?	?	?

LECCIÓN 2.5

NOMBRE ______________________ FECHA __________

Refuerzo con práctica

Para usar con las páginas 92–98

OBJETIVO Multiplicar números reales usando las reglas para el signo de un producto

VOCABULARIO

Propiedad de cierre El producto de cualesquier dos números reales es un número real único. ab es un número real único.

Propiedad conmutativa El orden en que dos números se multiplican no cambia el producto. $ab = ba$

Propiedad asociativa La manera de agrupar tres números al multiplicar no cambia el producto. $(ab)c = a(bc)$

Propiedad de identidad El producto de un número y 1 es el número. $1 \cdot a = a$

Propiedad del cero El producto de un número y 0 es 0. $0 \cdot a = 0$

Propiedad de negativo 1 El producto de un número y -1 es el opuesto del número. $-1 \cdot a = -a$

EJEMPLO 1 *Multiplicar números reales*

Halla el producto.

a. $(0.5)(-26)$

b. $(-1)(-5)(-6)$

c. $(-4)(6)\left(-\frac{1}{3}\right)$

SOLUCIÓN

a. $(0.5)(-26) = -13$ Un factor negativo

b. $(-1)(-5)(-6) = -30$ Tres factores negativos

c. $(-4)(6)\left(-\frac{1}{3}\right) = 8$ Dos factores negativos

Ejercicios para el Ejemplo 1

Calcula el producto.

1. $(-2)(3)$
2. $(-7)(-1)$
3. $(10)(-2)$
4. $(-12)(0.5)(-3)$
5. $(-4)(-2)(-5)$
6. $(6)(-6)(2)$

EJEMPLO 2 *Simplificar expresiones variables*

a. $(-2)(-7x)$

b. $-(y)^2$

SOLUCIÓN

a. $(-2)(-7x) = 14x$ Dos factores negativos, así que el producto es positivo

b. $-(y)^2 = (-1)(y^2) = -y^2$ Un factor negativo, así que el producto es negativo

LECCIÓN
2.5
CONTINUACIÓN

NOMBRE______________________________ FECHA____________

Refuerzo con práctica

Para usar con las páginas 92–98

Ejercicios para el Ejemplo 2

Simplifica la expresión variable.

7. $(5)(-w)$

8. $8(-t)(-t)$

9. $(-7)(-y)(-y)$

10. $-\frac{1}{3}(6x)$

11. $-4(a)(-a)(-a)$

12. $-\frac{3}{5}(-s)(10s)$

Chapter 2

EJEMPLO 3 *Evaluar una expresión variable*

Evalúa la expresión $(-12 \cdot x)(-3)$ cuando $x = -2$.

SOLUCIÓN

$(-12 \cdot x)(-3) = 36x$	Primero simplifica la expresión.
$= 36(-2)$	Sustituye x por -2.
$= -72$	Simplifica.

Ejercicios para el Ejemplo 3

Evalúa la expresión.

13. $-15x$ cuando $x = 3$

14. $2p^2$ cuando $p = -1$

15. $(-4m^2)(5m)$ cuando $m = -2$

16. k^3 cuando $k = -3$

EJEMPLO 4 *Usar la multiplicación en la vida real*

Para promover su gran inauguración, una tienda de discos anuncia discos compactos a \$10. La tienda pierde \$2.50 por cada disco que vende. ¿Cuánto dinero perderá la tienda en su gran inauguración si vende 256 discos?

SOLUCIÓN

Para calcular la pérdida total, multiplica el número de discos vendidos por la pérdida por disco.

$$(256)(-2.50) = -640$$

La tienda pierde \$640 en su venta de inauguración.

Ejercicios para el Ejemplo 4

17. Formula nuevamente el Ejemplo 4 si la tienda pierde \$1.50 por cada disco.

18. Formula nuevamente el Ejemplo 4 si la tienda vende 185 discos.

LECCIÓN 2.6

NOMBRE ________________________________ FECHA ____________

Refuerzo con práctica

Para usar con las páginas 99–106

OBJETIVO **Usar la propiedad distributiva**

VOCABULARIO

Propiedad distributiva: el producto de a y $b + c$ o de a y $b - c$:

$a(b + c) = ab + ac$; $\quad$ $a(b - c) = ab - ac$;

$(b + c)a = ba + ca$ $\quad$ $(b - c)a = ba - ca$

EJEMPLO 1 *Usar un modelo de área*

Halla el área de un rectángulo con una anchura de 5 y una longitud de $x + 3$.

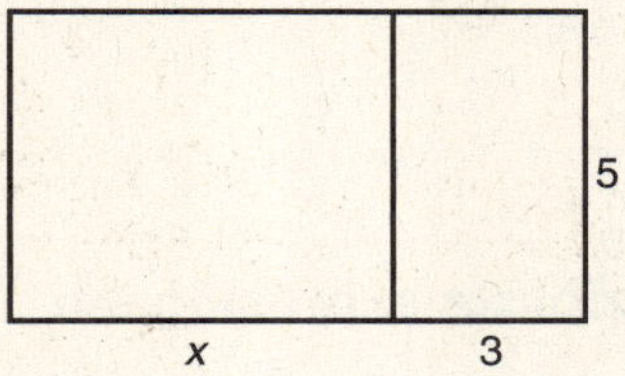

SOLUCIÓN

$$\begin{aligned}\text{Área} &= \text{longitud} \times \text{anchura}\\ &= (x + 3)5\\ &= 5x + 15\end{aligned}$$

Ejercicios para el Ejemplo 1

1. Escribe dos expresiones para el área del rectángulo de abajo.
2. Escribe un enunciado algebraico mostrando que las dos expresiones del Ejercicio 1 son iguales.

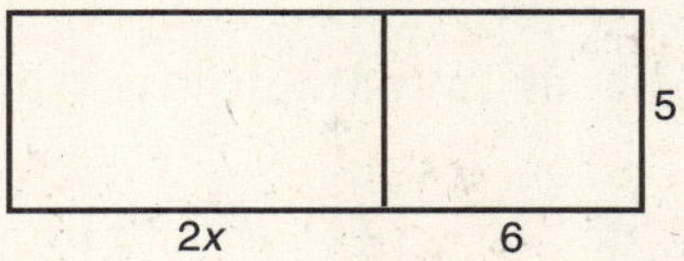

EJEMPLO 2 *Usar la propiedad distributiva con la suma*

Usa la propiedad distributiva para reescribir la expresión sin paréntesis.

a. $-4(2x + 1)$ $\qquad$ **b.** $(3x + 3)5$

SOLUCIÓN

a. $-8x - 4$ $\qquad$ **b.** $15x + 15$

LECCIÓN **2.6** CONTINUACIÓN

NOMBRE ______________________ FECHA ____________

Refuerzo con práctica

Para usar con las páginas 99–106

Ejercicios para el Ejemplo 2

Usa la propiedad distributiva para reescribir la expresión sin paréntesis.

3. $3(2x + 6)$ **4.** $-5(6x + 1)$ **5.** $-1(x + 8)$

EJEMPLO 3 *Usar la propiedad distributiva con la resta*

Usa la propiedad distributiva para reescribir la expresión sin paréntesis.

a. $4(x - 6)$ **b.** $-3(2x - 8)$

SOLUCIÓN

a. $4x - 24$ **b.** $-6x + 24$

Ejercicios para el Ejemplo 3

Usa la propiedad distributiva para reescribir la expresión sin paréntesis.

6. $-3(2x - 9)$ **7.** $(4x - 3)6$ **8.** $\frac{1}{2}(6x - 10)$

EJEMPLO 4 *El cálculo mental*

Usa la propiedad distributiva para hacer un cálculo mental de la expresión 23 × 6.

SOLUCIÓN

$$23 \times 6 = (20 + 3)6 = 20 \cdot 6 + 3 \cdot 6 = 120 + 18 = 138$$

Ejercicios para el Ejemplo 4

Usa la propiedad distributiva para hacer un cálculo mental de la expresión.

9. 16×3 **10.** 2×38 **11.** 24×4

LECCIÓN 2.6

NOMBRE ______________________ FECHA __________

Prueba parcial 2

Para usar después de las lecciones 2.4–2.6

En los Ejercicios 1 a 3, halla la diferencia.

1. $8 - 13$ *(Lección 2.4)*

2. $9 - (-10)$ *(Lección 2.4)*

3. $-5 - (-1)$ *(Lección 2.4)*

4. Calcula el producto $(-10)(-1.5)$. *(Lección 2.5)*

5. Evalúa $5x^3 + 5x$ cuando $x = -2$. *(Lección 2.5)*

6. $-3.4 \cdot 9 = 9 \cdot -3.4$ es un ejemplo de la propiedad ____________________. *(Lección 2.5)*

7. Simplifica la expresión $7x(x + 2)$. *(Lección 2.6)*

8. Usa la propiedad distributiva para reescribir $11x(5 - 3x)$ sin paréntesis. *(Lección 2.6)*

Respuestas

1. ______________
2. ______________
3. ______________
4. ______________
5. ______________
6. ______________
7. ______________
8. ______________

LECCIÓN 2.7

NOMBRE ______________________ FECHA ____________

Refuerzo con práctica

Para usar con las páginas 107–112

OBJETIVO **Simplificar una expresión combinando términos semejantes**

VOCABULARIO

En un término que es el producto de un número por una variable, el número es el **coeficiente** de la variable.

Los **términos semejantes** son términos que tienen la misma variable elevada a la misma potencia.

Una expresión está **simplificada** si no tiene símbolos de agrupamiento y si todos los términos semejantes han sido combinados.

Chapter 2

EJEMPLO 1

Identificar términos semejantes

Identifica los términos semejantes en la expresión $2x - 3x^2 + 4 - 5x - 3 + 2x^2$.

SOLUCIÓN

Los términos $-3x^2$ y $2x^2$ son términos semejantes; los términos $2x$ y $-5x$ son términos semejantes; 4 y -3 son términos semejantes.

Ejercicios para el Ejemplo 1

Identifica los términos semejantes en la expresión.

1. $5 - 2x + 3x^2 + 1 - 2x^2$

2. $6x + 10x^2 - 2x + 3 - 5x^2$

EJEMPLO 2

Combinar términos semejantes

Simplifica la expresión.

a. $5x^2 - 3x - 2x^2 + 4x$

b. $3 + 2x - 6x^2 - x + 1$

SOLUCIÓN

a. $3x^2 + x$

b. $-6x^2 + x + 4$

Ejercicios para el Ejemplo 2

Simplifica la expresión.

3. $4 - 6x + 2x^2 - 3 + 5x - 4x^2$

4. $3x^2 - 2 + 5x^2 - 8x - 3x^2 + 2$

NOMBRE ______________________ FECHA ____________

Refuerzo con práctica

Para usar con las páginas 107–112

EJEMPLO 3 *Usar símbolos de agrupamiento para simplificar expresiones*

a. $7 - 3(2 + z) = 7 + (-3)(2 + z)$ Reescribe como una expresión de suma.

$= 7 + [(-3)(2) + (-3)(z)]$ Distribuye el -3.

$= 7 + (-6) + (-3z)$ Multiplica.

$= 1 - 3z$ Combina los términos semejantes.

b. $4x(5 - x) - 2x = 4x[5 + (-x)] - 2x$ Reescribe como una expresión de suma.

$= (4x)(5) + (4x)(-x) - 2x$ Distribuye el $4x$.

$= 20x - 4x^2 - 2x$ Multiplica.

$= 20x - 2x - 4x^2$ Agrupa términos semejantes.

$= 18x - 4x^2$ Combina los términos semejantes.

Ejercicios para el Ejemplo 3

Simplifica la expresión.

5. $(2w + 4)(-3) + w$

6. $3(5 - q) - q$

7. $-9t(t - 4) - 12$

8. $x^2 - 2x(x + 7)$

9. $-(6y - 5) + 6y$

10. $15d^2 + (2 - d)4d$

EJEMPLO 4 *Simplificar una función*

Todas las semanas los sábados y domingos, cortas el césped y haces tareas para un vecino por un total de 8 horas. Los sábados ganas $10 por hora y los domingos ganas $12.

a. Escribe y simplifica una función que dé la cantidad total que ganas.
b. Si trabajas 5 horas los sábados, ¿cuánto ganas?

SOLUCIÓN

a. Designaciones: Sueldo $= e$
Salario por hora los sábados = $10
Horas trabajadas los sábados $= t$
Salario por hora los domingos = $12
Horas trabajadas los domingos $= 8 - t$

$e = 10t + 12(8 - t)$

$= 10t + 96 - 12t$

$= -2t + 96$

b. $e = -2t + 96$

$= -2(5) + 96$

$= 86$

Ganas $86.

Ejercicio para el Ejemplo 4

11. Un sastre hace cortinas y 6 almohadillas. La tela de las cortinas cuesta $25 por yarda. La tela de las almohadillas cuesta $20 por yarda. La cantidad total que se necesita son 21 yardas. El sastre necesita x yardas para las cortinas.

a. Escribe y simplifica una función que dé el total del costo c de la tela.
b. Las cortinas usan 12 yardas de tela. ¿Cuánto costará toda la tela?

LECCIÓN 2.8

NOMBRE ______________________ FECHA __________

Refuerzo con práctica

Para usar con las páginas 113–118

OBJETIVO **Dividir números reales y usar la división para simplificar expresiones algebraicas**

> **VOCABULARIO**
>
> Dos números cuyo producto es 1 se los llama **recíprocos.**

EJEMPLO 1 *Dividir números reales*

Calcula el cociente.

a. $-30 \div 10$ **b.** $-24 \div (-6)$ **c.** $5 \div \left(-\frac{1}{3}\right)$

SOLUCIÓN

a. $-30 \div 10 = -30 \cdot \frac{1}{10} = -3$

b. $-24 \div (-6) = -24 \cdot \left(-\frac{1}{6}\right) = 4$

c. $5 \div \left(-\frac{1}{3}\right) = 5(-3) = -15$

Ejercicios para el Ejemplo 1

Calcula el cociente.

1. $36 \div (-3)$ **2.** $-28 \div (-7)$ **3.** $-13 \div 26$

4. $4 \div \left(-\frac{1}{2}\right)$ **5.** $-\frac{1}{3} \div (-5)$ **6.** $-25 \div 5$

EJEMPLO 2 *Simplificar fracciones*

Calcula el cociente $\dfrac{-9}{\frac{3}{4}}$.

SOLUCIÓN

$\dfrac{-9}{\frac{3}{4}} = -9 \div \frac{3}{4}$ Vuelve a escribir como expresión de división.

$= -9\left(\frac{4}{3}\right)$ Multiplica por el recíproco.

$= -12$ Simplifica.

Ejercicios para el Ejemplo 2

Simplifica la expresión.

7. $\dfrac{-12}{\frac{4}{3}}$ **8.** $\dfrac{24}{-\frac{1}{6}}$ **9.** $\dfrac{\frac{1}{2}}{-8}$

NOMBRE ______________________________ FECHA ____________

Refuerzo con práctica

Para usar con las páginas 113–118

EJEMPLO 3 *Evaluar una expresión*

Evalúa la expresión $\frac{3c + d}{d}$, cuando $c = -4$ y $d = -2$.

SOLUCIÓN

$$\frac{3c + d}{d} = \frac{3(-4) + (-2)}{-2} = \frac{-12 + (-2)}{-2} = \frac{-14}{-2} = 7$$

Ejercicios para el Ejemplo 3

Evalúa la expresión para los valores dados de las variables.

10. $\frac{2m - 9}{3}$, cuando $m = 6$

11. $\frac{y - 2x}{x}$, cuando $y = 8$ y $x = 2$

12. $\frac{11 - q}{7}$, cuando $q = -3$

13. $\frac{5a + 2b}{a}$, cuando $a = -1$ y $b = -2$

EJEMPLO 4 *Simplificar una expresión*

Simplifica $\frac{12x - 9}{3}$.

SOLUCIÓN

$\frac{12x - 9}{3} = (12x - 9) \div 3$ Reescribe la fracción como una expresión de división.

$= (12x - 9) \bullet \frac{1}{3}$ Multiplica por el recíproco.

$= (12x)\left(\frac{1}{3}\right) - (9)\left(\frac{1}{3}\right)$ Usa la propiedad distributiva.

$= 4x - 3$ Multiplica.

Ejercicios para el Ejemplo 4

Simplifica la expresión.

14. $\frac{14t + 21}{7}$

15. $\frac{10x - 25}{-5}$

16. $\frac{-51y - 34}{17}$

CAPÍTULO 2

NOMBRE ____________________ FECHA ____________

Prueba del capítulo A

Para usar después del capítulo 2

Marca los números en una recta numérica.

1. 4.5 y -3.4

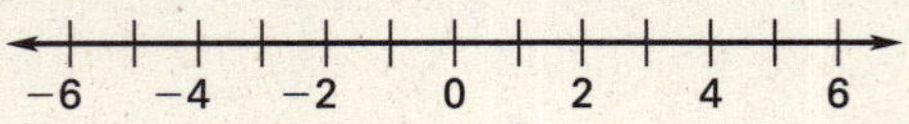

2. $\frac{1}{3}$ y $-2\frac{1}{3}$

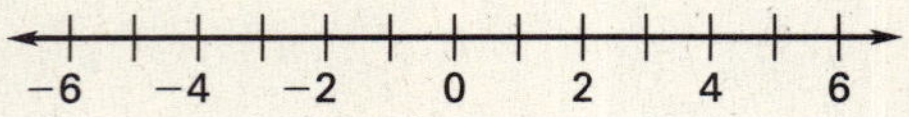

Escribe los números en orden creciente.

3. $1.99, -3.45, 2.01, -3.42, 0.99$

4. $2\frac{1}{2}, 2.15, -2.25, 1\frac{7}{10}, 1\frac{2}{5}$

Calcula el valor de la expresión.

5. $|-4.1|$

6. $-6.4 + (-3.1)$

7. $-3 - (-8)$

8. $-9.1 - |-7.5|$

9. $11 - (-4) + (-3)$

10. $-15 + (-10) + 25$

11. Una empresa de mercadeo obtuvo una ganancia de \$5625.14 en enero, una pérdida de \$4250.35 en febrero y una ganancia de \$1475.55 en marzo. ¿Obtuvo ganancias la empresa durante ese período de tres meses? Si es así, ¿cuánta ganancia obtuvo?

Evalúa la expresión para el valor dado de *x*.

12. $7 + x + (-3)$, cuando $x = 2$

13. $4x^2 + 2$, cuando $x = 2$

14. $|x + 10|$, cuando $x = -12$

15. $|2x + 1|$, cuando $x = \frac{3}{2}$

16. $\frac{x-3}{4}$, cuando $x = 4$

17. $\frac{5-x}{6}$, cuando $x = 3$

Empareja la propiedad con el enunciado que la muestra.

18. Propiedad conmutativa

19. Propiedad asociativa

20. Propiedad distributiva

21. Propiedad de identidad

A. $-6 + 0 = 6$

B. $3(-4) = -4(3)$

C. $(-2 + 4) + 9 = -2 + (4 + 9)$

D. $3(x - 7) = 3x - 21$

Respuestas

1. Usa la recta numérica de la izquierda.

2. Usa la recta numérica de la izquierda.

3. ____________

4. ____________

5. ____________

6. ____________

7. ____________

8. ____________

9. ____________

10. ____________

11. ____________

12. ____________

13. ____________

14. ____________

15. ____________

16. ____________

17. ____________

18. ____________

19. ____________

20. ____________

21. ____________

NOMBRE ______________________ FECHA ____________

Prueba del capítulo A

Para usar después del capítulo 2

Calcula el producto o el cociente.

22. $(-14)(-2)$

23. $-42 \div (-14)$

24. $(-3)(-5)(4)$

25. $26 \div (-2)$

Simplifica la expresión.

26. $(-4)(-x)$

27. $(-2)(-y)(y)$

28. $7(x - 5)$

29. $(3 - x)4$

30. $3(2 - 4x)$

31. $-(10 - 7x)$

32. $(3 + 2y)(-3) + y$

33. $7x + 5(1 - x)$

34. $\dfrac{10x - 20}{10}$

35. $\dfrac{-4x + 6}{2}$

36. $\dfrac{8x + 6}{2}$

37. $\dfrac{14x + 21}{7}$

Halla el dominio de la función.

38. $y = \dfrac{2}{8x}$

39. $y = \dfrac{2x}{x + 9}$

40. $y = \dfrac{x - 7}{3}$

41. $y = \dfrac{2x}{-x - 5}$

En los Ejercicios 42 y 43, simplifica la expresión combinando los términos semejantes.

42. $3(x + 2) - 2(x - 1)$

43. $4(2 - x) + 3(-x + 5)$

44. Escribe y simplifica una expresión para el perímetro de la figura.

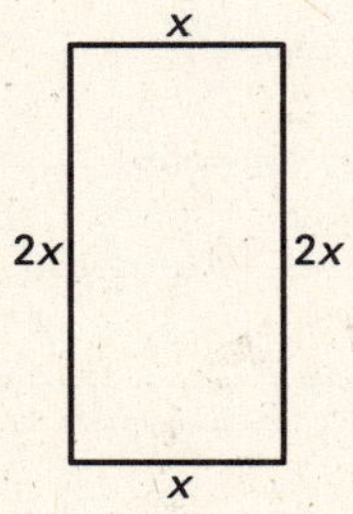

Respuestas

22. ____________
23. ____________
24. ____________
25. ____________
26. ____________
27. ____________
28. ____________
29. ____________
30. ____________
31. ____________
32. ____________
33. ____________
34. ____________
35. ____________
36. ____________
37. ____________
38. ____________
39. ____________
40. ____________
41. ____________
42. ____________
43. ____________
44. ____________

CAPÍTULO 2

NOMBRE ______________________________ FECHA ____________

Prueba del capítulo B

Para usar después del capítulo 2

Marca los números en una recta numérica.

1. -0.6 y 2.1

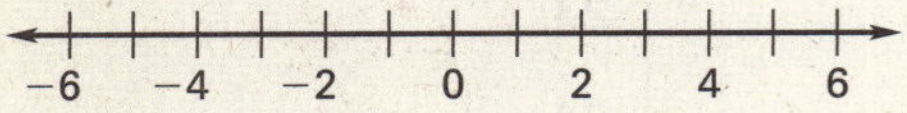

2. $2\frac{3}{10}$ y $-\frac{4}{9}$

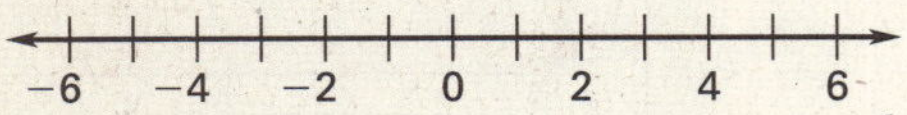

Escribe los números en orden creciente.

3. $1.5, -2.4, 2.1, -1.6, 3.3$

4. $2\frac{5}{9}, 2.5, -1.25, -1\frac{1}{5}, -1\frac{2}{9}$

Calcula el valor de la expresión.

5. $|-4.2| - 6.5$

6. $-8 + 6 + (-9)$

7. $-4.5 - (-6.2) + 1.7$

8. $(-1.7) + |-5.8 - 6.2|$

9. $16.23 - (-14.2) + 9.3$

10. $|2 - (-1) + 4|$

11. Una empresa de telemercadeo tuvo una pérdida de $2113.15 en julio, una pérdida de $597.11 en agosto y una ganancia de $4121.55 en septiembre. ¿Obtuvo ganancias la empresa durante ese período de tres meses? Si es así, ¿cuánta ganancia obtuvo?

Evalúa la expresión para el valor dado de la variable.

12. $4 + x + (-7) + (-3)$, cuando $x = 3$

13. $-4x^2 - 6$, cuando $x = -2$

14. $2|3x - 5|$, cuando $x = -3$

15. $|6 - x| + 4$, cuando $x = 5$

16. $\frac{3a - 7}{2}$, cuando $a = 4$

17. $\frac{a + 3b}{5}$, cuando $a = -3$ y $b = 4$

Empareja la propiedad con el enunciado que la muestra.

18. Propiedad conmutativa

19. Propiedad asociativa

20. Propiedad distributiva

21. Propiedad inversa

A. $\frac{1}{2}(6) = 6\left(\frac{1}{2}\right)$

B. $x(x + 3) = x^2 + 3x$

C. $-3 + 3 = 0$

D. $(5 \cdot 4)3 = 5(4 \cdot 3)$

Respuestas

1. Usa la recta numérica de la izquierda.

2. Usa la recta numérica de la izquierda.

3. ____________

4. ____________

5. ____________

6. ____________

7. ____________

8. ____________

9. ____________

10. ____________

11. ____________

12. ____________

13. ____________

14. ____________

15. ____________

16. ____________

17. ____________

18. ____________

19. ____________

20. ____________

21. ____________

Chapter 2

NOMBRE ______________________ FECHA __________

Prueba del capítulo B

Para usar después del capítulo 2

Calcula el producto o el cociente.

22. $(-6)\left(-\frac{3}{2}\right)(7)(-11)$

23. $-16.2 \div 6$

24. $(-4)\left(\frac{9}{10}\right)(-5)(-3)$

25. $-48 \div \left(\frac{6}{5}\right)$

Simplifica la expresión.

26. $(-4)(-x)(x^2)$

27. $(24)(-5x)(-x)$

28. $-x(4 - x)$

29. $-4t(t + 2)$

30. $b^2(4 - b^2)$

31. $(c + 3c^2)(-c^2)$

32. $3y - (6y + 2)(-y)$

33. $(-7x + x^2)(-x) + x^2$

34. $\dfrac{9x + 15}{3}$

35. $\dfrac{-16x + 32}{-8}$

36. $\dfrac{-10x + 3}{5}$

37. $\dfrac{17x - 6}{2}$

Halla el dominio de la función.

38. $y = \dfrac{2x}{15}$

39. $y = \dfrac{3}{7x}$

40. $y = \dfrac{9x}{-x + 8}$

41. $y = \dfrac{x + 1}{-x - 4}$

En los Ejercicios 42 y 43, simplifica la expresión combinando los términos semejantes.

42. $x(x - 3) + x(-x + 3)$

43. $\frac{1}{2}(2x + 6) + 2(x - 1)$

44. Escribe y simplifica una expresión para el perímetro de la figura.

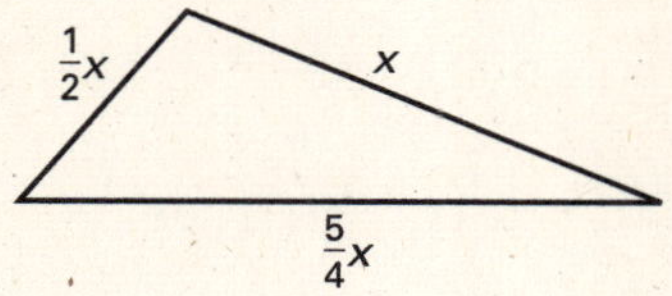

22. ____________
23. ____________
24. ____________
25. ____________
26. ____________
27. ____________
28. ____________
29. ____________
30. ____________
31. ____________
32. ____________
33. ____________
34. ____________
35. ____________
36. ____________
37. ____________
38. ____________
39. ____________
40. ____________
41. ____________
42. ____________
43. ____________
44. ____________

CAPÍTULO 2

NOMBRE ________________________ FECHA ____________

Prueba del capítulo SAT/ACT

Para usar después del capítulo 2

1. ¿Qué desigualdad es verdadera?

(A) $3 < -4$ (B) $2 < -5$
(C) $-2 > 0$ (D) $-3 > -4$

2. ¿Cuál es el valor de la expresión $-26 + 117 - |-86|$?

(A) 5 (B) 177
(C) -229 (D) 57

3. ¿Cuál es el valor de $-105 + 30$?

(A) 75 (B) -75
(C) -135 (D) 135

4. Evalúa cuando $\frac{a - 2b + 3}{5}$ para $a = 3$ y $b = -4$.

(A) $-\frac{2}{5}$ (B) $-\frac{7}{5}$
(C) $\frac{14}{5}$ (D) 1

5. Evalúa cuando $x = -\frac{1}{3}$.

(A) 0 (B) -1
(C) -2 (D) -3

6. Calcula el cociente $-64 \div \left(\frac{4}{3}\right)$.

(A) -48 (B) -24
(C) -16 (D) -64

7. Escribe una expresión para el área de este rectángulo.

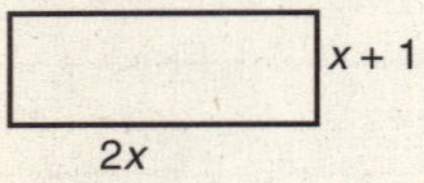

(A) $2x + 1$ (B) $2x^2 + 2x$
(C) $2x + 2$ (D) $2x^2 + 1$

8. Simplifica $3a^2 - (5a - 3)(-7a)$.

(A) $3a^2 + 35a - 21$
(B) $3a^2 - 26a$
(C) $-32a^2 - 21a$
(D) $38a^2 - 21a$

En la pregunta 9, escoge el enunciado verdadero acerca de las cantidades dadas.

(A) La cantidad de la columna A es mayor.
(B) La cantidad de la columna B es mayor.
(C) Las dos cantidades son iguales.
(D) La relación no puede determinarse a partir de la información dada.

9.

Columna A	*Columna B*
$(-8)\left(\frac{49}{5}\right)\left(\frac{10}{7}\right)$	$\left(\frac{5}{7}\right)\left(-\frac{36}{10}\right)\left(-\frac{42}{9}\right)$

(A) (B) (C) (D)

10. En enero, una tienda de tarjetas obtuvo una ganancia de \$4526.77. En febrero, la tienda obtuvo una ganancia de \$3987.56. ¿Cuál fue el cambio de ganancia de la tienda?

(A) $-\$539.21$ (B) $-\$629.12$
(C) \$539.21 (D) \$575.21

Chapter 2

NOMBRE ____________________ FECHA __________

Evaluación alternativa y diario de matemáticas

Para usar después del capítulo 2

DIARIO 1. Desarrolla y simplifica las siguientes expresiones:
$-2^2, -2^3, -2^4, -2^5, -2^6, (-2)^2, (-2)^3, (-2)^4, (-2)^5$, y $(-2)^6$.
(a) Explica cómo sabes el signo de cada resultado. (b) Si n es un entero positivo y a es un entero, escribe una regla para el signo de a^n. Asegúrate de incluir todos los casos.

PROBLEMA DE VARIOS PASOS 2. El maestro te da las siguientes instrucciones: "Escoge cualquier entero. Multiplícalo por menos cuatro. Súmale diez. Divide el resultado por dos. Súmale el triple del número original. Réstale doce a ese resultado. Súmale menos diez. Después, súmale 32". El maestro te pregunta el número final. Respondes "18" y el maestro dice: "Tu entero era el 3". ¿Cómo supo el maestro el número original?

La siguiente expresión representa las instrucciones de tu maestro, donde el entero original está representado por x.

$$\frac{x \cdot (-4) + 10}{2} + 3x - 12 + (-10) + 32$$

a. Enuncia con tus propias palabras la definición de entero.

b. Escoge un entero positivo para x y evalúa la expresión, mostrando todo el trabajo.

c. Escoge un entero negativo para x y evalúa la expresión, mostrando todo tu trabajo.

d. Anticipa el valor de la expresión para $x = 40$. Verifica el resultado.

e. Simplifica la expresión que se muestra. Saca una conclusión en base a tu resultado. ¿Qué hizo el maestro para determinar el número original?

f. Crea una expresión algebraica. Escribe un conjunto de instrucciones que correspondan a la expresión. Muestra todo tu trabajo de simplificar la expresión y explica después cómo puedes hallar el número original basándote en la expresión.

3. ***Razonamiento crítico*** Supón que el maestro da las siguientes instrucciones: "Escoge un número. Réstale ocho. Multiplica el resultado por dos. Toma el opuesto del resultado. Réstale diecisiete. Suma cuatro veces tu número. Después, súmale menos cuatro". Escribe una expresión para ello y simplifica. Cuando un estudiante entrega un resultado al maestro, ¿qué debería hacer el maestro para hallar el número original del estudiante?

4. ***Escritura*** Crea una expresión algebraica para la cual un estudiante obtenga siempre igual resultado, sin importar el número que escoja.

CAPÍTULO 2 CONTINUACIÓN

NOMBRE ______________________ FECHA ____________

Pauta para la evaluación alternativa

Para usar después del capítulo 2

DIARIO SOLUCIÓN

1. Las respuestas completas deberían considerar los siguientes puntos:
   - resultados: $-4, -8, -16, -32, -64, 4, -8, 16, -32, 64$.
   - El trabajo incluye la expresión desarrollada, por ejemplo:

     $-2^2 = -(2 \cdot 2) = -4$

     $(-2)^2 = (-2) \cdot (-2) = 4$

   a. Explica cómo sabes el signo del resultado: Un producto es negativo si tiene un número *impar* de factores negativos. Un producto es positivo si tiene un número *par* de factores negativos.

   b. Explica que si a es positivo, entonces a^n es positivo. Si a es negativo, entonces a^n es positivo si n es par, y a^h es negativo si n es impar. Si $a = 0$, entonces $a^n = 0$.

PROBLEMA DE VARIOS PASOS SOLUCIÓN

2. **a.** *Posible respuesta:* El conjunto de enteros consiste en el conjunto de números enteros y sus opuestos.

   b. El resultado debería ser 15 más que el número original.

   c. El resultado debería ser 15 más que el número original.

   d. 55

   e. La expresión se simplifica a $x + 15$. El resultado siempre será 15 más que el número original. El maestro resta quince para calcular el número original.

   f. Las respuestas pueden variar.

3. La expresión es $-((x - 8) \cdot 2) - 17 + 4x + (-4)$, que se simplifica a $2x - 5$. El maestro debería sumar cinco al resultado del estudiante y después dividirlo por dos para obtener el número original.

4. Las respuestas pueden variar. La expresión debe simplificarse a una constante.

PROBLEMA DE VARIOS PASOS PAUTA DE EVALUACIÓN

4 Los estudiantes responden todas las partes del problema en forma exacta, mostrando el trabajo paso por paso. Los estudiantes tienen una definición correcta de entero. Se establece una conclusión válida y los estudiantes explican con exactitud cómo puede el maestro determinar el número original. Los estudiantes crean también una expresión algebraica con las instrucciones y la explicación correspondientes.

3 Los estudiantes completan las preguntas y explicaciones. Las soluciones pueden contener errores matemáticos menores o una definición incorrecta de entero. Si la expresión fue simplificada de manera incorrecta, la conclusión y la explicación dadas son correctas basadas en esa expresión incorrecta.

2 Los estudiantes completan las preguntas y explicaciones. Pueden ocurrir diversos errores matemáticos. La explicación no corresponde a la expresión. El trabajo está incompleto.

1 El trabajo del estudiante está muy incompleto. Las soluciones y razones están incorrectas. Se muestra poco o ningún trabajo para apoyar las respuestas. La explicación no corresponde a la expresión.

LECCIÓN 3.1

NOMBRE ______________________ FECHA ____________

Refuerzo con práctica

Para usar con las páginas 131–137

OBJETIVO **Resolver ecuaciones lineales usando suma y resta**

VOCABULARIO

Las ecuaciones **equivalentes** tienen soluciones iguales.

Las **operaciones inversas** son dos operaciones que se anulan mutuamente, como la suma y la resta.

Cada vez que aplicas una transformación a una ecuación, escribes un **paso para la solución.**

En una **ecuación lineal,** la variable está elevada a la *primera* potencia y no aparece bajo el símbolo de raíz cuadrada, ni dentro del símbolo de valor absoluto ni en un denominador.

EJEMPLO 1 *Sumar a cada lado*

Resuelve $y - 7 = -2$.

SOLUCIÓN

Para aislar y, debes deshacer la resta aplicando la operación inversa, o sea sumar 7.

$y - 7 = -2$	Escribe la ecuación original.
$y - 7 + 7 = -2 + 7$	Suma 7 a cada lado.
$y = 5$	Simplifica.

La solución es 5. Verifica sustituyendo y por 5 en la ecuación original.

Ejercicios para el Ejemplo 1

Resuelve la ecuación.

1. $t - 11 = 4$ **2.** $x - 2 = -3$ **3.** $5 = d - 8$

EJEMPLO 2 *Restar a cada lado*

Resuelve $q + 4 = -9$.

SOLUCIÓN

Para aislar q, debes deshacer la suma aplicando la operación inversa, o sea restar 4.

$q + 4 = -9$	Escribe la ecuación original.
$q + 4 - 4 = -9 - 4$	Resta 4 a cada lado.
$q = -13$	Simplifica.

La solución es -13. Verifica sustituyendo -13 por q en la ecuación original.

Chapter 3

NOMBRE ______________________ FECHA ____________

Refuerzo con práctica

Para usar con las páginas 131–137

Ejercicios para el Ejemplo 2

Resuelve la ecuación.

4. $s + 1 = -8$ **5.** $-6 + b = 10$ **6.** $6 = w + 12$

EJEMPLO 3 *Simplificar primero*

Resuelve $x - (-3) = 10$.

SOLUCIÓN

$x - (-3) = 10$	Escribe la ecuación original.
$x + 3 = 10$	Simplifica.
$x + 3 - 3 = 10 - 3$	Resta 3 a cada lado.
$x = 7$	Simplifica.

La solución es 7. Verifica sustituyendo x por 7 en la ecuación original.

Ejercicios para el Ejemplo 3

Resuelve la ecuación.

7. $8 + z = 1$ **8.** $7 = k - 2$ **9.** $9 = a + (-5)$

EJEMPLO 4 *Representar un problema de la vida real*

El precio original de una bicicleta estaba marcado con una rebaja de $20, para quedar a un precio de liquidación de $85. ¿Cuál era el precio original?

SOLUCIÓN

Precio original (p) − Rebaja (20) = Precio de liquidación (85)

Resuelve la ecuación $p - 20 = 85$.

$p - 20 = 85$	Escribe la ecuación de la vida real.
$p - 20 + 20 = 85 + 20$	Suma 20 a cada lado.
$p = 105$	Simplifica.

El precio original era de $105. Verifica esto en el enunciado del problema.

Ejercicio para el Ejemplo 4

10. Después de una venta de liquidación, el precio de un estéreo quedó marcado con un aumento de $35, para quedar a un precio regular de $310. ¿Cuál era el precio de liquidación?

NOMBRE ______________________ FECHA ____________

Refuerzo con práctica

Para usar con las páginas 138–143

OBJETIVO Resolver ecuaciones lineales usando multiplicación y división

> **VOCABULARIO**
>
> Las **propiedades de igualdad** son reglas del álgebra que pueden usarse para transformar ecuaciones en ecuaciones equivalentes.

EJEMPLO 1 *Dividir cada lado de una ecuación*

Resuelve $7n = -35$.

SOLUCIÓN

Para aislar n, debes deshacer la multiplicación aplicando la operación inversa, o sea dividir entre 7.

$7n = -35$	Escribe la ecuación original.
$\frac{7n}{7} = \frac{-35}{7}$	Divide cada lado entre 7.
$n = -5$	Simplifica.

La solución es -5. Verifica sustituyendo n por -5 en la ecuación original.

Ejercicios para el Ejemplo 1

Resuelve la ecuación.

1. $-12x = 6$ **2.** $4 = 24y$ **3.** $-5z = -35$

EJEMPLO 2 *Multiplicar cada lado de una ecuación*

Resuelve $-\frac{3}{4}t = 9$.

SOLUCIÓN

Para aislar t, debes multiplicar por el recíproco de la fracción.

$-\frac{3}{4}t = 9$	Escribe la ecuación original.
$\left(-\frac{4}{3}\right)\left(-\frac{3}{4}\right)t = \left(-\frac{4}{3}\right)9$	Multiplica cada lado por $-\frac{4}{3}$.
$t = -12$	Simplifica.

La solución es -12. Verifica sustituyendo t por -12 en la ecuación original.

NOMBRE ______________________ FECHA ____________

Refuerzo con práctica

Para usar con las páginas 138–143

Ejercicios para el Ejemplo 2

Resuelve la ecuación.

4. $\frac{1}{6}c = -2$

5. $\frac{f}{7} = 3$

6. $\frac{2}{3}q = 12$

EJEMPLO 3 *Representar un problema de la vida real*

Escribe y resuelve una ecuación para hallar la velocidad promedio s de un vuelo en avión. Volaste 525 millas en 1.75 horas.

SOLUCIÓN

Modelo verbal [Velocidad del avión] · [Tiempo] = [Distancia]

Designaciones

Velocidad del avión	$= s$	(millas por hora)
Tiempo	$= 1.75$	(horas)
Distancia	$= 525$	(millas)

Modelo algebraico

$s(1.75) = 525$ Escribe un modelo algebraico.

$\frac{s(1.75)}{1.75} = \frac{525}{1.75}$ Divide cada lado entre 1.75.

$s = 300$ Simplifica.

La velocidad s fue de 300 millas por hora. Verifica este resultado en el enunciado del problema.

Ejercicios para el Ejemplo 3

7. Escribe y resuelve una ecuación para hallar la velocidad promedio de un avión, si volaste 800 millas en 2.5 horas.

8. Escribe y resuelve una ecuación para hallar el tiempo que demoró el avión si volaste 1530 millas a una velocidad de 340 millas por hora.

LECCIÓN 3.3

NOMBRE ______________________ FECHA __________

Refuerzo con práctica

Para usar con las páginas 144–149

OBJETIVO Usar dos o más pasos para resolver una ecuación lineal

EJEMPLO 1 *Resolver una ecuación lineal*

Resuelve $-3x - 4 = 5$.

SOLUCIÓN

Para aislar la variable x, deshaz la resta y después la multiplicación.

$-3x - 4 = 5$	Escribe la ecuación original.
$-3x - 4 + 4 = 5 + 4$	Suma 4 a cada lado.
$-3x = 9$	Simplifica.
$\frac{-3x}{-3} = \frac{9}{-3}$	Divide cada lado entre -3.
$x = -3$	Simplifica.

La solución es -3. Verifica este resultado en la ecuación original.

Ejercicios para el Ejemplo 1

Resuelve la ecuación.

1. $5y + 8 = -2$ **2.** $7 - 6m = 1$ **3.** $\frac{x}{4} - 1 = 5$

EJEMPLO 2 *Usar la propiedad distributiva y combinar términos semejantes*

Resuelve $y + 5(y + 3) = 33$.

SOLUCIÓN

$y + 5(y + 3) = 33$	Escribe la ecuación original.
$y + 5y + 15 = 33$	Usa la propiedad distributiva.
$6y + 15 = 33$	Combina los términos semejantes.
$6y + 15 - 15 = 33 - 15$	Resta 15 a cada lado.
$6y = 18$	Simplifica.
$\frac{6y}{6} = \frac{18}{6}$	Divide cada lado entre 6.
$y = 3$	Simplifica.

La solución es 3. Verifica este resultado en la ecuación original.

Chapter 3

NOMBRE ______________________ FECHA ____________

Refuerzo con práctica

Para usar con las páginas 144–149

Ejercicios para el Ejemplo 2

Resuelve la ecuación.

4. $4x - 8 + x = 2$

5. $6 - (b + 1) = 9$

6. $10(z - 2) = 1 + 4$

EJEMPLO 3 Resolver un problema de la vida real

La suma de las edades de dos hermanas es 25. La edad de la segunda hermana es 5 más que tres veces la edad n de la primera hermana. Halla las dos edades.

SOLUCIÓN

Modelo verbal [Edad de la primera hermana] + [Edad de la segunda hermana] = [Suma]

Designaciones Edad de la primera hermana = n (años)

Edad de la segunda hermana = $3n + 5$ (años)

Suma = 25 (años)

Modelo algebraico

$n + (3n + 5) = 25$	Escribe una ecuación de la vida real.
$4n + 5 = 25$	Combina los términos semejantes.
$4n + 5 - 5 = 25 - 5$	Resta 5 a cada lado.
$4n = 20$	Simplifica.
$\frac{4n}{4} = \frac{20}{4}$	Divide cada lado entre 4.
$n = 5$	Simplifica.

La edad de la primera hermana es 5. La edad de la segunda hermana es $3(5) + 5 = 20$.

Ejercicios para el Ejemplo 3

7. Un parque de estacionamiento cobra \$3 más \$1.50 por hora. Puedes gastar \$12 en estacionamiento. Escribe y resuelve una ecuación para hallar el número de horas que puedes estacionarte.

8. Como salvavidas ganas \$6 al día, más \$2.50 por hora. Escribe y resuelve una ecuación para determinar cuántas horas debes trabajar para ganar \$16 en un día.

LECCIÓN 3.3

NOMBRE ______________________ FECHA ____________

Prueba parcial 1

Para usar después de las lecciones 3.1–3.3

Resuelve la ecuación. ***(Lecciones 3.1–3.3)***

1. $15 = t + 23$

2. $a - (-4) = -35$

3. $12m = 4$

4. $-7 = -\frac{1}{6}x$

5. $\frac{3}{4}n + 16 = 19$

6. $-3(5 - y) = -60$

7. $\frac{2}{3}(x - 8) = 4$

Respuestas

1. ____________
2. ____________
3. ____________
4. ____________
5. ____________
6. ____________
7. ____________

Chapter 3

LECCIÓN 3.4

NOMBRE ______________________ FECHA ____________

Refuerzo con práctica

Para usar con las páginas 150–156

OBJETIVO Resolver ecuaciones que contienen variables en ambos lados

VOCABULARIO

Una **identidad** es una ecuación que se cumple para todos los valores de la variable.

EJEMPLO 1 *Agrupar variables a un lado*

Resuelve $20 - 3x = 2x$.

SOLUCIÓN

Piensa en $20 - 3x$ como $20 + (-3x)$. Como $2x$ es mayor que $-3x$, agrupa los términos con x al lado derecho.

$20 - 3x = 2x$	Escribe la ecuación original.
$20 - 3x + 3x = 2x + 3x$	Suma $3x$ a cada lado.
$20 = 5x$	Simplifica.
$\frac{20}{5} = \frac{5x}{5}$	Divide cada lado entre 5.
$4 = x$	Simplifica.

Ejercicios para el Ejemplo 1

Resuelve la ecuación.

1. $5q = -7q + 6$

2. $14d - 6 = 17d$

3. $-y + 7 = -8y$

EJEMPLO 2 *Identificar el número de soluciones*

a. Resuelve $2x + 3 = 2x + 4$.

b. Resuelve $-(t + 5) = -t - 5$.

SOLUCIÓN

a.

$2x + 3 = 2x + 4$	Escribe la ecuación original.
$2x + 3 - 3 = 2x + 4 - 3$	Resta 3 a cada lado.
$2x = 2x + 1$	Simplifica.
$0 = 1$	Resta $2x$ a cada lado.

La ecuación original *no tiene solución*, porque $0 \neq 1$ para cualquier valor de x.

b.

$-(t + 5) = -t - 5$	Escribe la ecuación original.
$-t - 5 = -t - 5$	Usa la propiedad distributiva.
$-5 = -5$	Suma t a cada lado.

Todos los valores de t son soluciones, porque $-5 = -5$ siempre se cumple. La ecuación original es una *identidad*.

Chapter 3

LECCIÓN 3.4 CONTINUACIÓN

NOMBRE ______________________ FECHA ____________

Refuerzo con práctica

Para usar con las páginas 150–156

Ejercicios para el Ejemplo 2

Resuelve la ecuación.

4. $9z - 3 = 9z$ **5.** $2(f - 7) = 2f - 14$ **6.** $n + 3 = -5n$

EJEMPLO 3 *Resolver problemas de la vida real*

Un gimnasio cobra $2 diarios por nadar y $5 diarios por clases de ejercicios aeróbicos a los que no son miembros. Los miembros pagan una cuota anual de $200 más $3 diarios por clases de ejercicios aeróbicos. Escribe y resuelve una ecuación para hallar el número de días que debes ir al gimnasio para justificar una membresía anual.

SOLUCIÓN

Sea n el número de días que vas al club. Calcula el número de veces para el cual los dos planes costarían lo mismo.

$2n + 5n = 200 + 3n$	Escribe una ecuación.
$7n = 200 + 3n$	Combina los términos semejantes.
$7n - 3n = 200 + 3n - 3n$	Resta $3n$ a cada lado.
$4n = 200$	Simplifica.
$\frac{4n}{4} = \frac{200}{4}$	Divide cada lado entre 4.
$n = 50$	Simplifica.

Debes ir al gimnasio 50 días para justificar una membresía anual.

Ejercicios para el Ejemplo 3

7. Formula nuevamente el Ejemplo 3 si los que no son miembros pagan $3 diarios por nadar.

8. Formula nuevamente el Ejemplo 3 si los miembros pagan una cuota anual de $220.

Chapter 3

LECCIÓN 3.5

NOMBRE ______________________ FECHA ____________

Refuerzo con práctica

Para usar con las páginas 157–162

OBJETIVO **Resolver ecuaciones más complicadas que tienen variables en ambos lados**

EJEMPLO 1 ***Resolver una ecuación más complicada***

Resuelve la ecuación.

a. $2(x - 5) + 10 = -(-3x + 2)$

b. $-3(5x + 1) + 2x = 2(4x - 3)$

c. $\frac{1}{2}(16 - 6x) = 15 - \frac{1}{3}(9 + 15x)$

SOLUCIÓN

a.

$2(x - 5) + 10 = -(-3x + 2)$	Escribe la ecuación original.
$2x - 10 + 10 = 3x - 2$	Usa la propiedad distributiva.
$2x = 3x - 2$	Combina los términos semejantes.
$-x = -2$	Resta $3x$ a cada lado.
$x = 2$	Divide cada lado entre -1.

La solución es 2. Verifica este resultado en la ecuación original.

b.

$-3(5x + 1) + 2x = 2(4x - 3)$	Escribe la ecuación original.
$-15x - 3 + 2x = 8x - 6$	Usa la propiedad distributiva.
$-13x - 3 = 8x - 6$	Combina los términos semejantes.
$-21x - 3 = -6$	Resta $8x$ a cada lado.
$-21x = -3$	Suma 3 a cada lado.
$x = \frac{1}{7}$	Divide cada lado entre -21.

La solución es $\frac{1}{7}$. Verifica este resultado en la ecuación original.

c.

$\frac{1}{2}(16 - 6x) = 15 - \frac{1}{3}(9 + 15x)$	Escribe la ecuación original.
$8 - 3x = 15 - 3 - 5x$	Usa la propiedad distributiva.
$8 - 3x = 12 - 5x$	Combina los términos semejantes.
$8 + 2x = 12$	Suma $5x$ a cada lado.
$2x = 4$	Resta 8 a cada lado.
$x = 2$	Divide cada lado entre 2.

La solución es 2. Verifica este resultado en la ecuación original.

Ejercicios para el Ejemplo 1

1. $2(x + 5) + 3x = 3(-2x - 1)$

2. $\frac{3}{4}(8x - 20) = 6x + 12 - 12x$

Chapter 3

LECCIÓN **3.5** CONTINUACIÓN

NOMBRE ____________________ FECHA ____________

Refuerzo con práctica

Para usar con las páginas 157–162

EJEMPLO 2 *Hacer un diagrama*

La primera página del periódico de tu escuela mide $11\frac{1}{4}$ pulgadas de ancho. El margen izquierdo mide 1 pulgada y el margen derecho mide $1\frac{1}{2}$ pulgadas. El espacio entre las 4 columnas mide $\frac{1}{4}$ pulgada. Calcula el ancho de cada columna.

Solución

El diagrama muestra que la página está formada por el ancho del margen izquierdo, el ancho del margen derecho, los tres espacios entre las columnas y las cuatro columnas.

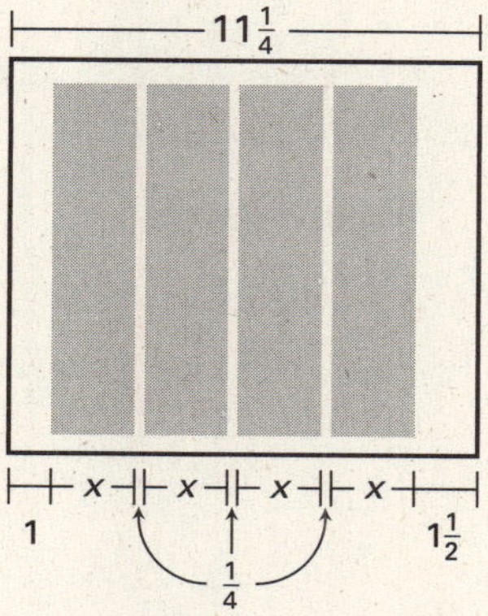

Modelo verbal [Margen izquierdo] + [Margen derecho] + 3 · [Espacio entre columnas] + 4 · [Ancho de columna] = [Ancho de página]

Designaciones

Margen izquierdo	$= 1$	(pulgada)
Margen derecho	$= 1\frac{1}{2}$	(pulgadas)
Espacio entre las columnas	$= \frac{1}{4}$	(pulgada)
Ancho de una columna	$= x$	(pulgadas)
Ancho de la página	$= 11\frac{1}{4}$	(pulgadas)

Modelo algebraico $1 + 1\frac{1}{2} + 3\left(\frac{1}{4}\right) + 4x = 11\frac{1}{4}$

Al resolver para x, descubres que cada columna puede medir 2 pulgadas de ancho.

Ejercicio para el Ejemplo 2

3. Formula nuevamente el Ejemplo 2 si la primera página del periódico tiene tres columnas.

Chapter 3

LECCIÓN 3.6

NOMBRE ______________________ FECHA ____________

Refuerzo con práctica

Para usar con las páginas 163–170

OBJETIVO **Calcular las soluciones exactas y estimadas de las ecuaciones que contienen decimales**

> **VOCABULARIO**
>
> Los **errores de redondeo** ocurren cuando usas soluciones que no son exactas.

EJEMPLO 1 *Redondear el resultado final*

Resuelve $412x - 1640 = 238x - 12$. Redondea el resultado a la centésima más próxima.

SOLUCIÓN

$412x - 1640 = 238x - 12$	Escribe la ecuación original.
$174x - 1640 = -12$	Resta $238x$ a cada lado.
$174x = 1628$	Suma 1640 a cada lado.
$x = \frac{1628}{174}$	Divide cada lado entre 174.
$x \approx 9.35632$	Usa la calculadora.
$x \approx 9.36$	Redondea a la centésima más próxima.

La solución es aproximadamente 9.36.

Ejercicios para el Ejemplo 1

Resuelve la ecuación. Redondea el resultado a la centésima más próxima.

1. $21x + 60 = 72$

2. $23 - 5x = 114x + 30$

3. $44y - 18 = y + 17$

4. $12b - 93 = 54b - 142$

EJEMPLO 2 *Resolver una ecuación con decimales*

Resuelve $3.11x - 11.75 = 2.02x$. Redondea a la centésima más próxima.

SOLUCIÓN

$3.11x - 11.75 = 2.02x$	Escribe la ecuación original.
$1.09x - 11.75 = 0$	Resta $2.02x$ a cada lado.
$1.09x = 11.75$	Suma 11.75 a cada lado.
$x = \frac{11.75}{1.09}$	Divide cada lado entre 1.09.
$x \approx 10.77981$	Usa la calculadora.
$x \approx 10.78$	Redondea a la centésima más próxima.

La solución es aproximadamente 10.78. Verifica este resultado en la ecuación original.

Chapter 3

LECCIÓN 3.6 CONTINUACIÓN

NOMBRE ______________________ FECHA ____________

Refuerzo con práctica

Para usar con las páginas 163–170

Ejercicios para el Ejemplo 2

Resuelve la ecuación y redondea a la centésima más próxima.

5. $22.5 + 3.2x = 3.4x$

6. $-0.83y + 0.17 = 0.72y$

EJEMPLO 3 Usar un modelo verbal

Al cenar en un restaurante, quieres dejar una propina de 15%. Puedes gastar un total de \$14.00. ¿Cuál es el precio límite que puedes pagar por la cena? Usando el modelo verbal siguiente, escribe y resuelve una ecuación algebraica.

[Precio límite] + [Porcentaje de propina] · [Precio límite] = [Precio total]

SOLUCIÓN

Sea x tu precio límite.

$x + 0.15x = 14.00$	Escribe el modelo algebraico.
$1.15x = 14.00$	Combina los términos semejantes.
$x = \frac{14.00}{1.15}$	Divide cada lado entre 1.15.
$x \approx 12.173913$	Usa la calculadora.
$x \approx 12.17$	Redondea hacia abajo.

El resultado se redondea *hacia abajo* a \$12.17, porque puedes gastar una cantidad limitada.

Ejercicios para el Ejemplo 3

7. Formula nuevamente el Ejemplo 3 si puedes gastar \$16.00.

8. Formula nuevamente el Ejemplo 3 si quieres dejar 20% de propina.

Chapter 3

LECCIÓN 3.6

NOMBRE ______________________ FECHA __________

Prueba parcial 2

Para usar después de las lecciones 3.4–3.6

Resuelve la ecuación. ***(Lección 3.4)***

1. $11p + 2 = 2(p - 8)$

2. $3(6 + 9t) = 45t - 180$

3. $7 - 15s = 5s - 3$

4. Estás planeando comprar una bicicleta y se ofrecen dos formas de pago. El Plan A exige un pago inicial de \$120 más x dólares mensuales durante 4 meses. En el Plan B no hay pago inicial y se pagan \$10 más mensuales que en el Plan A, durante 8 meses. ¿Cuánto es el monto mensual que se paga en cada plan? *(Lección 3.5)*

a. Escribe una ecuación para representar el problema.

b. Resuelve la ecuación y responde a la pregunta.

Resuelve la ecuación. Redondea el resultado a la centésima más próxima. ***(Lección 3.6)***

5. $5.61 - 8.94m = 3.76m + 4.86$

6. $9.66 + 2.73y = 10.68y - 18.32$

Respuestas

1. ______________

2. ______________

3. ______________

4. ______________

5. ______________

6. ______________

Chapter 3

LECCIÓN 3.7

NOMBRE ______________________ FECHA ____________

Refuerzo con práctica

Para usar con las páginas 171–176

OBJETIVO **Resolver una fórmula para una de sus variables**

VOCABULARIO

Una **fórmula** es una ecuación algebraica que relaciona dos o más cantidades de la vida real.

EJEMPLO 1 *Resolver y usar una fórmula de área*

Usa la fórmula del área de un rectángulo, $A = \ell w$.

a. Resuelve la fórmula para el ancho w.

b. Usa la nueva fórmula para calcular el ancho de un rectángulo cuya área mide 72 pulgadas cuadradas y 9 pulgadas de longitud.

SOLUCIÓN

a. Resuelve para el ancho w.

$A = \ell w$ Escribe la fórmula original.

$\frac{A}{\ell} = \frac{\ell w}{\ell}$ Para aislar w, divide cada lado entre ℓ.

$\frac{A}{\ell} = w$ Simplifica.

b. Sustituye los valores dados en la nueva fórmula.

$$w = \frac{A}{\ell} = \frac{72}{9} = 8$$

El ancho del rectángulo mide 8 pulgadas.

Ejercicios para el Ejemplo 1

Resuelve para la variable señalada.

1. Área del triángulo
Resuelve para h: $A = \frac{1}{2}bh$

2. Circunferencia del círculo
Resuelve para r: $C = 2\pi r$

3. Interés simple
Resuelve para P: $I = Prt$

4. Interés simple
Resuelve para r: $I = Prt$

NOMBRE ______________________ FECHA ____________

Refuerzo con práctica

Para usar con las páginas 171–176

EJEMPLO 2 Resolver y usar una fórmula de distancia

Manejas 930 millas con una velocidad promedio de 62 millas por hora.

a. Resuelve la fórmula de la distancia $d = rt$ para el tiempo t.

b. Estima el tiempo que manejaste.

SOLUCIÓN

a. $d = rt$ Escribe la fórmula original.

$\frac{d}{r} = t$ Divide cada lado entre r.

b. Sustituye los valores dados en la nueva fórmula.

$t = \frac{d}{r}$ Escribe la fórmula.

$t = \frac{930}{62}$ Sustituye 930 por d y 62 por r.

$t = 15$ Resuelve para t.

Respuesta Manejaste aproximadamente 15 horas.

Ejercicios para el Ejemplo 2

5. Resuelve la fórmula de la distancia para r.

6. Usa el resultado del Ejercicio 5 para hallar la velocidad promedio en millas por hora de un automóvil que viaja 1275 millas en 22 horas. Redondea tu resultado al número natural más próximo.

NOMBRE ____________________ FECHA ____________

Refuerzo con práctica

Para usar con las páginas 177–182

OBJETIVO Usar razones y tasas para resolver problemas de la vida real

VOCABULARIO

Si a y b son dos cantidades medidas en unidades diferentes, entonces **la tasa de a a b** es $\frac{a}{b}$.

Una **tasa por unidad** es una tasa por una unidad dada.

EJEMPLO 1 *Hallar una razón*

El equipo ganó 12 de sus 15 partidos. Halla la razón de victorias a derrotas.

SOLUCIÓN

$$\text{Razón} = \frac{\text{partidos ganados}}{\text{partidos perdidos}} = \frac{12 \text{ partidos}}{3 \text{ partidos}} = \frac{4}{1}$$

Ejercicio para el Ejemplo 1

1. Contestas correctamente 48 de las 50 preguntas en una prueba. Halla la razón de respuestas correctas a respuestas incorrectas.

EJEMPLO 2 *Hallar una tasa por unidad*

Caminas 24 millas en 2 días. ¿Cuál es tu velocidad promedio en millas por día?

SOLUCIÓN

$$\text{Razón} = \frac{24 \text{ millas}}{2 \text{ días}} = \frac{12 \text{ millas}}{1 \text{ día}} = 12 \text{ mi/día}$$

Ejercicios para el Ejemplo 2

Halla la tasa por unidad.

2. Un automóvil viaja 120 millas en 3 horas.
3. Ganas S55 por trabajar 5 horas.

EJEMPLO 3 *Usar una tasa*

Haces una encuesta entre tus compañeros de clase y descubres que 9 de 27 poseen tarjetas de la biblioteca pública. Usa los resultados para hacer una predicción que considere a los 855 estudiantes de la escuela.

NOMBRE ______________________ FECHA ____________

Refuerzo con práctica

Para usar con las páginas 177–182

SOLUCIÓN

Puedes responder a la pregunta escribiendo una razón. Sea n el número de estudiantes de tu escuela que tienen tarjetas de la biblioteca pública.

$$\frac{\text{Tarjetas de la biblioteca en la encuesta}}{\text{Total de estudiantes en la encuesta}} = \frac{\text{Tarjetas de la biblioteca en la escuela}}{\text{Total de estudiantes en la escuela}}$$

$\frac{9}{27} = \frac{n}{855}$ Escribe la ecuación.

$855 \cdot \frac{9}{27} = n$ Multiplica cada lado por 855.

$285 = n$ Simplifica.

De los 855 estudiantes de la escuela, aproximadamente 285 tendrán tarjetas de la biblioteca pública.

Ejercicios para el Ejemplo 3

4. Formula nuevamente el Ejemplo 3 si 6 de los 27 compañeros tienen tarjetas de la biblioteca pública.

5. Formula nuevamente el Ejemplo 3 si hay 930 estudiantes en la escuela.

EJEMPLO 4 Aplicar el análisis de unidades

Mientras visitas Italia, quieres cambiar \$120 a liras. La tasa de cambio de las monedas es de 1850 liras por cada dólar de los Estados Unidos. ¿Cuántas liras recibirás?

SOLUCIÓN

Puedes usar el análisis de unidades para escribir una ecuación.

$$\text{dólares} \cdot \frac{\text{liras}}{\text{dólares}} = \text{liras}$$

$D \cdot \frac{1850}{1} = L$ Escribe la ecuación.

$120 \cdot \frac{1850}{1} = L$ Sustituye D dólares por 120.

$222{,}000 = L$ Simplifica.

Recibirás 220,000 liras.

Ejercicios para el Ejemplo 4

Convierte la moneda usando la tasa de cambio dada.

6. Convierte \$150 dólares estadounidenses a marcos alemanes. (U\$1 equivale a 1.8943 marcos)

7. Convierte \$200 dólares estadounidenses a chelines austríacos. (U\$1 equivale a 13.3272 chelines)

LECCIÓN 3.9

NOMBRE ______________________ FECHA __________

Refuerzo con práctica

Para usar con las páginas 183–188

OBJETIVO Resolver ecuaciones porcentuales

VOCABULARIO

Un **porcentaje** es una razón que compara un número con 100.

En cualquier ecuación porcentual, el **número base** es el número con el que comparas.

EJEMPLO 1 *El número comparado con la base es desconocido*

¿Cuánto es el 40% de 65 metros?

SOLUCIÓN

Modelo verbal [a] es el [p por ciento] de [b]

Designaciones

Número comparado con la base = a (metros)

Porcentaje = 40% = 0.40 (sin unidades)

Número base = 65 (metros)

Modelo algebraico

$a = (0.40)(65)$

$a = 26$ 26 metros es el 40% de 65 metros.

Ejercicios para el Ejemplo 1

1. ¿Cuánto es el 24% de \$30?
2. ¿Cuánto es el 60% de 15 millas?

EJEMPLO 2 *El número base es desconocido*

¿El 20% de qué distancia es veinticinco millas?

SOLUCIÓN

Modelo verbal [a] es el [p por ciento] de [b]

Designaciones

Número comparado con la base = 25 (millas)

Porcentaje = 20% = 0.20 (sin unidades)

Número base = b (millas)

Modelo algebraico

$25 = (0.20)b$

$\frac{25}{0.20} = 125 = b$ 25 millas es el 20% de 125 millas.

Ejercicios para el Ejemplo 2

3. ¿El 40% de qué peso es sesenta gramos?
4. ¿El 30% de qué distancia es quince yardas?

Chapter 3

NOMBRE ______________________ FECHA ____________

Refuerzo con práctica

Para usar con las páginas 183–188

EJEMPLO 3 El porcentaje es desconocido

¿Qué porcentaje de 15 es noventa?

SOLUCIÓN

Modelo verbal $\boxed{a}$ es el $\boxed{p \text{ por ciento}}$ de $\boxed{b}$

Designaciones

Número comparado con la base = 90 (sin unidades)

Porcentaje $= p\% = \dfrac{p}{100}$ (sin unidades)

Número base = 15 (sin unidades)

Modelo algebraico

$$90 = \frac{p}{100}(15)$$

$$\frac{90}{15} = \frac{p}{100}$$

$$6 = \frac{p}{100}$$

$$600 = p$$

90 es el 600% de 15.

Ejercicios para el Ejemplo 3

5. ¿Qué porcentaje de 180 es cuarenta y cinco?

6. ¿Qué porcentaje de 15 es sesenta?

EJEMPLO 4 Modelar y usar porcentajes

Tomaste un examen de selección múltiple con 200 preguntas. Contestaste correctamente el 80% de las preguntas. ¿Cuántas preguntas contestaste correctamente?

SOLUCIÓN

Puedes resolver el problema usando una proporción. Sea n el número de respuestas correctas.

$$\frac{\textit{Número de respuestas correctas}}{\textit{Número total de respuestas}} = \frac{80}{100}$$ Escribe la proporción.

$$\frac{n}{200} = \frac{80}{100}$$ Sustituye.

$$100n = 200 \cdot 80$$ Usa los productos cruzados.

$$n = \frac{200 \cdot 80}{100}$$ Divide entre 100.

$$n = 160$$ Simplifica.

Contestaste correctamente 160 preguntas.

Ejercicio para el Ejemplo 4

7. Formula nuevamente el Ejemplo 4 si contestaste correctamente el 85% de las preguntas.

CAPÍTULO 3

NOMBRE ______________________ FECHA __________

Prueba del capítulo A

Para usar después del capítulo 3

Resuelve la ecuación.

1. $x - 12 = 13$
2. $-16 = 9 + x$
3. El precio de venta de un par de pantalones es de $34. Si la tienda pagó $8 menos por los pantalones, calcula el precio que pagó la tienda.

Di si las ecuaciones son equivalentes.

4. $17x = 85$ y $x = 5$
5. $-16x = 48$ y $x = 3$

Resuelve la ecuación.

6. $35a = -70$
7. $\frac{b}{2} = 14$
8. Estimas que gastas $115 mensualmente en comestibles. ¿Cuánto dinero gastas semanalmente en comestibles?

Resuelve la ecuación.

9. $\frac{1}{4}x - 5 = 27$
10. $14x + 3x - 40 = 11$
11. *Números enteros consecutivos* son aquellos que siguen uno a otro (por ejemplo 5, 6 y 7). La suma de tres números enteros consecutivos es 417. Escribe y resuelve una ecuación que determine cuáles son. Sea x el primer número entero.

Resuelve la ecuación.

12. $3x - 8 = -3x + 4$
13. $40 - 14y = 6y$
14. Un gimnasio local cobra $10 por hora por las canchas de tenis a los que no son miembros. Los miembros pagan una cuota anual de $300 y $4 por hora por usar las canchas. Escribe y resuelve una ecuación para calcular cuántas horas debes usar las canchas de tenis para justificar el hacerte miembro.
15. Estás diseñando una página web para el club de biología de la escuela. En una página que tiene un ancho de 640 pixels, quieres incluir fotografías de los miembros del club. Has decidido que los márgenes izquierdos y derechos deberían ser de 24 pixels cada uno y que el espacio entre cada fotografía debería ser de 16 pixels. ¿De qué ancho será cada fotografía si caben cuatro a lo ancho de la página?

Desarrolla las operaciones indicadas. Redondea el resultado a la décima más próxima y después a la centésima más próxima.

16. $-49.256 + 17.197$
17. $14.357(-2.625)$

Respuestas

1. ____________
2. ____________
3. ____________
4. ____________
5. ____________
6. ____________
7. ____________
8. ____________
9. ____________
10. ____________
11. ____________
12. ____________
13. ____________
14. ____________
15. ____________
16. ____________
17. ____________

NOMBRE ____________________ FECHA __________

Prueba del capítulo A

Para usar después del capítulo 3

Resuelve la ecuación. Redondea el resultado a la centésima más próxima.

18. $-15x + 73 = 26$

19. $7y - 27 = 14$

20. $1.5x + 7.4 = -1.8x - 6.9$

21. $14.1 - 0.3x = 1.3x - 4.2$

22. $6.2x + 4.5 = 3.8x + 7.9$

23. $4.603y - 1.842 = -3.651y$

Resuelve para la variable indicada.

24. Área de un trapezoide

Resuelve para b_1: $A = \frac{1}{2}h(b_1 + b_2)$

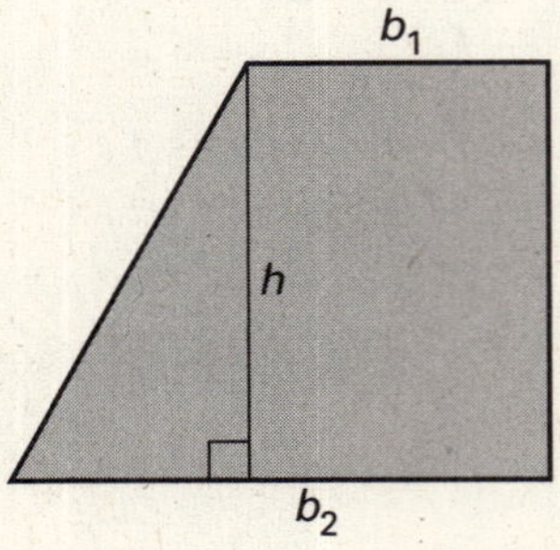

25. Fórmula de interés simple

Resuelve para t: $I = Prt$

Resuelve la ecuación para *y*.

26. $7x + y = 13$

27. $3x + 5y = 15$

28. Usa el resultado del Ejercicio 26 para calcular y si $x = -1$, 0 y 2.

29. Usa el resultado del Ejercicio 27 para calcular y si $x = -1$, 0 y 2.

Calcula la tasa por unidad.

30. 3 cucharadas por 1.5 porciones

31. $10.99 por 12 trozos de pizza

Convierte la medida. Redondea el resultado a la décima más próxima.

32. 15 cucharaditas a cucharadas (1 cucharada = 3 cucharaditas)

Calcula el porcentaje. Redondea al porcentaje entero más próximo.

33. de 350 personas entrevistadas,159 personas a favor

18. ____________
19. ____________
20. ____________
21. ____________
22. ____________
23. ____________
24. ____________
25. ____________
26. ____________
27. ____________
28. ____________
29. ____________
30. ____________
31. ____________
32. ____________
33. ____________

Chapter 3

CAPÍTULO 3

NOMBRE ____________________ FECHA ____________

Prueba del capítulo B

Para usar después del capítulo 3

Resuelve la ecuación.

1. $14 = x - (-7)$
2. $3 - (-x) = 19$
3. Debías \$34 a tu hermana. Le devolviste x dólares y ahora le debes \$12. ¿Cuánto le devolviste?

Di si las ecuaciones son equivalentes.

4. $\frac{4}{5}x = 50$ y $x = 32$
5. $\frac{2}{3}y = -48$ e $y = -72$

Resuelve la ecuación.

6. $\frac{3}{8}y = 12$
7. $-\frac{5}{7}t = -25$
8. $\frac{4}{9}a = 8$

Resuelve la ecuación.

9. $5x + 7 - 2x = 22$
10. $12x - (4x + 10) = 54$
11. $8x - 10(3 - x) = 42$
12. $\frac{2}{3}(x + 6) = 8$
13. La suma de tres números es 137. El segundo número es 4 más que dos veces el primer número. El tercer número es 5 menos que tres veces el primer número. Calcula los tres números.

De ser posible, resuelve la ecuación.

14. $4(x - 5) = 4x - 20$
15. $6(x - 9) = -12x + 36$
16. Un gimnasio local cobra \$8 diarios por usar las canchas de vóleibol a los que no son miembros. Los miembros pagan una cuota anual de \$150 y \$2 diarios por usar las canchas de vóleibol. Escribe y resuelve una ecuación para calcular cuántos días debes usar las canchas de vóleibol para justificar el hacerte miembro.

Respuestas

1. ____________
2. ____________
3. ____________
4. ____________
5. ____________
6. ____________
7. ____________
8. ____________
9. ____________
10. ____________
11. ____________
12. ____________
13. ____________
14. ____________
15. ____________
16. ____________

CAPÍTULO 3 CONTINUACIÓN

NOMBRE ______________________ FECHA __________

Prueba del capítulo B

Para usar después del capítulo 3

Desarrolla la operación indicada. Redondea el resultado a la décima más próxima y después a la centésima más próxima.

17. $-57.124 \div 10.104$ **18.** $-13.254(-3.145)$

Resuelve la ecuación. Redondea el resultado a la centésima más próxima.

19. $1.59x + 4.23 = 3.56x + 2.12$

20. $-3(1.25 - 2.48x) = 8.15x + 5.86$

21. $4.15x + 3.01 = 10.9x + 1.29$ **22.** $1.596y - 3.08 = 0.9y$

Resuelve para la variable indicada.

23. Volumen de un cono

Resuelve para h: $V = \dfrac{\pi r^2 h}{3}$

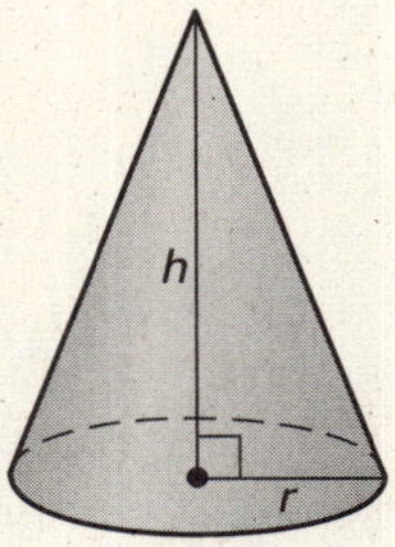

24. Fórmula de la temperatura

Resuelve para C: $F = \frac{9}{5}C + 32$

Resuelve la ecuación para *y*.

25. $\frac{2}{3}y + 4 = 2x$ **26.** $\frac{1}{2}(y + 5) + 4x = 3x$

27. Usa el resultado del Ejercicio 25 para calcular y si $x = -1$, 0 y 2.

28. Usa el resultado del Ejercicio 26 para calcular y si $x = -1$, 0 y 2.

29. Una tienda vende 28 onzas de mantequilla de cacahuate en \$2.24. La tienda también vende 32 onzas de la misma mantequilla en \$2.40. ¿Cuál es la mejor opción de compra?

En la pregunta 30, convierte la medida. Redondea el resultado a la décima más próxima.

30. 147 millas a kilómetros (1 milla = 1.609 kilómetros)

31. Generalmente, un camarero recibe como propina aproximadamente un 15% de la cuenta total de la comida. Para ganar un total de \$50 en propina, ¿aproximadamente cuánta comida debería vender el camarero?

17. ____________
18. ____________
19. ____________
20. ____________
21. ____________
22. ____________
23. ____________
24. ____________
25. ____________
26. ____________
27. ____________
28. ____________
29. ____________
30. ____________
31. ____________

CAPÍTULO 3

NOMBRE ______________________ FECHA ____________

Prueba del capítulo SAT/ACT

Para usar después del capítulo 3

1. Resuelve $-7 = 4 - (-x)$.

Ⓐ -11 Ⓑ -3
Ⓒ 3 Ⓓ 11

2. ¿Cuál de estos pasos puedes usar para resolver la ecuación $14 = \frac{2}{3}x$?

I. Multiplica por $\frac{2}{3}$ **II.** Divide por $\frac{2}{3}$
III. Multiplica por $\frac{3}{2}$ **IV.** Divide por $\frac{3}{2}$

Ⓐ Sólo I Ⓑ Sólo III
Ⓒ I y IV Ⓓ II y III

3. Si $\frac{2}{5}x = -\frac{10}{13}$, entonces $x =$ _____.

Ⓐ $-\frac{4}{13}$ Ⓑ $-\frac{13}{25}$
Ⓒ $-\frac{25}{13}$ Ⓓ $-\frac{13}{4}$

4. Resuelve la ecuación $\frac{2}{3}x + 5 = 13$.

Ⓐ 6 Ⓑ 8
Ⓒ 12 Ⓓ 27

5. Si $2x - 4(3 - x) = 18$, entonces $x =$ _____.

Ⓐ -15 Ⓑ -3
Ⓒ 1 Ⓓ 5

6. Calcula el valor de x si $6(2 - x) + 4x = -5(x + 3)$.

Ⓐ $-\frac{9}{5}$ Ⓑ $-\frac{7}{3}$
Ⓒ $-\frac{27}{7}$ Ⓓ -9

7. ¿Qué ecuaciones son equivalentes?

I. $8x - 3 = 12$ **II.** $-12 = 3 - 6x$
III. $3(2x - 4) = 3 - 2x$

Ⓐ I y III Ⓑ II y III
Ⓒ Todas Ⓓ Ninguna

8. El impuesto sobre la venta es de 0.06. ¿De cuánto es la cuenta de tu comida antes del impuesto si ese impuesto resulta \$.51?

Ⓐ \$1.18 Ⓑ \$8.50
Ⓒ \$9.01 Ⓓ \$11.76

En las preguntas 9 y 10, escoge el enunciado que se cumple para los números dados.

Ⓐ El número de la columna A es mayor.
Ⓑ El número de la columna B es mayor.
Ⓒ Los dos números son iguales.
Ⓓ La relación no puede determinarse a partir de la información entregada.

9.

Columna A	*Columna B*
x si $7x - 5 = 12$	3

Ⓐ Ⓑ Ⓒ Ⓓ

10.

Columna A	*Columna B*
16	y si $\frac{1}{2}y - 3 = 5$

Ⓐ Ⓑ Ⓒ Ⓓ

11. Resuelve $1.69x + 14.75 = 4.21x - 5.87$.

Ⓐ 0.12 Ⓑ 0.28
Ⓒ 3.52 Ⓓ 8.18

12. Usa la ecuación $3(4x - 2y) = 5$. ¿Cuáles son los valores de y si $x = -2, 0, \frac{1}{3}$, y 3?

Ⓐ $-\frac{22}{3}, -\frac{10}{3}, -\frac{8}{3}, \frac{8}{3}$
Ⓑ $-\frac{7}{12}, \frac{5}{12}, \frac{7}{12}, \frac{23}{12}$
Ⓒ $-\frac{29}{6}, -\frac{5}{6}, -\frac{1}{6}, \frac{31}{6}$
Ⓓ $-\frac{58}{3}, -\frac{10}{3}, -\frac{2}{3}, \frac{62}{3}$

CAPÍTULO 3

NOMBRE_______________ FECHA___________

Evaluación alternativa y diario de matemáticas

Para usar después del capítulo 3

DIARIO

1. Un compañero de clases acaba de resolver una ecuación sin verificar el resultado. Lamentablemente, la solución tiene diversos errores. Sin rehacer completamente el problema, revisa cada paso y explica cómo se obtuvo el paso. Si el paso es incorrecto, explica por qué es un error y explica el procedimiento correcto que debería haberse seguido.

$7 + \frac{1}{2}(6x + 4) = -2x + 4$ Ecuación original

$7 + 3x + 2 = -2x + 4$

$10x + 2 = -2x + 4$

$8x + 2 = 4$

$8x = 2$

$x = 4$

PROBLEMA DE VARIOS PASOS

2. A Ronaldo, el corredor de bienes raíces, le ofrecen trabajo justo al salir de la escuela de bienes raíces. Él tiene la posibilidad de escoger la manera en que recibirá su salario durante el primer año.

Plan de salario 1: Recibiría un salario base mensual de $2000, más una comisión del 3% sobre cada venta.

Plan de salario 2: Sin salario base, pero con una comisión del 6% sobre cada venta.

a. Si Ronaldo vende un promedio de $45,000 mensuales, ¿cuánto ganaría bajo el primer plan? ¿Cuánto ganaría bajo el segundo plan? ¿Cuál es la mejor alternativa en este caso?

b. Escribe un modelo verbal para el plan de salario 1, que relacione salario base, salario total, venta mensual y porcentaje de comisión.

c. Escribe un modelo verbal para el plan de salario 2, que relacione venta mensual, porcentaje de comisión y salario total.

d. Escribe una ecuación que determine cuándo sería mejor cambiar del primer plan al segundo plan. Entrega una respuesta de una o dos oraciones que incluya las ventas de Ronaldo en un mes. De ser necesario, redondea a la unidad de dólar más cercana.

e. Ronaldo se fija la meta de vender $8000 al mes. Di qué alternativa debería escoger y explica tu razonamiento. Usa el modelo verbal de (b) o (c) para formular una ecuación y determinar cuáles deberían ser sus ventas para alcanzar esa meta.

3. ***Razonamiento crítico*** Supón que la meta de salario de Ronaldo para el año es de $50,000. Si el precio promedio de una casa vendida por su empresa es de $60,000, ¿cuántas casas tendría que vender Ronaldo durante un año para alcanzar su meta bajo cada plan?

Chapter 3

NOMBRE______________________________ FECHA__________

Pauta para la evaluación alternativa

Para usar después del capítulo 3

DIARIO SOLUCIÓN

1. Las respuestas completas deberían incluir los siguientes puntos:

$7 + \frac{1}{2}(6x + 4) = -2x + 4$	Ecuación original.
$7 + 3x + 2 = -2x + 4$	Este paso está correcto.
$10x + 2 = -2x + 4$	Error: se sumó 7 más $3x$ para obtener $10x$; incorrecto porque 7 y $3x$ no son términos semejantes. El método correcto es sumar los términos semejantes 7 y 2, para obtener $3x + 9$.
$8x + 2 = 4$	Error: no es correcto sumar $10x$ más $-2x$ porque están a distinto lado de la ecuación. El método correcto es sumar $2x$ a *ambos* lados de la ecuación.
$8x = 2$	Este paso está correcto.
$x = 4$	Error: no se dividió por 8 a ambos lados para aislar la variable. El método correcto es dividir por 8 a *ambos* lados para aislar la variable.

PROBLEMA DE VARIOS PASOS SOLUCIÓN

2. a. \$3350; \$2700; Plan de Salario 1

b. [pago total] = [pago base] + [porcentaje de comisión] · [ventas de un mes]

c. [pago total] = [porcentaje de comisión] · [ventas de un mes]

d. $2000 + 0.03x = 0.06x$; Las respuestas deberían incluir los siguientes puntos: Si las ventas mensuales de Ron son de \$66,666 o menos, debería escoger el plan 1. Si sus ventas mensuales son mayores que \$66,667, debería escoger el plan 2.

e. Las respuestas deberán incluir estos datos y la ecuación: Ron deberá escoger el plan 2 ya que, para obtener un salario mensual de \$8,000, las ventas mensuales tienen que sobrepasar los \$66,667. Como $8000 = 0.06x$ (donde x = ventas mensuales), $x = 133{,}333$. Cada mes Ron debe realizar ventas por valor de \$133,333.

3. 15 casas bajo el plan 1; 14 casas bajo el plan 2

PROBLEMA DE VARIOS PASOS PAUTA DE EVALUACIÓN

4 Los estudiantes calculan en forma exacta los salarios mensuales y escriben modelos verbales correctos. Formulan una hipótesis razonable basada en sus posibles salarios mensuales. Los estudiantes usan ecuaciones correctas para responder preguntas y después calculan el salario para los casos en que las opciones son equivalentes. Los estudiantes demuestran que comprenden cuándo usar cada opción y dan explicaciones claras.

3 Los estudiantes son capaces de formular modelos y ecuaciones en forma correcta; sin embargo, hay errores en el resultado. Su hipótesis es razonable, aún cuando se basa en salarios incorrectos. La explicación del razonamiento es incompleta o no se contestan todos los aspectos de cada pregunta.

2 Los estudiantes usan un modelo incorrecto para calcular salarios o formulan ecuaciones incorrectas. Los estudiantes no dan una explicación clara de cuándo usar cada opción y no responden todas las partes de cada pregunta.

1 El trabajo de los estudiantes es muy incompleto. No son capaces de crear modelos o formular ecuaciones y muestran poca comprensión de cómo calcular salarios. Entregan mínimas explicaciones.

CAPÍTULOS

1 a 3

NOMBRE ______________________________ FECHA __________

Examen acumulativo del 1 al 3

Para usar tras completar el capítulo 3

En los ejercicios 1 a 6, evalúa la expresión según el valor dado a la variable o variables. (1.1, 1.2, 2.5, 2.8)

1. $7 + p$ cuando $p = 9$
2. $(x + y)^2$ cuando $x = 2$ e $y = 5$
3. $(4m)^3$ cuando $m = 2$
4. $-5(d)$ cuando $d = -3$
5. $6(-3)(-s)^2$ cuando $s = 4$
6. $\frac{5x - 4}{-7}$ cuando $x = -2$

En los ejercicios 7 a 13, evalúa la expresión. (1.3, 2.3, 2.5, 2.8)

7. $2^3 + 8(7)$
8. $\frac{20 + 8}{3^2 + (11 - 6)}$
9. $15 + (-6) - 7$
10. $3(-4)(-2)$
11. $\frac{9}{-\frac{1}{3}}$
12. $\frac{5}{3} - \frac{10}{3}$
13. $(-2)(5 - 7) - 3^2 + 4$

Soluciones

1. ______________
2. ______________
3. ______________
4. ______________
5. ______________
6. ______________
7. ______________
8. ______________
9. ______________
10. ______________
11. ______________
12. ______________
13. ______________

Review and Assess

NOMBRE ______________________ FECHA ________

Examen acumulativo del 1 al 3

Para usar tras completar el capítulo 3

En los ejercicios 14 a 17, escribe la frase en forma de ecuación o desigualdad. Sea *x* el número. (1.5)

14. La suma de un número y 7 es 23.

15. 12 menos que un número es 16.

16. 35 es mayor que el producto de 5 y un número.

17. El cociente de un número y 6 es menor que 27.

En los ejercicios 18 y 19, haz una tabla de entradas y salidas de la función. Como valores de *x* usa 0, 1, 2 y 3. Después, dibuja una gráfica lineal para representar la función dada por la tabla. (1.8)

18. $y = 3x - 5$

Entrada	0	1	2	3
Salida				

19. $y = 4(2 - x)$

Entrada	0	1	2	3
Salida				

En los ejercicios 20 a 22, escribe los números de menor a mayor. (2.1)

20. $-3.9, 2, -1.4, 0.6, -1.72$

21. $\frac{3}{2}, -2, -1.7, -\frac{4}{3}, -0.5$

22. $|-6|, -\frac{10}{2}, 1, -5.3, |2.7|$

En los ejercicios 23 a 27, simplifica la expresión. (2.7)

23. $-15m + 7m$

24. $2c + 5 - c$

25. $p^2 + 4p + 2p^2 - 6$

26. $3(4r + 1) + 2(r - 7)$

27. $5(x - 9) - (x + 1)$

Soluciones

14. ______________
15. ______________
16. ______________
17. ______________
18. Usa la tabla y la cuadrícula.
19. Usa la tabla y la cuadrícula.
20. ______________
21. ______________
22. ______________
23. ______________
24. ______________
25. ______________
26. ______________
27. ______________

Review and Assess

NOMBRE ______________________ FECHA __________

Examen acumulativo del 1 al 3

Para usar tras completar el capítulo 3

En los ejercicios 28 a 30, aplica la propiedad distributiva para escribir la expresión sin paréntesis. (2.6)

28. $3(x - 7)$

29. $-6(5 + a)$

30. $-9(2a + 4)$

En los ejercicios 31 a 37, resuelve la ecuación. (3.1–3.5)

31. $\frac{1}{3} + x = -\frac{2}{3}$

32. $4r = 28$

33. $\frac{3}{4}k = 9$

34. $12n + 16 = 40$

35. $x - 3(2x + 1) = 17$

36. $2(x + 1) = 4(x - 3)$

37. $\frac{2}{5}(5m + 15) = -16 - 2(m - 3)$

En los ejercicios 38 a 40, resuelve la ecuación para la variable indicada. (3.7)

38. $x + y = z$ para y

39. $ax - b = c$ para x

40. $4(m + 1) = n$ para m

Soluciones

28. ________
29. ________
30. ________
31. ________
32. ________
33. ________
34. ________
35. ________
36. ________
37. ________
38. ________
39. ________
40. ________

NOMBRE ______________________ FECHA __________

Examen acumulativo del 1 al 3

Para usar tras completar el capítulo 3

En los ejercicios 41 a 46, resuelve los problemas de porcentajes. (3.9)

41. El 45% de $250, ¿cuánto dinero es?

42. El 16% de 180 pies, ¿qué longitud es?

43. ¿El 60% de qué peso son 20 gramos?

44. ¿El 3% de qué cantidad son $20?

45. 8 personas, ¿qué tanto por ciento de 90 personas son?

46. 10 pulgadas, ¿qué tanto por ciento de 70 pulgadas son?

47. Tienes que comprar 5 árboles para plantar en la parte trasera de tu casa. Cada uno cuesta $2.30. Ayudándote de la propiedad distributiva, calcula mentalmente el costo total de los árboles. (2.6)

En los ejercicios 48 y 49, escribe una ecuación para resolver el problema. (3.1–3.5)

48. Había 25 personas en la fiesta. Si 17 se fueron a casa, ¿cuántas quedaban?

49. Una bicicleta nueva cuesta $360. Tienes $150 en el banco y ganas $30 a la semana cuidando niños. ¿Cuántas semanas tardarás en ganar el dinero necesario para comprar la bicicleta?

Soluciones

41. ______________

42. ______________

43. ______________

44. ______________

45. ______________

46. ______________

47. ______________

48. ______________

49. ______________

NOMBRE ______ FECHA ______

Refuerzo con práctica

Para usar con las páginas 203–208

OBJETIVO Marcar puntos sobre un plano de coordenadas

VOCABULARIO

Un **plano de coordenadas**, lo cual está dividido en cuatro regiones llamados **cuadrantes**, está formado por dos rectas de números reales que se intersecan en un ángulo recto. El punto de intersección es el **origen**. La recta horizontal es el eje de x y la recta vertical es el eje de y.

Cada punto de un plano de coordenadas corresponde a un **par ordenado** de números reales. El primer número es la **coordenada x** y el segundo número es la **coordenada y**.

Un **diagrama de dispersión** es una gráfica de coordenadas que contiene puntos que representan datos de la vida real.

EJEMPLO 1 *Marcar puntos sobre un plano de coordenadas*

Marca y nombra los siguientes pares ordenados sobre un plano de coordenadas.

a. $(3, -2)$ **b.** $(-4, 3)$

SOLUCIÓN

Para marcar un punto, debes desplazarte sobre el plano de coordenadas a lo largo de las rectas vertical y horizontal, y marcar la ubicación que corresponda al par ordenado.

a. Para marcar el punto $(3, -2)$, comienza en el origen. Desplázate 3 unidades a la derecha y 2 unidades hacia abajo.

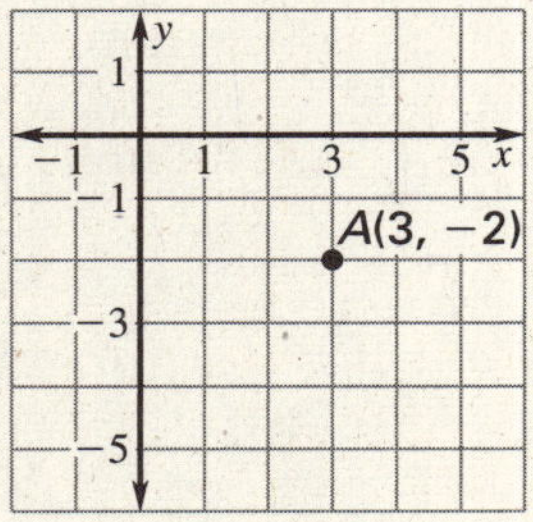

b. Para marcar el punto $(-4, 3)$, comienza en el origen. Desplázate 4 unidades a la izquierda y 3 unidades hacia arriba.

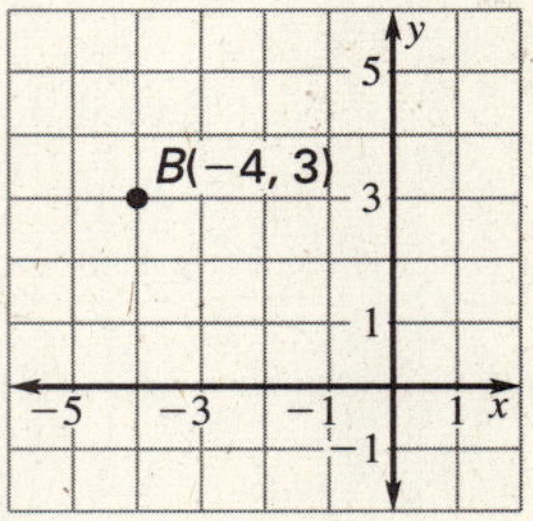

Ejercicios para el Ejemplo 1

Marca y nombra los pares ordenados sobre un plano de coordenadas.

1. $A(5, 4), B(-3, 0), C(-1, -2)$

2. $A(-3, 2), B(0, 0), C(2, -2)$

3. $A(0, -4), B(3, 5), C(3, -1)$

4. $A(-1, -2), B(5, -2), C(-4, 0)$

5. $A(-1, 3), B(2, 0), C(3, -2)$

6. $A(2, 4), B(-2, 5), C(0, 3)$

LECCIÓN **4.1** CONTINUACIÓN

NOMBRE ______________________ FECHA ____________

Refuerzo con práctica

Para usar con las páginas 203–208

EJEMPLO 2 *Dibujar un diagrama de dispersión*

La tabla siguiente indica las tarifas postales de Estados Unidos (en centavos) para correspondencia de primera clase, en base al peso (en onzas) del paquete. Traza un diagrama de dispersión de los datos y predice la tarifa postal para un envío que pesa 8 onzas.

Peso (onzas)	1	2	3	4	5
Tarifa (centavos)	33	55	77	99	121

SOLUCIÓN

❶ Reescribe los datos de la tabla como una lista de pares ordenados.

(1, 33), (2, 55), (3, 77), (4, 99), (5, 121)

❷ Traza un plano de coordenadas. Coloca el peso p en el eje horizontal y la tarifa t en el eje vertical.

❸ Marca los puntos.

❹ A partir del diagrama de dispersión, puedes ver que los puntos siguen un patrón. Extendiendo el patrón, puedes predecir que la tarifa postal para un envío de 8 onzas es de aproximadamente 187 centavos, es decir, $1.87.

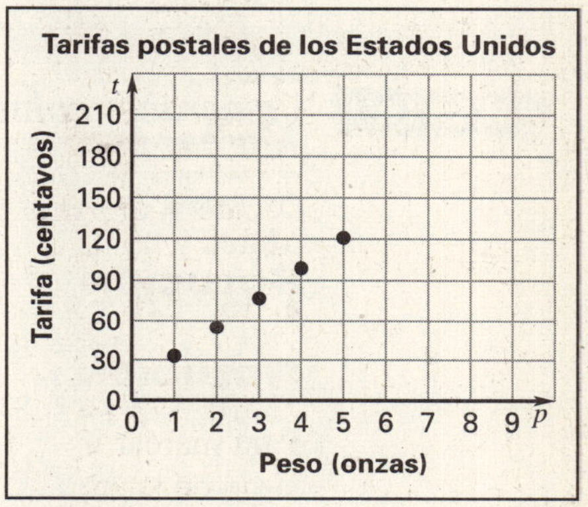

Ejercicios para el Ejemplo 2

En los Ejercicios 7 y 8, haz un diagrama de dispersión de los datos. Usa el eje horizontal para representar el tiempo.

7.

Año	1997	1998	1999	2000
Miembros	74	81	89	95

8.

Mes	Ene.	Abr.	Ago.	Dic.
Adultos	22	30	15	42

En los Ejercicios 9 y 10, haz un diagrama de dispersión de los datos. Usa el eje horizontal para representar cuartos en el Ejercicio 9 y horas en el Ejercicio 10.

9.

Cuartos	3.0	4.0	5.0	6.0
Galones	0.75	1.0	1.25	1.5

10.

Horas	3	5	6	8
Precio del alquiler (dólares)	12	20	24	32

Chapter 4

LECCIÓN 4.2

NOMBRE ______________________ FECHA __________

Refuerzo con práctica

Para usar con las páginas 209–215

OBJETIVO **Hacer una gráfica de una ecuación lineal usando una tabla de valores**

VOCABULARIO

Una **ecuación lineal** en x e y es una ecuación que puede escribirse en la forma de $Ax + By = C$, donde A y B no son ambos iguales a cero.

Una **solución de una ecuación** de dos variables x e y es un par ordenado (x, y) que hace que la ecuación sea verdadera. Una ecuación de dos variables está escrito en la **forma de una función** si una de las variables está aislada en un lado de la ecuación.

La **gráfica de una ecuación** en x e y es el conjunto de todos los puntos (x, y) que son la solución de la ecuación.

EJEMPLO 1 *Comprobar soluciones de ecuaciones lineales*

Decide si el punto $(10, 1)$ es una solución de $x - 2y = 8$.

SOLUCIÓN

$x - 2y = 8$ Escribe la ecuación original.

$10 - 2(1) \stackrel{?}{=} 8$ Sustituye x por 10 e y por 1.

$8 = 8$ Simplifica. Enunciado verdadero.

$(10, 1)$ es una solución de la ecuación $x - 2y = 8$.

Ejercicios para el Ejemplo 1

Decide si el par ordenado dado es la solución de la ecuación.

1. $-3x + 6y = 12, (-4, 0)$

2. $x + 5y = 11, (2, 1)$

3. $y = 1, (3, 1)$

4. $3y - 5x = 4, (-2, 2)$

EJEMPLO 2 *Hallar soluciones de ecuaciones lineales*

Halla tres pares ordenados que sean soluciones de $3x + y = 1$.

SOLUCIÓN

$3x + y = 1$

$y = -3x + 1$

x	−2	−1	0	1	2
y	7	4	1	−2	−5

$(-2, 7)$, $(-1, 4)$ y $(0, 1)$ son tres soluciones de $3x + y = 1$.

Chapter 4

NOMBRE ______________________ FECHA __________

Refuerzo con práctica

Para usar con las páginas 209–215

Ejercicios para el Ejemplo 2

Halla tres pares ordenados que sean las soluciones de la ecuación.

5. $2x - y = 8$ **6.** $3x + y = -2$ **7.** $y + 3 = 2x$

8. $y - 5 = 3x$ **9.** $3x + 4 = y$ **10.** $4x - 1 = y$

EJEMPLO 3 *Hacer una gráfica de una ecuación lineal*

Usa una tabla de valores para hacer una gráfica de la ecuación $x - 2y = 4$.

SOLUCIÓN

Reescribe la ecuación en forma de función resolviendo para y.

$x - 2y = 4$ Escribe la ecuación original.

$-2y = -x + 4$ Resta x a cada lado.

$y = \frac{x}{2} - 2$ Divide cada lado entre -2.

Escoge diversos valores de x y crea una tabla de valores.

Escoge x.	-4	-2	0	2	4
Evalúa y.	-4	-3	-2	-1	0

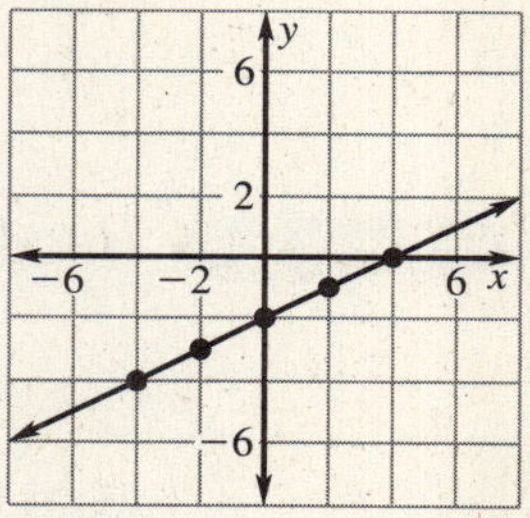

Usando la tabla de valores, puedes escribir cinco pares ordenados.

$(-4, -4), (-2, -3), (0, -2), (2, -1), (4, 0)$

Marca cada par ordenado. La recta que pasa por los puntos es la gráfica de la ecuación.

Ejercicios para el Ejemplo 3

Usa una tabla de valores para hacer una gráfica de la ecuación.

11. $y = 3x - 4$ **12.** $3y - 3x = 6$ **13.** $y = -3(x - 1)$

LECCIÓN 4.3

NOMBRE ______________________ FECHA __________

Refuerzo con práctica

Para usar con las páginas 216–221

OBJETIVO Hacer gráficas de rectas horizontales y verticales

VOCABULARIO

La gráfica de una ecuación lineal de la forma $By = C$, donde $B \neq 0$, es una **recta horizontal**.

La gráfica de una ecuación lineal de la forma $Ax = C$, donde $A \neq 0$, es una **recta vertical**.

Una función de la forma $y = b$, donde b es un número, se llama una **función constante**.

EJEMPLO 1 Hacer una gráfica de $y = b$

Haz una gráfica de la ecuación $y = -3$.

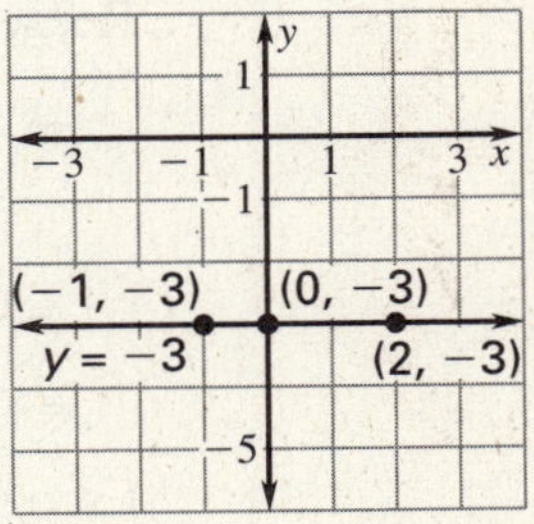

SOLUCIÓN

El valor y es siempre -3, independientemente del valor de x. Los puntos $(-1, -3)$, $(0, -3)$, $(2, -3)$ son algunas de las soluciones de la ecuación. La gráfica de la ecuación es una recta horizontal 3 unidades bajo el eje de x.

EJEMPLO 2 Hacer una gráfica de $x = a$

Haz una gráfica de la ecuación $x = 5$.

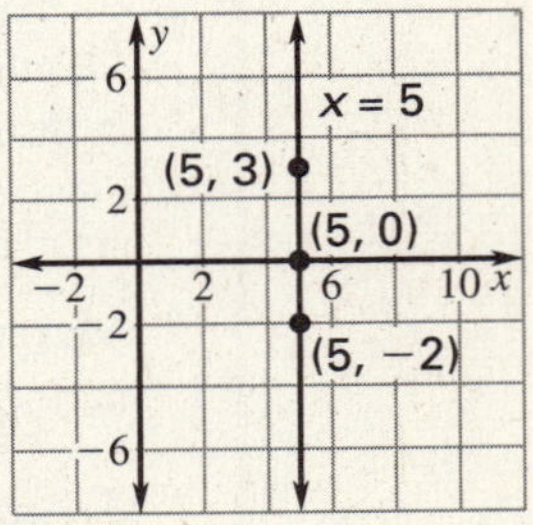

SOLUCIÓN

El valor de x es siempre 5, independientemente del valor de y. Los puntos $(5, -2)$, $(5, 0)$, $(5, 3)$ son algunas soluciones de la ecuación. La gráfica de la ecuación es una recta vertical 5 unidades a la derecha del eje de y.

Ejercicios para los Ejemplos 1 y 2

Haz una gráfica de la ecuación.

1. $y = 0$

2. $x = -4$

3. $x = 0$

4. $y = 6$

5. $y = -5$

6. $x = 2$

Chapter 4

NOMBRE _______________________________ FECHA __________

Refuerzo con práctica

Para usar con las páginas 216–221

EJEMPLO 3 *Escribir la ecuación de una recta*

Escribe la ecuación de la recta en la gráfica.

a.

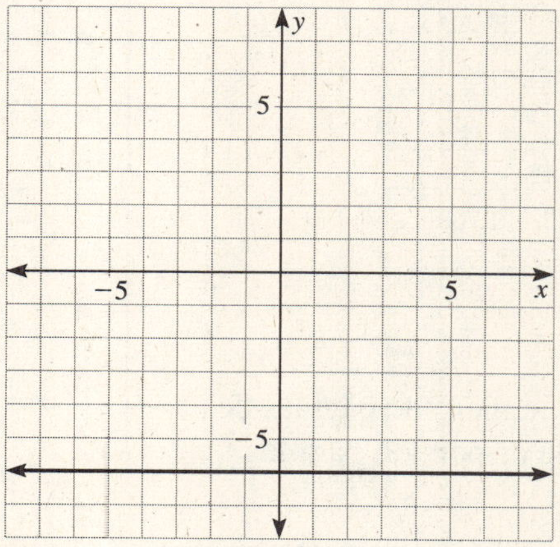

b.

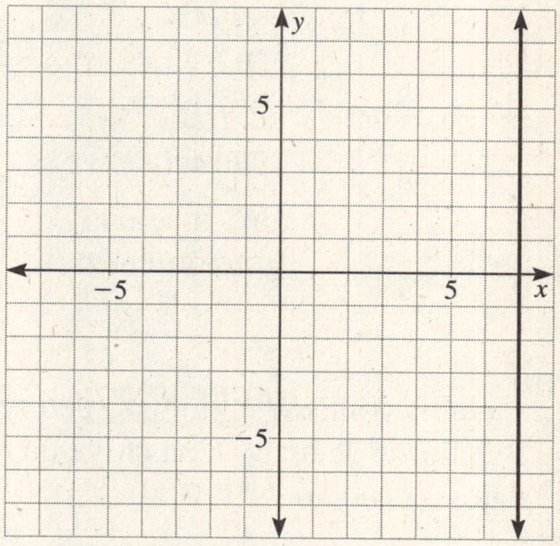

SOLUCIÓN

a. La gráfica es una recta horizontal 6 unidades bajo el eje de x. La coordenada y es siempre -6.

Respuesta ▶ $y = -6$

b. La gráfica es una recta vertical 7 unidades a la derecha del eje de y. La coordenada x es siempre 7.

Respuesta ▶ $x = 7$

Ejercicios para el Ejemplo 3

Escribe la ecuación de la recta en la gráfica.

7.

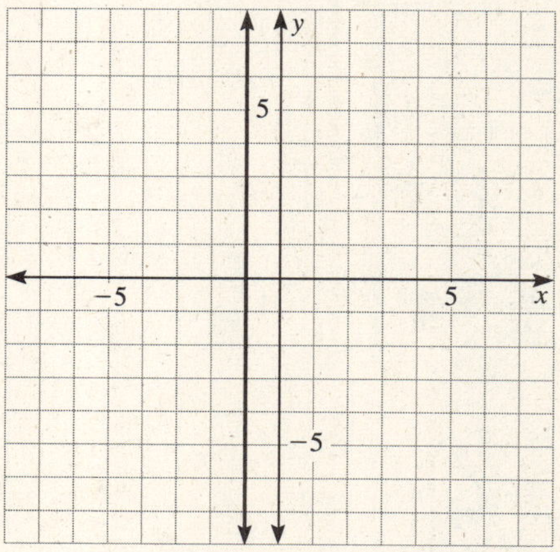

8.

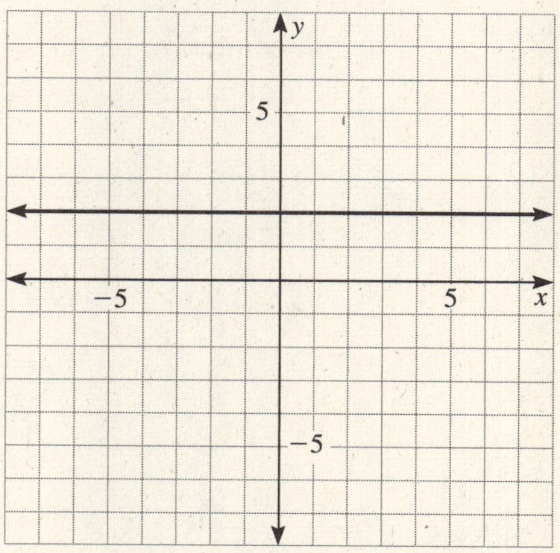

Chapter 4

LECCIÓN
4.3

NOMBRE ______________________________ FECHA ____________

Prueba parcial 1

Para usar después de las lecciones 4.1–4.3

1. Marca y nombra los pares ordenados $A(-6, -2)$, $B(0, -8)$, $C(-3, 2)$, y $D(2, 0)$ sobre el plano de coordenadas. *(Lección 4.1)*

Para el Ejercicio 1

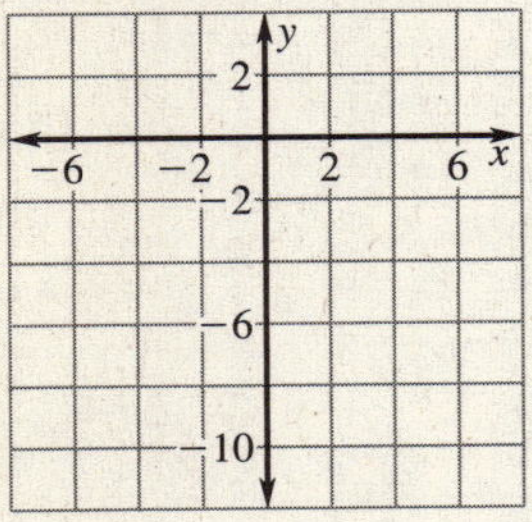

Para el Ejercicio 2

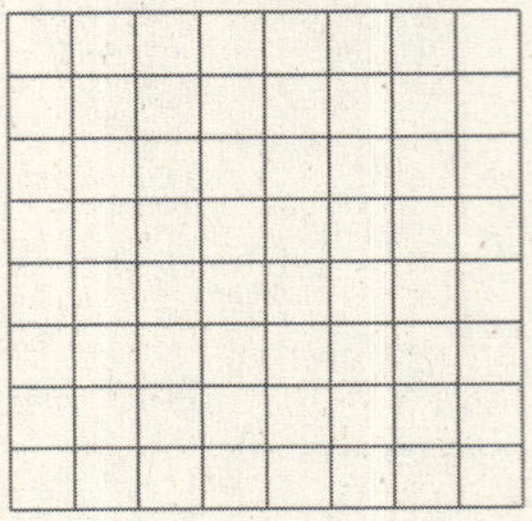

2. La tabla contiene el número de capítulos y el número de páginas de seis libros de texto. Construye un diagrama de dispersión para los datos. *(Lección 4.1)*

Libros de texto	*Inglés*	*Matemáticas*	*Ciencias*	*Salud*	*Estudios sociales*	*Español*
Número de capítulos, x	11	14	12	16	23	17
Número de páginas, y	252	346	328	310	430	288

3. Halla dos soluciones de la ecuación $y = 3x - 5$. *(Lección 4.2)*

4. Reescribe la ecuación $2x - 4y = 4$ en forma de función. *(Lección 4.2)*

5. Escribe una ecuación de una recta horizontal. *(Lección 4.3)*

Respuestas

1. Usa la cuadrícula de la izquierda.

2. Usa la cuadrícula de la izquierda.

3. ____________________

____

4. ____________________

5. ____________________

Chapter 4

LECCIÓN 4.4

NOMBRE ______________________ FECHA ____________

Refuerzo con práctica

Para usar con las páginas 222–227

OBJETIVO **Hallar las intercepciones de la gráfica de una ecuación lineal y luego usarlas para hacer una gráfica rápida de la ecuación**

VOCABULARIO

La **intercepción en x** es la coordenada x del punto en que una gráfica corta el eje x. La coordenada y de ese punto es 0.

La **intercepción en y** es la coordenada y del punto en que una gráfica corta el eje y. La coordenada x de ese punto es 0.

EJEMPLO 1 *Hallar intercepciones*

Halla la intercepción en x y la intercepción en y de la gráfica de la ecuación $4x - 2y = 8$.

SOLUCIÓN

Para hallar la intercepción en x de $4x - 2y = 8$, toma $y = 0$.

$4x - 2y = 8$	Escribe la ecuación original.
$4x - 2(0) = 8$	Sustituye y por 0.
$x = 2$	Resuelve para x.

La intercepción en x es 2. La recta corta el eje de x en el punto (2, 0).

Para hallar la intercepción en y de $4x - 2y = 8$, toma $x = 0$.

$4x - 2y = 8$	Escribe la ecuación original.
$4(0) - 2y = 8$	Sustituye x por 0.
$y = -4$	Resuelve para y.

La intercepción en y es -4. La recta corta el eje de y en el punto $(0, -4)$.

Ejercicios para el Ejemplo 1

Halla la intercepción en x de la gráfica de la ecuación.

1. $x - y = 6$ **2.** $-2x + y = -4$ **3.** $3x - 2y = 6$

Halla la intercepción en y de la gráfica de la ecuación.

4. $x - y = 6$ **5.** $-2x + y = -4$ **6.** $3x - 2y = 6$

Chapter 4

LECCIÓN 4.4 CONTINUACIÓN

NOMBRE ______________________ FECHA __________

Refuerzo con práctica

Para usar con las páginas 222–227

EJEMPLO 2 *Hacer una gráfica rápida*

Haz una gráfica de la ecuación $2x - y = 8$.

SOLUCIÓN

Halla las intercepciones sustituyendo primero y por 0, y luego x por 0.

$$2x - y = 8 \qquad\qquad 2x - y = 8$$
$$2x - 0 = 8 \qquad\qquad 2(0) - y = 8$$
$$2x = 8 \qquad\qquad -y = 8$$
$$x = 4 \qquad\qquad y = -8$$

La intercepción en x es 4. La intercepción en y es -8.

Dibuja un plano de coordenadas que incluya los puntos $(4, 0)$ y $(0, -8)$. Marca los puntos $(4, 0)$ y $(0, -8)$ y traza una recta que pase por ellos. La gráfica se muestra a continuación.

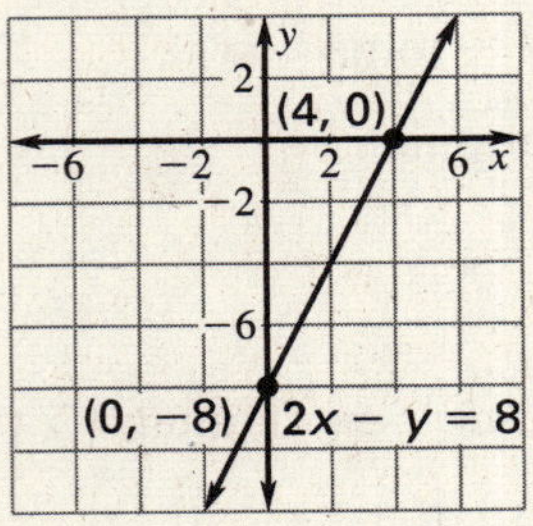

Ejercicios para el Ejemplo 2

Halla la intercepción en *x* y la intercepción en *y* de la recta. Usa las intercepciones para dibujar una gráfica rápida de la ecuación.

7. $y = -x + 6$

8. $x - 5y = 15$

9. $y = 4 - 2x$

10. $7x - y = 14$

11. $3x + 4y = 24$

12. $2y = 7x + 10$

Chapter 4

LECCIÓN 4.5

NOMBRE ______________________ FECHA __________

Refuerzo con práctica

Para usar con las páginas 228–235

OBJETIVO **Calcular la pendiente de una recta**

> **VOCABULARIO**
>
> La **pendiente** de una recta es la razón de la **elevación** vertical y el **avance** entre dos puntos cualesquiera en la recta horizontal.
>
> La pendiente de una recta que pasa por los puntos (x_1, y_1) y (x_2, y_2) se da por $m = \dfrac{\text{elevación}}{\text{avance}} = \dfrac{\text{cambio en } y}{\text{cambio en } x} = \dfrac{y_2 - y_1}{x_2 - x_1}$.

EJEMPLO 1 *Calcular la pendiente de una recta*

Calcula la pendiente de la recta que pasa por $(-3, 2)$ y $(1, 5)$.

SOLUCIÓN

Sean $(x_1, y_1) = (-3, 2)$ y $(x_2, y_2) = (1, 5)$.

$m = \dfrac{y_2 - y_1}{x_2 - x_1}$ ← Elevación: Diferencia en valores de y. ← Avance: Diferencia en valores de x.

$= \dfrac{5 - 2}{1 - (-3)}$ Sustituye los valores.

$= \dfrac{3}{1 + 3} = \dfrac{3}{4}$ Simplifica. La pendiente es positiva.

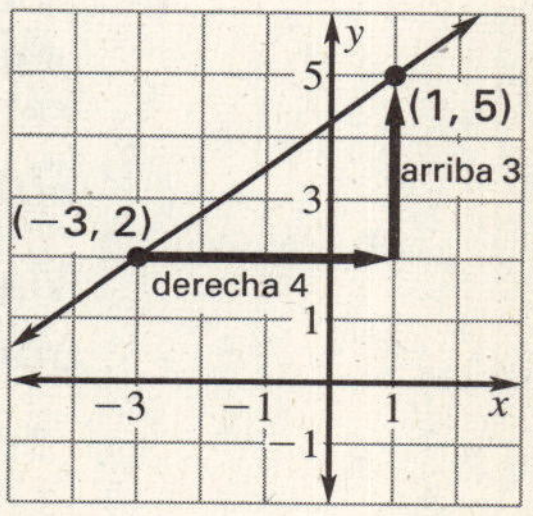

Como en el Ejemplo 1 la pendiente es positiva, la recta sube de izquierda a derecha. Si una recta tiene pendiente negativa, quiere decir que la recta baja de izquierda a derecha.

Ejercicios para el Ejemplo 1

Marca los puntos y calcula la pendiente de la recta que pasa por ellos.

1. $(-4, 0), (3, 3)$ **2.** $(-1, -2), (2, -6)$ **3.** $(-3, -1), (1, 3)$

Halla la pendiente de la recta que pasa por los puntos.

4. $(5, 4), (3, 1)$ **5.** $(-2, 3), (0, 2)$ **6.** $(2, 4), (-1, -1)$

Chapter 4

NOMBRE ____________________ FECHA ____________

Refuerzo con práctica

Para usar con las páginas 228–235

EJEMPLO 2 Calcular la pendiente de una recta

Calcula la pendiente de una recta que pasa por $(-4, 2)$ y $(1, 2)$.

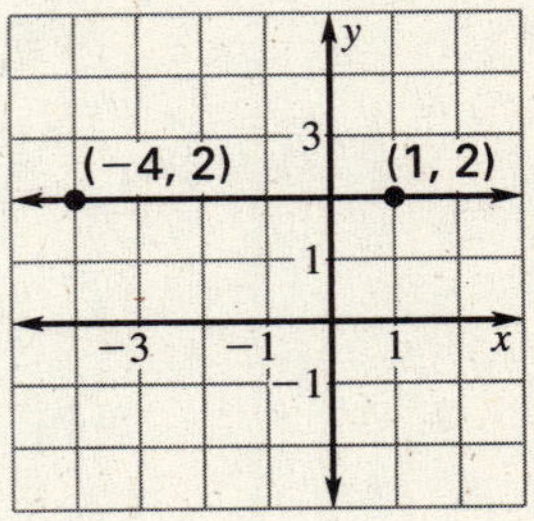

SOLUCIÓN

Sean $(x_1, y_1) = (-4, 2)$ y $(x_2, y_2) = (1, 2)$.

$m = \dfrac{y_2 - y_1}{x_2 - x_1}$ ← Elevación: Diferencia en valores de y. ← Avance: Diferencia en valores de x.

$= \dfrac{2 - 2}{1 - (-4)}$ Sustituye los valores.

$= \dfrac{0}{5} = 0$ Simplifica. La pendiente es cero.

Como en el Ejemplo 2 la pendiente es cero, la recta es horizontal. Si la pendiente de una recta es indefinida, la recta es vertical.

Ejercicios para el Ejemplo 2

Marca los puntos y calcula la pendiente de la recta que pasa por los puntos.

7. $(-4, 0), (-4, 3)$
8. $(1, -1), (1, 3)$
9. $(-3, 0), (1, 0)$
10. $(-4, 3), (1, 3)$
11. $(2, -2), (2, -6)$
12. $(-1, -6), (2, -6)$

LECCIÓN 4.6

NOMBRE ______________________ FECHA ____________

Refuerzo con práctica

Para usar con las páginas 236–241

OBJETIVO **Escribir y hacer gráficas de ecuaciones lineales que representen variación directa**

VOCABULARIO

Se dice que dos cantidades x e y que tienen una razón constante de k tienen **variación directa**.

En el modelo de variación directa $y = kx$, donde $k \neq 0$, k es la **constante de variación.**

EJEMPLO 1 *Escribir una ecuación de variación directa*

Las variables x e y varían de manera directa. Cuando $x = 4$, $y = 6$.

a. Escribe una ecuación que relacione x con y.

b. Calcula el valor de y cuando $x = 12$.

SOLUCIÓN

a. Como x e y varían de manera directa, la ecuación es de la forma $y = kx$. Para hallar k puedes resolver de la siguiente manera.

$y = kx$	Escribe el modelo de variación directa.
$6 = k(4)$	Sustituye x por 4 e y por 6.
$1.5 = k$	Divide cada lado entre 4.

Una ecuación que relaciona x con y es $y = 1.5x$.

b. $y = 1.5(12)$	Sustituye x por 12 en $y = 1.5x$.
$y = 18$	Simplifica.

Cuando $x = 12$, $y = 18$.

Ejercicios para el Ejemplo 1

En los Ejercicios 1 a 6, las variables *x* e *y* varían de manera directa. Usa los valores dados para escribir una ecuación que relacione *x* con *y*.

1. $x = 3, y = 15$ **2.** $x = 6, y = 3$ **3.** $x = -4, y = -4$

4. $x = 10, y = -2$ **5.** $x = 3.5, y = 7$ **6.** $x = -12, y = 4$

Chapter 4

NOMBRE ______________________ FECHA ____________

Refuerzo con práctica

Para usar con las páginas 236–241

EJEMPLO 2 Usar un modelo de variación directa

El peso varía de manera directa con la gravedad. Una persona que pesa 150 libras en la Tierra pesa 57 libras en Marte.

a. Escribe un modelo que relacione el peso T de una persona en la Tierra con el peso M de esa persona en Marte.

b. El peso de una persona en la Tierra es de 210 libras. Usa el modelo para estimar el peso de esa persona en Marte.

SOLUCIÓN

a. Como M y T varían directamente, la ecuación es de la forma $T = kM$.

$T = kM$	Escribe el modelo para variación directa.
$150 = k(57)$	Sustituye M por 57 y T por 150.
$\frac{150}{57} = k$	Divide cada lado entre 57.

El modelo de variación directa es $T = \frac{150}{57}M$.

b. Usa el modelo $T = \frac{150}{57}M$ para estimar el peso de la persona en Marte.

$210 = \frac{150}{57}M$	Sustituye T por 210.
$79.8 \approx M$	Multiplica cada lado por $\frac{57}{150}$.

El peso de la persona en Marte es de aproximadamente 79.8 libras.

Ejercicios para el Ejemplo 2

7. Usa el modelo $T = \frac{150}{57}M$ para estimar el peso de una persona en Marte que pese 120 libras en la Tierra.

8. Usa el modelo $T = \frac{150}{57}M$ para estimar el peso de una persona en la Tierra que pese 62 libras en Marte.

9. Una persona que pesa 160 libras en la Tierra pesa 139 libras en Venus.

a. Escribe un modelo que relacione el peso T de una persona en la Tierra con su peso V en Venus.

b. Una persona pesa 195 libras en la Tierra. Usa el modelo para estimar el peso de esa persona en Venus.

NOMBRE____ FECHA_______________

Prueba parcial 2

Para usar después de las lecciones 4.4–4.6

1. Usa la gráfica para hallar la intercepción en x y la intercepción en y de la recta. *(Lección 4.4)*

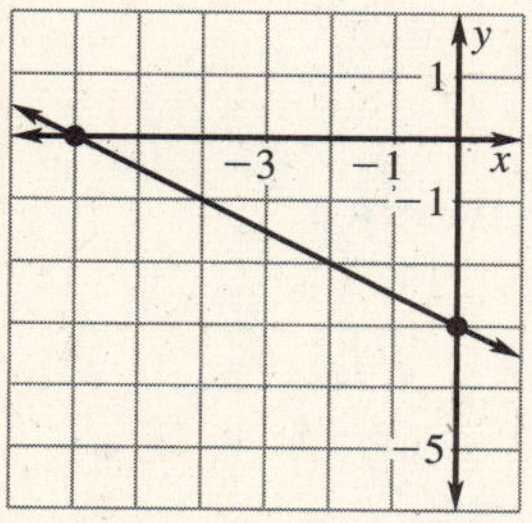

Para el Ejercicio 1

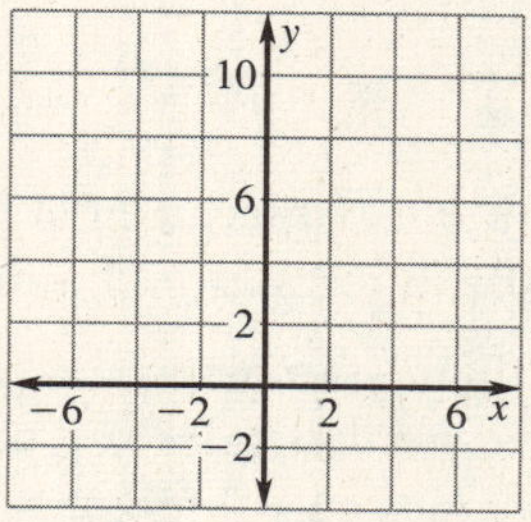

Para el Ejercicio 2

2. Halla la intercepción en x y la intercepción en y de la ecuación $2x + y = 8$. Haz una gráfica de la ecuación. Nombra los puntos en que la gráfica corta los ejes. *(Lección 4.4)*

3. Calcula la pendiente de la recta que pasa por los puntos $(4, -4)$ y $(6, -5)$. *(Lección 4.5)*

4. ¿La pendiente que pasa por los puntos (0, 7) y (3, 6) es positiva o negativa? *(Lección 4.5)*

5. Completa la oración. La pendiente de una recta vertical es ______________. *(Lección 4.5)*

6. Las variables x e y varían de manera directa. Cuando $x = 12$, $y = 9$. Escribe una ecuación que relacione las variables. *(Lección 4.6)*

7. Haz una gráfica de la ecuación $y = -\frac{1}{2}x$. Calcula la constante de variación y la pendiente del modelo de variación directa. *(Lección 4.6)*

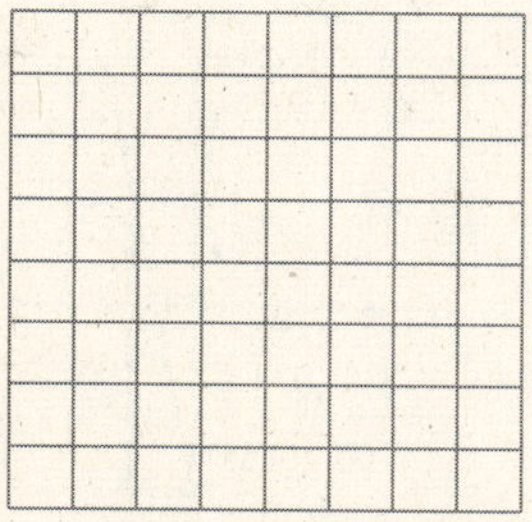

Para el Ejercicio 7

Respuestas

1. ______________

2. Usa la cuadrícula de la izquierda.

3. ______________

4. ______________

5. ______________

6. ______________

7. Usa la cuadrícula de la izquierda.

LECCIÓN 4.7

NOMBRE ______________________ FECHA __________

Refuerzo con práctica

Para usar con las páginas 242–251

OBJETIVO Hacer una gráfica de una ecuación lineal en la forma de pendiente e intercepción

Vocabulario

La ecuación lineal $y = mx + b$ está escrita en la **forma de pendiente e intercepción.** La pendiente de la recta es m. La intercepción en y es b.

Dos rectas diferentes sobre un mismo plano son **paralelas** si no se intersecan. Cualquier par de rectas no verticales son paralelas sólo si tienen la misma pendiente e intercepciones en y diferentes. (Todas las rectas verticales son paralelas.)

EJEMPLO 1 Hallar la pendiente e la intercepción en y

ECUACIÓN	FORMA DE PENDIENTE E INTERCEPCIÓN	PENDIENTE	INTERCEPCIÓN EN *y*
a. $y = 3x$	$y = 3x + 0$	$m = 3$	$b = 0$
b. $y = -\frac{3}{5} + \frac{2}{5}x$	$y = \frac{2}{5}x - \frac{3}{5}$	$m = \frac{2}{5}$	$b = -\frac{3}{5}$
c. $4x + 8y = 24$	$y = -0.5x + 3$	$m = -0.5$	$b = 3$

Ejercicios para el Ejemplo 1

Escribe la ecuación en la forma de pendiente e intercepción. Calcula la pendiente y la intercepción en *y*.

1. $y = -3x$

2. $x + y - 5 = 0$

3. $3x + y = 5$

4. $y = \frac{7}{3} - \frac{1}{3}x$

5. $y = 2$

6. $x + 4y - 4 = 0$

7. ¿Qué par de rectas de los Ejercicios 1 a 6 son paralelas? Explica.

EJEMPLO 2 Hacer una gráfica usando la pendiente y la intercepción en y

Haz una gráfica de la ecuación $5x - y = 3$.

Solución

Escribe la ecuación en la forma de pendiente e intercepción: $y = 5x - 3$

Halla la pendiente y la intercepción en y: $m = 5$ y $b = -3$.

Marca el punto $(0, b)$ cuando $b = -3$. Usa la pendiente para ubicar un segundo punto sobre la recta.

$$m = \frac{5}{1} = \frac{\text{elevación}}{\text{avance}} \rightarrow \frac{\text{mueve 5 unidades hacia arriba}}{\text{mueve 1 unidad hacia la derecha}}$$

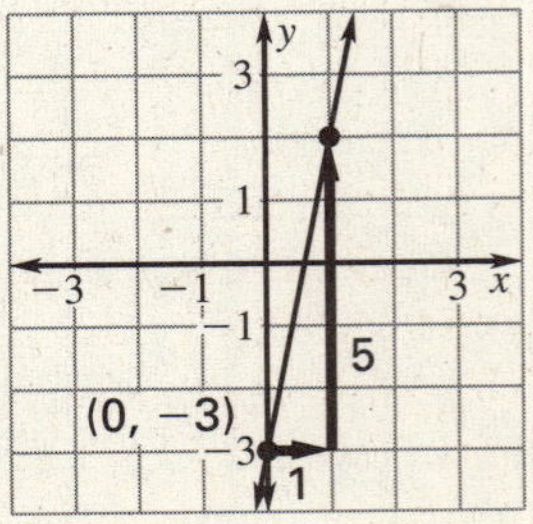

Traza una recta por los dos puntos.

Chapter 4

NOMBRE ____________________ FECHA __________

Refuerzo con práctica

Para usar con las páginas 242–251

Ejercicios para el Ejemplo 2

Escribe la ecuación en la forma de pendiente e intercepción. Luego haz una gráfica de la ecuación.

8. $6x - y = 0$ **9.** $x + 3y - 3 = 0$ **10.** $5x + y = 4$

11. $x + 3y - 6 = 0$ **12.** $2x + y - 9 = 0$ **13.** $x + 2y + 8 = 0$

EJEMPLO 3 *Usar un modelo lineal*

Durante el verano trabajas para un servicio de jardinería. Te pagan \$5 diarios, más una tarifa por hora de \$1.50.

a. Usando s para representar el salario por día y h para representar el número de horas trabajadas diariamente, escribe una ecuación que represente tu salario total por el trabajo de un día.

b. Calcula la pendiente y la intercepción en y de la ecuación.

c. ¿Qué representa la pendiente?

d. Haz una gráfica de la ecuación usando la pendiente y la intercepción en y.

SOLUCIÓN

a. Usando s para representar el salario por día y h para representar el número de horas trabajadas diariamente, la ecuación que representa tu salario total por el trabajo de un día es $s = 1.50h + 5$.

b. La pendiente de la ecuación es 1.50 y la intercepción en y es 5.

c. La pendiente representa la tarifa por hora.

d.

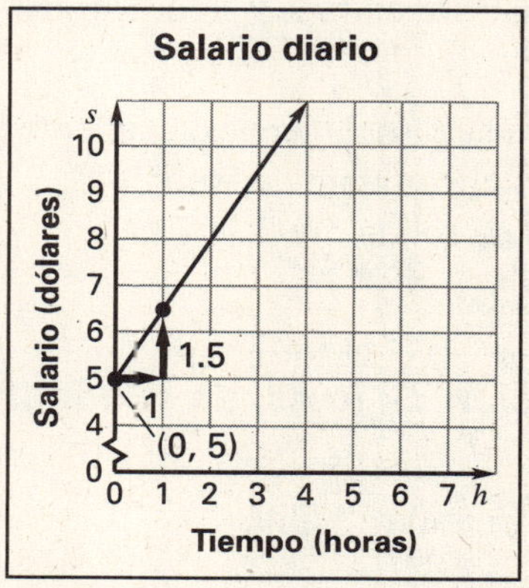

Ejercicios para el Ejemplo 3

14. Reformula el Ejemplo 3 si te pagan \$4 diarios, más una tarifa por hora de \$1.75.

15. Reformula el Ejemplo 3 si te pagan \$6 diarios, más una tarifa por hora de \$1.25.

LECCIÓN **4.8**

NOMBRE ______________________ FECHA __________

Refuerzo con práctica

Para usar con las páginas 252–258

OBJETIVO **Identificar cuándo una relación es función y usar notación de función**

VOCABULARIO

Una **relación** es cualquier conjunto de pares ordenados. Una relación es una función si para cada entrada hay exactamente una salida.

Usando **notación de función,** la ecuación $y = 3x - 4$ se transforma en $f(x) = 3x - 4$ (el símbolo $f(x)$ reemplaza a y). Tal como (x, y) es una solución de $y = 3x - 4$, $(x, f(x))$ es una solución de $f(x) = 3x - 4$.

Una función se llama **función lineal** si tiene la forma $f(x) = mx + b$.

EJEMPLO 1 *Identificar funciones*

Decide si la relación representada en el diagrama entrada-salida es una función. Si lo es, da el dominio y la gama.

a. Entrada Salida

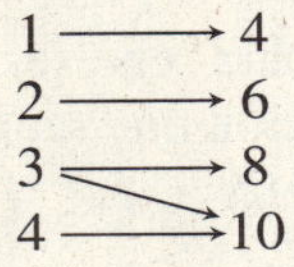

b. Entrada Salida

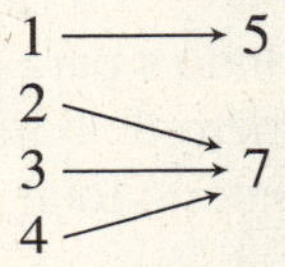

SOLUCIÓN

a. La relación no es una función, porque la entrada 3 tiene dos salidas: 8 y 10.

b. La relación es una función. Para cada entrada hay exactamente una salida. El dominio de la función es el conjunto de valores 1, 2, 3 y 4. La gama es el conjunto de valores de salida 5 y 7.

Ejercicios para el Ejemplo 1

Decide si la relación es una función. Si lo es, da el dominio y la gama.

1. Entrada Salida

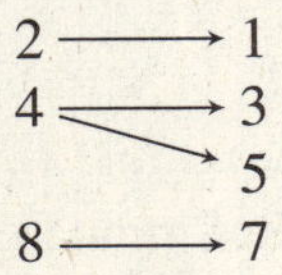

2. Entrada Salida

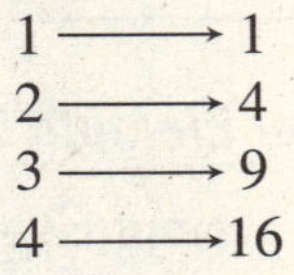

3. Entrada Salida

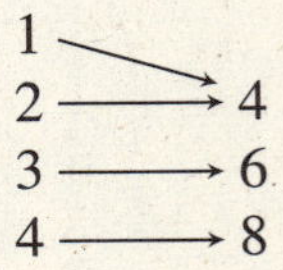

Chapter 4

LECCIÓN 4.8 CONTINUACIÓN

NOMBRE ______________________ FECHA ____________

Refuerzo con práctica

Para usar con las páginas 252–258

EJEMPLO 2 Evaluar una función

Evalúa la función $f(x) = -4x + 5$ cuando $x = -1$.

SOLUCIÓN

$f(\mathbf{x}) = -4\mathbf{x} + 5$	Escribe la función original.
$f(-\mathbf{1}) = -4(-\mathbf{1}) + 5$	Sustituye x por -1.
$= 9$	Simplifica.

Ejercicios para el Ejemplo 2

Evalúa la función cuando $x = 3$, $x = 0$, y $x = -2$.

4. $f(x) = 9x + 2$ **5.** $f(x) = 0.5x + 4$ **6.** $f(x) = -7x + 3$

EJEMPLO 3 Hacer la gráfica de una función lineal

Haz una gráfica de $f(x) = \frac{3}{2}x - 2$.

SOLUCIÓN

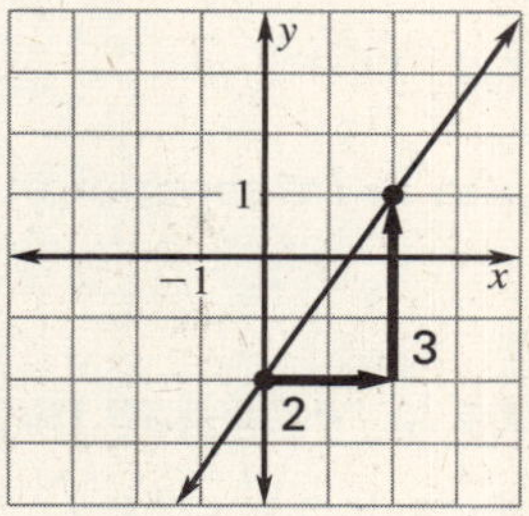

1. **Reescribe** la función como $y = \frac{3}{2}x - 2$.
2. **Halla** la pendiente y la intercepción en y.

   $m = \frac{3}{2}$ y $b = -2$
3. **Usa** la pendiente para hallar un segundo punto.
4. **Dibuja** una recta a través de los dos puntos.

Ejercicios para el Ejemplo 3

Haz una gráfica de la función.

7. $f(x) = 2x + 4$ **8.** $f(x) = -\frac{1}{3}x + 2$ **9.** $f(x) = -\frac{1}{2}x - 5$.

Chapter 4

CAPÍTULO 4

NOMBRE ______________________________ FECHA ____________

Prueba del capítulo A

Para usar después del capítulo 4

Escribe los pares ordenados que corresponden a los puntos *A, B, C* y *D* sobre el plano de coordenadas.

1.

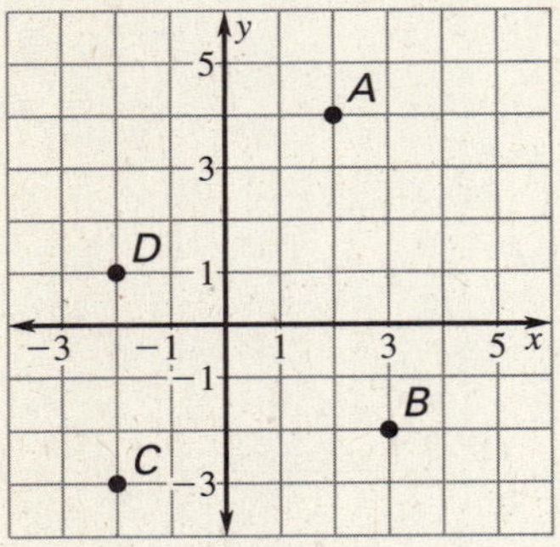

2.

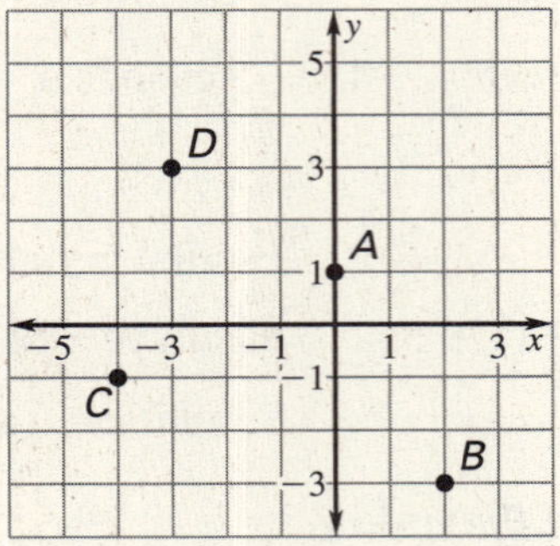

Sin marcar el punto, di si está en el cuadrante I, en el cuadrante II, en el cuadrante III o en el cuadrante IV.

3. $(7, -10)$

4. $(-4, -8)$

Decide si el par ordenado dado es una solución de la ecuación.

5. $y - x = 5, (2, 7)$

6. $y + 4 = -2x, (-3, 10)$

Calcula la intercepción en *x* de la gráfica de la ecuación.

7. $x + 6y = 7$

8. $4x + y = 3$

Calcula la intercepción en *y* de la gráfica de la ecuación.

9. $y - 3x = 4$

10. $2y + x = 8$

Dibuja la recta que tiene las intercepciones dadas.

11. Intercepción en x: 1

Intercepción en y: 2

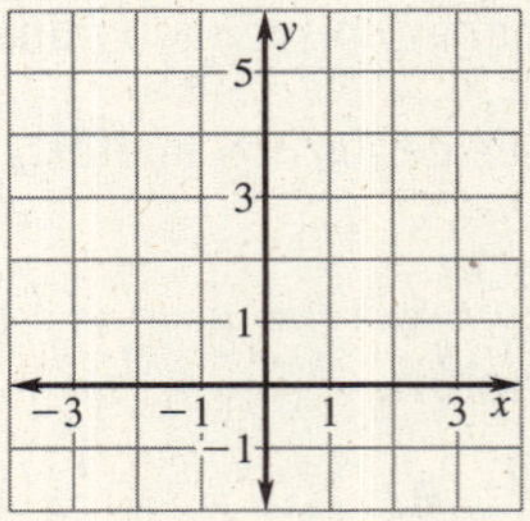

Respuestas

1. ____________
2. ____________
3. ____________
4. ____________
5. ____________
6. ____________
7. ____________
8. ____________
9. ____________
10. ____________
11. Usa la cuadrícula de la izquierda.

Chapter 4

NOMBRE ______________________ FECHA __________

Prueba del capítulo A

Para usar después del capítulo 4

Calcula la pendiente de la recta que pasa por los puntos.

12. $(3, 4), (1, 3)$ **13.** $(2, 7), (5, 6)$

Calcula la pendiente de la recta.

14.

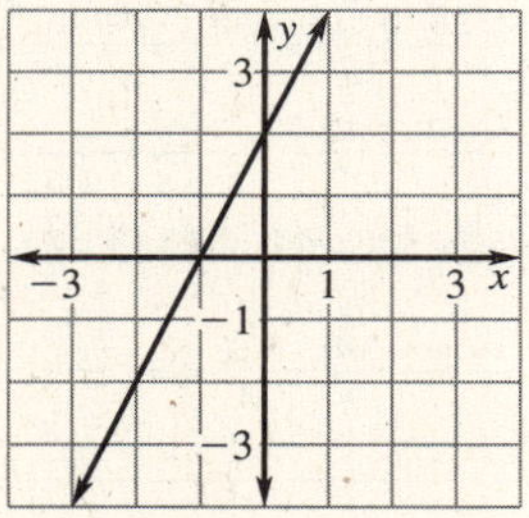

15.

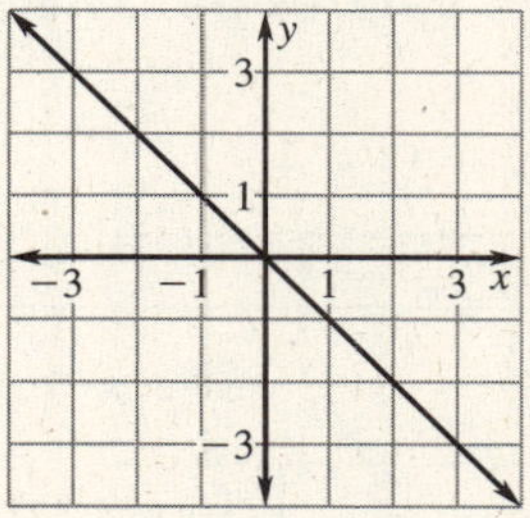

Las variables *x* e *y* varían de manera directa. Usa los valores dados para escribir una ecuación que relacione *x* con *y*.

16. $x = 3, y = 15$ **17.** $x = 4, y = -16$

Calcula la pendiente y la intercepción en *y* de la gráfica de la ecuación.

18. $y = 2x + 5$ **19.** $y = 5 - 3x$

Evalúa la función cuando $x = 4$.

20. $f(x) = 4x - 3$ **21.** $f(x) = 10 - 2x$

Decide si las gráficas de ambas ecuaciones son rectas paralelas.

22. $y = 2x + 1,\ 2y = 4x + 5$ **23.** $y = 4x - 3,\ y = -4x + 3$

Decide si la relación es una función.

24. Entrada Salida

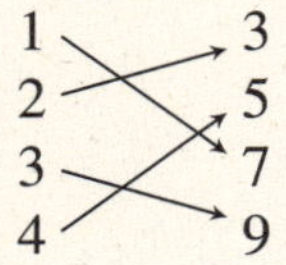

25. Entrada Salida

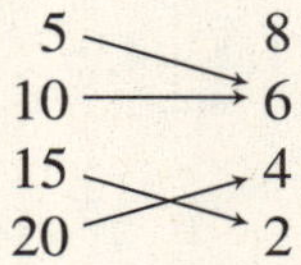

12. ____________
13. ____________
14. ____________
15. ____________
16. ____________
17. ____________
18. ____________
19. ____________
20. ____________
21. ____________
22. ____________
23. ____________
24. ____________
25. ____________

CAPÍTULO 4

NOMBRE ______________________________ FECHA ____________

Prueba del capítulo B

Para usar después del capítulo 4

Decide si el par ordenado dado es una solución de la ecuación.

1. $5x + 3y = 2; \left(2, -\frac{4}{5}\right)$

2. $\frac{1}{2}x + 4 = 10y; \left(2, \frac{1}{2}\right)$

En las Preguntas 3 y 4, usa la tabla de valores para hacer una gráfica de la ecuación.

3. $y = \frac{1}{4}x - 2$

x			
y			

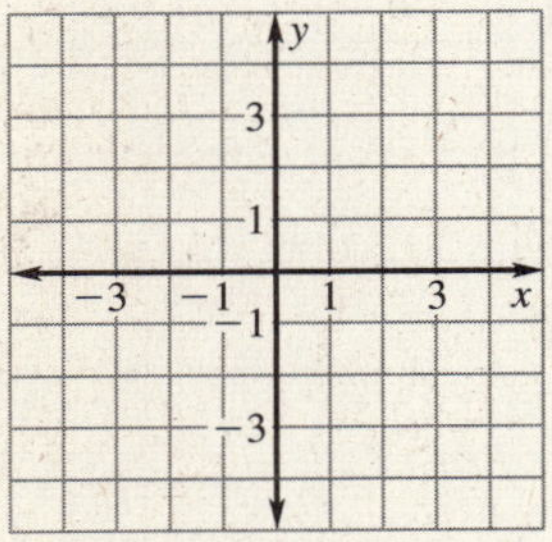

4. $y = 3x - \frac{1}{2}$

x			
y			

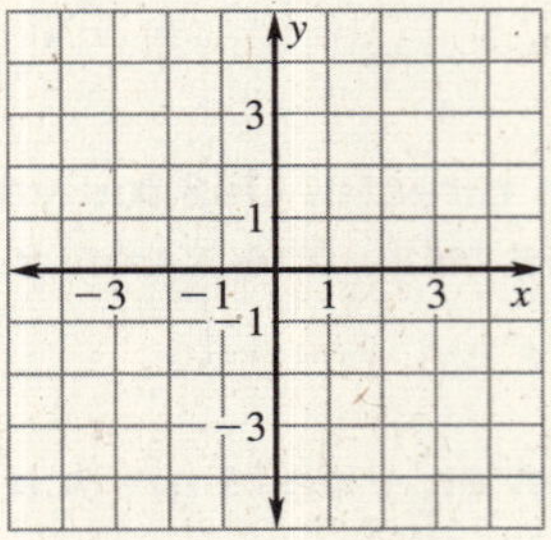

Calcula la intercepción en *x* de la gráfica de la ecuación.

5. $4x + 5y = 8$

6. $3y - 10x = 4$

Calcula la intercepción en *y* de la gráfica de la ecuación.

7. $7 - 12x = 3y$

8. $4y + 9 = 5x$

Calcula la pendiente de la recta que pasa por los puntos.

9. $(-4, 6), (-3, 2)$

10. $(-10, -7), (1, -2)$

Decide si la pendiente de la recta que pasa por los puntos es *positiva, negativa, cero* o *indefinida*.

11. $(4, 7), (4, 2)$

12. $(3, 8), (5, 1)$

13. $(1, 6) (4, 6)$

Respuestas

1. ______________
2. ______________
3. Usa la cuadrícula de la izquierda.
4. Usa la cuadrícula de la izquierda.
5. ______________
6. ______________
7. ______________
8. ______________
9. ______________
10. ______________
11. ______________
12. ______________
13. ______________

CAPÍTULO 4 CONTINUACIÓN

NOMBRE ______________________________ FECHA ____________

Prueba del capítulo B

Para usar después del capítulo 4

Las variables *x* e *y* varían de manera directa. Usa los valores dados para escribir una ecuación que relacione *x* con *y*.

14. $x = -6, y = 42$

15. $x = \frac{1}{2}, y = 18$

16. Patinas a una velocidad promedio de 8 millas por hora. El número de millas m que recorres durante h horas está representado por $m = 8h$. ¿Varían estas dos cantidades de manera directa?

Escribe la ecuación en la forma de pendiente e intercepción. Luego haz una gráfica de la ecuación.

17. $6x - 4y = 3$

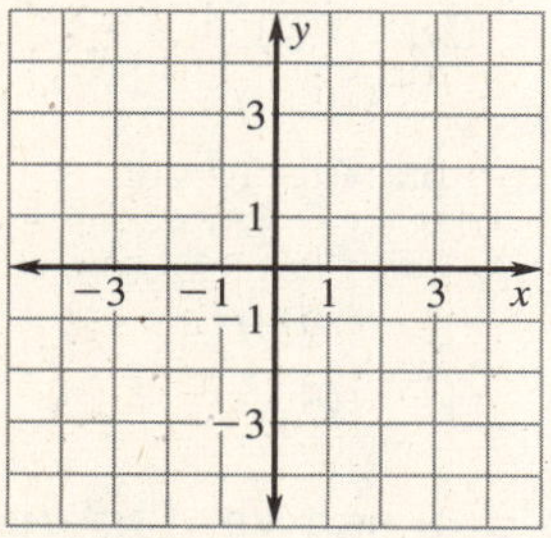

18. $2y + 5x = 10$

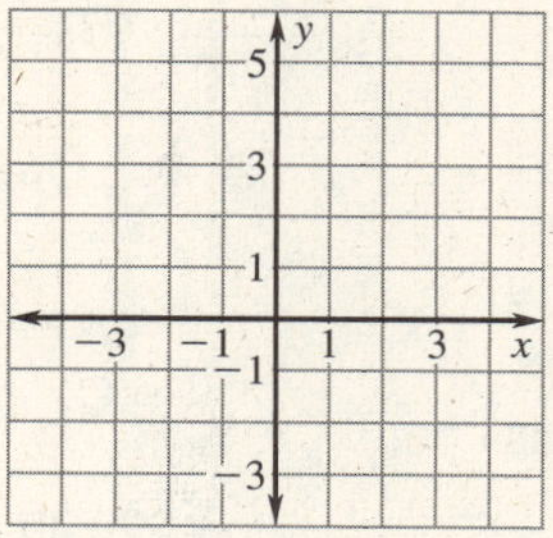

Decide si las gráficas de ambas ecuaciones son rectas paralelas.

19. $y = 3x + 2, y = \frac{1}{3}x + 4$

20. $3y = 15x + 4, y = 5x + 1$

Evalúa la función si $x = 3$, $x = 0$, y $x = -2$.

21. $f(x) = -\frac{1}{2}x + 3$

22. $h(x) = 5.5x + 4$

23. $g(x) = \frac{1}{8}x - 4$

24. $k(x) = 14 - 4x$

25. Calcula la pendiente de la gráfica de la función lineal f en que $f(0) = 4$ y $f(3) = 13$.

14. ____________
15. ____________
16. ____________
17. ____________
18. ____________
19. ____________
20. ____________
21. ____________
22. ____________
23. ____________
24. ____________
25. ____________

Chapter 4

NOMBRE ______________________ FECHA ____________

Prueba del capítulo SAT/ACT

Para usar después del capítulo 4

1. ¿Cuál es la intercepción en y de $3x + 2y = 21$?

Ⓐ $\frac{21}{2}$ Ⓑ 14
Ⓒ $\frac{2}{21}$ Ⓓ 7

2. ¿Cuál es la ecuación de la recta representada?

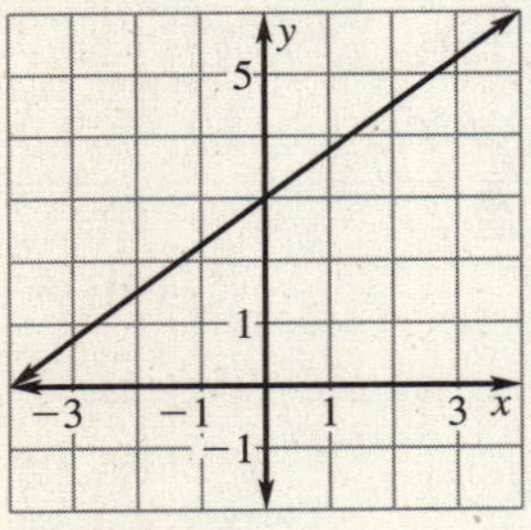

Ⓐ $y = -\frac{3}{4}x + 3$ Ⓑ $y = \frac{3}{4}x + 3$
Ⓒ $y = -\frac{4}{3}x + 4$ Ⓓ $y = \frac{4}{3}x - 4$

3. Calcula la pendiente de la recta que pasa por $(-3, -6)$ y $(7, -2)$.

Ⓐ -2 Ⓑ 1
Ⓒ $\frac{4}{5}$ Ⓓ $\frac{2}{5}$

4. Describe la pendiente de la recta que pasa por $(-3, 1)$ y $(4, 4)$.

Ⓐ positiva Ⓑ negativa
Ⓒ cero Ⓓ indefinida

5. Las variables x e y varían de manera directa. Para $x = 13$, $y = 52$. ¿Qué ecuación relaciona correctamente x con y?

Ⓐ $y = 13x$ Ⓑ $y = \frac{1}{4}x$
Ⓒ $y = 52x$ Ⓓ $y = 4x$

6. Calcula la pendiente y la intercepción en y de la gráfica de $y = \frac{1}{2} - \frac{1}{10}x$.

Ⓐ $m = 10$, intercepción en y: 5
Ⓑ $m = -1$, intercepción en y: 5
Ⓒ $m = -\frac{1}{10}$, intercepción en y: $\frac{1}{2}$
Ⓓ $m = -1$, intercepción en y: $\frac{1}{2}$

7. Calcula el valor de $f(x) = 2x - \frac{1}{6}$ para $x = 2$.

Ⓐ $f(2) = \frac{23}{6}$ Ⓑ $f(2) = \frac{1}{2}$
Ⓒ $f(2) = \frac{25}{6}$ Ⓓ $f(2) = -\frac{23}{6}$

8. ¿Qué par ordenado es una solución de $-2x + y = 5$?

Ⓐ (5, 0) Ⓑ (2, 9)
Ⓒ (9, 2) Ⓓ (4, 5)

Escoge el enunciado que sea verdadero para los números dados.

9.

Columna A	*Columna B*
La pendiente de la recta que pasa por $(-6, 2)$ y $(4, -2)$	La pendiente de la recta que pasa por $(5, 0)$ y $(0, 2)$

Ⓐ El número de la columna A es mayor.
Ⓑ El número de la columna B es mayor.
Ⓒ Los dos números son iguales.
Ⓓ La relación no puede determinarse a partir de la información dada.

CAPÍTULO 4

NOMBRE ____________________ FECHA ____________

Evaluación alternativa y diario de matemáticas

Para usar después del capítulo 4

DIARIO **1.** Tu compañero de clase Juan faltó a la lección acerca de las ecuaciones lineales usando la forma de pendiente e intercepción. Tú asististe a la clase y deseas ayudar a Juan a comprender lo que se perdió. Supón que Juan ya sabe cómo graficar $y = x$. (a) Escribe una explicación para Juan que describa la intercepción en y de una recta y lo que ocurre con la gráfica de $y = x$ a medida que cambias la intercepción en y. Sé específico y considera diversos casos. (b) Escribe una explicación para Juan que describa la pendiente m de una recta y lo que ocurre con la gráfica de $y = x$ a medida que cambias la pendiente. Sé específico y considera diversos casos.

PROBLEMA DE VARIOS PASOS **2.** Un modelo para el número de miembros que hay en un gimnasio entre 1985 y 2000 es $n = 50t + 300$, donde n representa el número de miembros del gimnasio y t representa el número de años a partir de 1985.

a. ¿Aumentó o disminuyó la membresía del gimnasio de 1985 al 2000? ¿Cuál fue la tasa de cambio (pendiente)? Describe en tus propias palabras el significado de la tasa de cambio.

b. Determina la intercepción en n para este modelo y describe su significado en relación con la membresía del gimnasio.

c. ¿En qué año tenía 1000 miembros? Resuelve gráfica y algebraicamente.

d. Según el modelo, ¿cuántos miembros tenía el gimnasio en 1975? ¿Es razonable el resultado? Explica.

e. Usa el modelo para predecir cuántos miembros tendrá el gimnasio en el año 2015. ¿Es razonable el resultado? Explica.

f. ¿Cómo puedes usar el modelo para estimar el año en que se inauguró el gimnasio? ¿Qué parte de la gráfica representa ese año? Estima el año en que se inauguró el gimnasio.

3. ***Razonamiento crítico*** Un modelo para el número de miembros que hay en otro gimnasio entre 1985 y 2000 es $n = -10t + 300$, donde n representa el número de miembros del gimnasio y t representa el número de años a partir de 1985. Compara la membresía del segundo gimnasio con la membresía del primero en el tiempo. ¿Qué gimnasio logra atraer más miembros? Justifica tu preferencia.

NOMBRE ______________________ FECHA ____________

Pauta para la evaluación alternativa

Para usar después del capítulo 4

DIARIO SOLUCIÓN

1 a, b Las respuestas completas deberían considerar los siguientes puntos:

a. • Definir la intercepción en y.
- Explicar que una gráfica de $y = x + k$ está $|k|$ unidades sobre o bajo la gráfica de $y = x$.

b. • Definir pendiente.
- Explicar que una gráfica de $y = mx$, $m > 0$, sube de izquierda a derecha y se hace más inclinada a medida que m aumenta.
- Explicar que una gráfica de $y = mx$, $m < 0$, baja de izquierda a derecha y se hace más inclinada a medida que aumenta el valor absoluto de m.

PROBLEMA DE VARIOS PASOS SOLUCIÓN

2. **a.** aumenta; 50 miembros por año; cada año hubo 50 nuevos miembros en el gimnasio.

b. 300; en 1985 había 300 miembros.

c. 1999

d. -200 miembros; *Posible respuesta:* Esto no tiene sentido, porque no puede haber un número negativo de personas. Posiblemente el gimnasio no existía en 1975.

e. 1800; *Posible respuesta:* El resultado puede o no ser razonable. La predicción está basada en un modelo que termina en el 2000, de manera que puede no resultar exacta para el 2015.

f. Calcula el año en que el gimnasio no tenía miembros; la intercepción en t; 1979.

3. *Posible respuesta:* Ambos gimnasios tenían 300 miembros en 1985, porque ambas gráficas tienen intercepción vertical 300. El gimnasio del Ejercicio 2 está ganando miembros, porque la tasa de cambio es positiva. El otro gimnasio está perdiendo miembros, porque la tasa de cambio es negativa. Por lo tanto, el gimnasio del Ejercicio 2 atrae más miembros.

PROBLEMA DE VARIOS PASOS PAUTA DE EVALUACIÓN

4 Los estudiantes contestan con exactitud todas las partes de las preguntas. Las explicaciones son lógicas y claras y demuestran que se entienden las tasas de cambio. Los estudiantes incluyen un enunciado de que los datos son exactos sólo para las fechas incluidas. La gráfica está completamente correcta.

3 Los estudiantes contestan las preguntas y dan explicaciones. Las soluciones pueden contener pequeños errores matemáticos o de comprensión. No dan explicación sobre los límites de los datos. La gráfica está bosquejada de manera exacta.

2 Los estudiantes contestan las preguntas y dan explicaciones. Pueden ocurrir diversos errores matemáticos. Las explicaciones no corresponden con el modelo. La gráfica es incompleta o incorrecta.

1 El trabajo de los estudiantes es muy incompleto. Las soluciones o razonamientos son incorrectos. No hay gráfica o es completamente inexacta. Las explicaciones no siguen el modelo.

LECCIÓN 5.1

NOMBRE______________________ FECHA__________

Refuerzo con práctica

Para usar con las páginas 269–275

OBJETIVO **Usar la forma de pendiente e intercepción para escribir la ecuación de una recta.**

VOCABULARIO

La **forma de pendiente e intercepción** de la ecuación de una recta con pendiente m y la intercepción en y siendo b, es $y = mx + b$.

EJEMPLO 1 *Ecuación de una recta*

Escribe la ecuación de una recta con pendiente 4 y con intercepción en y -3.

SOLUCIÓN

$y = mx + b$	Escribe la forma de pendiente e intercepción.
$y = 4x + (-3)$	Sustituye m por 4 y b por -3.
$y = 4x - 3$	Simplifica.

Ejercicios para el Ejemplo 1

Escribe una ecuación de la recta en la forma de pendiente e intercepción.

1. La pendiente es -2; la intercepción en y es 5.

2. La pendiente es 1; la intercepción en y es -4.

3. La pendiente es 0; la intercepción en y es 2.

4. La pendiente es 3; la intercepción en y es 6.

EJEMPLO 2 *Usar una gráfica para escribir una ecuación*

Escribe una ecuación de la recta de la derecha en forma de pendiente e intercepción.

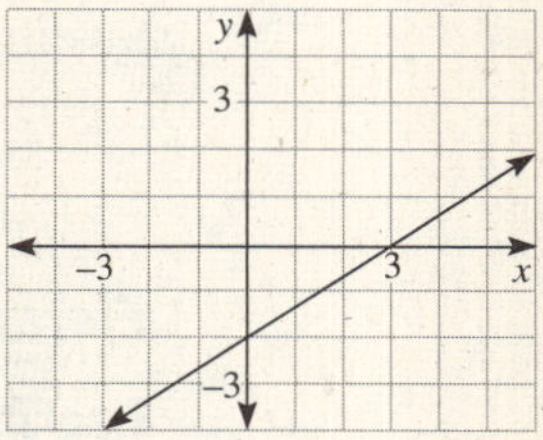

SOLUCIÓN

Escribe la forma de pendiente e intercepción $y = mx + b$. Halla la pendiente de la recta. Sea $(0, -2) = (x_1, y_1)$ y sea $(3, 0) = (x_2, y_2)$.

$$m = \frac{\text{elevación}}{\text{avance}} = \frac{y_2 - y_1}{x_2 - x_1} = \frac{0 - (-2)}{3 - 0} = \frac{2}{3}$$

Usa la gráfica para hallar la intercepción en y de b. La intercepción en y es -2.

Sustituye m por $\frac{2}{3}$ y b por -2 en $y = mx + b$.

$$y = \frac{2}{3}x - 2$$

Chapter 5

NOMBRE ______________________________ FECHA ____________

Refuerzo con práctica

Para usar con las páginas 269–275

Ejercicios para el Ejemplo 2

Escribe la ecuación de la recta en forma de pendiente e intercepción.

5.

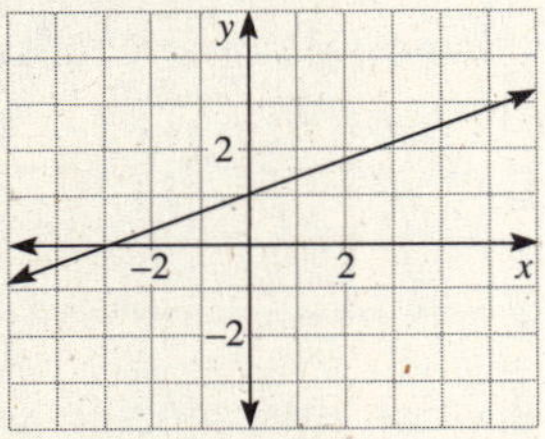

6.

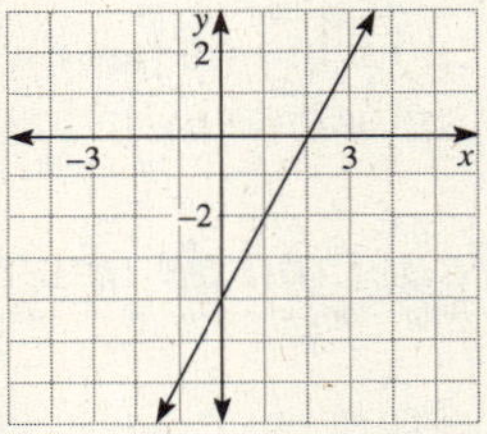

EJEMPLO 3 *Representar la pendiente negativa*

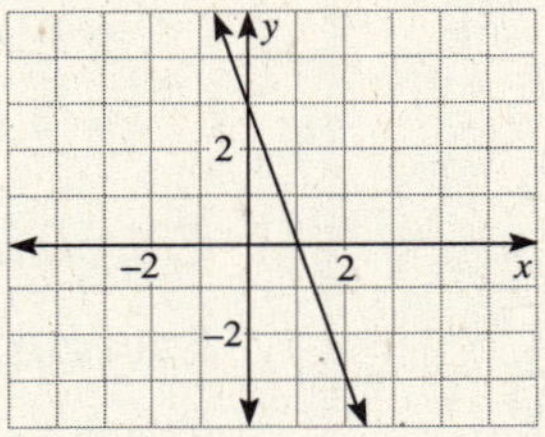

Escribe una ecuación de la recta dada usando la forma de pendiente e intercepción.

SOLUCIÓN

Escribe la forma de pendiente e intercepción $y = mx + b$.

Halla la pendiente de la recta. Sea $(0, 3) = (x_1, y_1)$ y $(1, 0) = (x_2, y_2)$.

$$m = \frac{\text{elevación}}{\text{avance}} = \frac{y_2 - y_1}{x_2 - x_1} = \frac{0 - 3}{1 - 0} = \frac{-3}{1} = -3$$

Usa la gráfica para hallar la intercepción en y b. La intercepción en y es 3.

Sustituye m por -3 y b por 3 en $y = mx + b$.

$y = -3x + 3$

Ejercicios para el Ejemplo 3

Escribe la ecuación de la recta en forma de pendiente e intercepción.

7.

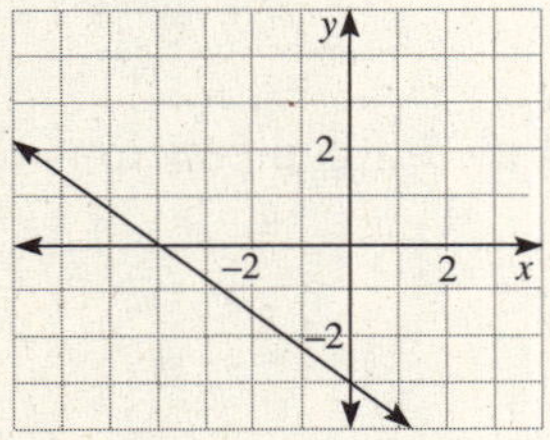

8.

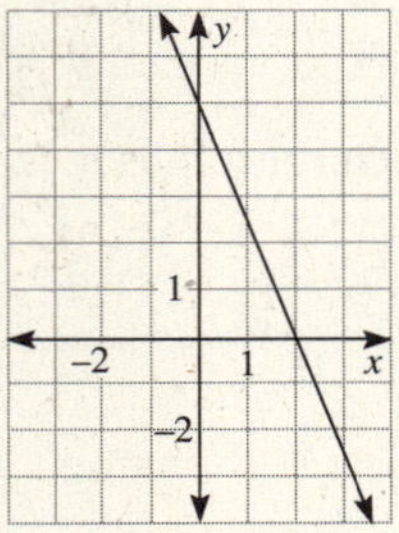

LECCIÓN 5.2

NOMBRE ______________________________ FECHA ____________

Refuerzo con práctica

Para usar con las páginas 276–284

OBJETIVO **Usar la forma de punto y pendiente para escribir la ecuación de una recta.**

VOCABULARIO

La **forma de punto y pendiente** de la ecuación de la recta que pasa por (x_1, y_1) con la pendiente m es $y - y_1 = m(x - x_1)$.

EJEMPLO 1 *Usar la forma de punto y pendiente*

Usa la forma de punto y pendiente de una recta para escribir una ecuación de la recta que pasa por el punto $(3, -1)$ y tiene una pendiente de -1.

SOLUCIÓN

Usa la pendiente de -1 y el punto $(3, -1)$ como (x_1, y_1) en la forma de punto y pendiente.

$y - y_1 = m(x - x_1)$ Escribe la forma de punto y pendiente.

$y - (-1) = -1(x - 3)$ Sustituye m por -1, x_1 por 3 y y_1 por -1.

$y + 1 = -1(x - 3)$ Simplifica.

Usando la propiedad distributiva, puedes escribir una ecuación en forma de punto y pendiente como una en forma de pendiente e intercepción.

$y + 1 = -x + 3$ Usa la propiedad distributiva.

$y = -x + 2$ Resta 1 a cada lado.

Ejercicios para el Ejemplo 1

Escribe en forma de pendiente e intercepción la ecuación de la recta que pasa por el punto dado y tiene la pendiente dada.

1. $(4, 5)$, $m = 2$ **2.** $(-1, 6)$, $m = -3$ **3.** $(-2, 8)$, $m = -4$

Chapter 5

NOMBRE ____________________ FECHA __________

Refuerzo con práctica

Para usar con las páginas 276–284

EJEMPLO 2 Escribir la ecuación de una recta paralela

Escribe en forma de pendiente e intercepción la ecuación de la recta paralela a la recta $y = 3x - 5$, y que pasa por el punto $(-5, -2)$.

SOLUCIÓN

La pendiente de la recta original es $m = 3$. Así que la pendiente de la recta paralela es $m = 3$ también. La recta pasa por el punto $(x_1, y_1) = (-5, -2)$.

$y - y_1 = m(x - x_1)$	Escribe la forma de punto y pendiente.
$y - (-2) = 3(x - (-5))$	Sustituye y_1 por -2, m por 3 y x_1 por -5.
$y + 2 = 3(x + 5)$	Simplifica.
$y + 2 = 3x + 15$	Usa la propiedad distributiva.
$y = 3x + 13$	Resta 2 a cada lado.

Ejercicios para el Ejemplo 2

4. Escribe en forma de pendiente e intercepción la ecuación de la recta paralela a la recta $y = -4x + 1$, y que pasa por el punto $(2, -1)$.

5. Escribe en forma de pendiente e intercepción la ecuación de la recta paralela a la recta $y = -x - 7$, y que pasa por el punto $(-4, -4)$.

NOMBRE ______________________ FECHA ____________

Prueba parcial 1

Para usar después de las lecciones 5.1–5.2

Respuestas

1. ____________
2. ____________
3. ____________
4. ____________
5. ____________
6. ____________
7. ____________

1. Escribe una ecuación de la recta cuya pendiente es $m = -3$, y cuya intercepción en y es $b = 7$. *(Lección 5.1)*

2. Escribe una ecuación en forma de pendiente e intercepción de la recta representada en la gráfica. *(Lección 5.1)*

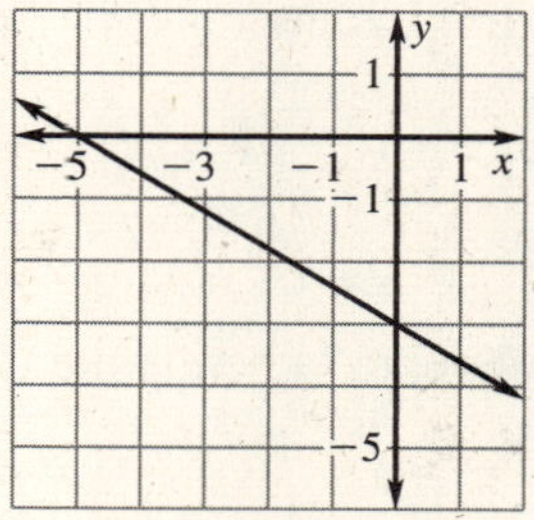

3. Escribe una ecuación de la recta que pasa por $(-3, -9)$ y que tiene una pendiente $m = 4$. Escribe la ecuación en la forma de pendiente e intercepción. *(Lección 5.2)*

4. Escribe una ecuación en forma de punto y pendiente de la recta representada en la gráfica. *(Lección 5.2)*

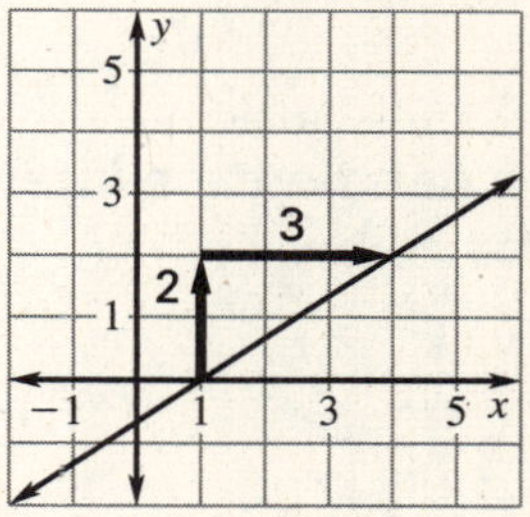

5. Escribe en forma de pendiente e intercepción la ecuación de la recta paralela a $y = 2x - 5$, y que pasa por $(-4, 2)$. *(Lección 5.2)*

6. Escribe una ecuación en la forma de pendiente e intercepción de la recta que pasa por $(4, 6)$ y que tiene una pendiente de $m = \frac{1}{4}$. *(Lección 5.2)*

7. Escribe una ecuación de una recta paralela a $y = -5x + 2$, y que pasa por $(2, 4)$. *(Lección 5.2)*

LECCIÓN 5.3

NOMBRE ______________________ FECHA __________

Refuerzo con práctica

Para usar con las páginas 285–290

OBJETIVO **Escribir una ecuación de una recta según dos puntos de la misma**

EJEMPLO 1 *Escribir una ecuación según dos puntos*

Escribe una ecuación de la recta que pasa por los puntos (1, 5) y (2, 3).

SOLUCIÓN

Halla la pendiente de la recta. Deja que $(x_1, y_1) = (1, 5)$ y $(x_2, y_2) = (2, 3)$.

$m = \dfrac{y_2 - y_1}{x_2 - x_1}$ Escribe la fórmula para la pendiente.

$= \dfrac{3 - 5}{2 - 1}$ Sustituye.

$= \dfrac{-2}{1} = -2$ Simplifica.

Escribe la ecuación de la recta y deja que $m = -2$, $x_1 = 1$ e $y_1 = 5$. Resuelve para b.

$y - y_1 = m(x - x_1)$ Escribe la forma de punto y pendiente.

$y - 5 = -2(x - 1)$ Sustituye m por -2, x_1 por 1 e y_1 por 5.

$y = -2x + 7$ Distribuye y simplifica.

Ejercicios para el Ejemplo 1

Escribe una ecuación de la forma de pendiente e intercepción para la recta que pasa por los puntos.

1. (4, 9) y (1, 6) **2.** (0, 7) y (1, −1) **3.** (−2, −3) y (0, 3)

LECCIÓN 5.3 CONTINUACIÓN

NOMBRE ______________________ FECHA ____________

Refuerzo con práctica

Para usar con las páginas 285–290

EJEMPLO 2 *Decidir qué forma usar*

Escribe la ecuación de la recta en forma de pendiente e intercepción.

a.

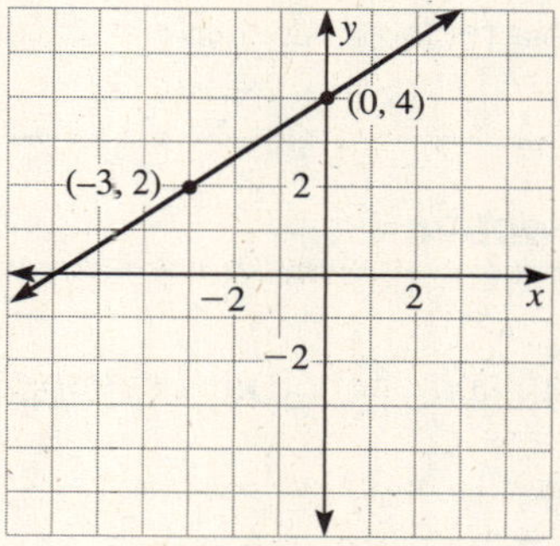

b.

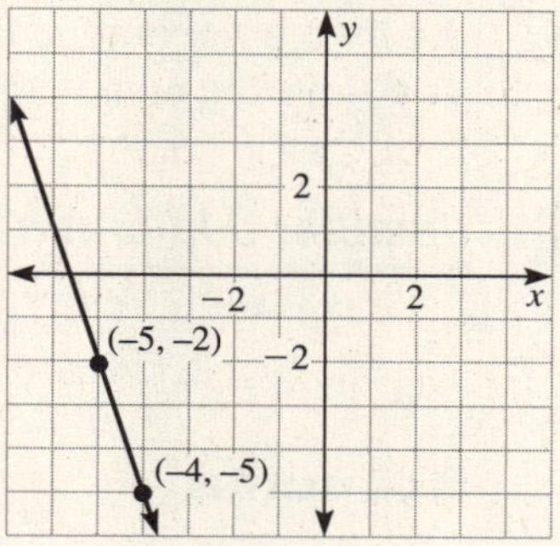

SOLUCIÓN

a. Halla la pendiente.

$$m = \frac{y_2 - y_1}{x_2 - x_1} = \frac{4 - 2}{0 - (-3)} = \frac{2}{3}$$

La intercepción en y es $b = 4$.

$$y = mx + b$$

$$y = \frac{2}{3}x + 4$$

b. Halla la pendiente.

$$m = \frac{y_2 - y_1}{x_2 - x_1} = \frac{-5 - (-2)}{-4 - (-5)} = \frac{-3}{1} = -3$$

Ya que no sabes la intercepción en y, usa la forma de punto y pendiente.

$$y - y_1 = m(x - x_1)$$

$$y - (-2) = -3(x - (-5))$$

$$y - 2 = -3x - 15$$

$$y = -3x - 17$$

Ejercicios para el Ejemplo 2

Escribe la ecuación de la recta en forma de pendiente e intercepción.

4.

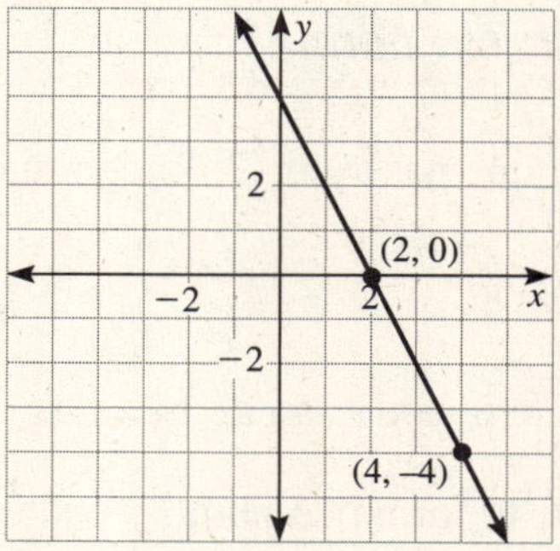

5.

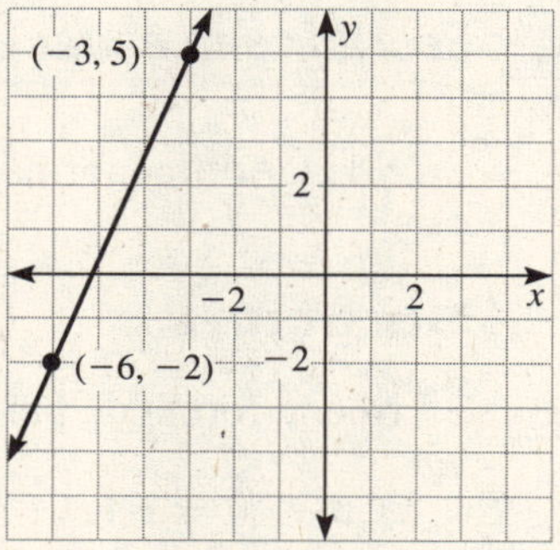

Chapter 5

LECCIÓN 5.4

NOMBRE ______________________ FECHA __________

Refuerzo con práctica

Para usar con las páginas 291–297

OBJETIVO **Escribir la ecuación de una recta en forma normal**

VOCABULARIO

La **forma normal** de la ecuación de una recta es $Ax + By = C$, donde A y B no son ambos igual a cero.

EJEMPLO 1 *Cambiar a la forma normal de la ecuación*

Escribe $y = -\frac{3}{4}x + 5$ en forma normal, con coeficientes enteros.

SOLUCIÓN

Para escribir la ecuación en forma normal, aísla los términos variables a la izquierda y el término constante a la derecha.

$y = -\frac{3}{4}x + 5$	Escribe la ecuación original.
$4y = 4\left(-\frac{3}{4}x + 5\right)$	Multiplica cada lado por 4.
$4y = -3x + 20$	Usa la propiedad distributiva.
$3x + 4y = 20$	Suma $3x$ a cada lado.

Ejercicios para el Ejemplo 1

Escribe la ecuación en forma normal, con coeficientes enteros.

1. $y = \frac{2}{3}x - 7$

2. $y = 8 + 2x$

3. $y = 6 - \frac{1}{4}x$

EJEMPLO 2 *Escribir una ecuación lineal en forma normal*

Escribe la forma normal de la ecuación que pasa por (3, 7) con una pendiente de 2.

SOLUCIÓN

Escribe la forma de punto y pendiente de la ecuación de la recta.

$y - y_1 = m(x - x_1)$	Escribe la forma de punto y pendiente.
$y - 7 = 2(x - 3)$	Sustituye y_1 por 7, m por 2 y x_1 por 3.
$y - 7 = 2x - 6$	Usa la propiedad distributiva.
$y = 2x + 1$	Suma 7 a cada lado.
$-2x + y = 1$	Resta $2x$ a cada lado.

LECCIÓN 5.4 CONTINUACIÓN

NOMBRE ______________________________ FECHA ____________

Refuerzo con práctica

Para usar con las páginas 291–297

Ejercicios para el Ejemplo 2

Escribe la forma normal de la ecuación de la recta que pasa por el punto dado y que tiene la pendiente dada.

4. $(1, 4),\ m = -2$ **5.** $(-3, 1),\ m = 3$ **6.** $(5, -2),\ m = -1$

EJEMPLO 3 *Escribir una ecuación en forma normal*

Una recta interseca los ejes en los puntos (0, 2) y (−4, −1). Escribe una ecuación de la recta en forma normal. Usa coeficientes enteros.

1 Halla la pendiente. Usa $(x_1, y_1) = (0, 2)$ y $(x_2, y_2) = (-4, -1)$.

$$m = \frac{y_2 - y_1}{x_2 - x_1} = \frac{-1 - 2}{-4 - 0} = \frac{-3}{-4} = \frac{3}{4}$$

2 Escribe una ecuación de la recta, usando la forma de pendiente e intercepción.

$y = mx + b$	Escribe la forma de pendiente e intercepción.
$y = \frac{3}{4}x + 2$	Sustituye m por $\frac{3}{4}$ y b por 2.
$4y = 4\left(\frac{3}{4}x + 2\right)$	Multiplica cada lado por 4.
$4y = 3x + 8$	Usa la propiedad distributiva.
$-3x + 4y = 8$	Resta $3x$ a cada lado.

Ejercicio para el Ejemplo 3

7. Escribe en forma normal una ecuación de la recta que pasa por los puntos (1, 3) y (0, 8). Usa coeficientes enteros.

Chapter 5

CAPÍTULO 5.4

NOMBRE ______________________ FECHA ____________

Prueba parcial 2

Para usar después de las lecciones 5.3–5.4

Escribe en la forma de pendiente e intercepción la ecuación de la recta que pasa por los dos puntos. *(Lección 5.3)*

1. (3, 4) y (2, 6)

2. (−1, −2) y (0, 3)

3. Escribe una ecuación de la recta en forma normal. *(Lección 5.4)*

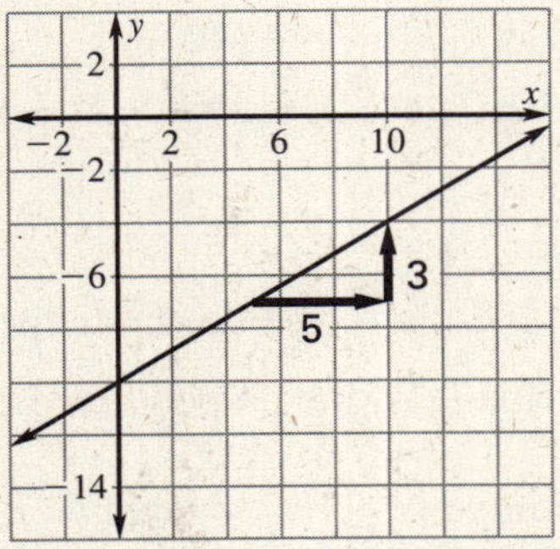

4. Escribe una ecuación en forma normal de la recta que pasa por (2, 7) y (−6, 3). *(Lección 5.4)*

5. Escribe una ecuación en forma normal de la recta que pasa por (−8, 1) y que tiene una pendiente $m = \frac{1}{2}$. *(Lección 5.4)*

Respuestas

1. ____________

2. ____________

3. ____________

4. ____________

5. ____________

Chapter 5

LECCIÓN 5.5

NOMBRE_______________________ FECHA__________

Refuerzo con práctica

Para usar con las páginas 298–304

OBJETIVO **Escribir y usar una ecuación lineal para resolver un problema de la vida real**

> **VOCABULARIO**
>
> Un **modelo lineal** es una función lineal usada para representar una situación de la vida real.
>
> Una **tasa de cambio** compara dos cantidades que están cambiando.

EJEMPLO 1 *Escribir un modelo lineal*

En 1995 tuviste una inversión con un valor de \$1000. El valor disminuyó por unos \$50 al año. Escribe un modelo lineal para el valor de tu inversión y. Deja que $t = 0$ represente 1995.

SOLUCIÓN

La tasa de disminución es \$50 al año, así que la pendiente es $m = -50$. El año 1995 es representado por $t = 0$. Por lo tanto, el punto (t_1, y_1) es (0, 1000).

$y - y_1 = m(t - t_1)$	Escribe la forma de punto y pendiente.
$y - 1000 = -50(t - 0)$	Sustituye valores.
$y - 1000 = -50t$	Usa la propiedad distributiva.
$y = -50t + 1000$	Suma 1000 a cada lado.

Ejercicios para el Ejemplo 1

1. Empiezas a caminar por un sendero a las 8:00 A.M. y caminas a una velocidad de 3 millas por hora. Escribe un modelo lineal para y, el número de millas que caminaste. Deja que $t = 0$ represente 8:00 A.M.

2. Haces una inversión inicial de \$500 en 1995. Aumenta en valor por aproximadamente \$100 al año. Escribe un modelo lineal para el valor de la inversión en el año t. Deja que $t = 0$ represente 1995.

EJEMPLO 2 *Usar un modelo lineal para predecir*

Usa el modelo lineal del Ejemplo 1 para predecir el valor de tu inversión en 2003.

$y = -50t + 1000$	Escribe el modelo lineal.
$y = -50(8) + 1000$	Sustituye t por 8.
$y = -400 + 1000$	Simplifica.
$y = 600$	Resuelve para y.

En 2003 tu inversión tendrá un valor de \$600.

Chapter 5

NOMBRE_______________________ FECHA____________

Refuerzo con práctica

Para usar con las páginas 298–304

Ejercicios para el Ejemplo 2

3. Usa el modelo lineal que escribiste en el Ejercicio 1 para predecir cuántas millas habrás caminado a las 10 A.M. si continúas a la misma velocidad.

4. Usa el modelo lineal que escribiste en el Ejercicio 2 para predecir el valor de tu inversión en 2001 si continúa aumentando a la misma tasa.

EJEMPLO 3 *Escribir y usar un modelo lineal*

Estás comprando zanahorias y guisantes para la cena. Las zanahorias están a \$1.50 la libra y los guisantes están a \$.75. Tienes \$4.50 para gastar.

a. Escribe una ecuación que represente las cantidades distintas (en libras) de zanahorias y guisantes que puedes comprar.

b. Usa el modelo para completar la tabla que muestra varias cantidades distintas de zanahorias y guisantes que puedes comprar.

Zanahorias (lb), x	0	1	2	3
Guisantes (lb), y	?	?	?	?

SOLUCIÓN

a. Deja que la cantidad de zanahorias (en libras) sea x y la cantidad de guisantes (en libras) sea y.

Modelo Verbal [Precio de zanahorias] · [Peso de zanahorias] + [Precio de guisantes] · [Peso de guisantes] = [Precio en total]

Designaciones
Precio de zanahorias = 1.5 (dólares por libra)
Peso de zanahorias = x (libras)
Precio de guisantes = 0.75 (dólares por libra)
Peso de guisantes = y (libras)
Precio en total = 4.50 (dólares)

Modelo algebraico $1.5x + 0.75y = 4.50$

b. Completa la tabla sustituyendo los valores dados de x en la ecuación $1.5x + 0.75y = 4.50$ para hallar y.

Zanahorias (lb), x	0	1	2	3
Guisantes (lb), y	6	4	2	0

Ejercicio para el Ejemplo 3

5. Tienes \$120 para comprar jeans y camisas. Los jeans cuestan \$40 y las camisas cuestan \$20. Escribe una ecuación que represente las cantidades distintas de jeans y camisas que puedes comprar. Usa una tabla para mostrar las combinaciones distintas de jeans y camisas que puedes comprar.

LECCIÓN 5.6

NOMBRE ______________________ FECHA __________

Refuerzo con práctica

Para usar con las páginas 305–312

OBJETIVO Escribir ecuaciones de rectas perpendiculares

EJEMPLO 1 *Identificar rectas perpendiculares*

Determina si las rectas son perpendiculares.

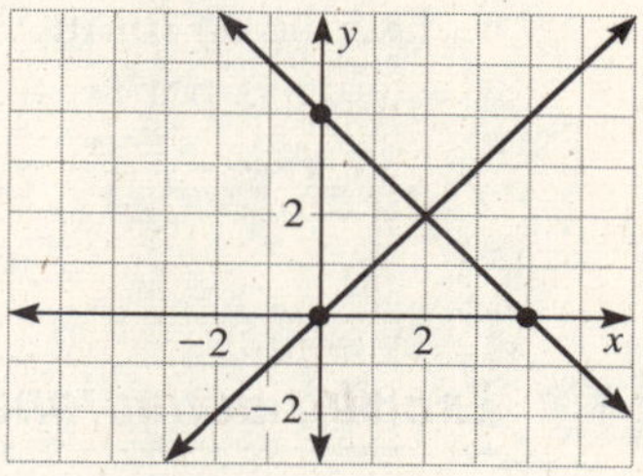

SOLUCIÓN

Las rectas tienen pendientes de 1 y −1. Las rectas son perpendiculares porque $(1)(-1) = -1$.

Ejercicios para el Ejemplo 1

Determina si las rectas son perpendiculares.

1. $y = -4x + 7,\ y = \frac{1}{4}x - 3$

2. $y = -\frac{2}{3}x + 3,\ y = -\frac{3}{2}x - 2$

EJEMPLO 2 *Mostrar que rectas son perpendiculares*

a. Escribe en forma de pendiente e intercepción la ecuación de la recta que pasa por $(-2, 1)$ y $(6, -2)$.

b. Muestra que la recta es perpendicular a la recta $y = \frac{8}{3}x - 2$.

SOLUCIÓN

a. 1. Halla la pendiente. Sea $(x_1, y_1) = (-2, 1)$ y $(x_2, y_2) = (6, -2)$.

$$m = \frac{y_2 - y_1}{x_2 - x_1} = \frac{-2 - 1}{6 - (-2)} = \frac{-3}{8} = -\frac{3}{8}$$

2. Escribe la ecuación de la recta usando la forma de punto y pendiente.

$y - y_1 = m(x - x_1)$ Escribe la forma de punto y pendiente.

$y - 1 = -\frac{3}{8}(x + 2)$ Sustituye m por $-\frac{3}{8}$, x_1 por −2 y y_1 por 1.

$y - 1 = -\frac{3}{8}x - \frac{3}{4}$ Usa la propriedad distributiva.

$y = -\frac{3}{8}x + \frac{1}{4}$ Suma 1 a cada lado.

b. Las rectas tienen pendientes de $-\frac{3}{8}$ y $\frac{8}{3}$. Las rectas son perpendiculares porque $\left(-\frac{3}{8}\right)\left(\frac{8}{3}\right) = -1$.

NOMBRE ______________________ FECHA ____________

Refuerzo con práctica

Para usar con las páginas 305–312

Ejercicios para el Ejemplo 2

3. Escribe en forma de pendiente e intercepción la ecuación de la recta que pasa por $(1, -3)$ y $(-2, -2)$. Muestra que la recta es perpendicular a $y = 3x - 4$.

4. Escribe en forma de pendiente e intercepción la ecuación de la recta que pasa por $(-4, 6)$ y $(2, -3)$. Muestra que la recta es perpendicular a $y = \frac{2}{3}x + 5$.

EJEMPLO 3 Escribir ecuaciones de rectas perpendiculares

Escribe una ecuación de la recta perpendicular a la recta $y = -3x + 2$ y que pasa por el punto $(6, 5)$.

SOLUCIÓN

La recta dada tiene una pendiente $m = -3$. Una recta perpendicular que pasa por $(6, 5)$ debe tener una pendiente $m = \frac{1}{3}$. Usa esta información para hallar la intercepción en y.

$y - y_1 = m(x - x_1)$	Escribe la forma de punto y pendiente.
$y - 5 = \frac{1}{3}(x - 6)$	Sustituye m por $\frac{1}{3}$, x_1 por 6, e y_1 por 5.
$y - 5 = \frac{1}{3}x - 2$	Usa la propiedad distributiva.
$y = \frac{1}{3}x + 3$	Suma 5 a cada lado.

Ejercicios para el Ejemplo 3

Escribe una ecuación de la recta que sea perpendicular a la recta dada y que pasa por el punto dado.

5. $y = 2x - 1$, $(2, 4)$

6. $y = -\frac{1}{3}x + 2$, $(5, 1)$

7. $y = -4x + 5$, $(4, 3)$

NOMBRE______________________________ FECHA____________

Prueba del capítulo A

Para usar después del capítulo 5

En los Ejercicios 1 y 2, escribe una ecuación de la recta en la forma de pendiente e intercepción.

1. La pendiente es -5; la intercepción en y es 7.

2. La pendiente es 10; la intercepción en y es -3.

Escribe una ecuación en forma de pendiente e intercepción de la recta representada en la gráfica.

3.

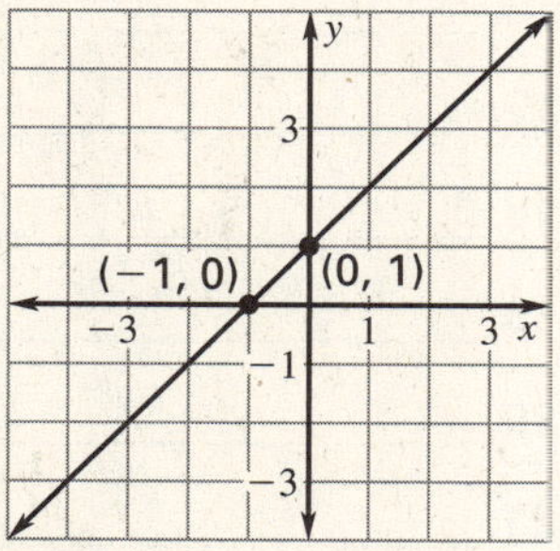

4.

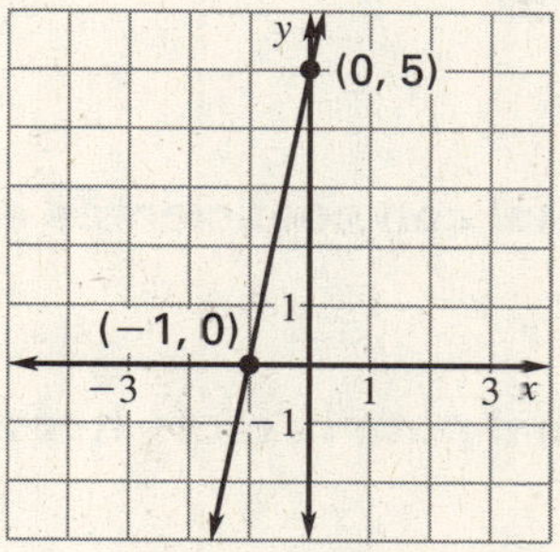

5. Escribe una ecuación lineal que represente la situación. Le pides \$70 prestados a tu hermano. Para cancelar el préstamo, le devuelves \$7 a la semana.

Escribe una ecuación de la recta que pasa por el punto y que tiene la pendiente dada. Escribe la ecuación en la forma de pendiente e intercepción.

6. $(3, 0), m = -2$

7. $(1, 2), m = 2$

Escribe una ecuación en forma de pendiente e intercepción de la recta representada en la gráfica.

8.

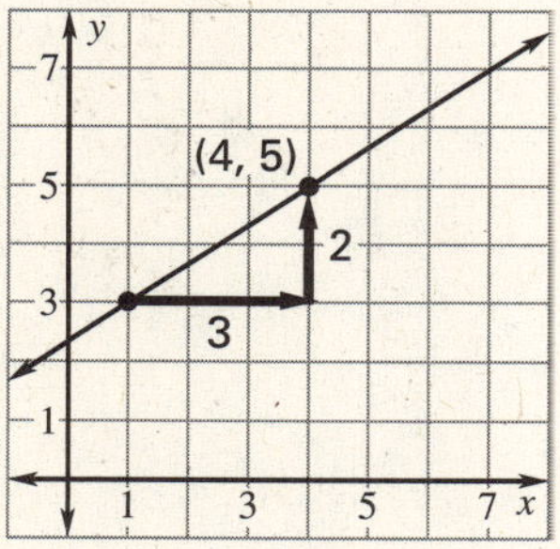

9.

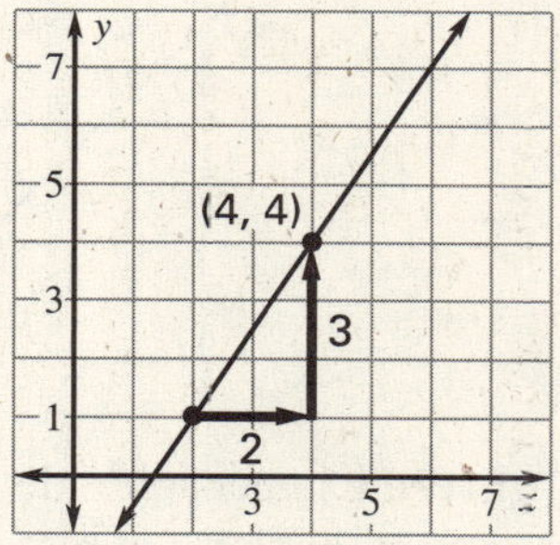

Escribe una ecuación de la recta paralela a la recta dada y que pasa por el punto dado.

10. $y = x + 3, (5, 0)$

11. $y = 2x + 3, (-4, 1)$

Respuestas

1. ____________
2. ____________
3. ____________
4. ____________
5. ____________
6. ____________
7. ____________
8. ____________
9. ____________
10. ____________
11. ____________

Chapter 5

NOMBRE ______________________ FECHA __________

Prueba del capítulo A

Para usar después del capítulo 5

Escribe una ecuación en la forma de pendiente e intercepción de la recta que pasa por los puntos.

12. $(-4, 2), (1, -1)$

13. $(-2, -1), (3, 5)$

14. Escribe una ecuación de la recta perpendicular a $y = 2x + 3$ y que pasa por $(3, 4)$.

Escribe una ecuación en la forma de punto y pendiente de la recta que pasa por los puntos dados.

15. $(-3, -4), (3, 4)$

16. $(-5, -4), (7, -5)$

Escribe la ecuación en forma normal con coeficientes enteros.

17. $5x - y + 6 = 0$

18. $y = -3x + 9$

Escribe la ecuación en forma normal para la recta horizontal y la recta vertical.

19.

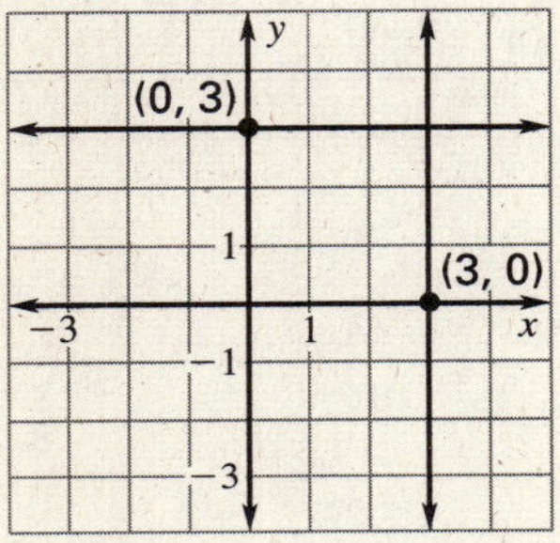

20.

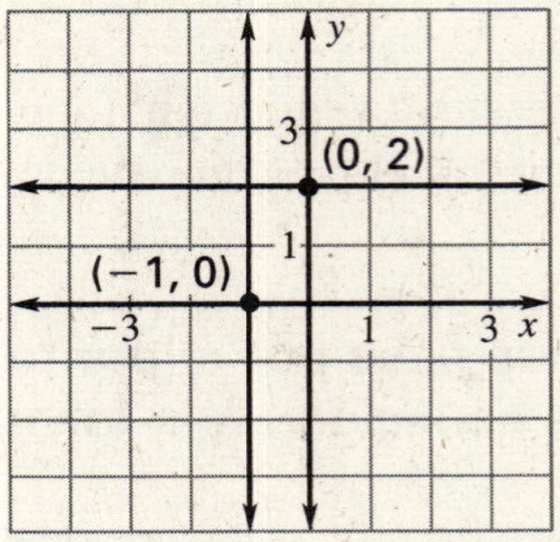

21.

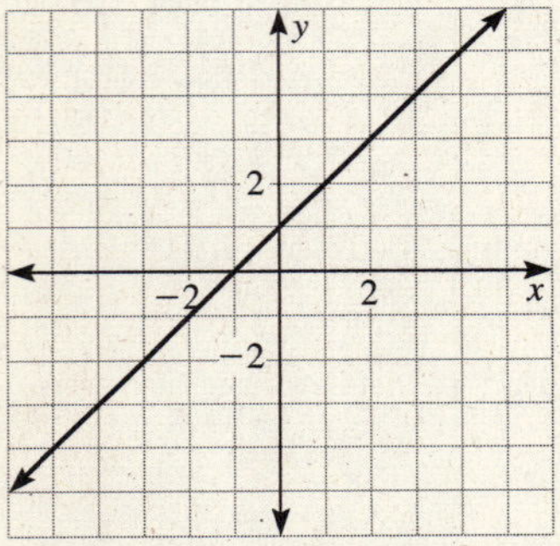

Escribe la ecuación de una recta paralela a la recta dada y que pasa por el punto $(2, -1)$.

22.

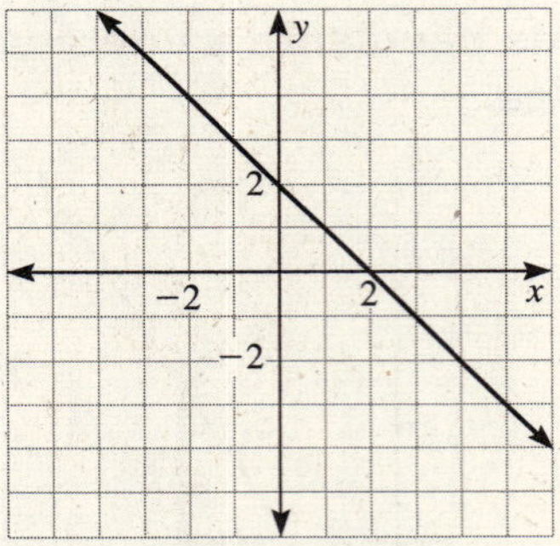

Escribe la ecuación de una recta perpendicular a la recta dada y que pasa por el punto $(1, 3)$.

Respuestas

12. ____________
13. ____________
14. ____________
15. ____________
16. ____________
17. ____________
18. ____________
19. ____________
20. ____________
21. ____________
22. ____________

Chapter 5

CAPÍTULO 5

NOMBRE ______________________________ FECHA ____________

Prueba del capítulo B

Para usar después del capítulo 5

En los Ejercicios 1 y 2, escribe una ecuación de la recta en la forma de pendiente e intercepción.

1. La pendiente es -3; la intercepción en y es 5.
2. La pendiente es 4; la intercepción en y es 0.

Escribe una ecuación en forma de pendiente e intercepción de la recta representada en la gráfica.

3.
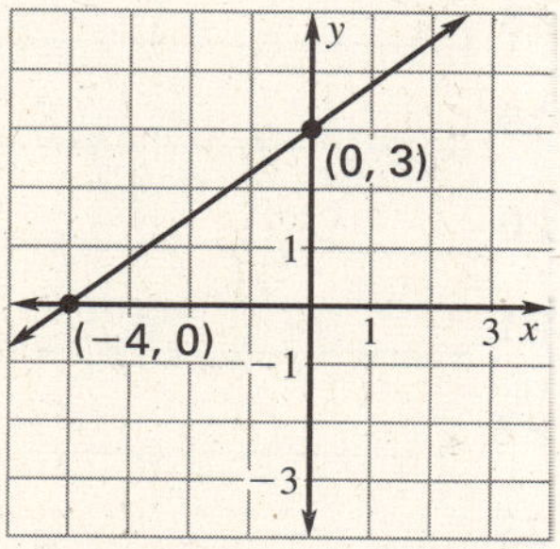

4.
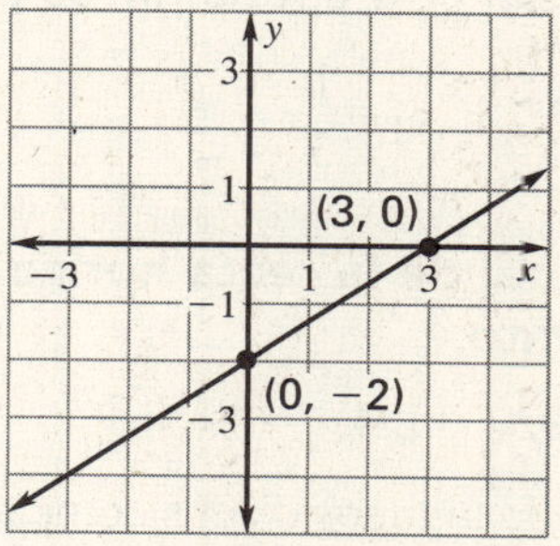

5. Escribe una ecuación lineal que represente la situación. Caminaste 4 millas siguiendo un sendero. Continúas caminando a una velocidad de 3 millas por hora.

Escribe una ecuación de la recta que pasa por el punto y que tiene la pendiente dada. Escribe la ecuación en la forma de pendiente e intercepción.

6. $(3, 2), m = \frac{1}{2}$

7. $(-3, 2), m = \frac{1}{2}$

Escribe una ecuación en forma de pendiente e intercepción de la recta representada en la gráfica.

8.
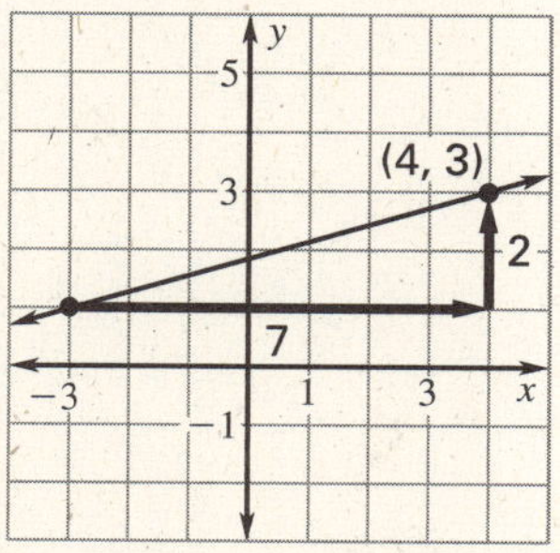

9.
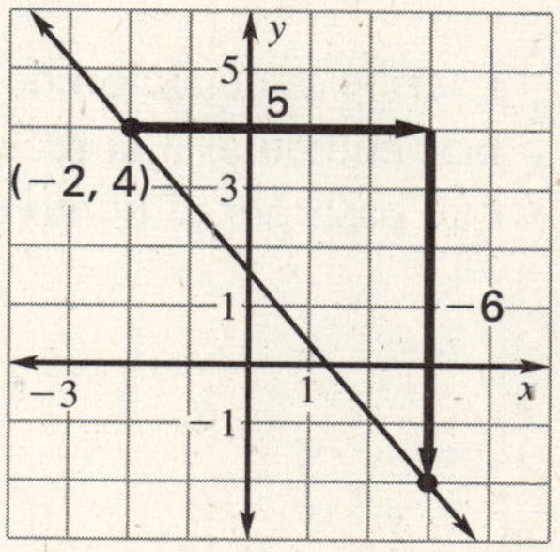

Escribe una ecuación de la recta paralela a la recta dada y que pasa por el punto dado.

10. $y = -3x + 2, (2, 3)$

11. $y = \frac{1}{2}x - 5, (-3, -1)$

Escribe una ecuación en la forma de pendiente e intercepción de la recta que pasa por los puntos.

12. $(-5, 3), (4, -5)$

13. $\left(-\frac{1}{2}, -1\right), \left(3, \frac{5}{2}\right)$

Respuestas

1. ______________
2. ______________
3. ______________
4. ______________
5. ______________
6. ______________
7. ______________
8. ______________
9. ______________
10. ______________
11. ______________
12. ______________
13. ______________

Chapter 5

NOMBRE ______________________ FECHA ____________

Prueba del capítulo B

Para usar después del capítulo 5

14. Escribe una ecuación de una recta perpendicular a $y = -3x + 5$ y que pasa por (4, 3).

Escribe una ecuación en la forma de punto y pendiente de la recta que pasa por los puntos dados.

15. $(5, -6), (1, -7)$

16. $(6, -3), (-1, 9)$

Escribe la ecuación en forma normal con coeficientes enteros.

17. $0.5x - 2y - 0.75 = 0$

18. $y = -\frac{1}{3}x - 5$

Escribe la ecuación en forma normal de la recta horizontal y la recta vertical que pasan por el punto.

19. (2, 4)

20. (−5, 4)

21. Estás en la tienda de música buscando algunos discos compactos. La tienda tiene discos compactos a \$10 y a \$15. Puedes gastar \$55. Escribe una ecuación que represente las diferentes cantidades de discos compactos de \$10 y de \$15 que puedes comprar.

22.

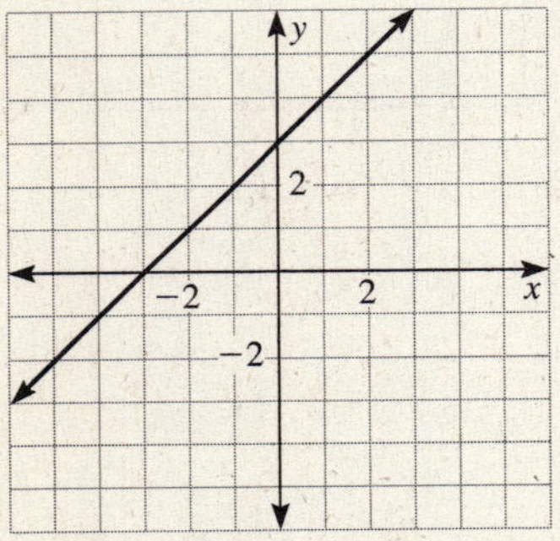

Escribe la ecuación de una recta paralela a la recta dada y que pasa por el punto (0, 0).

23.

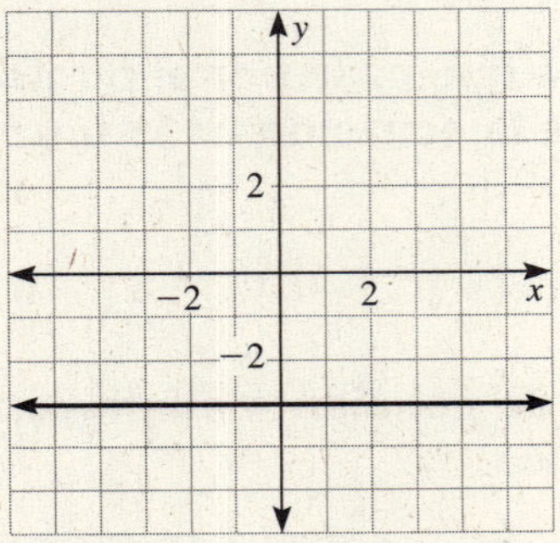

Escribe la ecuación de una recta perpendicular a la recta dada y que pasa por el punto (0, 2).

Respuestas

14. ______________
15. ______________
16. ______________
17. ______________
18. ______________
19. ______________
20. ______________
21. ______________
22. ______________
23. ______________

NOMBRE ______________________________ FECHA ____________

Prueba del capítulo SAT/ACT

Para usar después del capítulo 5

1. ¿Cuál es la ecuación de la recta que pasa por los puntos $(-3, 4)$ y $(-9, 6)$?

Ⓐ $y = -\frac{1}{3}x - \frac{5}{3}$ Ⓑ $y = -\frac{1}{3}x + 3$
Ⓒ $y = -3x - 5$ Ⓓ $y = -3x + 12$

2. Una recta con una pendiente de -3 pasa por el punto $(4, -3)$. ¿Cuál es la ecuación de la recta en forma normal?

Ⓐ $y = 3x + 9$ Ⓑ $y = -3x + 9$
Ⓒ $3x + y = 9$ Ⓓ $y + 3 = -3(x - 4)$

3. ¿Cuál es la ecuación de la recta paralela a la recta $y = \frac{1}{3}x - 2$ y que pasa por $(3, -5)$?

Ⓐ $y = -3x + 4$ Ⓑ $y = \frac{1}{3}x + \frac{14}{3}$
Ⓒ $y = -3x - 12$ Ⓓ $y = \frac{1}{3}x - 6$

4. ¿Cuál es la ecuación de la recta perpendicular a la recta $y = -\frac{3}{4}x + 4$ y que tiene intercepción en y -5?

Ⓐ $y = -\frac{3}{4}x - 5$ Ⓑ $y = \frac{3}{4}x - 5$
Ⓒ $y = \frac{4}{3}x - 5$ Ⓓ $y = -\frac{4}{3}x + 5$

5. ¿Cuál es la ecuación de la recta que pasa por $(-6, 2)$ y que tiene una pendiente de $-\frac{2}{3}$?

Ⓐ $y = -\frac{2}{3}x - \frac{14}{3}$ Ⓑ $y = -\frac{2}{3}x - 2$
Ⓒ $y = -\frac{2}{3}x + 6$ Ⓓ $y = -\frac{2}{3}x - 6$

6. ¿Cuál es la ecuación de la recta representada en la gráfica?

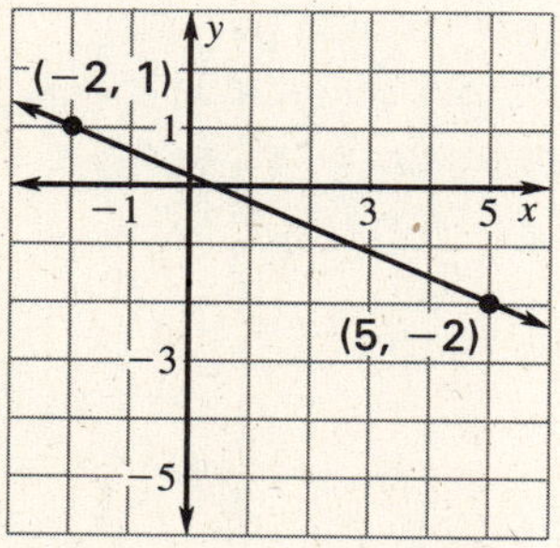

Ⓐ $y = -x - 1$
Ⓑ $y = -\frac{3}{7}x + 3$
Ⓒ $y = -x + 3$
Ⓓ $y = -\frac{3}{7}x + \frac{1}{7}$

En las preguntas 7 y 8, escoge el enunciado que se cumple para los números dados.

A. El número de la columna A es mayor.
B. El número de la columna B es mayor.
C. Los dos números son iguales.
D. La relación no puede determinarse a partir de la información dada.

7.

Columna A	*Columna B*
intercepción en x de $2x - 3y = 4$	intercepción en x de $3x - 7y = -6$

Ⓐ Ⓑ Ⓒ Ⓓ

8.

Columna A	*Columna B*
pendiente de $9x - 12y = 8$	pendiente de $4y - 3x = 16$

Ⓐ Ⓑ Ⓒ Ⓓ

9. ¿Cuál es la ecuación de la recta que es perpendicular a la indicada en la gráfica?

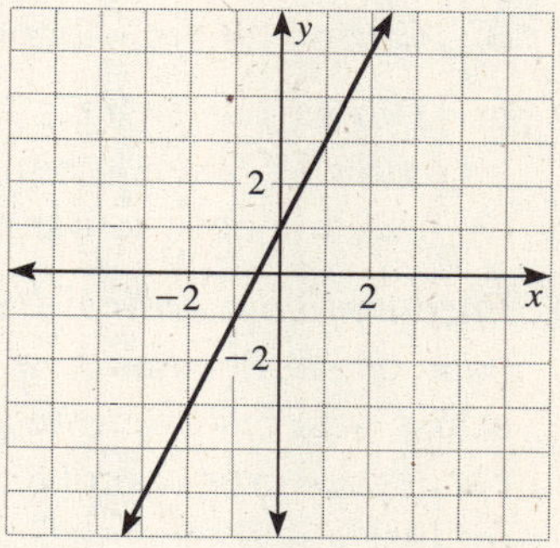

Ⓐ $y = -\frac{1}{2}x + 1$
Ⓑ $y = -2x - 1$
Ⓒ $y = \frac{1}{2}x + 1$
Ⓓ $y = 2x - 1$

NOMBRE______________________________ FECHA____________

Evaluación alternativa y diario de matemáticas

Para usar después del capítulo 5

DIARIO 1. En el capítulo 5 hemos estado estudiando la forma de escribir ecuaciones de rectas. En este diario exploraremos ecuaciones lineales del mundo real. (a) Inventa una situación en la que se pueda representar algún cambio mediante una ecuación lineal. Describe en el diario la situación e indica al menos dos puntos referentes a los datos. (b) Basándote en la situación descrita, escribe una ecuación lineal. Usa la forma pendiente intercepción o punto pendiente. (c) Haz una gráfica de la ecuación lineal que has formulado. (d) Elige un punto que creas está en la recta. Verifícalo mediante la ecuación lineal.

PROBLEMA DE VARIOS PASOS 2. Tanto Zacarías como Jeremías tienen cuentas de ahorro en el banco local. Jeremías tiene trabajo y ha estado ahorrando dinero. Zacarías depende de su cuenta para gastar dinero.

- Jeremías tenía \$500 en su cuenta después de 3 semanas y \$800 después de 7 semanas.
- Zacarías retira de su cuenta \$7.50 a la semana. Después de doce semanas, el balance de su cuenta era de \$432.50.

a. Calcula la tasa de cambio de las cuentas de Zacarías y Jeremías. Describe lo que significa cada tasa de cambio en términos de la cuenta específica.

b. Escribe para cada una un modelo que dé el balance de cada cuenta, y, en términos del número x de semanas.

c. Bosqueja una gráfica de cada modelo y rotula los ejes.

d. ¿Cuánto dinero habrá en cada cuenta después de 20 semanas?

e. ¿Después de cuántas semanas se acabará el dinero de Zacarías? ¿Puede retirar \$7.50 en la última semana? Si es así, explica. De lo contrario, ¿cuánto puede retirar?

3. ***Razonamiento crítico*** Predice cuándo tendrán Jeremías y Zacarías igual cantidad en sus cuentas de ahorro. Muestra tres métodos diferentes que puedan usarse para resolver este problema. Muestra todo el trabajo y explica por qué puedes resolver el problema usando estos métodos. Explica por qué puede resultar útil el tener más de un método para resolver un problema específico.

NOMBRE ______________________ FECHA __________

Pauta para la evaluación alternativa

Para usar después del capítulo 5

DIARIO SOLUCIÓN

1. **a–d:** Las respuestas completas son aquellas que comprenden lo siguiente:
   - Explique que los modelos lineales son funciones lineales que se usan para representar una situación de la vida real. La tasa de variación es un método que permite comparar el cambio de dos cantidades.

   a. La situación deberá poder representarse mediante una ecuación lineal y estar relacionada con una tasa de variación. Deberán indicarse por lo menos dos puntos.

   b. La ecuación lineal basada en los puntos escogidos en la parte (a) deberá escribirse en la forma pendiente intercepción o punto pendiente.

   c. Verifique la gráfica. Ésta deberá ser lineal.

   d. El punto deberá encontrarse en la recta; en caso contrario, el estudiante debería haber explicado por qué su elección no fue acertada.

PROBLEMA DE VARIOS PASOS SOLUCIÓN

2. **a.** 75; -7.5; Jeremías deposita \$75 a la semana; Zacarías retira \$7.50 a la semana.

   b. Jeremías: $y = 75x + 275$; Zacarías: $y = -7.50x + 522.50$

   c. Verifica las gráficas.

   d. Jeremías: \$1775; Zacarías: \$372.50

   e. 70 semanas; Zacarías puede retirar \$5 en la última semana.

3. ***Solución al razonamiento crítico*** Deberían ser iguales después de 3 semanas. *Posible respuesta*: Un método sería igualar las ecuaciones, $75x + 275 = -7.50x + 522.50$, y resolver para x. Otro método sería bosquejar la gráfica de ambas ecuaciones y hallar dónde tienen las dos ecuaciones el mismo valor de x. Esto ocurriría donde se intersecten las dos ecuaciones. Un tercer método sería usar una tabla de valores, ya sea con la calculadora o manualmente, y calcular los balances para diversas semanas para determinar la solución.

PROBLEMA DE VARIOS PASOS PAUTA DE EVALUACIÓN

4 Los estudiantes completan todas las partes de las preguntas en forma precisa. Las explicaciones son lógicas. Explican claramente tres métodos diferentes para determinar cuándo se igualarían las cuentas. Las ecuaciones y las gráficas están enteramente correctas.

3 Los estudiantes completan las preguntas y las explicaciones. Las soluciones pueden contener errores matemáticos menores, pero los errores son arrastrados (es decir, si se entregan las ecuaciones incorrectas, estas ecuaciones incorrectas están graficadas de manera precisa). Las gráficas están correctas. Es posible que algunas explicaciones no estén completamente claras.

2 Los estudiantes completan las preguntas y explicaciones. Pueden ocurrir diversos errores matemáticos. Las explicaciones no son lógicas. La gráfica está incompleta o es incorrecta.

1 Los resultados están muy incompletos. Las soluciones y el razonamiento son incorrectos. Falta la gráfica o es completamente inexacta. Las explicaciones no son lógicas.

LECCIÓN 6.1

NOMBRE ______________________________ FECHA ____________

Refuerzo con práctica

Para usar con las páginas 323–328

OBJETIVO **Hacer gráficas y resolver desigualdades de un paso en una variable mediante la suma o resta**

> **VOCABULARIO**
>
> La **gráfica de una desigualdad** de una variable es el conjunto de puntos de una recta numérica que representa todas las soluciones de la desigualdad.
>
> **Propiedad aditiva de las desigualdades:** Para todos los números reales a, b y c: Si $a > b$, entonces $a + c > b + $ c.
> Si $a < b$, entonces $a + c < b + $ c.
>
> **Propiedad de las desigualdades en la resta:** Para todos los números reales a, b y c: Si $a > b$, entonces $a - c > b - $ c.
> Si $a < b$, entonces $a - c < b - $ c.
>
> Las **desigualdades equivalentes** son desigualdades que tienen soluciones iguales.

EJEMPLO 1 *Hacer la gráfica de una desigualdad de una variable*

a. Haz una gráfica de la desigualdad $3 > x$.

b. Haz una gráfica de la desigualdad $x \geq 4$.

SOLUCIÓN

a. Usa un círculo pequeño para el símbolo de desigualdad < o >.
Nota que $3 > x$ de la misma información que $x < 3$.

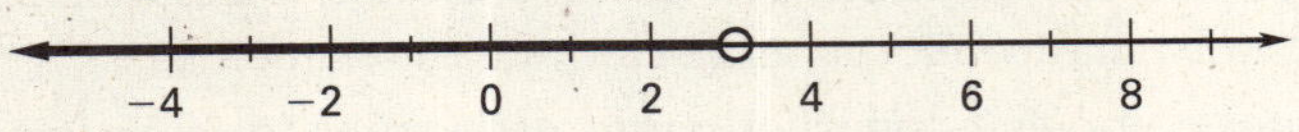

b. Usa un círculo sombreado para el símbolo de desigualdad ≤ o ≥.

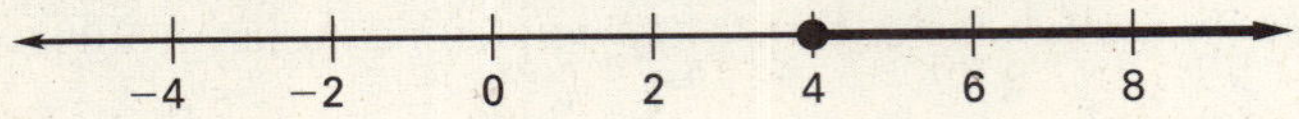

Ejercicios para el Ejemplo 1

Haz una gráfica de la desigualdad.

1. $x \leq -1$ **2.** $x \geq 0$ **3.** $x < 0$

EJEMPLO 2 *Usar la suma para resolver una desigualdad*

Resuelve $x - 7 > -6$. Haz una gráfica de la solución.

SOLUCIÓN

$x - 7 > -6$	Escribe la desigualdad original.
$x - 7 + 7 > -6 + 7$	Suma 7 a cada lado.
$x > 1$	Simplifica.

La solución es todos los números reales mayores que 1. Comprueba la desigualdad original para diversos números mayores que 1.

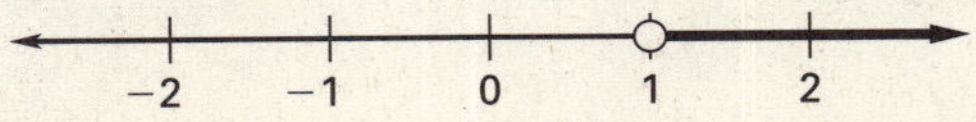

NOMBRE______________________________ FECHA__________

Refuerzo con práctica

Para usar con las páginas 323–328

Ejercicios para el Ejemplo 2

Resuelve la desigualdad y haz una gráfica de la solución.

4. $x - 5 < -9$ **5.** $a - 3 \leq 0$ **6.** $t - 1 < -7$

EJEMPLO 3 *Usar la resta para resolver una desigualdad*

Resuelve $x + 2 < 7$. Haz una gráfica de la solución.

SOLUCIÓN

$x + 2 < 7$	Escribe la desigualdad original.
$x + 2 - 2 < 7 - 2$	Resta 2 de cada lado.
$x < 5$	Simplifica.

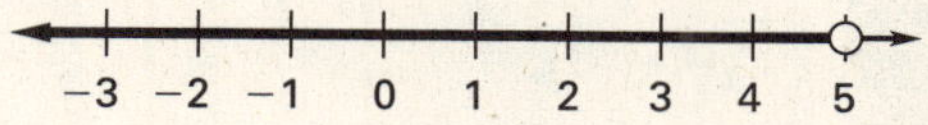

Ejercicios para el Ejemplo 3

Resuelve la desigualdad y haz una gráfica de la solución.

7. $4 > y + 2$ **8.** $x + 3 \leq 0$ **9.** $k + 4 > 2$

EJEMPLO 4 *Escribir y hacer la gráfica de una desigualdad de una variable*

Al nivel del mar, el agua se congela a una temperatura menor que o igual a 0°C. Escribe y haz una gráfica de la desigualdad que describa la temperatura de congelación.

SOLUCIÓN

La temperatura del agua es menor que o igual a 0°C.

En símbolos, $x \leq 0$.

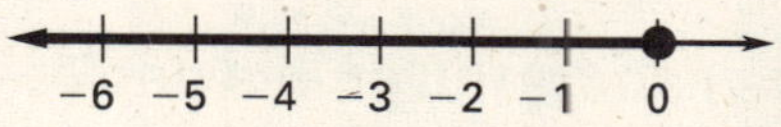

Ejercicio para el Ejemplo 4

10. Al nivel del mar, el agua se derrite a una temperatura mayor que o igual a 32°F. Escribe y haz una gráfica de la desigualdad que describa la temperatura de descongelación.

LECCIÓN 6.2

NOMBRE ______________________ FECHA __________

Refuerzo con práctica

Para usar con las páginas 329–335

OBJETIVO **Resolver y hacer una gráfica de desigualdades de una variable en un paso usando multiplicación o división**

Propiedad de multiplicación de desigualdades: Para todos los números reales a y b,

cuando $c > 0$	cuando $c < 0$
Si $a > b$, luego $ac > bc$.	Si $a > b$, luego $ac < bc$.
Si $a < b$, luego $ac < bc$.	Si $a < b$, luego $ac > bc$.

Propiedad de división de desigualdades: Para todos los números reales a y b,

cuando $c > 0$	cuando $c < 0$
Si $a > b$, luego $\frac{a}{c} > \frac{b}{c}$.	Si $a > b$, luego $\frac{a}{c} < \frac{b}{c}$.
Si $a < b$, luego $\frac{a}{c} < \frac{b}{c}$.	Si $a < b$, luego $\frac{a}{c} > \frac{b}{c}$.

EJEMPLO 1 *Multiplicar por un número positivo*

a. Resuelve $\frac{x}{3} > 5$.

b. Resuelve $\frac{x}{2} \leq -4$.

SOLUCIÓN

a.
$$\frac{x}{3} > 5$$
$$3 \cdot \frac{x}{3} > 3 \cdot 5$$
$$x > 15$$

b.
$$\frac{x}{2} \leq -4$$
$$2 \cdot \frac{x}{2} \leq 2 \cdot (-4)$$
$$x \leq -8$$

Ejercicios para el Ejemplo 1

Resuelve la desigualdad y haz una gráfica de la solución.

1. $\frac{x}{4} < -2$

2. $\frac{t}{2} > 3$

3. $\frac{b}{5} \geq -3$

EJEMPLO 2 *Dividir entre un número positivo*

a. Resuelve $2x < -4$.

b. Resuelve $3x \geq 15$.

SOLUCIÓN

a.
$$2x < -4$$
$$\frac{2x}{2} < \frac{-4}{2}$$
$$x < -2$$

b.
$$3x \geq 15$$
$$\frac{3x}{3} \geq \frac{15}{3}$$
$$x \geq 5$$

NOMBRE ______________________________ FECHA __________

Refuerzo con práctica

Para usar con las páginas 329–335

Ejercicios para el Ejemplo 2

Resuelve la desigualdad y haz una gráfica de la solución.

4. $6a > 36$ **5.** $4x \leq -16$ **6.** $7y \leq -21$

EJEMPLO 3 Multiplicar por un número negativo

a. Resuelve $-\frac{n}{2} < 5$.

b. Resuelve $-\frac{1}{3}t \geq 1$.

Solución

Cuando multiplicas cada lado de una desigualdad por un número negativo, debes cambiar la dirección del signo de desigualdad.

a.

$$-\frac{n}{2} < 5$$

$$-2\left(-\frac{n}{2}\right) > -2 \cdot 5$$

$$n > -10$$

b.

$$-\frac{1}{3}t \geq -1$$

$$-3\left(-\frac{1}{3}t\right) \leq -3 \cdot (-1)$$

$$t \leq 3$$

Ejercicios para el Ejemplo 3

Resuelve la desigualdad y haz una gráfica de la solución.

7. $-\frac{1}{2}x > 2$ **8.** $-\frac{y}{5} < -2$ **9.** $-\frac{z}{2} \leq 3$

EJEMPLO 4 Dividir entre un número negativo

a. Resuelve $-4n > 20$.

b. Resuelve $-6n < -24$.

Solución

Cuando divides cada lado de una desigualdad por un número negativo, debes cambiar la dirección del signo de desigualdad.

a.

$$-4n > 20$$

$$\frac{-4n}{-4} < \frac{20}{-4}$$

$$n < -5$$

b.

$$-6n < -24$$

$$\frac{-6n}{-6} > \frac{-24}{-6}$$

$$n > 4$$

Ejercicios para el Ejemplo 4

Resuelve la desigualdad y haz una gráfica de la solución.

10. $-2n \leq 12$ **11.** $-8p > 32$ **12.** $-9q \geq -27$

LECCIÓN 6.3

NOMBRE ______________________ FECHA ____________

Refuerzo con práctica

Para usar con las páginas 336–341

Chapter 6

OBJETIVO **Resolver desigualdades lineales de múltiples pasos en una variable**

EJEMPLO 1 *Usar más de un paso*

Resuelve $3n + 2 \leq 14$.

SOLUCIÓN

$3n + 2 \leq 14$	Escribe la desigualdad original.
$3n \leq 12$	Resta 2 a cada lado.
$n \leq 4$	Divide cada lado entre 3.

La solución es todos los números reales menores que o iguales a 4.

Ejercicios para el Ejemplo 1

Resuelve la desigualdad.

1. $5x - 7 > -2$ **2.** $9m + 2 \leq 20$ **3.** $13 + 4y \geq 9$

EJEMPLO 2 *Usar la propiedad distributiva*

Resuelve $4(x - 1) > 8$.

SOLUCIÓN

$4(x - 1) > 8$	Escribe la desigualdad original.
$4x - 4 > 8$	Usa la propiedad distributiva.
$4x > 12$	Suma 4 a cada lado.
$x > 3$	Divide cada lado entre 4.

Ejercicios para el Ejemplo 2

Resuelve la desigualdad.

4. $2(x - 2) < -14$ **5.** $-5(x + 3) \leq -45$ **6.** $3(-y + 2) \geq -12$

NOMBRE ______________________________ FECHA ____________

Refuerzo con práctica

Para usar con las páginas 336–341

EJEMPLO 3 Reunir términos variables

Resuelve $11 - 2x \geq 3x + 16$.

SOLUCIÓN

$11 - 2x \geq 3x + 16$	Escribe la desigualdad original.
$-2x \geq 3x + 5$	Resta 11 a cada lado.
$-5x \geq 5$	Resta $3x$ a cada lado.
$x \leq -1$	Divide cada lado entre -5 e invierte la desigualdad.

La solución es todos los números reales menores que o iguales a -1.

Ejercicios para el Ejemplo 3

Resuelve la desigualdad.

7. $2a + 8 > 5 + a$ **8.** $4y - 3 > 2y + 9$ **9.** $5z + 1 \geq 2z + 13$

EJEMPLO 4 Escribir y usar un modelo lineal

Has ahorrado \$25 para comprar un deslizador de nieve. Además ahorras las ganancias de tu trabajo como lavaplatos en un restaurante donde ganas \$5.15 por hora. ¿Cuántas horas debes trabajar para reunir por lo menos \$225?

SOLUCIÓN

Modelo verbal [Salario por hora] · [Número de horas trabajadas] + [Dinero ahorrado] ≥ [Ingreso deseado]

Designaciones

Salario por hora $= 5.15$	(dólares por hora)
Número de horas trabajadas $= x$	(horas)
Dinero ahorrado $= 25$	(dólares)
Ingreso deseado $= 225$	(dólares)

Modelo algebraico

$5.15x + 25 \geq 225$	Escribe el modelo algebraico.
$5.15x \geq 200$	Resta 25 a cada lado.
$\frac{5.15x}{5.15} \geq \frac{200}{5.15}$	Divide cada lado entre 5.15.
$x \geq 38.835\ldots$	

Debes trabajar por lo menos 39 horas.

Ejercicios para el Ejemplo 4

10. Formula nuevamente el Ejemplo 4 si ganas \$5.60 por hora y has ahorrado \$30.

11. Formula nuevamente el Ejemplo 4 si necesitas reunir por lo menos \$265.

LECCIÓN 6.3

NOMBRE ____________________ FECHA __________

Prueba parcial 1

Para usar después de las lecciones 6.1–6.3

1. Resuelve $-11 + x \geq -3$ y haz una gráfica de la solución. *(Lección 6.1)*

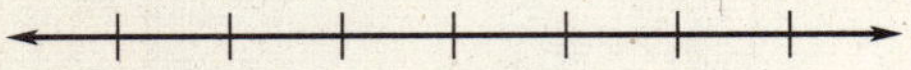

2. Resuelve $-\frac{x}{4} < 7$ y haz una gráfica de la solución. *(Lección 6.2)*

3. Las cataratas más elevadas del mundo son las cataratas Ángel en Venezuela, a 1000 metros de altura. Escribe una desigualdad que describa la altura h (en metros) de cada otra catarata. Haz una gráfica de la desigualdad. *(Lección 6.1)*

4. Resuelve $-4x - 3 > -5x + 8$. *(Lección 6.3)*

5. Escribe una desigualdad para el valor de x. *(Lección 6.3)*

Área $\leq$ 48 centímetros cuadrados

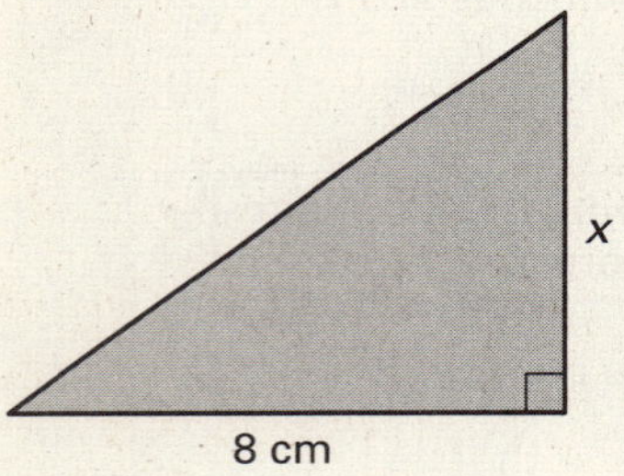

6. Resuelve $-2x - 9 < -x - 4$ y haz una gráfica de la solución. *(Lección 6.3)*

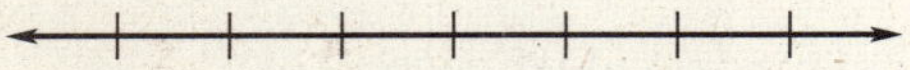

7. Resuelve $\frac{1}{2}x - 8 > -3$ y haz una gráfica de la solución. *(Lección 6.3)*

Respuestas

1. ____________________
Usa la recta numérica.

2. ____________________
Usa la recta numérica.

3. ____________________
Usa la recta numérica.

4. ____________________

5. ____________________

6. ____________________
Usa la recta numérica.

7. ____________________
Usa la recta numérica.

NOMBRE_______________________________ FECHA____________

Refuerzo con práctica

Para usar con las páginas 342–347

OBJETIVO **Resolver y hacer gráficas de desigualdades compuestas que contengan la conjunción "y"**

> **VOCABULARIO**
>
> Una **desigualdad compuesta** consiste en dos desigualdades conectadas por las conjunciones "*y*" u "*o*".

EJEMPLO 1 *Escribir desigualdades compuestas usando la conjunción "y"*

Escribe una desigualdad que represente todos los números reales mayores que o iguales a -2 ***y*** menores que 1. Haz una gráfica de la desigualdad.

SOLUCIÓN

$-2 \leq x < 1$

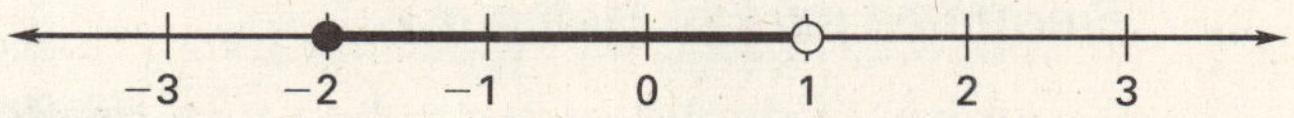

Ejercicios para el Ejemplo 1

Escribe una desigualdad que represente el enunciado y haz una gráfica de la desigualdad.

1. x es mayor que -4 ***y*** menor que o igual a -2.

2. x es mayor que -3 ***y*** menor que -1.

EJEMPLO 2 *Desigualdades compuestas en la vida real*

En 1985, se vendió una propiedad en $145,000. La propiedad se vendió nuevamente en 1999 en $211,000. Escribe una desigualdad compuesta que represente los valores diferentes que tuvo la propiedad entre 1985 y 1999.

SOLUCIÓN

Usa la variable v para representar el valor de la propiedad. Escribe una desigualdad compuesta para representar los valores diferentes de la propiedad.

$145{,}000 \leq v \leq 211{,}000$

Ejercicio para el Ejemplo 2

3. Vuelve a formular el Ejemplo 2 si en 1985 la propiedad se vendió en $172,000 y en 1999 se vendió nuevamente en $226,000.

LECCIÓN **6.4** CONTINUACIÓN

NOMBRE ______________________ FECHA __________

Refuerzo con práctica

Para usar con las páginas 342–347

EJEMPLO 3 *Resolver una desigualdad compuesta con la conjunción "y"*

Resuelve $-4 \le x - 3 < 6$. Haz una gráfica de la solución.

SOLUCIÓN

Aísla la variable x entre los dos símbolos de desigualdad.

$-4 \le x - 3 < 6$	Escribe la desigualdad original.
$-1 \le x < 9$	Suma 3 a cada expresión.

La solución es todos los números reales mayores que o iguales a –1 ***y*** menores que 9.

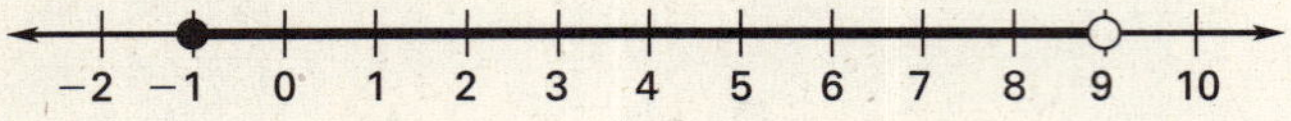

Ejercicios para el Ejemplo 3

Resuelve la desigualdad y haz una gráfica de la solución.

4. $5 \le x + 7 \le 9$ **5.** $-6 < x - 4 \le 7$ **6.** $0 \le x - 3 < 10$

EJEMPLO 4 *Resolver desigualdades compuestas de múltiples pasos*

Resuelve $-9 \le -4x - 5 < 3$. Haz una gráfica de la solución.

SOLUCIÓN

Aísla la variable x entre los dos símbolos de la desigualdad.

$-9 \le -4x - 5 < 3$	Escribe la desigualdad original.
$-4 \le -4x < 8$	Suma 5 a cada expresión.
$1 \ge x > -2$	Divide cada expresión entre -4 e *invierte* ambos símbolos de la desigualdad.

La solución es todos los números reales menores que o iguales a 1 ***y*** mayores que -2.

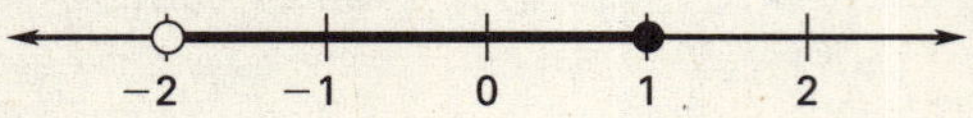

Ejercicios para el Ejemplo 4

Resuelve la desigualdad y haz una gráfica de la solución.

7. $-3 < 2x + 1 \le 7$ **8.** $-9 < -3 + 2x < -5$ **9.** $2 \le -3x + 8 < 17$

NOMBRE ______________________ FECHA __________

Refuerzo con práctica

Para usar con las páginas 348–353

OBJETIVO **Resolver y hacer gráficas de desigualdades compuestas que contengan la conjunción "o"**

EJEMPLO 1 *Escribir desigualdades compuestas que incluyan la conjunción "o"*

Escribe una desigualdad que represente todos los números reales menores que 0 *ó* mayores que 3. Haz una gráfica de la desigualdad.

SOLUCIÓN

$x < 0$ *ó* $x > 3$

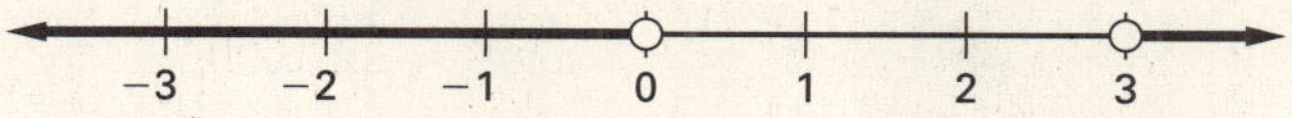

Ejercicios para el Ejemplo 1

Escribe una desigualdad que represente el enunciado y haz una gráfica de la desigualdad.

1. Todos los números reales menor que -4 ***o*** mayor que o igual a -2
2. Todos los números reales mayor que 3 ***o*** menor que -1

EJEMPLO 2 *Resolver una desigualdad de varios pasos que contenga la conjunción "o"*

Resuelve $5x + 1 < -4$ *ó* $6x - 2 \geq 10$. Haz una gráfica de la solución.

SOLUCIÓN

Puedes resolver cada parte por separado.

$$5x + 1 < -4 \quad \textbf{\textit{o}} \quad 6x - 2 \geq 10$$
$$5x < -5 \quad \textbf{\textit{o}} \quad 6x \geq 12$$
$$x < -1 \quad \textbf{\textit{o}} \quad x \geq 2$$

La solución es todos los números reales menores que -1 ***o*** mayores que o iguales a 2.

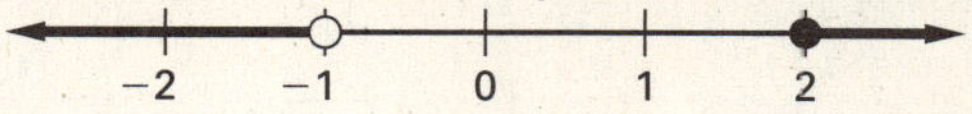

Ejercicios para el Ejemplo 2

Resuelve la desigualdad y haz una gráfica de la solución.

3. $2x - 3 < 5$ ***o*** $3x + 1 \geq 16$

4. $-4x + 2 < 6$ ***o*** $2x \leq -6$

LECCIÓN **6.5** CONTINUACIÓN

NOMBRE ______________________ FECHA __________

Refuerzo con práctica

Para usar con las páginas 348–353

EJEMPLO 3 *Resolver una desigualdad compuesta con "o"*

Resuelve $x - 1 \leq 3$ ***o*** $x + 3 > 6$. Haz una gráfica de la solución.

SOLUCIÓN

$$x - 1 \leq -3 \quad o \quad x + 3 > 6$$

$$x \leq -2 \quad o \quad x > 3$$

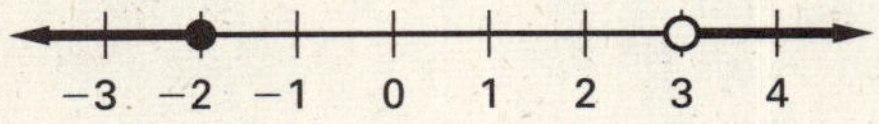

Ejercicios para el Ejemplo 3

Resuelve la desigualdad y haz una gráfica de la solución.

5. $x + 2 < -4$ ***o*** $x - 3 \geq 0$

6. $x + 1 < 1$ ***o*** $x - 4 > 1$

EJEMPLO 4 *Invertir ambas desigualdades*

Resuelve $-x + 3 < -2$ *o* $-4 - x > 5$. Haz una gráfica de la solución.

SOLUCIÓN

$$-x + 3 < -2 \quad o \quad -4 - x > 5$$

$$-3 - x + 3 < -2 - 3 \quad o \quad -4 - x + 4 > 5 + 4$$

$$-x < -5 \quad o \quad -x > 9$$

$$(-1)(-x) > -5(-1) \quad o \quad (-1)(-x) < 9(-1)$$

$$x > 5 \quad o \quad x < -9$$

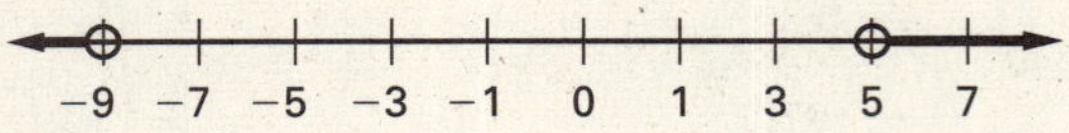

Ejercicios para el Ejemplo 4

Resuelve la desigualdad y haz una gráfica de la solución.

7. $-x + 5 < -1$ ***o*** $-x - 3 > 7$

8. $-x - 1 \leq 2$ ***o*** $-x + 2 > 7$

LECCIÓN 6.6

NOMBRE ______________________ FECHA __________

Refuerzo con práctica

Para usar con las páginas 354–360

OBJETIVO Resolver ecuaciones de valor absoluto en una variable

VOCABULARIO

Una **ecuación de valor absoluto** es una ecuación de una forma $|ax + b| = c$.

EJEMPLO 1 *Resolver una ecuación de valor absoluto*

a. Resuelve $|x| = 4$.

b. Resuelve $|x| = -5$.

SOLUCIÓN

a. $|x| = 4$

$x = 4$ o $x = -4$

b. $|x| = -5$

El valor absoluto de un número nunca es negativo. La ecuación no tiene solución.

Ejercicios para el Ejemplo 1

Resuelve la ecuación.

1. $|x| = 8$

2. $|x| = -2$

3. $|x| = 6$

EJEMPLO 2 *Resolver una ecuación de valor absoluto*

Resuelve $|x - 3| = 4$.

SOLUCIÓN

$|x - 3| = 4$

La expresión $x - 3$ puede ser igual a 4 ó -4.

$x - 3 = 4$ o $x - 3 = -4$

$x = 7$ o $x = -1$

Ejercicios para el Ejemplo 2

Resuelve la ecuación de valor absoluto.

4. $|x + 6| = 8$

5. $|x - 1| = 8$

6. $|x + 3| = 11$

LECCIÓN 6.6 CONTINUACIÓN

NOMBRE ______________________ FECHA __________

Refuerzo con práctica

Para usar con las páginas 354–360

EJEMPLO 3 Resolver una ecuación de valor absoluto

Resuelve $|4x + 2| = 18$.

SOLUCIÓN

Como $|4x + 2| = 18$, la expresión $4x + 2$ puede ser igual a 18 ó -18.

$4x + 2$ ES POSITIVO	$4x + 2$ ES NEGATIVO
$\lvert 4x + 2\rvert = 18$	$\lvert 4x + 2\rvert = 18$
$4x + 2 = +18$	$4x + 2 = -18$
$4x = 16$	$4x = -20$
$x = 4$	$x = -5$

La ecuación tiene dos soluciones: 4 y -5.

Ejercicios para el Ejemplo 3

Resuelve la ecuación.

7. $|2x + 1| = 15$ **8.** $|2x - 6| = 8$ **9.** $|2x - 3| = 9$

EJEMPLO 4 Escribir una ecuación de valor absoluto

Escribe una ecuación de valor absoluto que tenga 4 y 8 como soluciones.

SOLUCIÓN

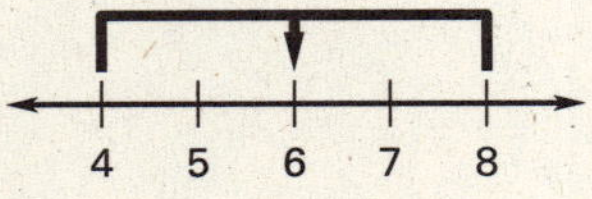

El punto medio entre 4 y 8 es 6.

La distancia desde el punto medio a las soluciones es 2.

$$|x - 6| = 2$$

Punto medio (6) **Distancia** (2)

Respuesta: $|x - 6| = 2$

Ejercicio para el Ejemplo 4

10. Escribe una ecuación de valor absoluto que tenga -2 y 6 como soluciones.

LECCIÓN
6.6

NOMBRE ______________________________ FECHA __________

Prueba parcial 2

Para usar después de las lecciones 6.4–6.6

1. Resuelve $4 < x - 8 \leq 11$ y haz una gráfica de la solución. *(Lección 6.4)*

2. Resuelve $9 \leq 2x + 3 < 13$ y haz una gráfica de la solución. *(Lección 6.4)*

3. Resuelve $-4 \leq x + 12 \leq 8$ y haz una gráfica de la solución. *(Lección 6.4)*

4. Resuelve $-x > 6$ o $2x + 1 > 9$ y haz una gráfica de la solución. *(Lección 6.5)*

5. Resuelve $8 \leq -3x - 1$ o $7 < 2x + 1$ y haz una gráfica de la solución. *(Lección 6.5)*

6. Compras acciones de una compañía de tecnología y las retienes por un año. Durante ese tiempo el precio por acción varió de $65 a $143. Escribe una desigualdad compuesta que describa la variación del precio de las acciones. *(Lección 6.4)*

Resuelve la ecuación. Si la ecuación no tiene solución, escribe no tiene solución. (Lección 6.6)

7. $|x| = 20$

8. $|x + 3| = -8$

9. $|2x - 3| = 1$

10. Escribe una ecuación de valor absoluto que tenga como solución 22 y 50. *(Lección 6.6)*

Respuestas

1. ____________
Usa la recta numérica.
2. ____________
Usa la recta numérica.
3. ____________
Usa la recta numérica.
4. ____________
Usa la recta numérica.
5. ____________
Usa la recta numérica.
6. ____________
7. ____________
8. ____________
9. ____________
10. ____________
11. ____________
12. ____________
13. ____________

Chapter 6

Chapter 6

LECCIÓN 6.7

NOMBRE ______________________ FECHA __________

Refuerzo con práctica

Para usar con las páginas 361–366

OBJETIVO **Resolver desigualdades de valor absoluto en una variable**

> **VOCABULARIO**
>
> El **valor absoluto de una desigualdad** es una desigualdad que tiene una de estas formas:
>
> $|ax + b| < c$ $\quad |ax + b| \le c$ $\quad |ax + b| > c$ $\quad |ax + b| \ge c$

EJEMPLO 1 *Resolver una desigualdad de valor absoluto*

Resuelve y haz una gráfica de $|x| > 3$.

SOLUCIÓN

$x > 3$ o $x < -3$

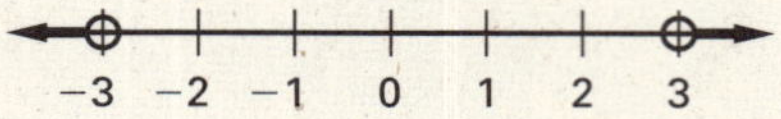

Ejercicios para el Ejemplo 1

Resuelve la desigualdad.

1. $|x| > 4$ **2.** $|x| > -2$ **3.** $|x| > 1$

EJEMPLO 2 *Resolver una desigualdad de valor absoluto*

Resuelve $|x + 5| \le 1$.

SOLUCIÓN

La solución consiste en todos los números x cuya distancia de -5 es menor que o igual a -1. La desigualdad incluye $\le$ así que las desigualdades relacionadas están conectadas por ***y***.

$$|x + 5| \le 1$$

$$x + 5 \le 1 \quad \textbf{y} \quad x + 5 \ge -1$$

$$x \le -4 \quad \textbf{y} \quad x \ge -6$$

La solución es todos los números reales mayores que o iguales a -6, ***y*** menores que o iguales a -4. Puede ser escrita como $-6 \le x \le -4$.

Ejercicios para el Ejemplo 2

Resuelve la desigualdad.

4. $|x - 3| < 2$ **5.** $|8 + x| \le 3$ **6.** $|x - 1.5| < 1$

NOMBRE ______________________ FECHA __________

Refuerzo con práctica

Para usar con las páginas 361–366

EJEMPLO 3 Resolver una desigualdad de valor absoluto

Resuelve $|2x - 1| > 5$.

SOLUCIÓN

Cuando un valor absoluto es *mayor que* un número, las desigualdades relacionadas están conectadas por la conjunción ***o***.

$$|2x - 1| > 5$$

$$2x - 1 > 5 \quad o \quad 2x - 1 < -5$$

$$2x > 6 \quad o \quad 2x < -4$$

$$x > 3 \quad o \quad x < -2$$

La solución de $|2x - 1| > 5$ es todos los números reales mayores que 3 ***o*** menores que -2. Puede ser escrita como una desigualdad compuesta $x < -2$ ***o*** $x > 3$.

Ejercicios para el Ejemplo 3

Resuelve la desigualdad.

7. $|x + 2| \geq 1$

8. $|x - 4| \geq 2$

9. $|2x + 1| > 3$

EJEMPLO 4 Resolver una desigualdad de valor absoluto en varios pasos

Resuelve la desigualdad $|x - 4| + 3 < 8$.

SOLUCIÓN

Primero, separa la expresión de valor absoluto a un lado de la desigualdad.

$$|x - 4| + 3 < 8$$

$$|x - 4| + 3 - 3 < 8 - 3$$

$$|x - 4| < 5$$

$$x - 4 < 5 \textbf{ y } x - 4 > -5$$

$$x < 9 \textbf{ y } x > -1$$

Esto puede ser escrito $-1 < x < 9$.

Ejercicios para el Ejemplo 4

Resuelve la desigualdad de valor absoluto.

10. $|x - 3| + 1 \leq 6$

11. $|x + 2| - 4 > 8$

LECCIÓN 6.8

NOMBRE ______________________ FECHA __________

Refuerzo con práctica

Para usar con las páginas 367–374

OBJETIVO **Hacer una gráfica de una desigualdad lineal de dos variables**

VOCABULARIO

Una **desigualdad lineal** en x e y es una desigualdad que puede escribirse como $ax + by < c$, $ax + by \leq c$, $ax + by > c$, ó $ax + by \geq c$ donde a, b, y c son números dados.

EJEMPLO 1 *Verificar las soluciones de una desigualdad lineal*

Verifica si el par ordenado es una solución de $3x - y \geq 2$.

a. (0, 0) **b.** (2, 0) **c.** (2, 3)

SOLUCIÓN

	(x, y)	$3x - y \geq 2$	**Conclusión**
a.	(0, 0)	$3(0) - 0 = 0 \not\geq 2$	(0, 0) no es una solución.
b.	(2, 0)	$3(2) - 0 = 6 \geq 2$	(2, 0) es una solución.
c.	(2, 3)	$3(2) - 3 = 3 \geq 2$	(2, 3) es una solución.

Ejercicios para el Ejemplo 1

¿Es cada par ordenado una solución de la desigualdad?

1. $x + 2y < 0$; (0, 0), (−1, −2)

2. $2x + y > 3$; (2, 2), (−2, 2)

EJEMPLO 2 *Líneas verticales y horizontales*

Haz una gráfica de la desigualdad.

a. $x \geq -2$ **b.** $y < -3$

SOLUCIÓN

a. Haz una gráfica de la ecuación $x = -2$. La gráfica es una recta vertical. Los puntos en la recta son soluciones, por lo tanto usa una línea continua.

El origen, (0, 0), es una solución desde que $0 \geq -2$. Sombrea la región que incluya el origen, los puntos de la recta de la derecha.

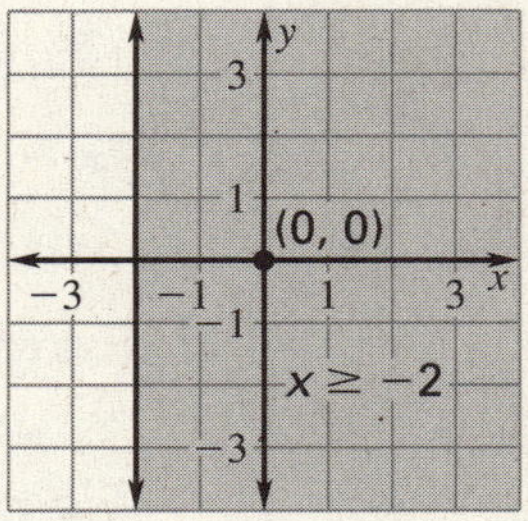

b. Haz una gráfica de la ecuación correspondiente $y = -3$. La gráfica es una recta horizontal. Los puntos en la recta no son soluciones, por lo tanto usa una línea punteada.

El origen, (0, 0), no es una solución desde que $0 > -3$. Sombrea la región que no incluya el origen, los puntos ubicados debajo de la recta.

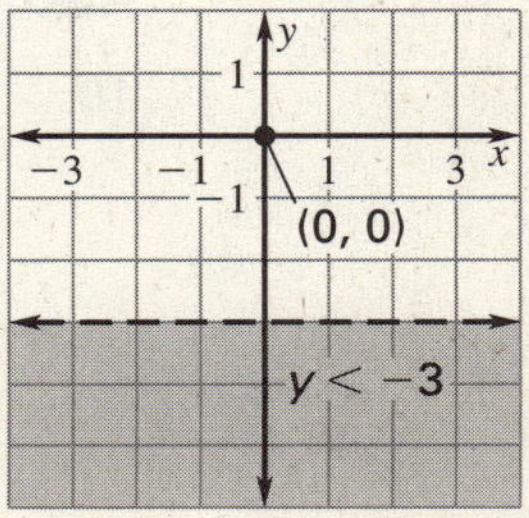

LECCIÓN **6.8** CONTINUACIÓN

NOMBRE ______________________________ FECHA __________

Refuerzo con práctica

Para usar con las páginas 367–374

Ejercicios para el Ejemplo 2

Haz una gráfica de la desigualdad.

3. $x \leq 2$ **4.** $y > -1$ **5.** $x > -3$ **6.** $y \leq 4$

EJEMPLO 3 *Hacer una gráfica de una desigualdad lineal de dos variables*

Haz una gráfica de la desigualdad de $x - y < 2$.

SOLUCIÓN

La ecuación correspondiente es $x - y = 2$. Para hacer una gráfica de esta recta, escribe primero la ecuación en la forma de pendiente e intercepción: $y = x - 2$.

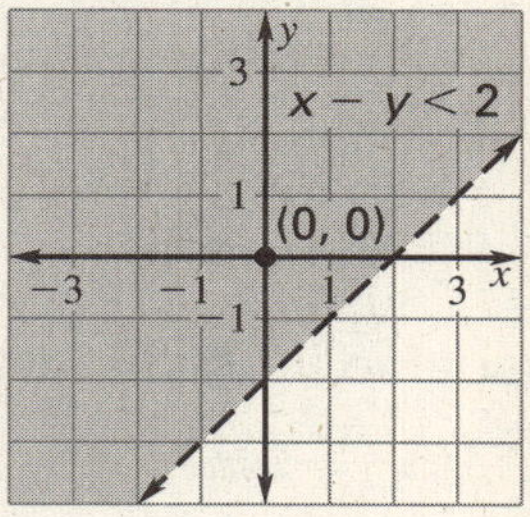

Haz una gráfica de la recta que tiene una pendiente de 1 y una intercepción en y de -2. Usa una línea punteada para indicar que los puntos de la recta no son soluciones.

El origen (0, 0) es una solución y está ubicado más arriba de la recta. Por lo tanto, la gráfica de $x - y < 2$ son todos los puntos ubicados más arriba de la recta $y = x - 2$.

Ejercicio para el Ejemplo 3

Haz una gráfica de la desigualdad.

7. $y - x < 3$ **8.** $2x + y \geq 4$ **9.** $x + y > -2$ **10.** $3x - y \leq 0$

NOMBRE ______________________ FECHA __________

Prueba del capítulo A

Para usar después del capítulo 6

Haz una gráfica de la desigualdad.

1. $x \geq -3$

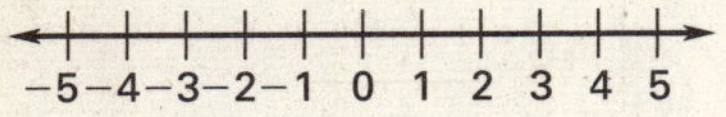

2. $x < 3.5$

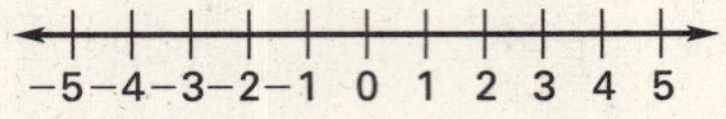

Resuelve la desigualdad. Haz una gráfica de la solución en una recta numérica.

3. $x - 3 \leq 1$

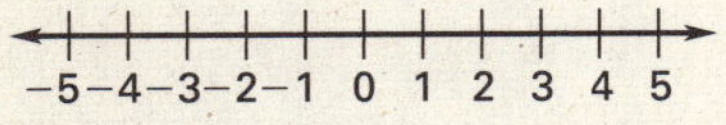

4. $a + 3 < 10$

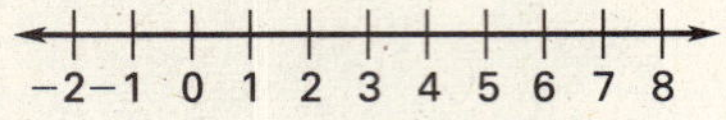

5. Corres una carrera de diez kilómetros en 45.5 minutos. Escribe una desigualdad para el tiempo de los corredores que terminaron la carrera después que tú.

Resuelve la desigualdad.

6. $3x + 2 \leq 17$

7. $2 - x > 5$

8. Estás en la tienda de música para comprar algunos discos compactos. Puedes gastar \$45 y la tienda vende los discos compactos a \$12.99 cada uno. Escribe una desigualdad que represente el número de discos compactos que puedes comprar sin gastar más dinero del que tienes.

Escribe una desigualdad que represente el enunciado y haz una gráfica de la desigualdad.

9. x es menor que 4 y mayor que 1.

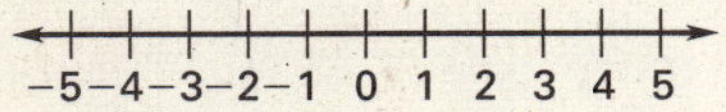

Resuelve la desigualdad y haz una gráfica de la solución.

10. $6 < x + 4 \leq 11$

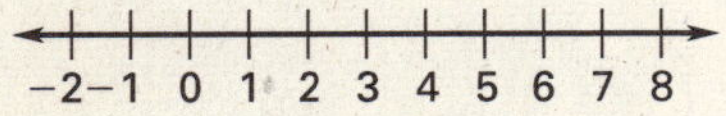

11. $x + 4 < 2$ o $x - 4 > -1$

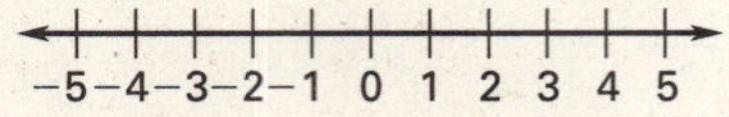

Escribe una desigualdad compuesta que describa la gráfica.

12.

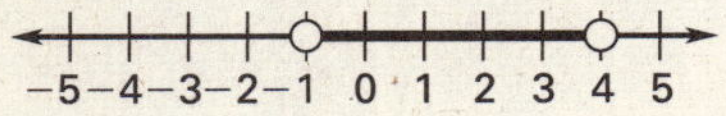

13.

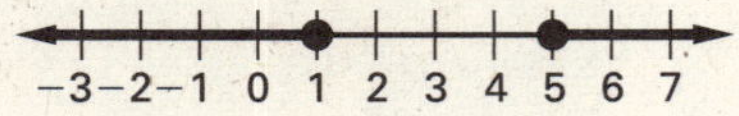

Respuestas

1. Usa la recta numérica de la izquierda.
2. Usa la recta numérica de la izquierda.
3. Usa la recta numérica de la izquierda.
4. Usa la recta numérica de la izquierda.
5. ______________
6. ______________
7. ______________
8. ______________
9. ______________
10. Usa la recta numérica de la izquierda.
11. Usa la recta numérica de la izquierda.
12. ______________
13. ______________

NOMBRE ______________________ FECHA __________

Prueba del capítulo A

Para usar después del capítulo 6

Resuelve la ecuación o la desigualdad.

14. $|x| = 5$

15. $|x + 2| < 5$

16. $|3x - 8| = 14$

17. $|7 - x| \geq 10$

¿Es el par ordenado una solución de la desigualdad?

18. $x + y < 5$; $(3, 0)$

19. $x - y \geq 6$; $(2, 7)$

Haz una gráfica de la desigualdad.

20. $x \leq 5$

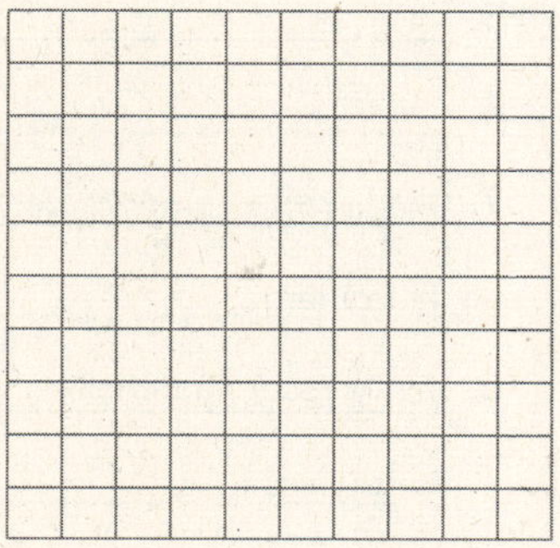

21. $2x + y > -3$

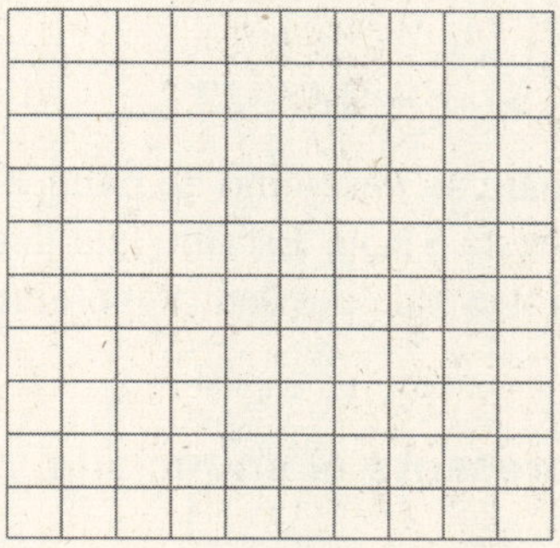

22. ¿Es el par ordenado $(-4, 5)$ una solución de la desigualdad $3x + 2y > 11$?

14. ____________

15. ____________

16. ____________

17. ____________

18. ____________

19. ____________

20. Usa la cuadrícula de la izquierda.

21. Usa la cuadrícula de la izquierda.

22. ____________

NOMBRE_______________________________________ FECHA______________

Prueba del capítulo B

Para usar después del capítulo 6

Resuelve la desigualdad. Haz una gráfica de la solución en una recta numérica.

1. $p - 2 \geq -4$

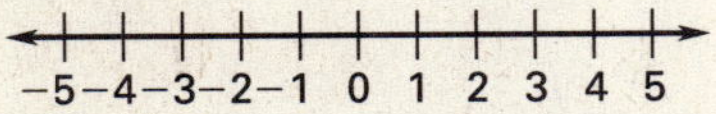

2. $-y < 4$

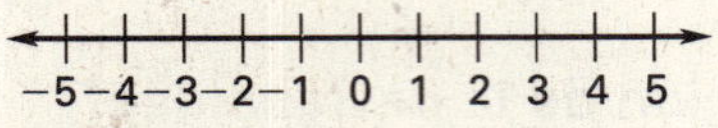

3. Terminaste una carrera de marcha de dos millas en 25 minutos. Escribe una desigualdad para la velocidad promedio de los competidores que llegaron después que tú. (Velocidad promedio = distancia/tiempo)

Resuelve la desigualdad.

4. $4x - \frac{2}{3} \geq \frac{1}{3}$

5. $7 - 3x \leq 22$

6. El club de biología destinó $200 para su desayuno de panqueques. La preparación de cada porción cuesta $1.50. Escribe una desigualdad que represente el número de porciones que pueden prepararse sin superar el presupuesto.

Escribe una desigualdad que represente el enunciado y haz una gráfica de la desigualdad.

7. x es mayor que 1 o es menor que -2.

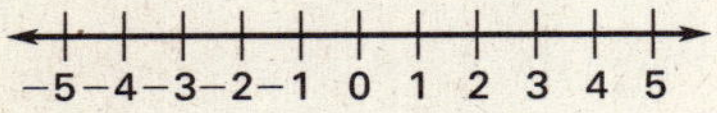

Resuelve la desigualdad y haz una gráfica de la solución.

8. $-3 \leq 2x + 5 < 11$

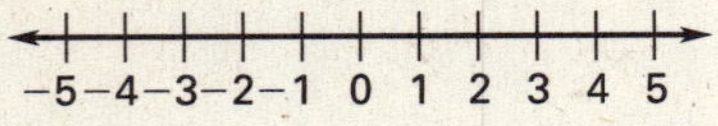

9. $4x + 5 < 3$ o $3x - 2 \geq 1$

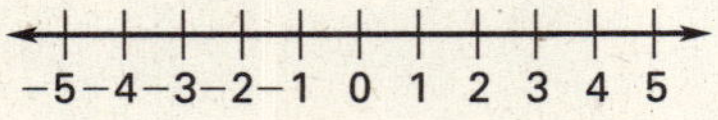

Escribe una desigualdad compuesta que describa la gráfica.

10. 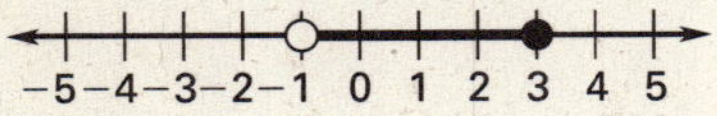

11. 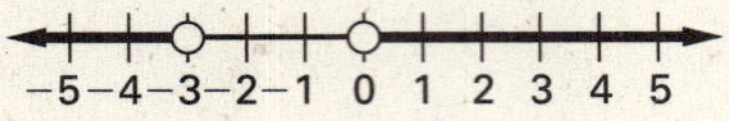

Resuelve la ecuación o la desigualdad.

12. $|x + 3| = 4$

13. $|x - 2| = 6$

14. $|x - 5| < 3$

15. $|2x + 3| \geq 17$

Respuestas

1. Usa la recta numérica de la izquierda.
2. Usa la recta numérica de la izquierda.
3. ______________
4. ______________
5. ______________
6. ______________
7. Usa la recta numérica de la izquierda.
8. Usa la recta numérica de la izquierda.
9. Usa la recta numérica de la izquierda.
10. ______________
11. ______________
12. ______________
13. ______________
14. ______________
15. ______________

NOMBRE ______________________ FECHA __________

Prueba del capítulo B

Para usar después del capítulo 6

¿Es el par ordenado una solución de la desigualdad?

16. $3x + 2y \leq 4; (4, 3)$

17. $5x - 3y > 4; (-1, -5)$

Dibuja la gráfica de la desigualdad.

18. $x + 4 > 5$

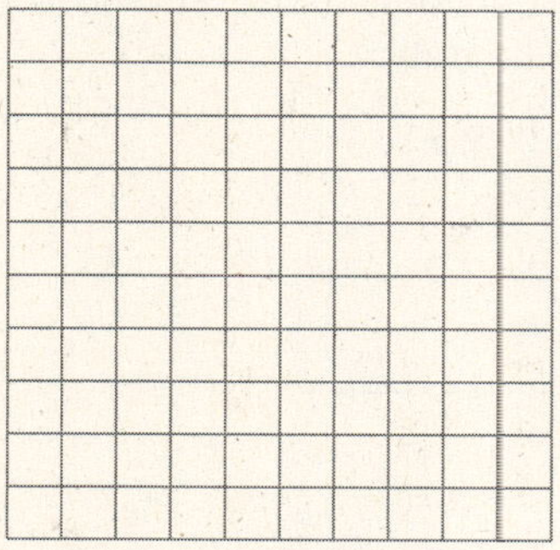

19. $y - 3 \leq -4$

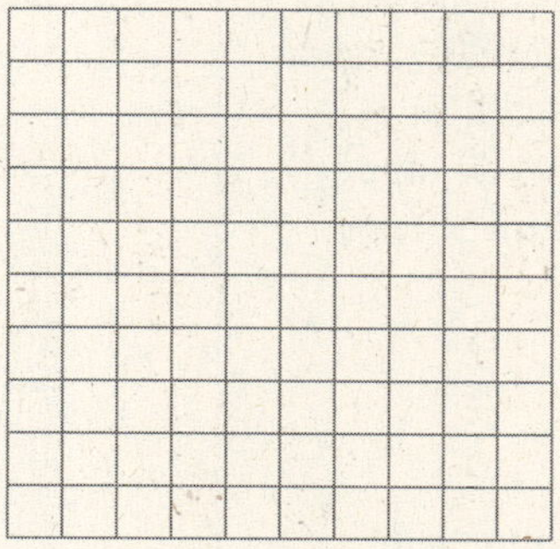

20. Puedes gastar $5 en fruta para un picnic. La libra de manzanas cuesta $.99 y la libra de bananas cuesta $.49. ¿Qué desigualdad representa la cantidad de manzanas y bananas que puedes comprar?

A. $99x + 49y \leq 5$

B. $0.99x + 0.49y \leq 5$

C. $99x + 49y \geq 5$

D. $0.99x + 0.49y \geq 5$

21. Haz una gráfica de la desigualdad $-x - y < 9$.

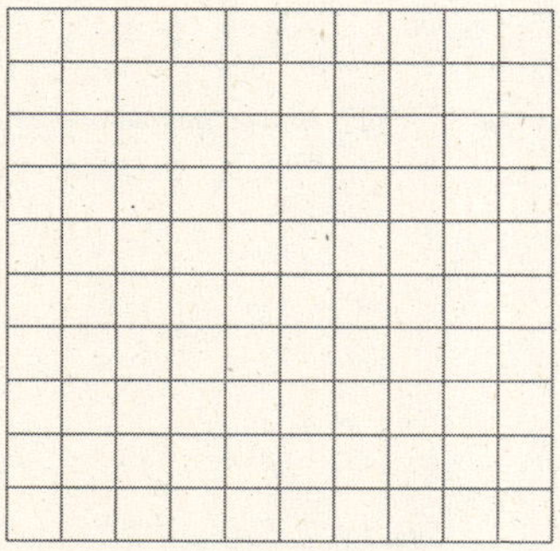

22. Escoge una desigualdad cuya solución se muestre en la gráfica.

A. $x - 2y \leq 4$

B. $x - 2y \geq 4$

C. $x - 2y > 4$

D. $x - 2y < 4$

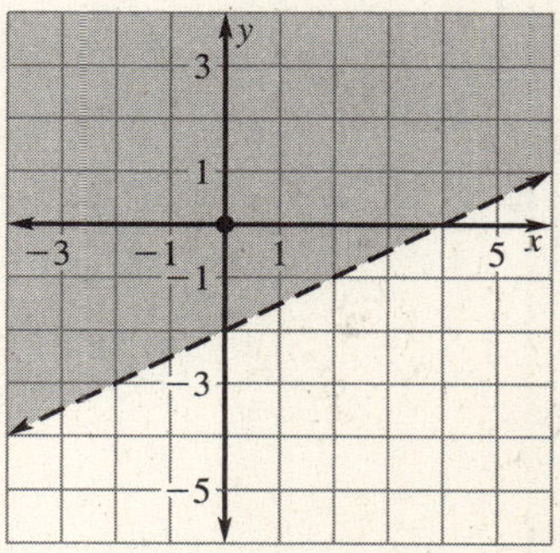

16. ____________

17. ____________

18. Usa la cuadrícula de la izquierda.

19. Usa la cuadrícula de la izquierda.

20. ____________

21. Usa la cuadrícula de la izquierda.

22. ____________

NOMBRE ______________________________ FECHA ____________

Prueba del capítulo SAT/ACT

Para usar después del capítulo 6

1. ¿Qué desigualdad es equivalente a $-5x + 4 \leq -2x + 7$?

Ⓐ $x \leq 1$ Ⓑ $x \geq 1$
Ⓒ $x \leq -1$ Ⓓ $x \geq -1$

2. Te encuentras en una liquidación de libros usados. Los de tapa rústica cuestan \$0.75 cada uno y los de tapa dura cuestan \$1.50. Si puedes gastar \$6 y compras cuatro de tapa rústica, ¿cuántos libros de tapa dura puedes comprar?

Ⓐ 0 Ⓑ 1
Ⓒ 2 Ⓓ 3

3. ¿Qué desigualdad representa el enunciado "x es menor que 5 y mayor o igual que -5"?

Ⓐ $-5 < x \leq 5$ Ⓑ $-5 \leq x \leq 5$
Ⓒ $-5 < x < 5$ Ⓓ $-5 \leq x < 5$

4. Resuelve $-23 \leq 3x - 2 < 13$.

Ⓐ $-7 \leq x < 5$ Ⓑ $-\frac{25}{3} \leq x < \frac{11}{3}$
Ⓒ $-7 < x \leq 5$ Ⓓ $-\frac{25}{3} < x \leq \frac{11}{3}$

5. ¿Qué gráfica representa la solución de $6x - 4 \geq 14$ ó $3x + 10 < 4$?

Ⓐ

Ⓑ
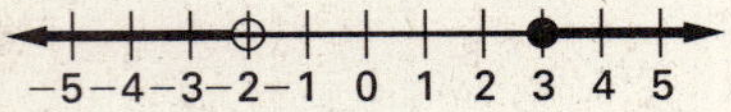

Ⓒ
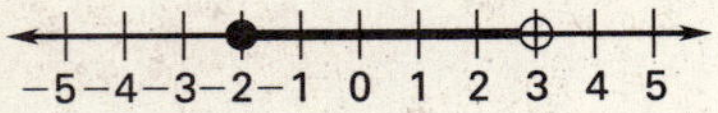

Ⓓ
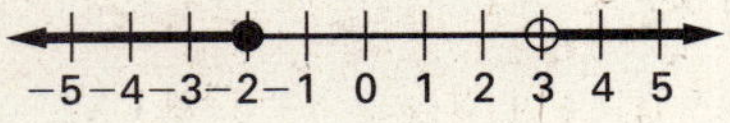

6. Resuelve $|8x + 2| - 4 = 18$.

Ⓐ $\frac{3}{2}$ y -2 Ⓑ -2 y -3
Ⓒ -3 y $\frac{5}{2}$ Ⓓ $-\frac{3}{2}$ y 2

7. ¿Cuál par ordenado *no* es solución de $5x + 4y < -12$?

Ⓐ $(1, -5)$ Ⓑ $(-2, 4)$
Ⓒ $(-4, 0)$ Ⓓ $(-3, -8)$

8. Escoge una desigualdad cuya solución sea la que aparece en la gráfica.

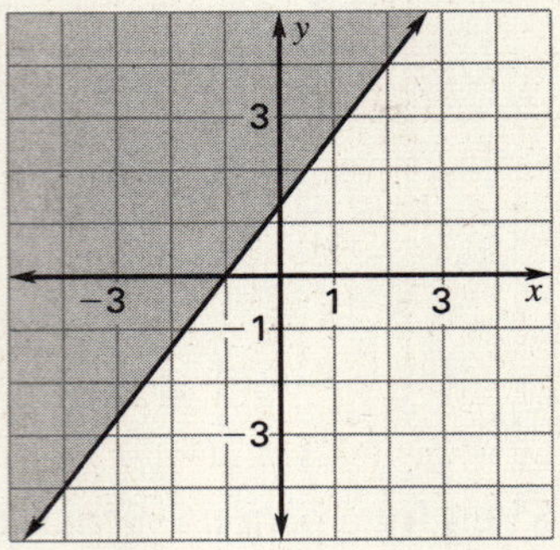

Ⓐ $3y - 4x \geq 4$ Ⓑ $4x - 3y \geq 4$
Ⓒ $3y - 4x \leq 4$ Ⓓ $4x - 3y \leq 4$

9. ¿Qué gráfica representa la solución de la desigualdad $2x + 5 < 7$ *ó* $3x - 6 > 9$?

Ⓐ
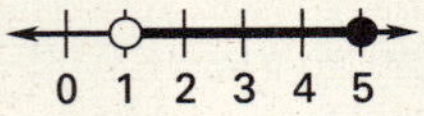

Ⓑ
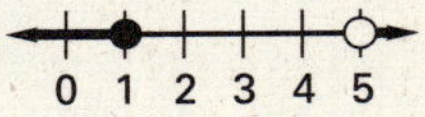

Ⓒ
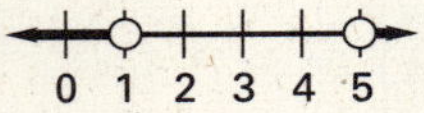

Ⓓ
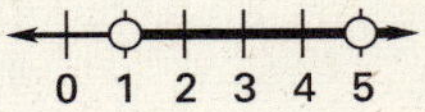

NOMBRE_________________________ FECHA__________

Evaluación alternativa y diario de matemáticas

Para usar después del capítulo 6

DIARIO **1.** Estás hablando con un amigo que comprende cómo resolver y representar gráficamente una ecuación lineal. Tú deseas explicarle las diferencias en resolver y representar gráficamente desigualdades lineales. (a) Explica en qué difiere el resolver una *desigualdad* lineal del resolver una *ecuación* lineal. (b) Explica en qué difiere el representar gráficamente una *desigualdad* lineal de dos variables del representar gráficamente una *ecuación* lineal de dos variables.

PROBLEMA DE VARIOS PASOS **2.** Las gráficas de las desigualdades lineales con dos variables tienen muchas aplicaciones en situaciones comerciales de la vida real. Esas gráficas pueden ayudar a los comercios a mantener existencias de bienes para su venta posterior y a limitar los costos a los presupuestos disponibles.

Para cada una de las dos situaciones, haz lo siguiente:

a. Escribe desigualdades lineales que describan la situación.

b. Haz la gráfica de las desigualdades que escribiste en la parte a.

c. ***Razonamiento crítico*** Explica por qué las desigualdades y su gráfica representan la situación.

d. ***Razonamiento crítico*** Explica si todos los puntos de la gráfica son soluciones de la situación real.

Situación 1: A una pastelería le cuestan \$3 preparar una tarta y \$2 una galleta supergrande. Los costos diarios de elaboración no pueden superar los \$120. ¿Cuáles son las combinaciones posibles de x tartas e y galletas que pueden prepararse cada día?

Situación 2: Unos grandes almacenes disponen de chaquetas por valor de más de \$5000. Una chaqueta de ante cuesta \$125 y una de nilón \$50. ¿De qué maneras pueden ofrecerse en los almacenes los dos tipos de chaquetas? Sea x el número de chaquetas de ante e y el de chaquetas de nilón.

CAPÍTULO 6 CONTINUACIÓN

NOMBRE ______________________ FECHA __________

Pauta para la evaluación alternativa

Para usar después del capítulo 6

DIARIO SOLUCIÓN

1. Una respuesta completa debería incluir los siguientes puntos: **a.** Al resolver una desigualdad lineal, el signo de la desigualdad se invierte al dividir o multiplicar ambos lados por un número negativo. **b.** En una desigualdad lineal de dos variables, la recta aparece punteada para $<$ o $>$ y continua para $\leq$ o $\geq$. Además, se debe determinar hacia qué lado sombrear. La solución de una desigualdad es una región sombreada, en tanto la solución de una ecuación es simplemente una recta.

PROBLEMA DE VARIOS PASOS SOLUCIÓN

2. **Situación 1**

a. $3x + 2y \leq 120$; $x \geq 0$; $y \geq 0$

b.

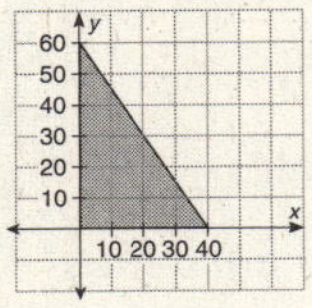

c. El costo de preparar las tartas, \$$3x$, sumado al de las galletas, \$$2y$, debe ser menor o igual que los costos de elaboración, \$120. Por lo tanto, $3x + 2y \leq 120$. El número de tartas y el de galletas debe ser cada uno mayor o igual que cero. Así pues, $x \geq 0$ e $y \geq 0$. La gráfica de la desigualdad debe encontrarse en el primer cuadrante y abarcar tanto la recta $3x + 2y = 120$ como la zona situada debajo de ella.

d. Toda la gráfica no representa la solución de la vida real. Como sólo es posible hacer un número entero de tartas o de galletas, las únicas soluciones son los puntos que representan pares ordenados de números enteros de la región sombreada o de la recta.

2. **Situación 2**

a. $125x + 50y > 5000$; $x \geq 0$; $y \geq 0$

b.

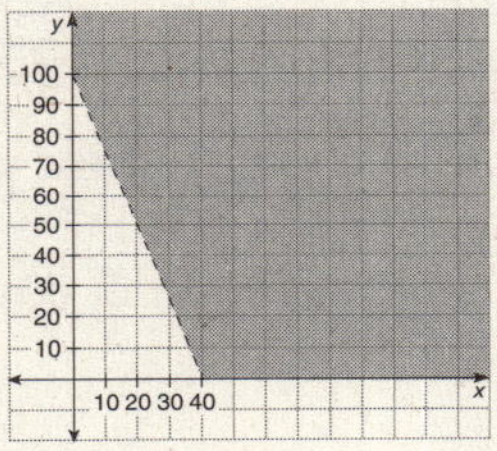

c. El costo de las chaquetas de ante, \$$125x$, sumado al de las chaquetas de nilón, \$$50y$, debe ser mayor que \$5000. Por lo tanto, $125x + 50y > 5000$. El número de chaquetas de ante y el de chaquetas de nilón debe ser cada uno mayor o igual que cero. Así pues, $x \geq 0$ e $y \geq 0$. La gráfica de la desigualdad debe encontrarse en el primer cuadrante y por encima de la recta $125x + 50y = 5000$.

d. Toda la gráfica no representa la solución de la vida real. Como sólo es posible disponer de un número entero de chaquetas de ante o de nilón, las únicas soluciones son los puntos de la región sombreada que representan pares ordenados de números enteros.

PROBLEMA DE VARIOS PASOS PAUTA DE EVALUACIÓN

4 Los estudiantes realizan con precisión los ejercicios. Las gráficas se dibujan correctamente. Los estudiantes demuestran comprender por qué las gráficas deben situarse en el primer cuadrante y por qué no son las soluciones de la situación real todos los puntos de la gráfica.

3 Los estudiantes realizan los ejercicios y las explicaciones. Las gráficas no se dibujan con toda la claridad o precisión necesarias. Si bien las partes (c) y (d) se hacen correctamente, las explicaciones no están completas.

2 Los estudiantes realizan los ejercicios y las explicaciones, pero cometen varios errores. No se escriben todas las desigualdades o no se dibujan correctamente las gráficas. Las explicaciones no demuestran que se comprenda por qué las desigualdades y las gráficas representan la situación real.

1 El trabajo no está completo. Las soluciones y las explicaciones son incorrectas. Faltan gráficas o son totalmente imprecisas. Los estudiantes no parecen comprender cómo representar la situación real mediante desigualdades.

NOMBRE ______________________ FECHA __________

Examen acumulativo del 1 al 6

Para usar tras completar el capítulo 6

En los ejercicios 1 a 5, evalúa la expresión según los valores dados a la variable o variables. (1.1, 1.2, 1.3, 2.5, 2.8)

1. $3m + (-7)$ cuando $m = 6$
2. $(x + 4y)^2$ cuando $x = 3$ e $y = -2$
3. $-5(d^2 - 1)$ cuando $d = 5$
4. $-9(5)(-x)^3$ cuando $x = -2$
5. $\dfrac{2r - (-3)}{-6 + r}$ cuando $r = 3$

En los ejercicios 6 a 11, evalúa la expresión. (1.3, 2.3–2.5, 2.8)

6. $3^2 + (-4)(5)$
7. $21 + (-5) - (6 + (-2)(-3))$
8. $\dfrac{16 + 4}{23 - 3^3 + 5}$
9. $\dfrac{-10}{-\frac{1}{2}}$
10. $\dfrac{4}{5} - \dfrac{9}{5}$
11. $-3(7 - 9) - 2^3 + 6$

En los ejercicios 12 a 14, aplica la propiedad distributiva para volver a escribir la expresión. (2.6)

12. $-9(a + 4)$
13. $5(2x - 1)$
14. $-3(-m - 2n)$

Soluciones

1. ____________
2. ____________
3. ____________
4. ____________
5. ____________
6. ____________
7. ____________
8. ____________
9. ____________
10. ____________
11. ____________
12. ____________
13. ____________
14. ____________

NOMBRE ______________________ FECHA __________

Examen acumulativo del 1 al 6

Para usar tras completar el capítulo 6

En los ejercicios 15 a 20, resuelve la ecuación. (3.1–3.5)

15. $-52 = 16 + y$

16. $-6x - 7 = 17$

17. $7y + 2 - 3y = -15 + 2y - 7$

18. $\frac{2}{5}(x + 5) = 12$

19. $-9(2m - 8) = -6 - 2(m + 1)$

20. $\frac{x}{7} - 15 = 9$

En los ejercicios 21 a 24, resuelve los problemas de porcentajes. (3.9)

21. ¿Qué tanto por ciento de $75 son $15?

22. El 49% de 215 gramos, ¿qué peso es?

23. ¿El 4% de qué número es 21?

24. El 12.5% de 56, ¿qué número es?

En los ejercicios 25 a 28, indica las coordenadas del punto. (4.1)

25. *A*

26. *B*

27. *C*

28. *D*

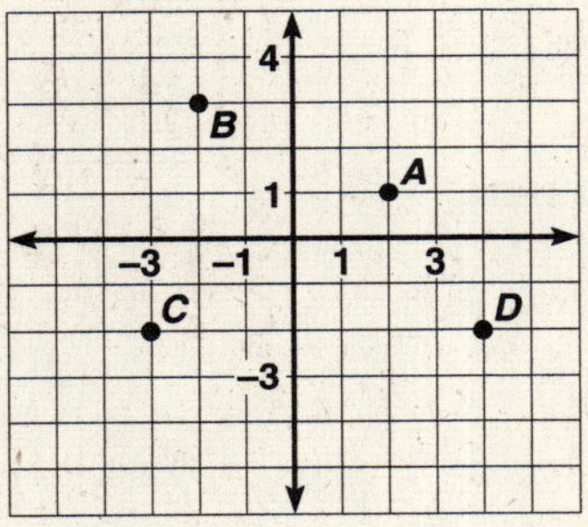

Soluciones

15. ______________

16. ______________

17. ______________

18. ______________

19. ______________

20. ______________

21. ______________

22. ______________

23. ______________

24. ______________

25. ______________

26. ______________

27. ______________

28. ______________

NOMBRE ______________________ FECHA ________

Examen acumulativo del 1 al 6

Para usar tras completar el capítulo 6

En los ejercicios 29 y 30, halla las intercepciones en *x* e *y* de la recta. Después, representa gráficamente esa recta. (4.4)

29. $2x + y = 8$

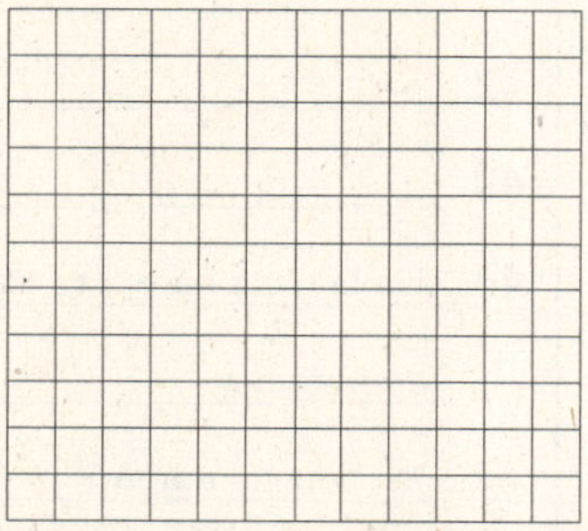

30. $-5x - 2y = 20$

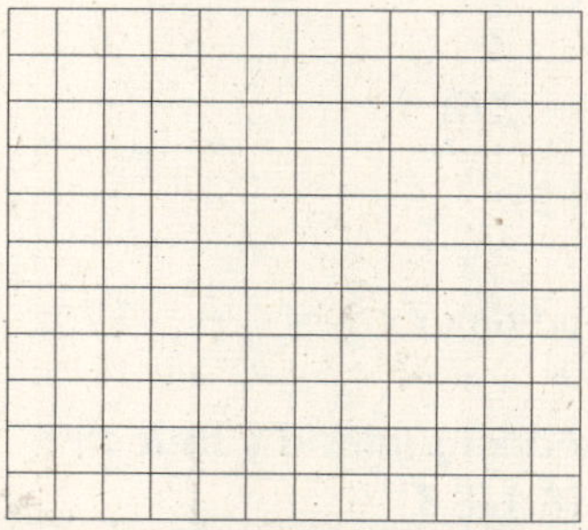

En los ejercicios 31 y 32, halla la pendiente de la recta que pasa por los puntos dados. (4.5)

31. $(4, 7)$ y $(8, 1)$

32. $(1, -2)$ y $(-3, -2)$

En los ejercicios 33 a 35, indica la pendiente y la intercepción en *y* de la recta. (4.7)

33. $y = 8x - 2$

34. $4x - 2y = 16$

35. $x = 17$

En los ejercicios 36 a 39, decide si las gráficas de las dos ecuaciones son rectas paralelas, perpendiculares o ninguna de las dos. (4.7, 5.6)

36. $y = 6x - 9$
$-6x + y = 11$

37. $y = \frac{2}{3}x + 12$
$y = -\frac{2}{3}x - 5$

38. $2x - 5y = 15$
$5x + 2y = 25$

39. $y + 3x = 4x - 1$
$y - 5x = 6x + 21$

Soluciones

29. Usa la cuadrícula de la izquierda.

30. Usa la cuadrícula de la izquierda.

31. ______

32. ______

33. ______

34. ______

35. ______

36. ______

37. ______

38. ______

39. ______

CAPÍTULOS **1 a 6** CONTINUACIÓN

NOMBRE ______________________ FECHA __________

Examen acumulativo del 1 al 6

Para usar tras completar el capítulo 6

En los ejercicios 40 a 43, escribe la ecuación de la recta descrita mediante la información dada. (5.1–5.4, 5.6)

40. pendiente: $\frac{2}{7}$, intercepción en y: 10

41. pendiente: -5, pasa por el punto $(-2,6)$

42. pasa por los puntos $(-6,4)$ y $(1, -3)$

43. pasa por el punto $(3,7)$ y es perpendicular a $y = \frac{1}{5}x - 17$

En los ejercicios 44 a 48, resuelve la desigualdad y muestra la solución en una recta numérica. (6.1–6.7)

44. $\frac{n}{5} - 7 > -2$

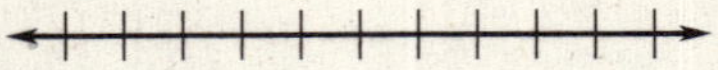

45. $3(a - 1) \leq 6 + 2a$

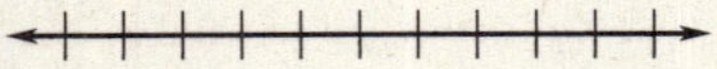

46. $1 \leq 2x + 7 < 9$

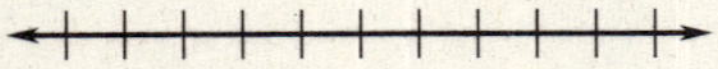

47. $-4x + 10 \leq -1$ or $x + 19 \leq 10$

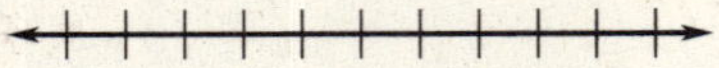

48. $|4x - 1| > 5$

En los ejercicios 49 y 50, representa gráficamente la desigualdad. (6.8)

49. $y < 4$

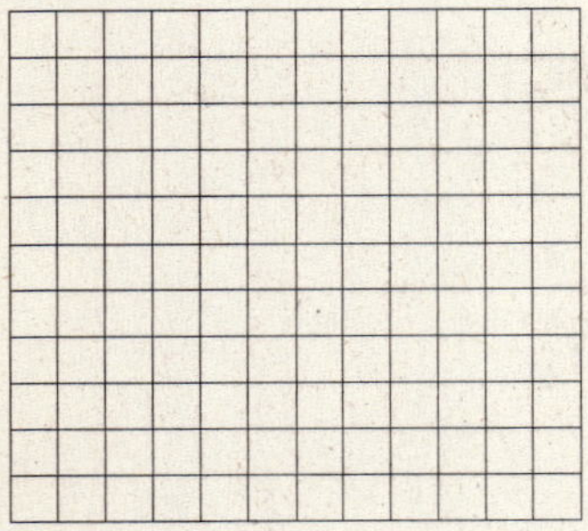

50. $2x + y \geq 6$

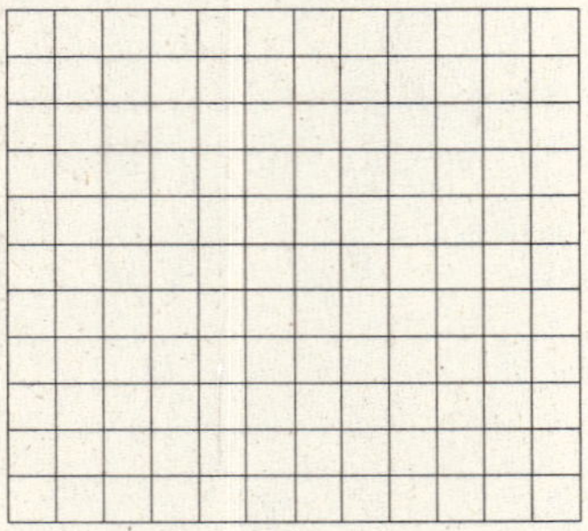

Soluciones

40. ______________

41. ______________

42. ______________

43. ______________

44. Usa la recta numérica de la izquierda.

45. Usa la recta numérica de la izquierda.

46. Usa la recta numérica de la izquierda.

47. Usa la recta numérica de la izquierda.

48. Usa la recta numérica de la izquierda.

49. Usa la cuadrícula de la izquierda.

50. Usa la cuadrícula de la izquierda.

Review and Assess

LECCIÓN 7.1

NOMBRE ______________________ FECHA ____________

Refuerzo con práctica

Para usar con las páginas 389–395

OBJETIVO **Estimar la solución de un sistema de ecuaciones lineales mediante gráficas**

VOCABULARIO

Dos o más ecuaciones lineales de las mismas variables forman un **sistema de ecuaciones lineales** o simplemente un **sistema lineal.**

Una **solución de un sistema de ecuaciones lineales** de dos variables es un par de números a y b para los cuales $x = a$ e $y = b$ hacen que cada ecuación sea un enunciado verdadero.

El punto (a, b) que se halla en la gráfica de cada ecuación, es el **punto de intersección** de las gráficas.

EJEMPLO 1 *Hacer una gráfica de un sistema lineal y verificar la solución*

Resuelve en forma gráfica el sistema lineal. Verifica algebraicamente la solución:

$-3x + y = -7$ Ecuación 1

$2x + 2y = 10$ Ecuación 2

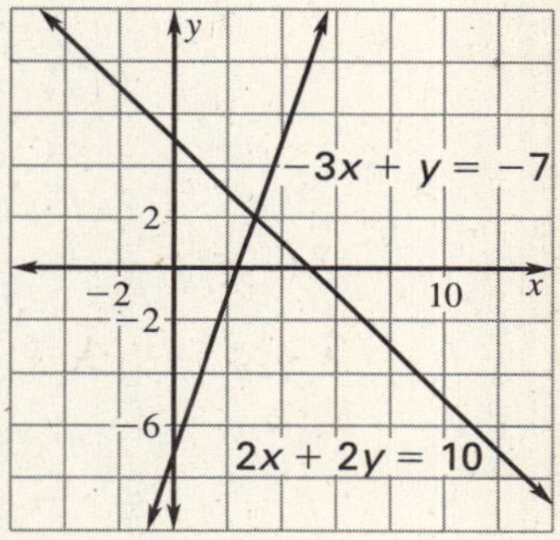

SOLUCIÓN

Escribe cada ecuación en la forma de pendiente e intercepción:

$y = 3x - 7$ Pendiente: 3, intercepción en y: -7

$y = -x + 5$ Pendiente: -1, intercepción en y: 5

Haz una gráfica de cada ecuación. Las rectas parecen intersecarse en (3, 2).

Para verificar algebraicamente que (3, 2) es una solución, sustituye x por 3 e y por 2 en cada ecuación original.

ECUACIÓN 1	ECUACIÓN 2
$-3x + y = -7$	$2x + 2y = 10$
$-3(3) + 2 \stackrel{?}{=} -7$	$2(3) + 2(2) \stackrel{?}{=} 10$
$-7 = -7$	$10 = 10$

Como (3, 2) es una solución de cada una, es una solución del sistema lineal.

Ejercicios para el Ejemplo 1

Haz una gráfica para estimar la solución del sistema lineal. Luego verifica la solución algebraicamente.

1. $y = -x + 5$
$y = x + 1$

2. $2x - y = 2$
$x = 4$

3. $2x + y = 2$
$x - y = 4$

Chapter 7

NOMBRE ______________________ FECHA ____________

Refuerzo con práctica

Para usar con las páginas 389–395

EJEMPLO 2 *Usar un sistema lineal para representar un problema de la vida real*

Los boletos del teatro cuestan \$5 para el balcón y \$10 para la platea. Si se vendieron 600 boletos y la recaudación total fue de \$4750, ¿cuántos boletos de cada tipo se vendieron?

SOLUCIÓN

Modelo verbal

[Cantidad de boletos para balcón] + [Cantidad de boletos para platea] = [Cantidad total de boletos]

[Precio de los boletos para balcón] · [Cantidad de boletos para balcón] +

[Precio de los boletos para platea] · [Cantidad de boletos para platea] = [Recaudación total]

Designaciones

Precio de los boletos para balcón = 5 (dólares)

Cantidad de boletos para balcón = x (boletos)

Precio de los boletos para platea = 10 (dólares)

Cantidad de boletos para platea = y (boletos)

Cantidad total de boletos = 600 (boletos)

Recaudación total = 4750 (dólares)

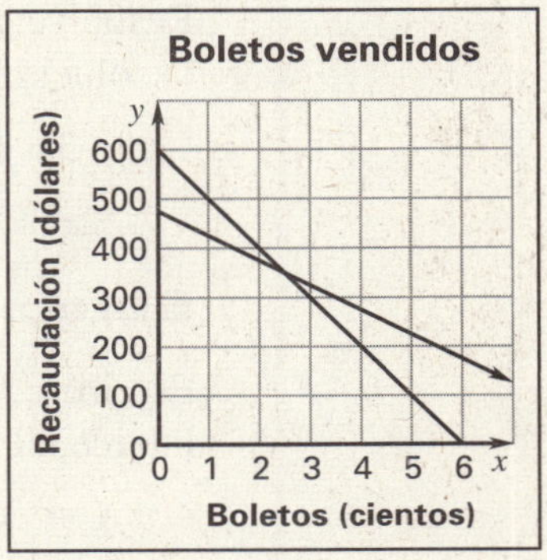

Modelo algebraico

$x + y = 600$ Ecuación 1 (boletos)

$5x + 10y = 4750$ Ecuación 2 (recaudación)

Usa el método de representación gráfica y verificación para resolver el sistema. El punto de intersección de las dos rectas parece ser (250, 350).

Según el modelo, se vendieron 250 boletos para el balcón y 350 boletos para la platea.

Ejercicios para el Ejemplo 2

4. Verifica algebraicamente la solución del Ejemplo 2.
5. Formula nuevamente el Ejemplo 2 si se vendieron 800 boletos.
6. Formula nuevamente el Ejemplo 2 si la recaudación total fue de \$3500.

LECCIÓN 7.2

NOMBRE ______________________ FECHA __________

Refuerzo con práctica

Para usar con las páginas 396–401

OBJETIVO **Usar la sustitución para resolver un sistema lineal**

EJEMPLO 1 *El método de sustitución*

Resuelve el sistema lineal. $x + y = 1$ Ecuación 1

$2x - 3y = 12$ Ecuación 2

SOLUCIÓN

Resuelve para y en la Ecuación 1.

$y = -x + 1$ Ecuación 1, cambiada

Sustituye y por $-x + 1$ en la Ecuación 2 y resuelve para x.

$2x - 3y = 12$ Escribe la Ecuación 2.

$2x - 3(-x + 1) = 12$ Sustituye y por $-x + 1$.

$2x + 3x - 3 = 12$ Distribuye el -3.

$5x - 3 = 12$ Combina los términos semejantes.

$5x = 15$ Suma 3 a cada lado.

$x = 3$ Divide cada lado entre 5.

Para hallar el valor de y, sustituye x por 3 en la Ecuación 1 reordenada.

$y = -x + 1$ Escribe la Ecuación 1 reordenada.

$y = -3 + 1$ Sustituye x por 3.

$y = -2$ Resuelve para y.

La solución es $(3, -2)$.

Ejercicios para el Ejemplo 1

Usa el método de sustitución para resolver el sistema lineal.

1. $x + 2y = -5$
$4x - 3y = 2$

2. $3x - 2y = 4$
$x + 3y = 5$

3. $3x + y = -2$
$x + 3y = 2$

Chapter 7

NOMBRE ______________________ FECHA __________

Refuerzo con práctica

Para usar con las páginas 396–401

EJEMPLO 2 *Escribir y usar un sistema lineal*

Un inversionista compró 225 acciones de capital: las del capital A a \$50 la acción y las del capital B a \$75 la acción. Si compró \$13,750 en acciones, ¿cuántas acciones de cada tipo compró el inversionista?

SOLUCIÓN

Modelo verbal

[Cantidad de acciones A] + [Cantidad de acciones B] = [Cantidad total de acciones]

[Precio de la acción A] · [Cantidad de acciones A] + [Precio de la acción B] · [Cantidad de acciones B] = [Inversión total]

Designaciones

Cantidad de acciones A = x (acciones)
Cantidad de acciones B = y (acciones)
Cantidad total de acciones = 225 (acciones)
Precio de la acción A = 50 (dólares la acción)
Precio de la acción B = 75 (dólares la acción)
Inversión total = 13,750 (dólares)

Modelo algebraico

$x + y = 225$ Ecuación 1 (acciones)
$50x + 75y = 13{,}750$ Ecuación 2 (dólares)

Resuelve la Ecuación 1 para y.

Usa el método de sustitución para resolver el sistema lineal. Resuelve la Ecuación 1 para y.

$y = -x + 225$ Ecuación 1 reordenada

Sustituye y por $-x + 225$ en la Ecuación 2 y resuelve para x.

$50x + 75y = 13{,}750$	Escribe la Ecuación 2.
$50x + 75(-x + 225) = 13{,}750$	Sustituye y por $-x + 225$.
$50x - 75x + 16{,}875 = 13{,}750$	Distribuye el 75.
$-25x = -3125$	Simplifica.
$x = 125$	Resuelve para x.

Para hallar el valor de y, sustituye x por 125 en la Ecuación 1 reordenada.

$y = -x + 225$	Escribe la Ecuación 1 reordenada.
$y = -125 + 225$	Sustituye x por 125.
$y = 100$	Resuelve para y.

La solución es (125, 100).

El inversionista compró 125 acciones de capital A y 100 acciones de capital B.

Ejercicios para el Ejemplo 2

4. Formula nuevamente el Ejemplo 2 si el inversionista compró 200 acciones.

5. Formula nuevamente el Ejemplo 2 si se compraron \$16,250 en acciones.

LECCIÓN 7.3

NOMBRE ______________________ FECHA __________

Refuerzo con práctica

Para usar con las páginas 402–408

OBJETIVO **Usar combinaciones lineales para resolver un sistema de ecuaciones lineales**

> **VOCABULARIO**
>
> Una **combinación lineal** de dos ecuaciones es una ecuación que se obtiene al (1) multiplicar una de las ecuaciones o las dos por una constante si es necesario, y (2) sumar las ecuaciones resultantes.

Chapter 7

EJEMPLO 1 *Multiplicar, luego sumar*

Resuelve el sistema lineal. $4x - 3y = 11$ Ecuación 1

$3x + 2y = -13$ Ecuación 2

SOLUCIÓN

Las ecuaciones están ordenadas con los términos semejantes en columnas. Puedes lograr que los coeficientes de y sean opuestos, multiplicando la primera ecuación por 2 y la segunda ecuación por 3.

$4x - 3y = 11$	Multiplica por 2.	$8x - 6y = 22$	
$3x + 2y = -13$	Multiplica por 3.	$\underline{9x + 6y = -39}$	
		$17x = -17$	Suma las ecuaciones.
		$x = -1$	Resuelve para x.

Sustituye x por -1 en la segunda ecuación y resuelve para y.

$3x + 2y = -13$	Escribe la Ecuación 2.
$3(-1) + 2y = -13$	Sustituye x por -1.
$-3 + 2y = -13$	Simplifica.
$y = -5$	Resuelve para y.

La solución es $(-1, -5)$.

Ejercicios para el Ejemplo 1

Usa combinaciones lineales para resolver el sistema de ecuaciones lineales.

1. $5x + 2y = 1$
$-5x + 2y = 1$

2. $-7x + 2y = 4$
$7x + 2y = 4$

3. $4x - 3y = 9$
$x + 3y = 6$

4. $x + 2y = 5$
$3x - 2y = 7$

5. $x + y = 1$
$2x - 3y = 12$

6. $x - y = -4$
$x + 2y = 5$

NOMBRE ______________________ FECHA ____________

Refuerzo con práctica

Para usar con las páginas 402–408

EJEMPLO 2 Resolver mediante combinaciones lineales

Resuelve el sistema lineal. $2x + 4y = 10$ Ecuación 1

$3y = 12 - 2x$ Ecuación 2

SOLUCIÓN

Ordena las ecuaciones con los términos semejantes en columnas.

$2x + 4y = 10$ Escribe la Ecuación 1.

$2x + 3y = 12$ Escribe la Ecuación 2 reordenada.

Multiplica la Ecuación 2 por –1 para lograr que los coeficientes de x sean opuestos.

$2x + 4y = 10$ → $2x + 4y = 10$

$2x + 3y = 12$ Multiplica por -1. → $-2x - 3y = -12$

Suma las ecuaciones. $y = -2$

Sustituye y por -2 en cualquiera de las dos ecuaciones y resuelve para x.

$2x + 4y = 10$ Escribe la Ecuación 1.

$2x + 4(-2) = 10$ Sustituye y por -2.

$2x - 8 = 10$ Multiplica.

$2x = 18$ Suma 8 a cada lado.

$x = 9$ Resuelve para x.

La solución es $(9, -2)$.

Verifica la solución en cada una de las ecuaciones originales.

Primero verifica la solución en la Ecuación 1.

$2x + 4y = 10$ Escribe la Ecuación 1.

$2(9) + 4(-2) \stackrel{?}{=} 10$ Sustituye x por 9, e y por -2.

$18 - 8 \stackrel{?}{=} 10$ Multiplica.

$8 = 8$ Resta.

Luego verifica la solución en la Ecuación 2.

$2x + 3y = 12$ Escribe la Ecuación 2.

$2(9) + 3(-2) \stackrel{?}{=} 12$ Sustituye x por 9, e y por -2.

$18 - 6 \stackrel{?}{=} 12$ Multiplica.

$12 = 12$ Resta.

Ejercicios para el Ejemplo 2

Resuelve los sistemas lineales. Luego verifica tus soluciones.

7. $3x + 4y = 12$
$2x + 4y = 10$

8. $6x + 5y = 10$
$6x - 2y = 3$

9. $-4x - 3y = 8$
$-4x + 2y = -2$

NOMBRE ______________________ FECHA ____________

Prueba parcial 1

Para usar después de las lecciones 7.1–7.3

1. Decide si $(-4, 2)$ es una solución del sistema. *(Lección 7.1)*

$3x + 2y = -8$

$2x - y = -6$

2. Haz una gráfica para estimar la solución del sistema lineal. Luego verifica la solución algebraicamente. *(Lección 7.1)*

$5x - 2y = 4$

$-x + 4y = -8$

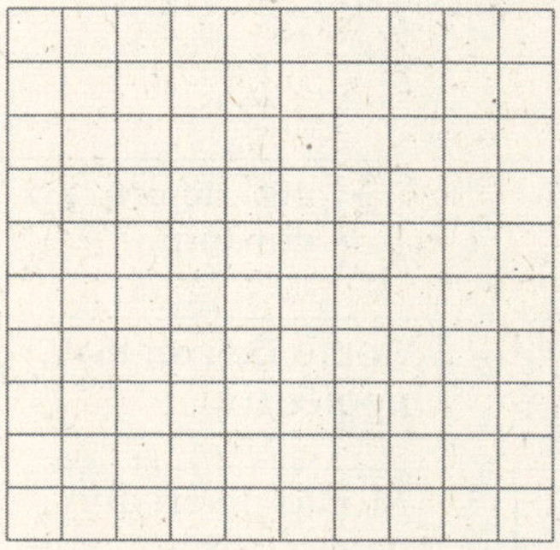

3. Usa el método de sustitución para resolver el sistema lineal. *(Lección 7.2)*

$2x - 2y = 12$

$x - 5y = 2$

4. Usa combinaciones lineales para resolver el sistema lineal. *(Lección 7.3)*

$x = -\frac{1}{4}y + 2$

$5y - 4x = 16$

5. Tienes \$160 y ahorras \$7 a la semana. Tu amigo tiene \$210 y ahorra \$5 a la semana. ¿Después de cuántas semanas habrá ahorrado cada uno de ustedes la misma cantidad de dinero? *(Lecciones 7.1–7.3)*

Respuestas

1. ____________
2. Usa la cuadrícula de la izquierda.
3. ____________
4. ____________
5. ____________

LECCIÓN 7.4

NOMBRE ______________________ FECHA __________

Refuerzo con práctica

Para usar con las páginas 409–414

OBJETIVO **Usar sistemas lineales para resolver problemas de la vida real**

EJEMPLO 1 ***Escoger un método de solución***

Tu prima pidió un préstamo de $6000, una parte como crédito hipotecario a una tasa de interés del 9.5%, y el resto como crédito de consumo a una tasa de interés del 11%. El interés total que pagó fue de $645. ¿Cuánto pidió prestado bajo cada tasa?

SOLUCIÓN

Modelo verbal [Monto de crédito hipotecario] + [Monto de crédito de consumo] = [Préstamo total]

[Tasa del crédito hipotecario] · [Monto de crédito hipotecario] +

[Tasa del crédito de consumo] · [Monto de crédito de consumo] = [Interés total pagado]

Designaciones

Monto de crédito hipotecario	$= x$	(dólares)
Monto de crédito de consumo	$= y$	(dólares)
Préstamo total	$= 6000$	(dólares)
Tasa del crédito hipotecario	$= 0.095$	(porcentaje en forma decimal)
Tasa del crédito de consumo	$= 0.11$	(porcentaje en forma decimal)
Interés total pagado	$= 645$	(dólares)

Modelo algebraico

$x + y = 6000$ Ecuación 1 (préstamo)

$0.095x + 0.11y = 645$ Ecuación 2 (interés)

Como los coeficientes de x e y en la Ecuación 1 son 1, usa el método de sustitución. Puedes resolver la Ecuación 1 para x y sustituir el resultado en la Ecuación 2. Obtendrás 5000 para y. Sustituye 5000 en la Ecuación 1 y resuelve para x. Obtendrás 1000 para x.

La solución es $1000 pedidos al 9.5% y $5000 pedidos al 11%.

Ejercicio para el Ejemplo 1

1. Escoge un método para resolver el sistema lineal. Explica tu preferencia.

a. $2x - y = 3$
$x + 3y = 5$

b. $4x + 4y = 16$
$-2x + 5y = 9$

c. $x - 3y = 3$
$5x + 2y = 14$

Chapter 7

NOMBRE ______________________ FECHA __________

Refuerzo con práctica

Para usar con las páginas 409–414

EJEMPLO 2 *Resolver un problema de costos*

Compraste 12 libras de azúcar y 15 libras de harina para una venta de pasteles de la comunidad. El precio total fue de $9.30. Al día siguiente, compraste 4 libras de azúcar y 10 libras de harina, a los mismos precios. El precio total del segundo día fue de $4.60. Calcula el precio por libra del azúcar y la harina.

SOLUCIÓN

Modelo verbal

[Cantidad de azúcar, día 1] · [Precio del azúcar] + [Cantidad de harina, día 1] · [Precio de la harina] = [Precio total, día 1]

[Cantidad de azúcar, día 2] · [Precio del azúcar] + [Cantidad de harina, día 2] · [Precio de la harina] = [Precio total, día 2]

Designaciones

Cantidad de azúcar, día 1 $= 12$	(libras)
Cantidad de harina, día 1 $= 15$	(libras)
Cantidad de azúcar, día 2 $= 4$	(libras)
Cantidad de harina, día 2 $= 10$	(libras)
Precio del azúcar $= x$	(dólares la libra)
Precio de la harina $= y$	(dólares la libra)
Precio total, día 1 $= 9.30$	(dólares)
Precio total, día 2 $= 4.60$	(dólares)

Modelo algebraico

$12x + 15y = 9.30$ Ecuación 1 (Compras, día 1)

$4x + 10y = 4.60$ Ecuación 2 (Compras, día 2)

Usa combinaciones lineales para resolver este sistema lineal, porque ninguna de las variables tiene coeficiente 1 ó -1. Puedes lograr que los coeficientes de x sean opuestos multiplicando la Ecuación 2 por -3. Obtendrás 0.30 para y. Sustituye y por 0.30 en la Ecuación 1 y resuelve para x. Obtendrás 0.40 para x.

La solución del sistema lineal es (0.40, 0.30). Concluyes que el azúcar cuesta $.40 la libra y que la harina cuesta $.30 la libra.

Ejercicio para el Ejemplo 2

2. Formula nuevamente el Ejemplo 2 si el precio de la primera compra fue de $7.95 y el precio de la segunda compra fue de $3.90.

LECCIÓN 7.5

NOMBRE ______________________ FECHA __________

Refuerzo con práctica

Para usar con las páginas 415–422

OBJETIVO **Identificar cuántas soluciones tiene un sistema lineal**

EJEMPLO 1 *Sistema lineal sin soluciones*

Muestra que el sistema lineal no tiene solución.

$3x - y = 1$ Ecuación 1

$3x - y = -2$ Ecuación 2

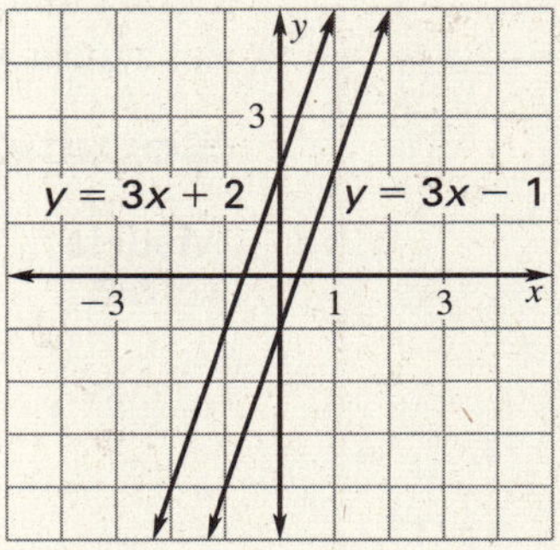

SOLUCIÓN

Método 1: GRÁFICA Escribe nuevamente cada ecuación en la forma de pendiente e intercepción. Después, haz una gráfica del sistema lineal.

$y = 3x - 1$ Ecuación 1 reordenada

$y = 3x + 2$ Ecuación 2 reordenada

Las rectas son paralelas, pues tienen la misma pendiente pero diferentes intercepciones en *y*. Las rectas paralelas nunca se intersecan, por lo cual, el sistema no tiene solución.

Método 2: SUSTITUCIÓN Como la Ecuación 2 se puede cambiar a $y = 3x + 2$, puedes sustituir *y* por $3x + 2$ en la Ecuación 1.

$3x - y = 1$ Escribe la Ecuación 1.

$3x - (3x + 2) \stackrel{?}{=} 1$ Sustituye *y* por $3x + 2$.

$-2 \neq 1$ Simplifica. Enunciado falso.

Las variables se eliminan y obtienes un enunciado que no es verdadero, independientemente de los valores de *x* e *y*. El sistema no tiene solución.

Ejercicios para el Ejemplo 1

Usa el método de sustitución o combinaciones lineales para resolver el sistema lineal y di cuántas soluciones tiene el sistema.

1. $2x - y = 1$
$6x - 3y = 12$

2. $x + y = 5$
$3x + 3y = 7$

3. $2x + 6y = 6$
$x + 3y = -3$

EJEMPLO 2 *Sistema lineal con soluciones infinitas*

Usa combinaciones lineales para mostrar que el sistema lineal tiene soluciones infinitas.

$3x + y = 4$ Ecuación 1

$6x + 2y = 8$ Ecuación 2

NOMBRE ____________________ FECHA __________

Refuerzo con práctica

Para usar con las páginas 415–422

SOLUCIÓN

Puedes multiplicar la Ecuación 1 por -2.

$-6x - 2y = -8$	Multiplica la Ecuación 1 por -2.
$\underline{6x + 2y = 8}$	Escribe la Ecuación 2.
$0 = 0$	Suma las ecuaciones.

Las variables se eliminan y obtienes un enunciado que es verdadero, independientemente de los valores de x e y. El sistema tiene soluciones infinitas.

Ejercicios para el Ejemplo 2

Usa combinaciones lineales para resolver el sistema lineal y di cuántas soluciones tiene el sistema.

4. $2x + 3y = 6$
$6x + 9y = 18$

5. $4x + 6y = 12$
$6x + 9y = 18$

6. $4x - 2y = 6$
$2x - y = 3$

EJEMPLO 3 *Identificar el número de soluciones*

Resuelve el sistema lineal y di cuántas soluciones tiene el sistema.

a. $2x + 3y = 10$
$6x + 9y = 30$

b. $3x - 8y = 21$
$-15x + 40y = 105$

SOLUCIÓN

a. Usa combinaciones lineales.

Puedes multiplicar la Ecuación 1 por 3 para obtener la Ecuación 2.

$6x + 9y = 30$	Ecuación 1, cambiada
$6x + 9y = 30$	Ecuación 2

Las ecuaciones son idénticas. El sistema lineal tiene soluciones infinitas.

b. Usa combinaciones lineales.

$3x - 8y = 21$	Multiplica la Ecuación 1 por 5.	$15x - 40y = 105$
$-15x + 40y = 105$		$\underline{-15x + 40y = 105}$
	Suma las ecuaciones.	$0 \neq 210$

El enunciado resultante es falso. El sistema lineal no tiene solución.

Ejercicios para el Ejemplo 3

Resuelve el sistema lineal y di cuántas soluciones tiene el sistema.

7. $9x + 6y = 24$
$-2x - 5y = -20$

8. $-2x + 8y = 14$
$6x - 24y = 30$

LECCIÓN 7.6

NOMBRE ______________________ FECHA __________

Refuerzo con práctica

Para usar con las páginas 423–430

OBJETIVO **Hacer una gráfica de un sistema de desigualdades lineales**

> **VOCABULARIO**
>
> Dos o más desigualdades lineales de las mismas variables forman un **sistema de desigualdades lineales** o simplemente un **sistema de desigualdades**.
>
> Una **solución de un sistema de desigualdades lineales** de dos variables es un par ordenado que es una solución de cada desigualdad del sistema.

EJEMPLO 1 *Hacer una gráfica de un sistema de desigualdades lineales*

Haz una gráfica del sistema de desigualdades lineales.

$x - y \geq 0$ Desigualdad 1

$x + y \geq 0$ Desigualdad 2

$x \leq 3$ Desigualdad 3

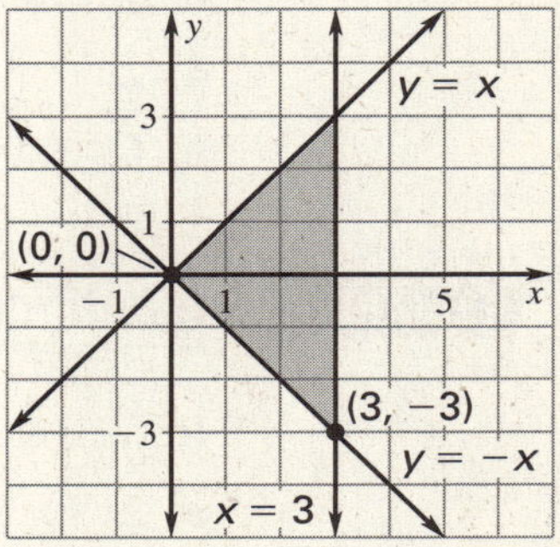

SOLUCIÓN

Haz una gráfica de las tres desigualdades en el mismo plano de coordenadas. La gráfica del sistema es la superposición, o intersección, de los tres semiplanos que se muestran.

Ejercicios para el Ejemplo 1

Haz una gráfica del sistema de desigualdades lineales.

1. $x + y \leq 5$
$x > 1$
$y > -1$

2. $2x + 3y < 6$
$2x + y \leq 2$

3. $y \geq x - 1$
$y \leq -x + 1$
$y \geq -1$

EJEMPLO 2 *Escribir un sistema de desigualdades lineales*

Escribe un sistema de desigualdades lineales que defina la región sombreada que se muestra.

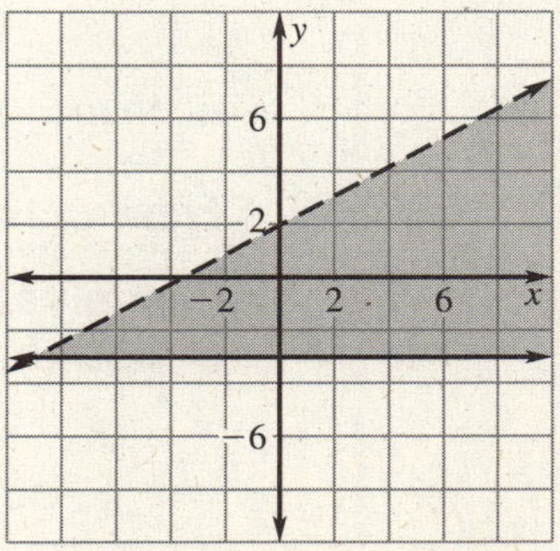

SOLUCIÓN

Como la región sombreada está señalada por dos rectas, sabes que el sistema debe tener dos desigualdades lineales.

Desigualdad 1 La primera desigualdad está señalada por la recta que pasa por los puntos (0, 2) y (6, 5). Para hallar la pendiente de esta recta, se puede usar la fórmula para la pendiente.

NOMBRE ______________________ FECHA ____________

Refuerzo con práctica

Para usar con las páginas 423–430

$m = \frac{y_2 - y_1}{x_2 - x_1}$ Escribe la fórmula para la pendiente.

$m = \frac{5 - 2}{6 - 0}$ Sustituye las coordenadas en la fórmula.

$m = \frac{3}{6} = \frac{1}{2}$ Simplifica.

Como (0, 2) es el punto donde la recta intercepta el eje de *y*, se puede hallar una ecuación para esta recta usando la forma de pendiente e intercepción.

$y = mx + b$ Escribe la forma de pendiente e intercepción.

$y = \frac{1}{2}x + 2$ Sustituye *m* por $\frac{1}{2}$ y *b* por 2.

Como la región sombreada está *debajo* de esta recta *entrecortada*, la desigualdad es $y < \frac{1}{2}x + 2$.

Desigualdad 2 La segunda desigualdad está señalada por la recta horizontal que pasa por el punto (0, −3). Una ecuación de esta recta es $y = -3$. Como la región sombreada está *sobre* esta recta *continua*, la desigualdad es $y \geq -3$.

El sistema de desigualdades que define la región sombreada es:

$y < \frac{1}{2}x + 2$

$y \geq -3$

Ejercicio para el Ejemplo 2

Escribe un sistema de desigualdades lineales que defina la región sombreada.

4.

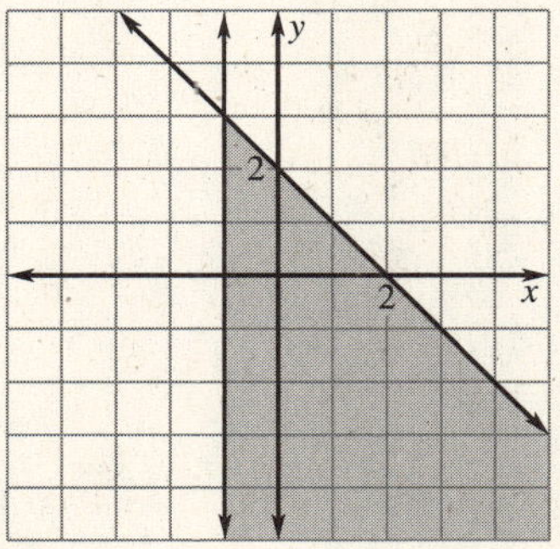

LECCIÓN 7.6

NOMBRE ______________________ FECHA __________

Prueba parcial 2

Para usar después de las lecciones 7.4–7.6

Chapter 7

1. Escoge un método de solución y luego resuelve el sistema lineal. *(Lección 7.4)*

$2x + y = 6$

$2x + 3y = 10$

2. Usa el método de hacer gráficas para resolver el sistema lineal y di cuántas soluciones tiene el sistema. *(Lección 7.5)*

$2x + 4y = 8$

$3x + 6y = 12$

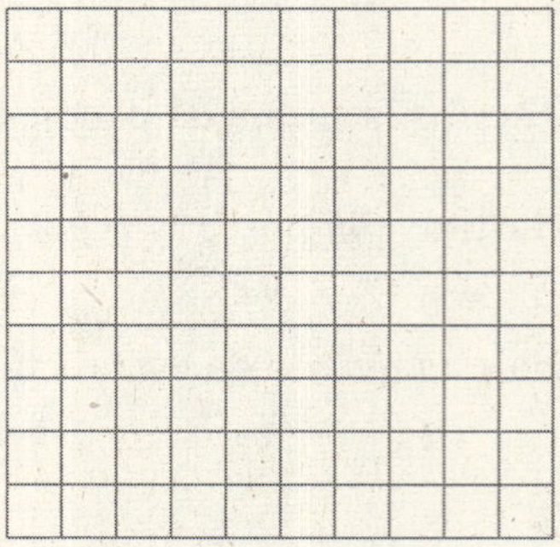

3. Usa el método de sustitución o de combinaciones lineales para resolver el sistema lineal y di cuántas soluciones tiene el sistema. *(Lección 7.5)*

$y = 6x + 5$

$6x - y = 7$

4. Haz una gráfica del sistema de desigualdades lineales. *(Lección 7.6)*

$x + y > 7$

$3x + y \leq 6$

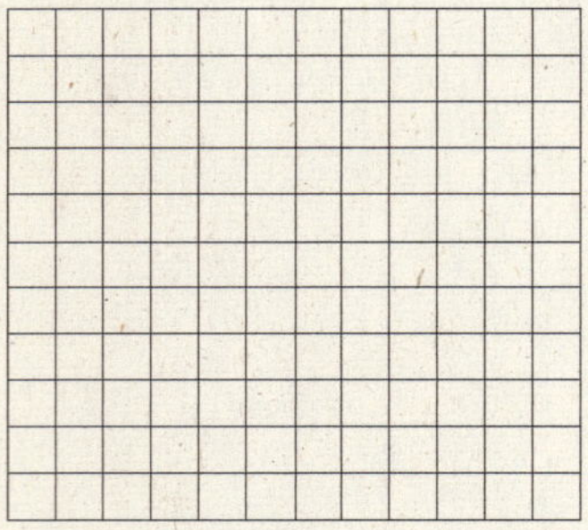

Ejercicio 4

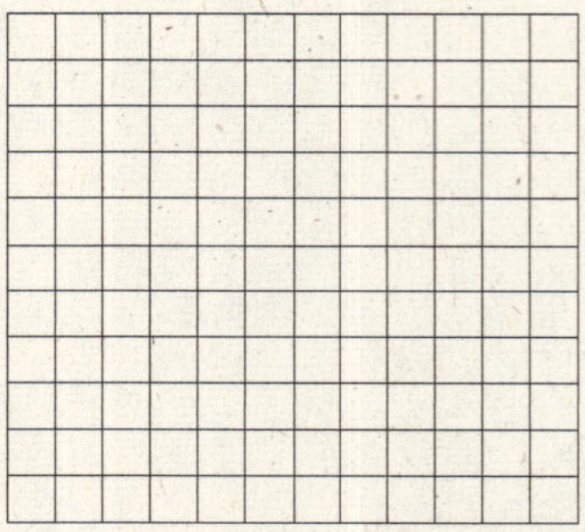

Ejercicio 5

5. Marca los puntos $(-6, 3)$, $(0, 3)$, $(-6, 0)$ y dibuja los segmentos de recta que unen los puntos para formar el polígono. Escribe después un sistema de desigualdades lineales que defina la región poligonal. *(Lección 7.6)*

Respuestas

1. ______________________

2. ______________________

3. ______________________

4. Usa la cuadrícula de la izquierda.

5. Usa la cuadrícula de la izquierda.

NOMBRE ______________________________ FECHA ____________

Prueba del capítulo A

Para usar después del capítulo 7

Verifica que el par ordenado sea una solución del sistema de ecuaciones lineales.

1. $x + y = 5$ $\quad (0, 5)$
$-5x + 2y = 10$

2. $-x + y = -3$ $\quad (4, 1)$
$x + 3y = 6$

Usa el método de representación gráfica y verificación para resolver el sistema lineal.

3. $-x + y = 3$
$x + y = 5$

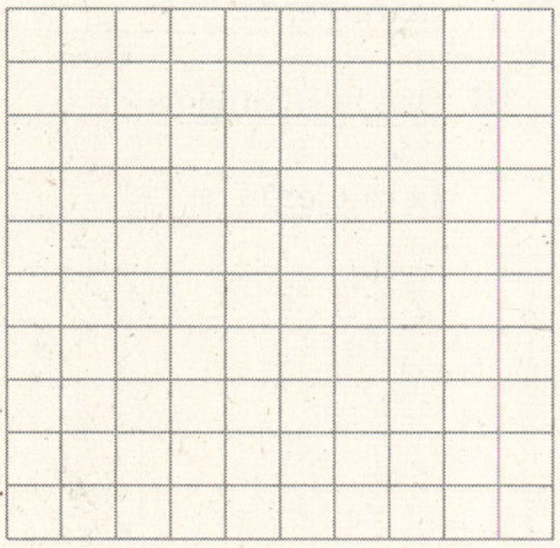

4. $x = 4$
$y = 2$

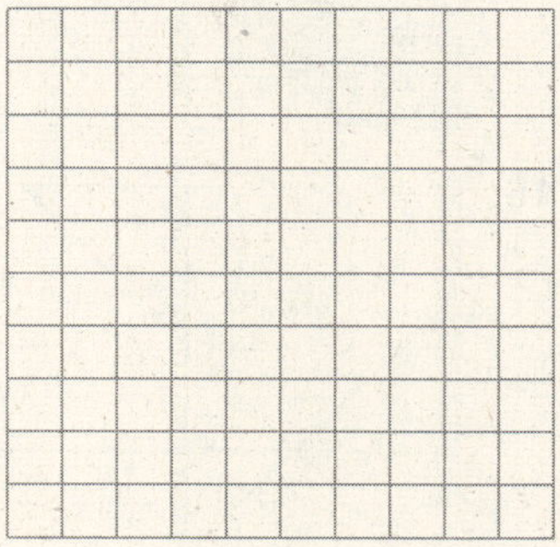

Usa el método de sustitución para resolver el sistema lineal.

5. $y = x + 2$
$3x + 2y = 9$

6. $y = 3 - x$
$-2x + y = 6$

7. Estás vendiendo boletos para un juego de baloncesto de la secundaria. Los boletos para estudiantes cuestan \$3 y los boletos de admisión general cuestan \$5. Vendes 350 boletos y reúnes \$1450. ¿Cuántos boletos de cada tipo vendiste?

Usa combinaciones lineales para resolver el sistema lineal.

8. $x + y = 5$
$x - y = 3$

9. $x + y = 5$
$2x + y = 6$

10. Una tienda de música vende discos compactos a \$11.50 y \$7.50. Compras 12 discos y gastas un total de \$110. ¿Cuántos discos compactos de \$11.50 compraste?

Usa el método de sustitución o combinaciones lineales para resolver el sistema lineal y di cuántas soluciones tiene el sistema.

11. $x + 2y = 5$
$2x - 2y = 4$

12. $x + y = 1$
$x + y = 3$

Respuestas

1. ____________
2. ____________
3. ____________
4. ____________
5. ____________
6. ____________
7. ____________
8. ____________
9. ____________
10. ____________
11. ____________
12. ____________

NOMBRE ______________________ FECHA ____________

Prueba del capítulo A

Para usar después del capítulo 7

En las preguntas 13 a 16, empareja la gráfica con el sistema de desigualdades lineales que la defina.

13.

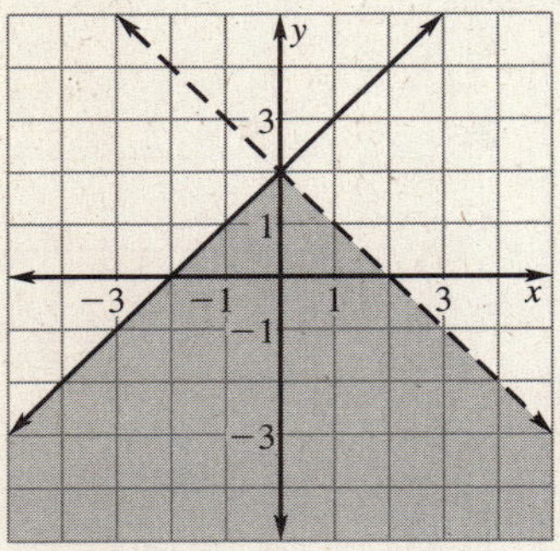

14.

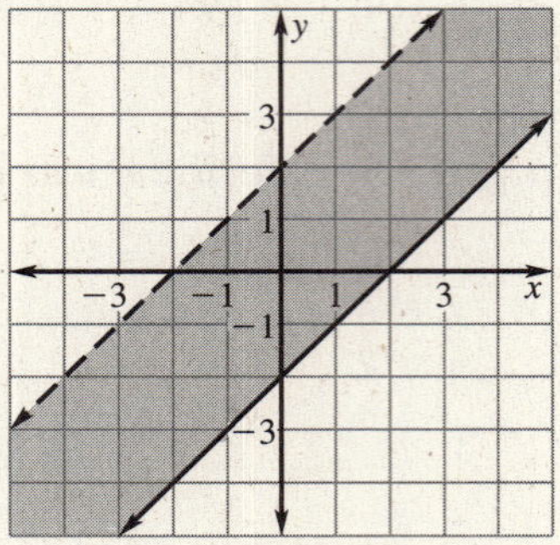

15.

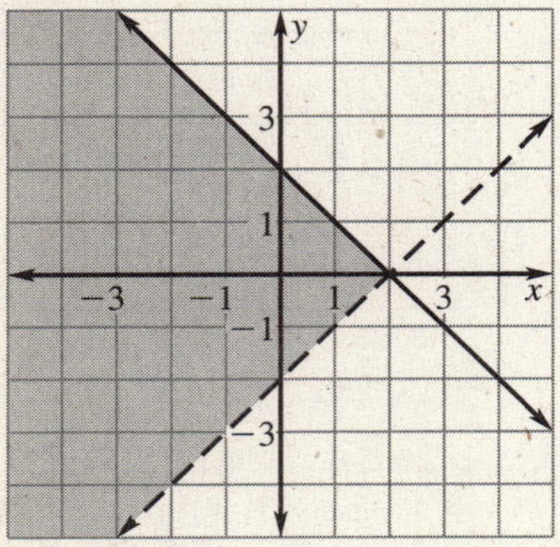

16.

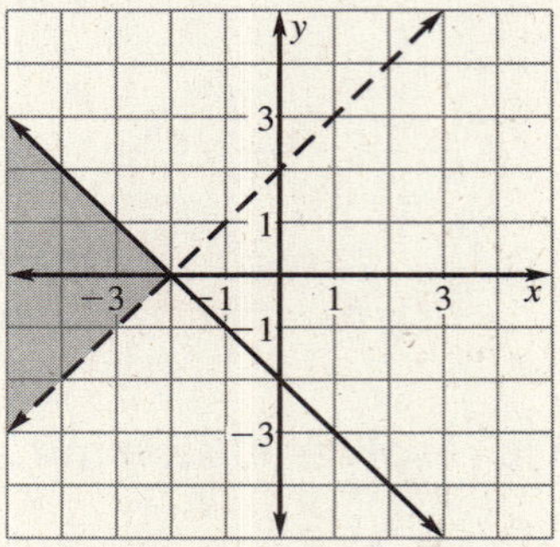

A. $-x + y < 2$
$-x + y \geq -2$

B. $-x + y > 2$
$x + y \leq -2$

C. $-x + y > -2$
$x + y \leq 2$

D. $-x + y \leq 2$
$x + y < 2$

Haz una gráfica del sistema de desigualdades lineales.

17. $y \geq -2$
$x < 2$

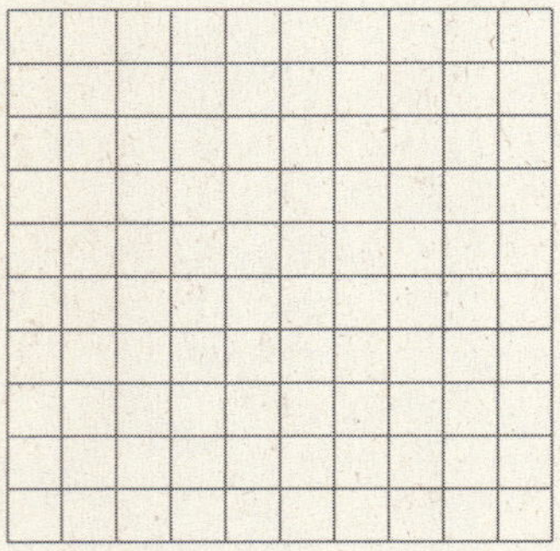

18. $y < x + 1$
$y \geq 3$

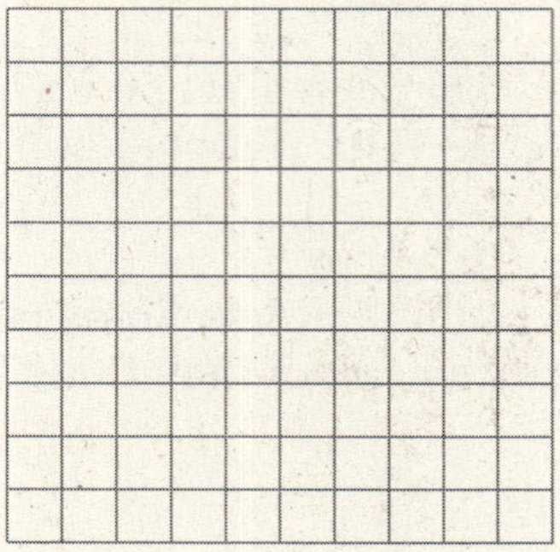

Respuestas

13. ____________

14. ____________

15. ____________

16. ____________

17. Usa la cuadrícula de la izquierda.

18. Usa la cuadrícula de la izquierda.

CAPÍTULO 7

NOMBRE ______________________________ FECHA __________

Prueba del capítulo B

Para usar después del capítulo 7

Verifica que el par ordenado sea una solución del sistema de ecuaciones lineales.

1. $-2x + 3y = 5$ $(2, 3)$
$3x + 2y = 12$

2. $2x + 5y = 23$ $(-1, 5)$
$-2x + 3y = 1$

Usa el método de representación gráfica y verificación para resolver el sistema lineal.

3. $-2x + y = 1$
$2x + 3y = 11$

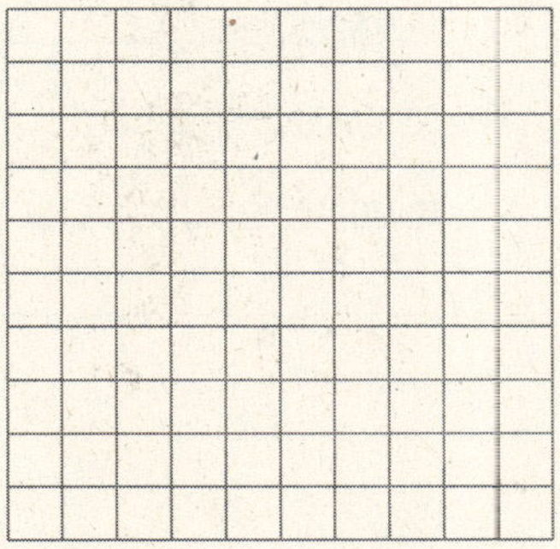

4. $-x + y = 4$
$2x + y = 7$

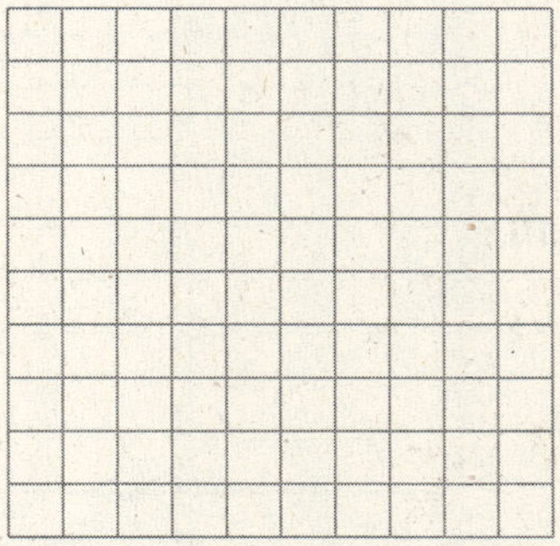

Usa el método de sustitución para resolver el sistema lineal.

5. $x + y = 4$
$-5x + 2y = -6$

6. $3x = 9$
$-x + 2y = 9$

7. Estás vendiendo boletos para un concierto de la secundaria. Los boletos para estudiantes cuestan \$4 y los boletos de admisión general cuestan \$6. Vendes 450 boletos y reúnes \$2340. ¿Cuántos boletos de cada tipo vendiste?

Usa combinaciones lineales para resolver el sistema lineal.

8. $x + y = 3$
$x + 2y = 6$

9. $x + y = 7$
$y = -2x + 8$

10. Una tienda de música vende discos compactos a \$11.50 y \$7.50. Compras 12 discos y gastas un total de \$106. ¿Cuántos discos compactos de \$11.50 compraste?

Usa el método de sustitución o combinaciones lineales para resolver el sistema lineal y di cuántas soluciones tiene el sistema.

11. $2x + y = 5$
$3y = 4x - 5$

12. $4y = x + 4$
$3x - 12y = -12$

Respuestas

1. ____________
2. ____________
3. ____________
4. ____________
5. ____________
6. ____________
7. ____________
8. ____________
9. ____________
10. ____________
11. ____________
12. ____________

NOMBRE ______________________ FECHA ____________

Prueba del capítulo B

Para usar después del capítulo 7

En las preguntas 13 a 16, empareja la gráfica con el sistema de desigualdades lineales que la defina.

13.

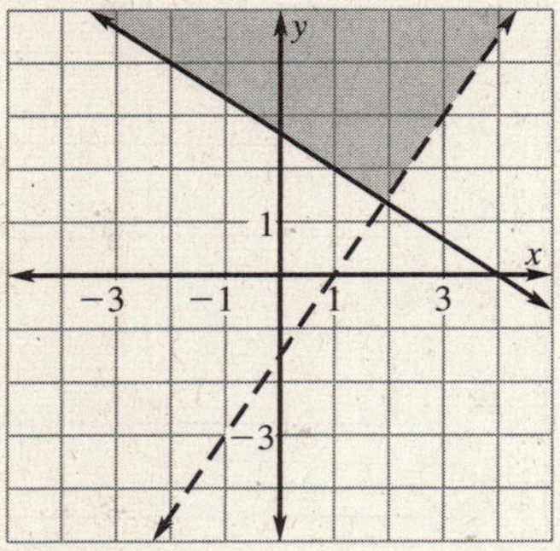

14.

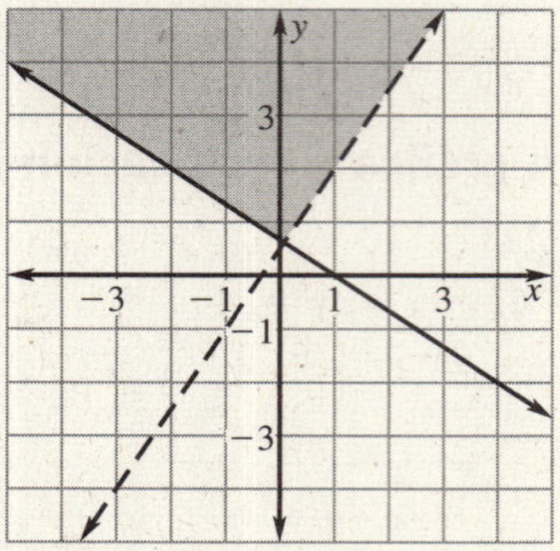

15.

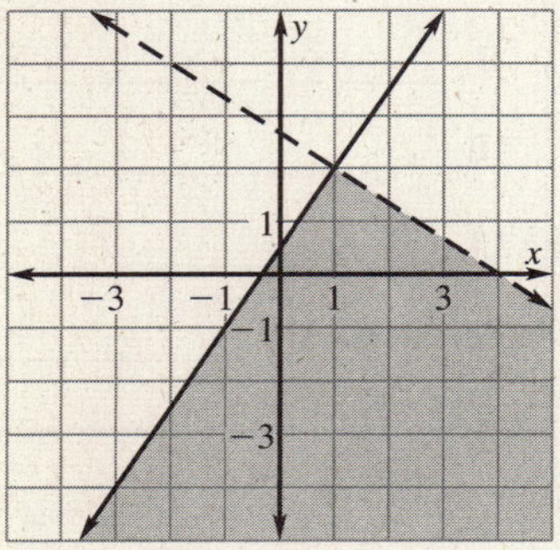

16.

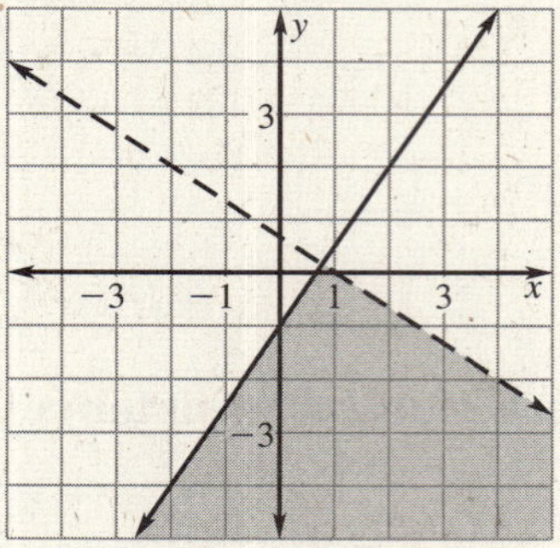

A. $2x + 3y < 2$
$-3x + 2y \leq -2$

B. $2x + 3y < 8$
$-3x + 2y \leq 1$

C. $-3x + 2y > 1$
$2x + 3y \geq 2$

D. $2x + 3y \geq 8$
$-3x + 2y > -3$

Haz una gráfica del sistema de desigualdades lineales.

17. $y > x - 3$
$y \leq x + 1$

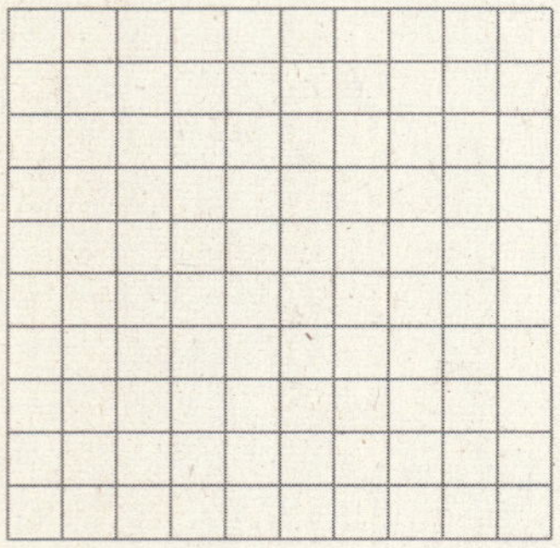

18. $y \leq 2x + 3$
$y > -x + 5$

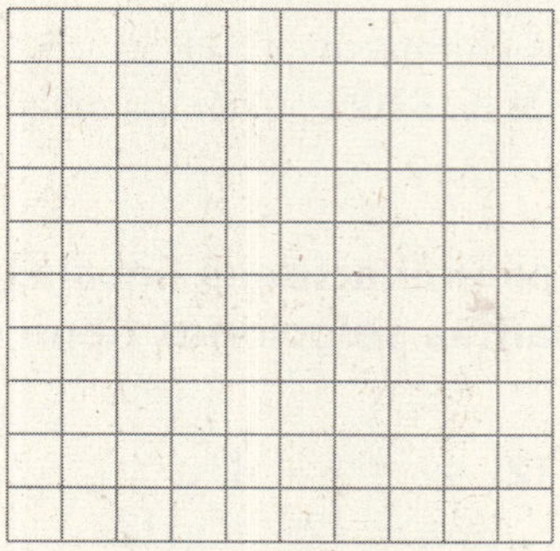

Respuestas

13. ____________

14. ____________

15. ____________

16. ____________

17. Usa la cuadrícula de la izquierda.

18. Usa la cuadrícula de la izquierda.

CAPÍTULO 7

NOMBRE_______________________ FECHA____________

Prueba del capítulo SAT/ACT

Para usar después del capítulo 7

1. ¿Qué par ordenado es solución del siguiente sistema lineal?

$4x + 3y = 5$
$-2x + 5y = 17$

Ⓐ $(2, -1)$ Ⓑ $(-1, 3)$
Ⓒ $(4, 5)$ Ⓓ $(-4, 7)$

2. Si $x + 2y = 8$ y $-2x + 3y = 5$, entonces $x = \underline{?}$.

Ⓐ 2 Ⓑ $\frac{13}{5}$
Ⓒ 3 Ⓓ 5

3. Si $4y = x + 13$ y $x + 2y = 5$, entonces $x + y = \underline{?}$.

Ⓐ -1 Ⓑ 2
Ⓒ 3 Ⓓ 4

4. Tu maestro da una prueba que vale 200 puntos. Hay un total de 30 preguntas de 5 puntos y de 10 puntos. ¿Cuántas preguntas de 5 puntos hay en la prueba?

Ⓐ 10 Ⓑ 15
Ⓒ 20 Ⓓ 25

5. ¿Cuántas soluciones tiene el sistema lineal?

$2x - 6y = -14;$
$-2x + 3y = 7$

Ⓐ ninguna Ⓑ una exactamente
Ⓒ dos exactamente Ⓓ infinitas

6. ¿En qué punto se intersecan las rectas $5x + y = 19$ y $-x + 2y = -6$?

Ⓐ $(0, -3)$ Ⓑ $(2, 0)$
Ⓒ $(3, 4)$ Ⓓ $(4, -1)$

7. ¿Qué punto es una solución del sistema de desigualdades lineales?

$2x + y \le -8$
$-3x + 2y \ge 5$

Ⓐ $(-3, -2)$ Ⓑ $(-1, -6)$
Ⓒ $(3, 7)$ Ⓓ $(21, -50)$

8. Resuelve el sistema lineal. Escoge después el enunciado que se cumple acerca de la solución del sistema.

$-4x + 5y = 0$
$3x + 2y = 23$

Ⓐ El valor de x es mayor.
Ⓑ El valor de y es mayor.
Ⓒ Los valores de x e y son iguales.
Ⓓ La relación no se puede determinar a partir de la información dada.

9. ¿Qué sistema de desigualdades lineales representa la gráfica?

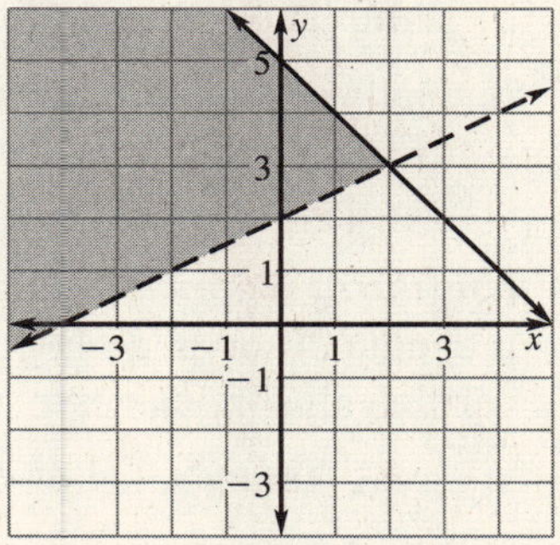

Ⓐ $y < -x + 5$, $y \ge \frac{1}{2}x + 2$ Ⓑ $y > -x + 5$, $y \le \frac{1}{2}x + 2$
Ⓒ $y \le -x + 5$, $y > \frac{1}{2}x + 2$ Ⓓ $y \ge -x + 5$, $y < \frac{1}{2}x + 2$

Chapter 7

NOMBRE ______________________ FECHA ____________

Evaluación alternativa y diario de matemáticas

Para usar después del Capítulo 7

DIARIO

1. En este capítulo has aprendido tres métodos para resolver sistemas de ecuaciones. Deberías ser capaz de usar los tres procedimientos y saber cuándo escoger el mejor método para un problema específico. En este diario compararás los métodos. (a) Escribe un sistema que se resuelva mejor (es decir, más rápida y fácilmente) mediante representación gráfica. (b) Escribe un sistema que se resuelva mejor mediante sustitución. (c) Escribe un sistema que se resuelva mejor mediante combinaciones lineales. (d) Explica cómo decidir qué método es mejor para resolver un sistema específico. Incluye en tu explicación un enunciado acerca de por qué el método sería mejor que los otros. Usa como apoyo los ejemplos que escribiste en las partes (a)–(c).

PROBLEMA DE VARIOS PASOS

2. Consulta el sistema de desigualdades para hacer lo siguiente:

$$\begin{cases} y \geq -3x + 5 & \text{Desigualdad 1} \\ 2x - 4y > 12 & \text{Desigualdad 2} \end{cases}$$

   a. Bosqueja una gráfica de la primera desigualdad y rotúlala como desigualdad 1.

   b. En el mismo conjunto de ejes que usaste en la parte (a), bosqueja una gráfica de la segunda desigualdad y rotúlala como desigualdad 2.

   c. ¿Qué representa la superposición (o intercepción) de los dos semiplanos en tu gráfica?

   d. Halla el punto de intersección de $y = -3x + 5$ y $2x - 4y = 12$. ¿Es este punto una solución del sistema de desigualdades? Explica por qué.

3. ***Escritura:*** Para las preguntas siguientes, halla la respuesta a cada pregunta observando la gráfica. Explica tu razonamiento. Finalmente, verifica algebraicamente.

   - ¿Es (6, 3) una solución de la desigualdad 1?
   - ¿Satisface $(-2, -4)$ la desigualdad 2?
   - ¿Es (3, 0) una solución del sistema de desigualdades?

Describe los dos métodos para verificar la solución de un sistema de desigualdades lineales.

NOMBRE ______________________________ FECHA __________

Pauta para la evaluación alternativa

Para usar después del capítulo 7

DIARIO SOLUCIÓN

1. *Posibles respuestas:*

a. $\begin{cases} y = -2x + 6 \\ y = \frac{1}{3}x - 1 \end{cases}$ **b.** $\begin{cases} x = 3y - 1 \\ 2x + 4y = 18 \end{cases}$ **c.** $\begin{cases} 3x - 8 = 28 \\ 2x + 4y = 18 \end{cases}$

d. Las explicaciones completas deberían incluir los siguientes puntos: Un sistema es más fácil de resolver mediante representación gráfica si las ecuaciones están en una forma fácil de representar gráficamente, como la forma de pendiente e intercepción. En el ejemplo anterior, sería difícil usar sustitución o combinaciones lineales porque hay fracciones en el problema. La sustitución es mejor cuando una de las ecuaciones tiene una variable aislada. Las combinaciones son mejores si ambas ecuaciones están escritas en forma normal.

PROBLEMA DE VARIOS PASOS SOLUCIÓN

2. a, b. Verifica la gráfica.

c. La superposición representa las soluciones del sistema de desigualdades.

d. $\left(\frac{16}{7}, -\frac{13}{7}\right)$, no, el punto no está en la región de solución del sistema de desigualdades.

3. Las respuestas completas deberían considerar los siguientes puntos:

- (6, 3) es una solución, porque el punto está en el área sombreada para la desigualdad 1. Verificación: $3 > -13$ es verdadero.
- $(-2, -4)$ no es una solución, porque el punto no está en la región de solución de la gráfica de la desigualdad 2. Verificación: $12 > 12$ es falso.
- (3, 0) no es una solución, porque sólo está en la región sombreada de la desigualdad 1. Verificación: $0 > -4$ es verdadero, $6 > 12$ es falso.

En el caso de una gráfica, si un punto está en el área sombreada o sobre una recta continua, el punto es una solución del sistema de desigualdades. Al verificar algebraicamente, el punto debe satisfacer todas las desigualdades del sistema.

PROBLEMA DE VARIOS PASOS PAUTA DE EVALUACIÓN

4 Los estudiantes completan en forma exacta todas las partes de las preguntas. Demuestran que comprenden que si un punto está sombreado o sobre una recta continua de la gráfica, hará verdadera la desigualdad correspondiente al sustituirlo en ella. Los estudiantes hallan en forma correcta el punto de intersección.

3 Los estudiantes completan las preguntas y explicaciones. Las soluciones pueden contener errores matemáticos menores, como la verificación incorrecta de un punto o solución de prueba. Las explicaciones pueden ser vagas.

2 Los estudiantes completan las preguntas y explicaciones pero pueden cometer diversos errores matemáticos. No hallan el punto de intersección o pueden no sombrear adecuadamente la gráfica.

1 El trabajo de los estudiantes está muy incompleto. Las soluciones y el razonamiento son incorrectos. Falta la gráfica o es totalmente inexacta.

LECCIÓN 8.1

NOMBRE ______________________ FECHA __________

Refuerzo con práctica

Para usar con las páginas 441–448

OBJETIVO **Usar las propiedades de multiplicación de exponentes**

VOCABULARIO

Sean a y b números reales y sean m y n enteros positivos.

Propiedad del producto de potencias
Para multiplicar potencias de igual base, suma los exponentes.
$a^m \cdot a^n = a^{m+n}$ Ejemplo: $3^2 \cdot 3^7 = 3^{2+7} = 3^9$

Propiedad de la potencia de una potencia
Para calcular la potencia de una potencia, multiplica los exponentes.
$(a^m)^n = a^{m \cdot n}$ Ejemplo: $(5^2)^4 = 5^{2 \cdot 4} = 5^8$

Propiedad de la potencia de un producto
Para calcular la potencia de un producto, calcula la potencia de cada factor y multiplica.
$(a \cdot b)^m = a^m \cdot b^m$ Ejemplo: $(2 \cdot 3)^6 = 2^6 \cdot 3^6$

Chapter 8

EJEMPLO 1 *Usar la propiedad del producto de potencias*

a. $4^3 \cdot 4^5$

b. $(-x)(-x)^2$

SOLUCIÓN

Para multiplicar potencias de igual base, suma los exponentes.

a. $4^3 \cdot 4^5 = 4^{3+5}$
$= 4^8$

b. $(-x)(-x)^2 = (-x)^1(-x)^2$
$= (-x)^{1+2}$
$= (-x)^3$

Ejercicios para el Ejemplo 1

Usa la propiedad del producto de potencias para simplificar la expresión.

1. $m \cdot m$ **2.** $6^2 \cdot 6^3$ **3.** $y^4 \cdot y^3$ **4.** $3 \cdot 3^5$

EJEMPLO 2 *Usar la propiedad de la potencia de una potencia*

a. $(z^4)^5$

b. $(2^3)^2$

SOLUCIÓN

Para calcular la potencia de una potencia, multiplica los exponentes.

a. $(z^4)^5 = z^{4 \cdot 5}$
$= z^{20}$

b. $(2^3)^2 = 2^{3 \cdot 2}$
$= 2^6$

Refuerzo con práctica

Para usar con las páginas 441–448

Ejercicios para el Ejemplo 2

Usa la propiedad de la potencia de una potencia para simplificar la expresión.

5. $(w^7)^3$ **6.** $(7^3)^5$ **7.** $(t^2)^6$ **8.** $[(-2)^3]^2$

EJEMPLO 3 *Usar la propiedad de la potencia de un producto*

Simplifica $(-4mn)^2$.

SOLUCIÓN

Para calcular la potencia de un producto, calcula la potencia de cada factor y multiplica.

$(-4mn)^2 = (-4 \cdot m \cdot n)^2$ Identifica los factores.

$= (-4)^2 \cdot m^2 \cdot n^2$ Eleva cada factor a una potencia.

$= 16m^2n^2$ Simplifica.

Ejercicios para el Ejemplo 3

Usar la propiedad de la potencia de un producto para simplificar la expresión.

9. $(5x)^3$ **10.** $(10s)^2$ **11.** $(-x)^4$ **12.** $(-3y)^3$

EJEMPLO 4 *Usar potencias para representar problemas de la vida real*

Estás sembrando vegetales en dos huertas cuadradas. La longitud del lado de la huerta más grande mide dos veces la longitud del lado de la huerta más pequeña. Calcula la razón del área de la huerta más grande al área de la huerta más pequeña.

SOLUCIÓN

$$\text{Razón} = \frac{(2x)^2}{x^2} = \frac{2^2 \cdot x^2}{x^2} = \frac{4x^2}{x^2} = \frac{4}{1}$$

Ejercicio para el Ejemplo 4

13. Formula nuevamente el Ejemplo 4 si el lado de la huerta más grande mide tres veces la longitud del lado de la huerta más pequeña.

LECCIÓN 8.2

NOMBRE ______________________ FECHA __________

Refuerzo con práctica

Para usar con las páginas 449–454

OBJETIVO **Evaluar potencias de exponente cero ó exponentes negativos**

VOCABULARIO

Sea a un número distinto a cero y sea n un entero.

- Un número distinto a cero elevado a la potencia cero es 1: $a^0 = 1,\ a \neq 0$.
- a^{-n} es el recíproco de a^n: $a^{-n} = \frac{1}{a^n},\ a \neq 0$.

EJEMPLO 1 ***Potencias de exponente cero y exponentes negativos***

Evalúa la expresión exponencial.

a. $(-8)^0$

b. 4^{-2}

SOLUCIÓN

a. $(-8)^0 = 1$ Un número distinto a cero elevado a la potencia cero es 1.

b. $4^{-2} = \frac{1}{4^2} = \frac{1}{16}$ 4^{-2} es el recíproco de 4^2.

Ejercicios para el Ejemplo 1

Evalúa la expresión exponencial.

1. 73^0

2. $\left(\frac{1}{2}\right)^{-1}$

3. 13^{-2}

EJEMPLO 2 ***Simplificar expresiones exponenciales***

Reescribe la expresión con exponentes positivos.

a. $5y^{-1}z^{-2}$

b. $(2x)^{-3}$

SOLUCIÓN

a. $5y^{-1}z^{-2} = 5 \cdot \frac{1}{y} \cdot \frac{1}{z^2} = \frac{5}{yz^2}$

b. $(2x)^{-3} = 2^{-3} \cdot x^{-3}$ Usa la propiedad de la potencia de un producto.

$= \frac{1}{2^3} \cdot \frac{1}{x^3}$ Escribe los recíprocos de 2^3 y x^3.

$= \frac{1}{8x^3}$ Multiplica las fracciones.

LECCIÓN 8.2 CONTINUACIÓN

NOMBRE ______________________________ FECHA ____________

Refuerzo con práctica

Para usar con las páginas 449–454

Ejercicios para el Ejemplo 2

Reescribe la expresión con exponentes positivos.

4. $(13y)^{-1}$ **5.** $\dfrac{1}{(2x)^{-4}}$ **6.** $(2c)^{-4}d$

EJEMPLO 3 *Evaluar expresiones exponenciales*

Evalúa la expresión.

a. $(3^{-2})^{-3}$ **b.** $2^{-2} \cdot 2^{-1}$

SOLUCIÓN

a. $(3^{-2})^{-3} = 3^{-2\cdot(-3)}$ Usa la propiedad de la potencia de una potencia.

$= 3^6$ Multiplica los exponentes.

$= 729$ Evalúa.

b. $2^{-2} \cdot 2^{-1} = 2^{-2+(-1)}$ Usa la propiedad de la potencia de una potencia.

$= 2^{-3}$ Suma los exponentes.

$= \dfrac{1}{2^3}$ 2^{-3} es el recíproco de 2^3.

$= \dfrac{1}{8}$ Evalúa la potencia.

Ejercicios para el Ejemplo 3

Evalúa la expresión.

7. $8^{-1} \cdot 8^1$ **8.** $4^6 \cdot 4^{-4}$ **9.** $(5^{-2})^2$

LECCIÓN 8.3

NOMBRE ______________________ FECHA ____________

Refuerzo con práctica

Para usar con las páginas 455–461

OBJETIVO Hacer gráficas de una función exponencial

VOCABULARIO

Una función de la forma $y = a \cdot b^x$ donde $b > 0$ y $b \neq 1$ es una **función exponencial**.

EJEMPLO 1 Evaluar y hacer una gráfica de una función exponencial cuando b > 1

a. Haz una tabla de valores para la función exponencial $y = 5^x$. Usa $-2, -1, 0, 1$ y 2 como valores de x.

b. Usa la tabla de valores para hacer una gráfica de la función $y = 5^x$.

SOLUCIÓN

a.

x	-2	-1	0	1	2
$y = 5^x$	$\frac{1}{25}$	$\frac{1}{5}$	1	5	25

b.

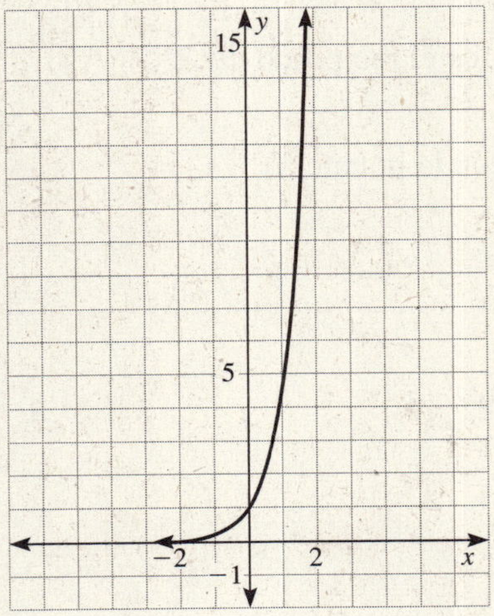

Ejercicio para el Ejemplo 1

1. Evalúa y haz una gráfica de la función exponencial $y = 4^x$. Usa $-2, -1, 0, 1$ y 2 como valores de x.

EJEMPLO 2 Evaluar y hacer una gráfica de una función exponencial cuando 0 < b < 1

a. Haz una tabla de valores para la función exponencial $y = \left(\frac{1}{3}\right)^x$. Usa $-2, -1, 0, 1$ y 2 como valores de x.

b. Usa la tabla de valores para hacer una gráfica de la función $y = \left(\frac{1}{3}\right)^x$.

Chapter 8

NOMBRE ______________________ FECHA __________

Refuerzo con práctica

Para usar con las páginas 455–461

SOLUCIÓN

a.

x	-2	-1	0	1	2
$y = \left(\frac{1}{3}\right)^x$	9	3	1	$\frac{1}{3}$	$\frac{1}{9}$

b.

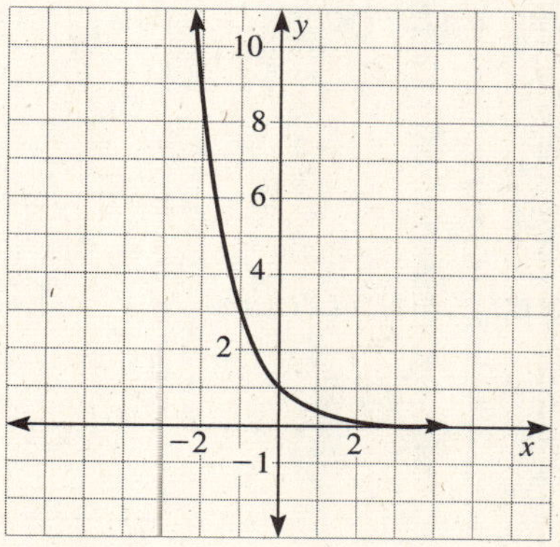

Ejercicio para el Ejemplo 2

2. Evalúa y haz una gráfica de la función exponencial $y = 2\left(\frac{1}{2}\right)^x$. Usa $-2, -1, 0, 1$ y 2 como valores de x.

EJEMPLO 3 *Hallar el dominio y la gama*

a. Describe el dominio y la gama de la función $y = 5^x$, de la cual hay una gráfica en el Ejemplo 1.

b. Describe el dominio y la gama de la función $y = \left(\frac{1}{3}\right)^x$, de la cual hay una gráfica en el Ejemplo 2.

SOLUCIÓN

a. El dominio de $y = 5^x$ son todos números reales; la gama de $y = 5^x$ son todos los números positivos reales.

b. El dominio de $y = \left(\frac{1}{3}\right)^x$ son todos números reales; la gama de $y = \left(\frac{1}{3}\right)^x$ son todos los números positivos reales.

Ejercicios para el Ejemplo 3

3. Describe el dominio y la gama de la función $y = 4^x$, de la cual hiciste una gráfica en el Ejercicio 1.

4. Describe el dominio y la gama de la función $y = 2\left(\frac{1}{2}\right)^x$, de la cual hiciste una gráfica en el Ejercicio 2.

LECCIÓN 8.3

NOMBRE ______________________ FECHA __________

Prueba parcial 1

Para usar después de las lecciones 8.1–8.3

1. Simplifica $(2x^2y)^3(-3xy^2)^2$. *(Lección 8.1)*

2. ¿Cuál es mayor, 4^3 ó 3^4? *(Lección 8.1)*

3. Reescribe la expresión $\frac{2x}{y^{-2}}$ usando exponentes positivos. *(Lección 8.2)*

4. Evalúa la expresión $6^{-7} \cdot 6^{10}$. *(Lección 8.2)*

5. Reescribe la expresión $(-5y)^{-3}$ usando exponentes positivos. *(Lección 8.2)*

6. Simplifica $(4y)(7^0)$. *(Lección 8.2)*

7. Evalúa la función $y = 6^x$ usando $-2, -1, 0, 1$ y 2 como valores de x. *(Lección 8.3)*

8. Usa una calculadora para evaluar $y = 5(8)^x$ cuando $x = 2.5$. Redondea tu respuesta a la centésima más cercana. *(Lección 8.3)*

9. Describe el dominio y la gama de la función $y = \left(\frac{3}{4}\right)^x$. *(Lección 8.3).*

Respuestas

1. ____________
2. ____________
3. ____________
4. ____________
5. ____________
6. ____________
7. ____________
8. ____________
9. ____________

LECCIÓN **8.4**

NOMBRE ________________________________ FECHA ____________

Refuerzo con práctica

Para usar con las páginas 462–468

OBJETIVO **Usar las propiedades de división de exponentes**

VOCABULARIO

Sean a y b números reales y sean m y n enteros.

Propiedad del cociente de potencias
Para dividir potencias de igual base, resta los exponentes.

$$\frac{a^m}{a^n} = a^{m-n},\ a \neq 0 \qquad \text{Ejemplo: } \frac{3^7}{3^5} = 3^{7-5} = 3^2$$

Propiedad de la potencia de un cociente
Para calcular la potencia de un cociente, calcula la potencia del numerador y la potencia del denominador y divide.

$$\left(\frac{a}{b}\right)^m = \frac{a^m}{b^m},\ b \neq 0 \qquad \text{Ejemplo: } \left(\frac{4}{5}\right)^3 = \frac{4^3}{5^3}$$

EJEMPLO 1 ***Usar la propiedad del cociente de potencias***

Usa la propiedad del cociente de potencias para simplificar la expresión.

a. $\dfrac{8^2 \cdot 8^4}{8^3}$ **b.** $z^7 \cdot \dfrac{1}{z^8}$

SOLUCIÓN

Para dividir potencias de igual base, resta los exponentes.

a. $\dfrac{8^2 \cdot 8^4}{8^3} = \dfrac{8^6}{8^3}$

$= 8^{6-3}$

$= 8^3$

b. $z^7 \cdot \dfrac{1}{z^8} = \dfrac{z^7}{z^8}$

$= z^{7-8}$

$= z^{-1}$

$= \dfrac{1}{z}$

Ejercicios para el Ejemplo 1

Usa la propiedad del cociente de potencias para simplificar la expresión.

1. $\dfrac{10^4}{10}$ **2.** $\dfrac{3^2}{3^3}$ **3.** $\dfrac{1}{y^2} \cdot y^8$

Chapter 8

NOMBRE ____________________ FECHA ____________

Refuerzo con práctica

Para usar con las páginas 462–468

EJEMPLO 2 Simplificar una expresión

Simplifica la expresión. $\left(\frac{7a}{b^2}\right)^3$

SOLUCIÓN

$\left(\frac{7a}{b^2}\right)^3 = \frac{(7a)^3}{(b^2)^3}$ Potencia de un cociente

$= \frac{7^3 \cdot a^3}{b^6}$ Potencia de un producto y potencia de una potencia

$= \frac{343a^3}{b^6}$ Simplifica.

Ejercicios para el Ejemplo 2

Simplifica la expresión.

4. $\left(\frac{2}{x^3}\right)^4$

5. $\frac{z \cdot z^5}{z^2}$

6. $\left(\frac{5y^2}{w}\right)^2$

EJEMPLO 3 Simplificar expresiones con exponentes negativos

Simplifica la expresión $\left(\frac{6x^2y^{-1}}{2xy^3}\right)^{-2}$. Usa exponentes positivos solamente.

SOLUCIÓN

$\left(\frac{6x^2y^{-1}}{2xy^3}\right)^{-2} = \frac{(6x^2y^{-1})^{-2}}{(2xy^3)^{-2}}$ Potencia de un cociente

$= \frac{(2xy^3)^2}{(6x^2y^{-1})^2}$ Definición de exponentes negativos

$= \frac{4x^2y^6}{36x^4y^{-2}}$ Producto de potencia de una potencia

$= \frac{x^{-2}y^8}{9}$ Cociente de las potencias

$= \frac{y^8}{9x^2}$ Definición de exponentes negativos

Ejercicios para el Ejemplo 3

Simplifica la expresión. Usa exponentes positivos solamente.

7. $\frac{5x^2y^{-3}}{2x^4}$

8. $\left(\frac{3x^{-4}y^5}{xy^{-2}}\right)^{-1}$

9. $\left(\frac{x^3}{y^{-2}}\right)^{-2} \cdot \frac{y^4x^2}{x^{-1}}$

LECCIÓN 8.5

NOMBRE ____________________ FECHA ____________

Refuerzo con práctica

Para usar con las páginas 469–474

OBJETIVO Leer y escribir los números en la notación científica

VOCABULARIO

Un número está escrito en **notación científica** si está en la forma $c \times 10^n$, donde $1 \leq c < 10$ y n es entero.

EJEMPLO 1 *Reescribir en forma decimal*

Reescribe cada número en forma decimal.

a. 2.23×10^4 **b.** 8.5×10^{-3}

SOLUCIÓN

a. $2.23 \times 10^4 = 22{,}300$ Mueve el punto decimal 4 lugares a la derecha.

b. $8.5 \times 10^{-3} = 0.0085$ Mueve el punto decimal 3 lugares a la izquierda.

Ejercicios para el Ejemplo 1

Reescribe cada número en forma decimal.

1. 9.332×10^6 **2.** 2.78×10^{-1} **3.** 4.5×10^5

EJEMPLO 2 *Reescribir en notación científica*

Reescribe cada número en notación científica.

a. 0.0729 **b.** 26,645

SOLUCIÓN

a. $0.0729 = 7.29 \times 10^{-2}$ Mueve el punto decimal 2 lugares a la derecha.

b. $26{,}645 = 2.6645 \times 10^4$ Mueve el punto decimal 4 lugares a la izquierda.

Ejercicios para el Ejemplo 2

Reescribe cada número en notación científica.

4. 75.2 **5.** 135,667 **6.** 0.00088

Chapter 8

LECCIÓN **8.5** CONTINUACIÓN

NOMBRE ____________________ FECHA __________

Refuerzo con práctica

Para usar con las páginas 469–474

EJEMPLO 3 *Calcular con notación científica*

Evalúa la expresión y escribe el resultado en notación científica.

$(7.0 \times 10^4)^2$

SOLUCIÓN

Para multiplicar, dividir o calcular potencias de números en notación científica, usa las propiedades de los exponentes.

$(7.0 \times 10^4)^2$	$= 7.0^2 \times (10^4)^2$	Potencia de un producto
	$= 49 \times 10^8$	Potencia de una potencia
	$= 4.9 \times 10^9$	Escribe en notación científica.

Ejercicios para el Ejemplo 3

Evalúa la expresión y escribe el resultado en notación científica.

7. $(2.3 \times 10^{-1})(5.5 \times 10^3)$

8. $(2.0 \times 10^{-1})^3$

EJEMPLO 4 *Dividir con notación científica*

La masa del Sol es de aproximadamente 1.99×10^{30} kilogramos. La masa de la Luna es de aproximadamente 7.36×10^{22} kilogramos. ¿La masa del Sol es aproximadamente cuántas veces la masa de la Luna?

SOLUCIÓN

Calcula la razón de la masa del Sol a la masa de la Luna.

$$\frac{1.99 \times 10^{30}}{7.36 \times 10^{22}} \approx 0.27 \times 10^8$$

$$= 2.7 \times 10^7$$

La masa del Sol es aproximadamente 27,000,000 veces la masa de la Luna.

Ejercicio para el Ejemplo 4

9. El océano Pacífico cubre aproximadamente 1.66241×10^8 kilómetros cuadrados. El mar Báltico cubre aproximadamente 4.144×10^5 kilómetros cuadrados. ¿Aproximadamente cuántas veces más grande que el mar Báltico es el océano Pacífico?

LECCIÓN 8.5

NOMBRE______________________ FECHA__________

Prueba parcial 2

Para usar después de las lecciones 8.4–8.5

Simplifica el cociente. ***(Lección 8.4)***

1. $\frac{a^8}{a^3}$

2. $\left(\frac{c}{d}\right)^{-3}$

Simplifica la expresión. Usa exponentes positivos solamente. ***(Lección 8.4)***

3. $\frac{5x^2y}{3xy^2} \cdot \frac{6x^4y^2}{x^2y^2}$

4. $\frac{4x^5y^{-2}}{2xy^{-3}} \cdot \left(\frac{xy^2}{x^4y^{-1}}\right)^{-2}$

Escribe el número como un decimal. ***(Lección 8.5)***

5. 3.6×10^6

6. 2.9×10^{-5}

Escribe el número en notación científica. ***(Lección 8.5)***

7. 10,200,000

8. 0.00000068

Respuestas

1. ____________
2. ____________
3. ____________
4. ____________
5. ____________
6. ____________
7. ____________
8. ____________

Chapter 8

LECCIÓN 8.6

NOMBRE ______________________ FECHA __________

Refuerzo con práctica

Para usar con las páginas 475–481

OBJETIVO **Escribir y graficar el crecimiento exponencial de las funciones**

VOCABULARIO

El **crecimiento exponencial** ocurre cuando una cantidad aumenta el mismo porcentaje r en cada período de tiempo t.

C es la cantidad inicial. t es el período de tiempo.

$$y = C(1 + r)^t$$

El porcentaje de crecimiento es $100r$. $(1 + r)$ es el factor de crecimiento, r es la tasa de crecimiento.

EJEMPLO 1 ## *Calcular el balance de una cuenta*

Se deposita un capital de \$600 en una cuenta que paga un interés compuesto del 3.5% anual. Calcula el balance de la cuenta después de 4 años.

SOLUCIÓN

Usa el modelo de crecimiento exponencial para calcular el balance de la cuenta A. La tasa de crecimiento es de 0.035. El valor inicial es 600.

$A = P(1 + r)^t$	Modelo de interés compuesto
$= 600(1 + 0.035)^4$	Sustituye P por 600, r por 0.035 y t por 4.
$= 600(1.035)^4$	Simplifica.
≈ 688.514	Evalúa.

El balance después de 4 años será de aproximadamente \$688.51.

Ejercicios para el Ejemplo 1

Usa el modelo de interés compuesto para calcular el balance de la cuenta.

1. Se deposita un capital de \$450 en una cuenta que paga un interés compuesto del 2.5% anual. Calcula el balance de la cuenta después de 2 años.

2. Se deposita un capital de \$800 en una cuenta que paga un interés compuesto del 3% anual. Calcula el balance de la cuenta después de 5 años.

NOMBRE______________________________ FECHA__________

Refuerzo con práctica

Para usar con las páginas 475–481

EJEMPLO 2 Usar el modelo de crecimiento exponencial

Se libera una población de 40 faisanes en una reserva de vida silvestre. La población se duplica cada año, durante 3 años. ¿Cuál es la población después de 4 años?

SOLUCIÓN

Como la población se duplica cada año, el factor de crecimiento es 2. Entonces, $1 + r = 2$ y la tasa de crecimiento $r = 1$.

$P = C(1 + r)^t$ Modelo de crecimiento exponencial

$= 40(1 + 1)^4$ Sustituye para C, r y t.

$= 40 \cdot 2^4$ Simplifica.

$= 640$ Evalúa.

Después de 4 años, la población será de aproximadamente 640 faisanes.

Ejercicio para el Ejemplo 2

3. Se libera una población de 50 faisanes en una reserva de vida silvestre. La población se triplica cada año, durante 3 años. ¿Cuál es la población después de 3 años?

EJEMPLO 3 Hacer una gráfica de un modelo de crecimiento exponencial

Haz una gráfica del modelo de crecimiento exponencial del Ejemplo 2.

SOLUCIÓN

Haz una tabla de valores, marca los puntos sobre un plano de coordenadas y dibuja una curva lisa que pase por los puntos.

t	0	1	2	3	4	5
P	40	80	160	320	640	1280

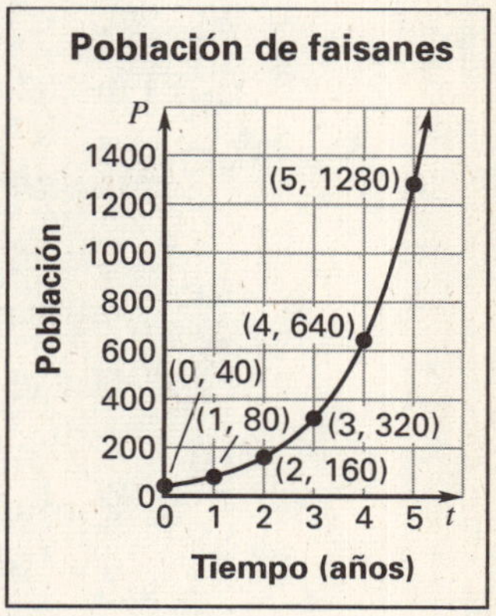

Ejercicio para el Ejemplo 3

4. Haz una gráfica del modelo de crecimiento exponencial del Ejercicio 3.

NOMBRE ______________________________ FECHA ____________

Refuerzo con práctica

Para usar con las páginas 482–488

OBJETIVO **Escribir y graficar modelos de disminución exponencial de las funciones**

VOCABULARIO

La **disminución exponencial** ocurre cuando una cantidad disminuye el mismo porcentaje r en cada período de tiempo t.

C es la cantidad inicial.

t es el período de tiempo.

$$y = C(1 - r)^t$$

El porcentaje de disminución es $100r$.

$(1 - r)$ es el factor de disminución, r es la tasa de disminución.

EJEMPLO 1 *Escribir un modelo de disminución exponencial*

Compras un camión usado en $15,000. El valor del camión disminuirá cada año por la depreciación. El camión se deprecia a una tasa del 8% anual. Escribe un modelo de disminución exponencial para representar el problema de la vida real.

SOLUCIÓN

El valor inicial C es $15,000. La tasa de disminución r es 0.08. Sea y el valor y sea t la edad del camión en años.

$y = C(1 - r)^t$	Modelo de disminución exponencial
$= 15{,}000(1 - 0.08)^t$	Sustituye C por 15,000 y r por 0.08.
$= 15{,}000(0.92)^t$	Simplifica.

El modelo de disminución exponencial es $y = 15{,}000(0.92)^t$.

Ejercicios para el Ejemplo 1

1. Usa el modelo de disminución exponencial del Ejemplo 1 para estimar el valor del camión en 5 años.
2. Usa el modelo de disminución exponencial del Ejemplo 1 para estimar el valor del camión en 7 años.
3. Formula nuevamente el Ejemplo 1 si el camión se deprecia a una tasa del 10% anual.

NOMBRE________________________________ FECHA____________

Refuerzo con práctica

Para usar con las páginas 482–488

EJEMPLO 2 Hacer una gráfica de un modelo de crecimiento exponencial

a. Haz una gráfica del modelo de disminución exponencial del Ejemplo 1.

b. Usa la gráfica para estimar el valor del camión en 6 años.

SOLUCIÓN

a. Haz una tabla de valores para verificar el modelo del Ejemplo 1.

Año	*Valor*
0	15,000
1	$15{,}000(0.92) = 13{,}800$
2	$15{,}000(0.92)^2 = 12{,}696$
3	$15{,}000(0.92)^3 \approx 11{,}680$
4	$15{,}000(0.92)^4 \approx 10{,}746$
5	$15{,}000(0.92)^5 \approx 9886$

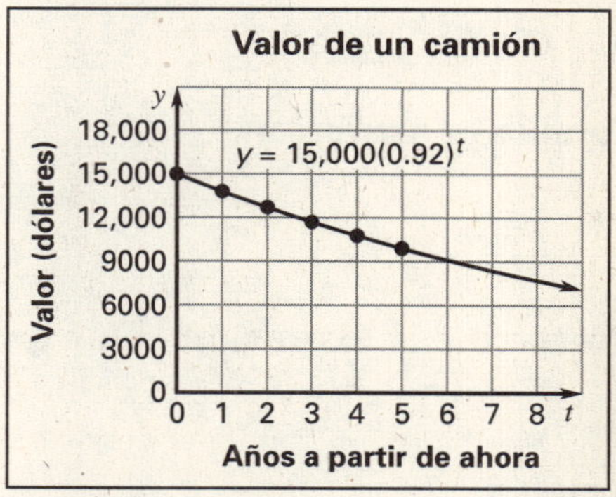

Usa la tabla de valores para escribir pares ordenados: (0, 15,000), (1, 13,800), (2, 12,696), (3, 11,680), (4, 10,746), (5, 9886). Marca los puntos sobre un plano de coordenadas y dibuja una curva lisa que pase por los puntos.

b. Según la gráfica, el valor del camión en 6 años es de aproximadamente $9100.

Ejercicios para el Ejemplo 2

4. Usa la gráfica del Ejemplo 2 para estimar el valor del camión en 8 años.

5. Haz una gráfica del modelo de disminución exponencial del Ejercicio 3.

Chapter 8

CAPÍTULO 8

NOMBRE ______________________________ FECHA ____________

Prueba del capítulo A

Para usar después del capítulo 8

De ser posible, simplifica la expresión. Escribe el resultado como una potencia.

1. $4^3 \cdot 4^5$ **2.** $(2^3)^4$

3. $(6a)^3$ **4.** $(4xy^2)^2$

Simplifica la expresión.

5. $b^3 \cdot b^4$ **6.** $(a^2)^3$

Completa el enunciado usando $<$ ó $>$.

7. $(5 \cdot 3)^3$ ___?___ $5 \cdot 3^3$ **8.** $2^2 \cdot 4^6$ ___?___ $(2 \cdot 4)^6$

Evalúa la expresión.

9. 5^{-3} **10.** $\left(\frac{1}{3}\right)^{-1}$

Reescribe la expresión con exponentes positivos.

11. y^{-3} **12.** $\frac{1}{3x^{-3}}$

Empareja la ecuación con su gráfica.

A.

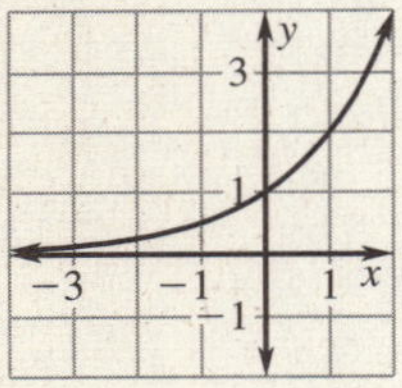

B.

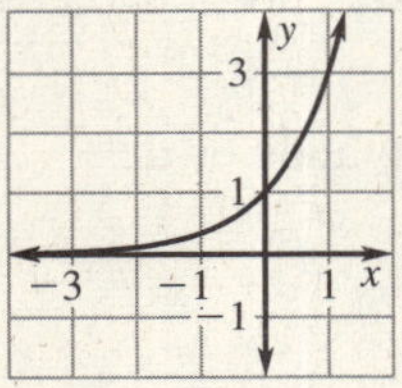

C.

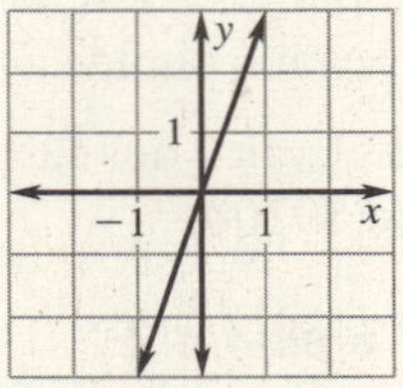

13. $y = 2^x$ **14.** $y = 3x$ **15.** $y = 3^x$

Evalúa la expresión.

16. $\frac{2^5}{2^3}$ **17.** $\left(\frac{2}{3}\right)^3$

Respuestas

1. ____________
2. ____________
3. ____________
4. ____________
5. ____________
6. ____________
7. ____________
8. ____________
9. ____________
10. ____________
11. ____________
12. ____________
13. ____________
14. ____________
15. ____________
16. ____________
17. ____________

Chapter 8

NOMBRE ______________________________ FECHA __________

Prueba del capítulo A

Para usar después del capítulo 8

Simplifica la expresión. La expresión simplificada no debe tener exponentes negativos.

18. $\left(\frac{4}{x}\right)^3$

19. $\frac{y^8}{y^9}$

Reescribe el número en forma decimal.

20. 6.15×10^2

21. 1.14×10^{-2}

Reescribe el número en notación científica.

22. 0.02

23. 1042

Evalúa la expresión sin usar la calculadora. Escribe el resultado en forma decimal.

24. $(3 \times 10^{-2}) \cdot (12 \times 10^3)$

25. $\frac{4 \times 10^{-2}}{2 \times 10^{-3}}$

26. En 1998, la población de una ciudad era de 100,000. Durante los cinco años siguientes, la población aumentó un 3% anual. Escribe un modelo de crecimiento exponencial para representar esta situación.

27. Compras un camión usado en $10,000. Se deprecia a una tasa del 18% anual. Calcula el valor del camión después de 5 años.

Empareja la ecuación con su gráfica.

A.

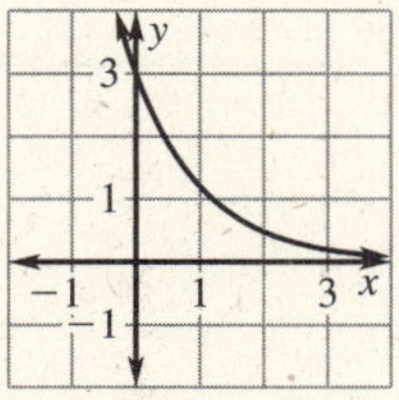

B.

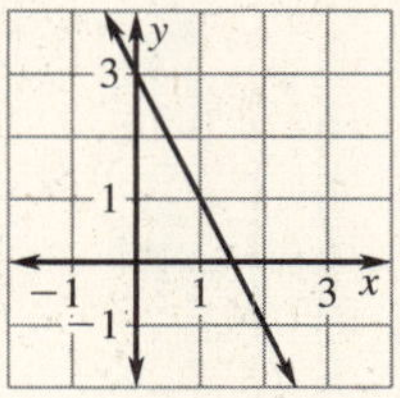

C.

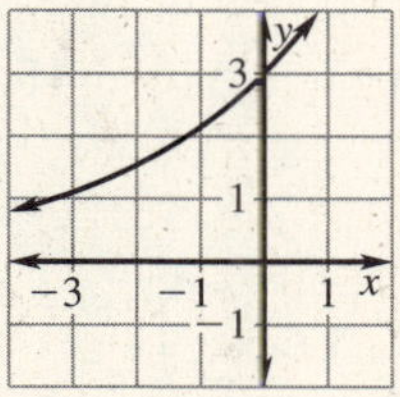

28. $y = 3 - 2x$

29. $y = 3(1.4)^x$

30. $y = 3(0.4)^x$

Clasifica el modelo como un modelo de crecimiento exponencial o uno de disminución exponencial.

31. $y = 17(1.9)^x$

32. $y = 22(0.8)^x$

Respuestas

18. ______________
19. ______________
20. ______________
21. ______________
22. ______________
23. ______________
24. ______________
25. ______________
26. ______________
27. ______________
28. ______________
29. ______________
30. ______________
31. ______________
32. ______________

NOMBRE ______________________ FECHA __________

Prueba del capítulo B

Para usar después del capítulo 8

De ser posible, simplifica la expresión. Escribe el resultado como una potencia.

1. $6^7 \cdot 6^9$
2. $(x^5)^6$
3. $(-2x)^4$
4. $3x^2 \cdot (4x^3)^2$

Simplifica la expresión.

5. $(a^2b^2)^3$
6. $a^2 \cdot (a^3b^2)^4$

Completa el enunciado usando $<$ ó $>$.

7. $(8^3 \cdot 8^5)$ __?__ 8^{15}
8. $3^4 \cdot 3^5$ __?__ 3^{20}

Evalúa la expresión.

9. $2(2^{-5})$
10. $\left(\frac{1}{4}\right)^{-2}$

Reescribe la expresión con exponentes positivos.

11. $x^{-4}y^3$
12. $\dfrac{1}{2x^{-2}y^{-3}}$

Empareja la ecuación con su gráfica.

A.
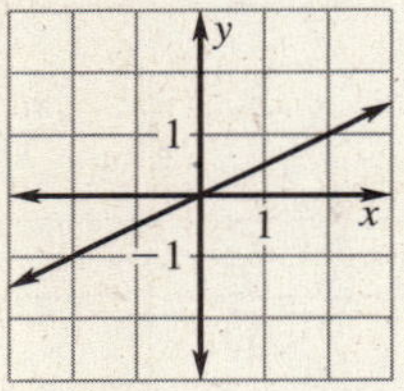

B.
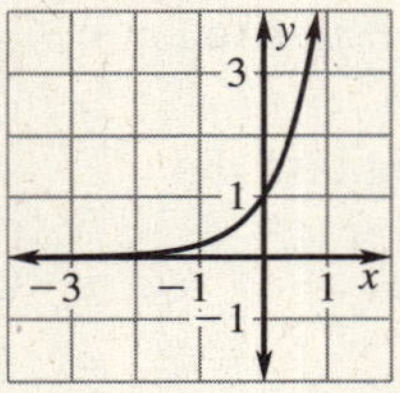

C.
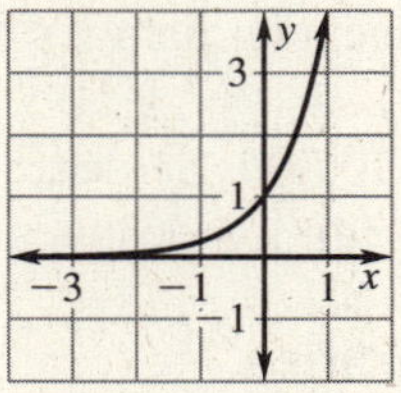

13. $y = 4^x$
14. $y = \frac{1}{2}x$
15. $y = 5^x$

Evalúa la expresión.

16. $\dfrac{4^5 \cdot 4^3}{4^2}$
17. $\left(\dfrac{7}{8}\right)^2$

Respuestas

1. ____________
2. ____________
3. ____________
4. ____________
5. ____________
6. ____________
7. ____________
8. ____________
9. ____________
10. ____________
11. ____________
12. ____________
13. ____________
14. ____________
15. ____________
16. ____________
17. ____________

NOMBRE ______________________ FECHA __________

Prueba del capítulo B

Para usar después del capítulo 8

Simplifica la expresión. La expresión simplificada no debe tener exponentes negativos.

18. $\left(\dfrac{4x^2y}{3xy^2}\right)^4$

19. $\left(\dfrac{2x^3y^2}{3xy}\right)^{-3}$

Reescribe el número en forma decimal.

20. 4.3269×10^3

21. 7.1532×10^{-5}

Reescribe el número en notación científica.

22. 0.0032

23. 321,562.5

Evalúa la expresión sin usar la calculadora. Escribe el resultado en forma decimal.

24. $(6 \times 10^{-2}) \cdot (7 \times 10^{-3})$

25. $\dfrac{5 \times 10^{-3}}{2 \times 10^{-4}}$

26. Depositas $2000 en una cuenta que paga un 8% de interés compuesto anual. Calcula el balance de la cuenta después de 3 años.

27. La población de una ciudad disminuyó entre 1992 y 1998. En 1992, la población era de 200,000. Cada año, durante 6 años, la población disminuyó un 3%. Escribe un modelo de disminución exponencial para representar esta situación.

Empareja la ecuación con su gráfica.

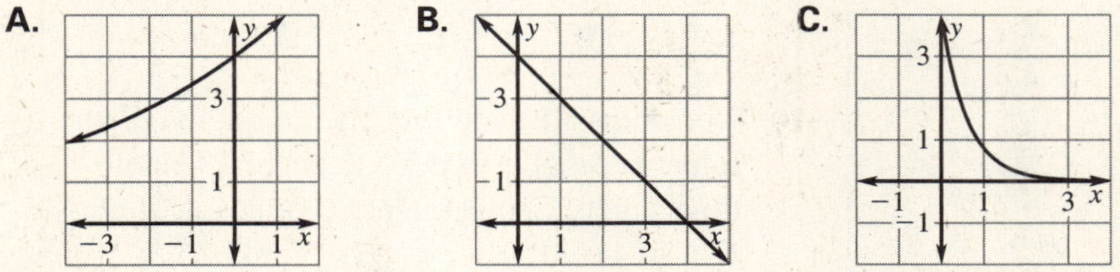

28. $y = 4 - x$

29. $y = 4(1.2)^x$

30. $y = 4(0.2)^x$

Clasifica el modelo como un modelo de crecimiento exponencial o uno de disminución exponencial.

31. $y = 11(4.25)^x$

32. $y = 46(0.78)^x$

Respuestas

18. ____________
19. ____________
20. ____________
21. ____________
22. ____________
23. ____________
24. ____________
25. ____________
26. ____________
27. ____________
28. ____________
29. ____________
30. ____________
31. ____________
32. ____________

NOMBRE ______________________________ FECHA __________

Prueba del capítulo SAT/ACT

Para usar después del capítulo 8

1. Simplifica $(3^4 \cdot 3^3)^2$.

Ⓐ 3^9 Ⓑ 3^{14}

Ⓒ 3^{16} Ⓓ 3^{24}

2. Simplifica $[(1 + 2^2)]^3$.

Ⓐ 33 Ⓑ 65

Ⓒ 125 Ⓓ 721

3. ¿Cuál es la ecuación de la gráfica?

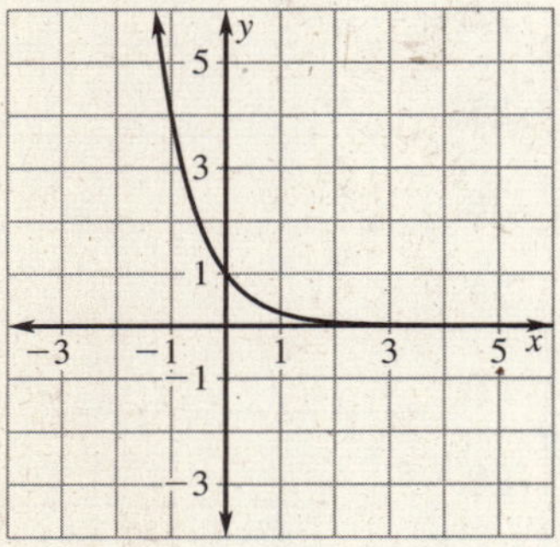

Ⓐ $y = 4^x$

Ⓑ $y = 2^x$

Ⓒ $y = \left(\frac{1}{2}\right)^x$

Ⓓ $y = \left(\frac{1}{4}\right)^x$

4. Simplifica $\frac{3x^2y}{4x^3y^2} \cdot \frac{8x^{-3}y^5}{3x^{-5}y}$.

Ⓐ $\frac{2}{x^3y}$ Ⓑ $\frac{x^3y}{2}$

Ⓒ $2x^3y$ Ⓓ $2xy^3$

5. ¿Cuál de los siguientes números *no* está escrito en notación científica?

Ⓐ 61.2×10^4 Ⓑ 4.56×10^{18}

Ⓒ 8.642×10^{-3} Ⓓ 1.1987×10^3

6. Escribe nuevamente 4.5×10^{-7} en forma decimal.

Ⓐ 0.00000045 Ⓑ 0.0000045

Ⓒ 45,000,000 Ⓓ 450,000,000

7. ¿Cuáles de los siguientes modelos son modelos de disminución exponencial?

I. $y = 1.19^x$ II. $y = 0.12^x$

III. $y = \left(\frac{5}{3}\right)^x$ IV. $y = \left(\frac{2}{3}\right)^x$

Ⓐ I y II Ⓑ II y III

Ⓒ I y III Ⓓ II y IV

En las preguntas 8 y 9, escoge el enunciado que se cumple para los números dados.

A. El número de la columna A es mayor.

B. El número de la columna B es mayor.

C. Los dos números son iguales.

D. La relación no puede determinarse a partir de la información dada.

8.

	Columna A	*Columna B*
Para $x = 0$,	$y = \left(\frac{2}{3}\right)^x$	$y = \left(\frac{2}{3}\right)^{-x}$

Ⓐ Ⓑ Ⓒ Ⓓ

9.

	Columna A	*Columna B*
Para $x = -1$,	$y = 5x$	$y = 5^x$

Ⓐ Ⓑ Ⓒ Ⓓ

10. Depositas \$500 en una cuenta que paga un interés compuesto del 5% anual. ¿Cuánto dinero habrá en la cuenta después de 4 años?

Ⓐ \$541.90 Ⓑ \$607.75

Ⓒ \$1118.03 Ⓓ \$2531.25

11. Compras un camión usado en \$22,000. Se deprecia a la tasa del 10% anual. ¿Cuál es el valor del camión después de 4 años?

Ⓐ \$13,000 Ⓑ \$14,434.20

Ⓒ \$21,133.11 Ⓓ \$21,912.13

CAPÍTULO 8

NOMBRE______________________________ FECHA__________

Evaluación alternativa y diario de matemáticas

Para usar después del capítulo 8

DIARIO

1. Los siguientes problemas representan la hoja de prueba de un estudiante de álgebra. Algunos problemas están incorrectos. En este diario, serás el "maestro" y ayudarás a los estudiantes para que comprendan qué partes están correctas y cuáles no. *No* corrijas el trabajo del estudiante. En vez de corregir, escribe un enunciado para cada problema para decir al estudiante por qué el resultado es correcto (o incorrecto) y explica por qué.

   a. $(-3x^2)^3 = -3x^6$ **b.** $3(ab^3)^4 = 3a^4b^{12}$

   c. $2a^2b^2 \cdot 4a^5b^2 = 8a^{10}b^4$ **d.** $\left(\frac{x}{y}\right)^{-2} = \frac{1}{x^2y}$

PROBLEMA DE VARIOS PASOS

2. Los siguientes datos representan la matrícula de la Escuela Secundaria Adlai E. Stevenson de Lincolnshire, Illinois, desde el otoño de 1980. Sea x el número de años desde 1980.

Año, x	1980	1981	1982	1983	1984	1985	1986	1987	1988	1989
Matrícula, y	1414	1454	1439	1555	1617	1727	1717	1804	1833	1881

Año, x	1990	1991	1992	1993	1994	1995	1996	1997	1998
Matrícula, y	1965	2176	2449	2679	2885	2999	3124	3301	3503

   a. Compara la matrícula de cada año respecto al anterior y calcula el porcentaje de aumento (o disminución) de la matrícula. Redondea al porcentaje más próximo.

   b. En promedio, ¿aumenta o disminuye la matrícula por año?

   c. Supón que la matrícula aumenta un 5% todos los años. Escribe un modelo exponencial que aproxime los datos, donde x es la cantidad de años desde 1980 e y es la matrícula de la escuela. ¿Representa el modelo un crecimiento exponencial o una disminución exponencial? Explica.

   d. Predice la matrícula para el año 2008.

   e. Haz un diagrama de dispersión de los datos en la tabla. Luego grafica tu modelo de la parte (c) en los mismos ejes.¿Dará el modelo una buena predicción para todos los años desde 1980 – 1998? Explica.

   f. Usa la ecuación de la parte (c) para estimar el año en que la matrícula será de aproximadamente 7875 estudiantes. Explica cómo se determinó esto.

3. ***Escritura*** ¿Por qué es importante para el distrito escolar tener un modelo que aproxime la matrícula? ¿Cómo podría ser de utilidad el modelo?

NOMBRE ______________________ FECHA __________

Pauta para la evaluación alternativa

Para usar después del capítulo 8

DIARIO SOLUCIÓN

1. **a.** El resultado es incorrecto. Al calcular la potencia de un producto, calcula la potencia de *cada* factor y multiplica.

   b. El resultado es correcto. Para calcular la potencia de un producto, calcula la potencia de *cada* factor y multiplica.

   c. El resultado es incorrecto. Al multiplicar potencias de igual base (como a), *suma* los exponentes.

   d. El resultado es incorrecto. Al calcular la potencia de un cociente, calcula la potencia del numerador *y* la potencia del denominador.

PROBLEMA DE VARIOS PASOS SOLUCIÓN

2. **a.** porcentajes: 3%, −1%, 8%, 4%, 7%, −1%, 5%, 2%, 3%, 4%, 11%, 13%, 9%, 8%, 4%, 4%, 6%, 6%.

   b. La matrícula aumenta.

   c. $y = 1414(1.05)^x$; crecimiento exponencial; el modelo representa un crecimiento exponencial, porque la matrícula aumenta aproximadamente un 5% cada año.

   d. 5543 estudiantes.

   e. Verifica las gráficas. No; el modelo da estimaciones que son muy altas para 1986 y 1992.

   f. La matrícula será de aproximadamente 7875 en el 2015. Los estudiantes pueden usar la característica de tabla o de la gráfica y la traza de la calculadora de gráficas para hallar esta solución.

3. ***Escritura*** Las respuestas pueden variar. *Posible respuesta*: El distrito escolar necesita esta información para planificar los años futuros. Esto podría incluir artículos escolares, maestros y personal, así como el espacio de los edificios.

PROBLEMA DE VARIOS PASOS PAUTA DE EVALUACIÓN

4 Los estudiantes completan todas las partes de las preguntas en forma exacta. Las explicaciones son lógicas y claras. Los estudiantes hallan en forma correcta un modelo de crecimiento exponencial. Los estudiantes hacen una gráfica completa y correcta y son capaces de usar la calculadora gráfica para contestar las preguntas.

3 Los estudiantes completan las preguntas, la gráfica, y proveen explicaciones. Las soluciones y la gráfica pueden contener equivocaciones o errores matemáticos pequeños. Los estudiantes son capaces de usar la calculadora de gráficas para contestar las preguntas.

2 Los estudiantes tratan de completar las preguntas y proveer explicaciones. Pueden ocurrir diversos errores matemáticos. Las explicaciones no corresponden a las preguntas. Los estudiantes no son capaces de usar correctamente la calculadora de gráficas para contestar las preguntas (e) y (f).

1 El trabajo de los estudiantes está muy incompleto. Las soluciones y el razonamiento son incorrectos. Los estudiantes no son capaces de contestar (e) y (f).

LECCIÓN **9.1**

NOMBRE ______________________________ FECHA ____________

Refuerzo con práctica

Para usar con las páginas 499–504

OBJETIVO **Evaluar y aproximar raíces cuadradas**

VOCABULARIO

Si $b^2 = a$, entonces b es una **raíz cuadrada** de a.

Una raíz cuadrada b puede ser una **raíz cuadrada positiva** (o raíz cuadrada principal) o una **raíz cuadrada negativa**.

El **radicando** es el número o expresión que aparece bajo el símbolo de radical $\sqrt{\ }$.

Los **cuadrados perfectos** son números cuyas raíces cuadradas son enteros.

Un número que no es el cociente de enteros es un **número irracional**.

Una **expresión radical** es una expresión escrita con un símbolo de radical.

EJEMPLO 1 ***Calcular raíces cuadradas de números***

Evalúa la expresión.

a. $\sqrt{81}$ **b.** $-\sqrt{49}$ **c.** $\pm\sqrt{16}$ **d.** $\sqrt{0}$

SOLUCIÓN

a. $\sqrt{81} = 9$ Raíz cuadrada positiva

b. $-\sqrt{49} = -7$ Raíz cuadrada negativa

c. $\pm\sqrt{16} = \pm 4$ Dos raíces cuadradas

d. $\sqrt{0} = 0$ La raíz cuadrada de cero es cero.

Ejercicios para el Ejemplo 1

Evalúa la expresión.

1. $\sqrt{9}$ **2.** $\sqrt{36}$ **3.** $-\sqrt{25}$ **4.** $\pm\sqrt{100}$

LECCIÓN **9.1** CONTINUACIÓN

NOMBRE ______________________ FECHA __________

Refuerzo con práctica

Para usar con las páginas 499–504

EJEMPLO 2 *Evaluar una expresión radical*

Evalúa $\sqrt{b^2 - 4ac}$ cuando $a = -2, b = -5,$ y $c = 2$.

SOLUCIÓN

$\sqrt{b^2 - 4ac}$	$= \sqrt{(-5)^2 - 4(-2)(2)}$	Sustituye los valores.
	$= \sqrt{25 + 16}$	Simplifica.
	$= \sqrt{41}$	Simplifica.
	≈ 6.40	Redondea a la centésima más próxima.

Ejercicios para el Ejemplo 2

Evalúa $\sqrt{b^2 - 4ac}$ para los valores dados.

5. $a = -3, b = 6, c = -3$

6. $a = 1, b = 5, c = 4$

Chapter 9

LECCIÓN 9.2

NOMBRE ____________________ FECHA ____________

Refuerzo con práctica

Para usar con las páginas 505–510

OBJETIVO **Resolver una ecuación cuadrática calculando las raíces cuadradas**

VOCABULARIO

Una **ecuación cuadrática** es una ecuación que puede escribirse de la forma usual $ax^2 + bx + c = 0$, donde $a \neq 0$ En la forma usual, a es el *coeficiente dominante*.

EJEMPLO 1 *Resolver ecuaciones cuadráticas*

Resuelve $x^2 = 19$.

SOLUCIÓN

$x^2 = 19$	Escribe la ecuación original.
$x = \pm\sqrt{19}$	Calcula las raíces cuadradas.

Ya que 19 no es un cuadrado perfecto, las soluciones son $\sqrt{19}$ y $-\sqrt{19}$.

Ejercicios para el Ejemplo 1

Resuelve la ecuación o escribe *no tiene solución real*. De ser posible, escribe las soluciones como enteros. Si no, escríbelas como expresiones radicales.

1. $x^2 = 36$ **2.** $x^2 = 15$ **3.** $y^2 = 25$

EJEMPLO 2 *Reescribir antes de calcular raíces cuadradas*

Resuelve $4x^2 - 100 = 0$.

SOLUCIÓN

$4x^2 - 100 = 0$	Escribe la ecuación original.
$4x^2 = 100$	Suma 100 a cada lado.
$x^2 = 25$	Divide cada lado entre 4.
$x = \pm\sqrt{25}$	Calcula las raíces cuadradas.
$x = \pm 5$	25 es un cuadrado perfecto.

Ejercicios para el Ejemplo 2

Resuelve la ecuación o escribe *no tiene solución real*. De ser posible, escribe las soluciones como enteros. Si no, escríbelas como expresiones radicales.

4. $6x^2 - 54 = 0$ **5.** $5x^2 - 15 = 0$ **6.** $2x^2 - 98 = 0$

NOMBRE ____________________ FECHA __________

Refuerzo con práctica

Para usar con las páginas 505–510

EJEMPLO 3 *Escribir y usar el modelo de un objeto que se deja caer*

Un saltador se tira a un lago abajo de un acantilado de 80 pies. Escribe un modelo para la altura del saltador. (No tomes en cuenta la resistencia del aire.) Luego calcula el tiempo que tomaría para que el saltador llegara al agua.

SOLUCIÓN

La altura inicial es $s = 80$ pies.

$h = -16t^2 + s$	Escribe el modelo de un objeto que se deja caer.
$h = -16t^2 + 80$	Sustituye s por 80.

El modelo es $h = -16t^2 + 80$.

$0 = -16t^2 + 80$	Sustituye h por 0.
$-80 = -16t^2$	Resta 80 a cada lado.
$5 = t^2$	Divide cada lado entre -16.
$\sqrt{5} = t$	Calcula la raíz cuadrada positiva. La raíz cuadrada negativa no tiene sentido para este problema.
$2.2 \approx t$	Usa una calculadora para evaluar.

El saltador llegará al agua en aproximadamente 2.2 segundos.

Ejercicio para el Ejemplo 3

7. Formula nuevamente el Ejemplo 3 si el saltador se tira de un acantilado de 64 pies.

LECCIÓN 9.3

NOMBRE ______________________ FECHA ____________

Refuerzo con práctica

Para usar con las páginas 511–517

OBJETIVO Usar las propiedades de los radicales para simplificar expresiones

VOCABULARIO

Propiedad del producto de radicales La raíz cuadrada de un producto es igual al producto de las raíces cuadradas de los factores.

$\sqrt{ab} = \sqrt{a} \cdot \sqrt{b}$ si a y b no son números negativos

Propiedad del cociente de radicales La raíz cuadrada de un cociente es igual al cociente de las raíces cuadradas del numerador y del denominador.

$\sqrt{\frac{a}{b}} = \frac{\sqrt{a}}{\sqrt{b}}$ si $a \geq 0$ y $b > 0$

Una expresión con radicales está en su **mínima expresión** si se cumple lo siguiente:

- No hay factores distintos a 1 en el radicando que sean cuadrados perfectos.
- No hay fracciones en el radicando.
- No aparecen radicales en el denominador de una fracción.

El proceso de eliminar un radical de un denominador multiplicando la expresión radical por un valor apropiado de 1 se llama *racionalizar el denominador*.

EJEMPLO 1 *Simplificar con la propiedad del producto*

Simplifica la expresión $\sqrt{147}$.

SOLUCIÓN

Puedes usar la propiedad del producto para simplificar un radical, sacando del radicando los factores que son cuadrados perfectos.

$\sqrt{147} = \sqrt{49 \cdot 3}$ Factoriza usando el factor que es cuadrado perfecto.

$= \sqrt{49} \cdot \sqrt{3}$ Usa la propiedad del producto.

$= 7\sqrt{3}$ Simplifica.

Ejercicios para el Ejemplo 1

Simplifica la expresión.

1. $\sqrt{98}$ **2.** $\sqrt{52}$ **3.** $\sqrt{300}$ **4.** $\sqrt{99}$

Chapter 9

LECCIÓN 9.3 CONTINUACIÓN

NOMBRE ______________________ FECHA ____________

Refuerzo con práctica

Para usar con las páginas 511–517

EJEMPLO 2 Simplificar con la propiedad del cociente

Simplifica $\sqrt{\frac{27}{48}}$.

SOLUCIÓN

$\sqrt{\frac{27}{48}} = \sqrt{\frac{3 \cdot 9}{3 \cdot 16}}$ Factoriza usando factores que son cuadrados perfectos.

$= \sqrt{\frac{9}{16}}$ Anula los factores comunes por división.

$= \frac{\sqrt{9}}{\sqrt{16}}$ Usa la propriedad del cociente.

$= \frac{3}{4}$ Simplifica.

Ejercicios para el Ejemplo 2

Simplifica la expresión.

5. $\sqrt{\frac{11}{4}}$ **6.** $\sqrt{\frac{1}{100}}$ **7.** $\sqrt{\frac{5}{9}}$ **8.** $\sqrt{\frac{8}{16}}$

EJEMPLO 3 Racionalizar el denominador

Simplifica $\sqrt{\frac{5}{2}}$.

SOLUCIÓN

$\sqrt{\frac{5}{2}} = \frac{\sqrt{5}}{\sqrt{2}}$ Usa la propiedad del cociente.

$= \frac{\sqrt{5}}{\sqrt{2}} \cdot \frac{\sqrt{2}}{\sqrt{2}}$ Multiplica por un valor de 1: $\frac{\sqrt{2}}{\sqrt{2}} = 1$.

$= \frac{\sqrt{10}}{\sqrt{4}}$ Usa la propiedad del producto.

$= \frac{\sqrt{10}}{2}$ Simplifica.

Ejercicios para el Ejemplo 3

Simplifica la expresión.

9. $\sqrt{\frac{1}{3}}$ **10.** $\sqrt{\frac{2}{7}}$ **11.** $\sqrt{\frac{27}{15}}$ **12.** $\sqrt{\frac{16}{12}}$

Chapter 9

LECCIÓN **9.3**

NOMBRE ______________________ FECHA __________

Prueba parcial 1

Para usar después de las lecciones 9.1–9.3

1. Evalúa la expresión. *(Lección 9.1)*

   $-\sqrt{36}$

2. Resuelve la ecuación $3x^2 = 108$. *(Lección 9.2)*

3. Simplifica la expresión $\sqrt{\frac{25}{49}}$. *(Lección 9.3)*

4. Simplifica la expresión $\frac{1}{5}\sqrt{28}$. *(Lección 9.3)*

5. Simplifica la expresión $\sqrt{\frac{2}{3}}$. *(Lección 9.3)*

Respuestas

1. ______________

2. ______________

3. ______________

4. ______________

5. ______________

Chapter 9

LECCIÓN 9.4

NOMBRE ______________________ FECHA __________

Refuerzo con práctica

Para usar con las páginas 518–525

OBJETIVO **Dibujar la gráfica de una función cuadrática**

VOCABULARIO

Una **función cuadrática** es una función que puede escribirse de la forma usual $y = ax^2 + bx + c$, donde $a \neq 0$.

Toda función cuadrática tiene una gráfica en forma de U llamada **parábola**.

El **vértice** de una parábola es el punto más bajo de una parábola que se abre hacia arriba, y el punto más alto de una parábola que se abre hacia abajo.

El **eje de simetría** de una parábola es la recta vertical que pasa por el vértice.

EJEMPLO 1 *Describir la gráfica de una parábola*

Decide si la gráfica de la función cuadrática se abre *hacia arriba* o *hacia abajo*.

a. $y = -x^2 + 3x$ **b.** $y = 4x + 2x^2$

SOLUCIÓN

a. Ya que el valor de a en $y = -x^2 + 3x$ es negativo, la gráfica se abre hacia abajo.

b. Ya que el valor de a en $y = 4x + 2x^2$ es positivo, la gráfica se abre hacia arriba.

Ejercicios para el Ejemplo 1

Decide si la gráfica de la función se abre *hacia arriba* o *hacia abajo*.

1. $y = 6x^2$ **2.** $y = 1 - 3x^2$ **3.** $y = -5x^2 + x + 7$

EJEMPLO 2 *Dibujar la gráfica de una función cuadrática con un valor positivo de a*

Dibuja la gráfica de $y = x^2 - 2x + 1$.

SOLUCIÓN

La coordenada x del vértice es $-\frac{b}{2a}$. Calcula la coordenada x cuando $a = 1$ y $b = -2$.

$$-\frac{b}{2a} = -\frac{-2}{2(1)} = 1$$

Haz una tabla de valores, usando los valores de x a la izquierda y a la derecha de $x = 1$.

x	-2	-1	0	1	2	3	4
y	9	4	1	0	1	4	9

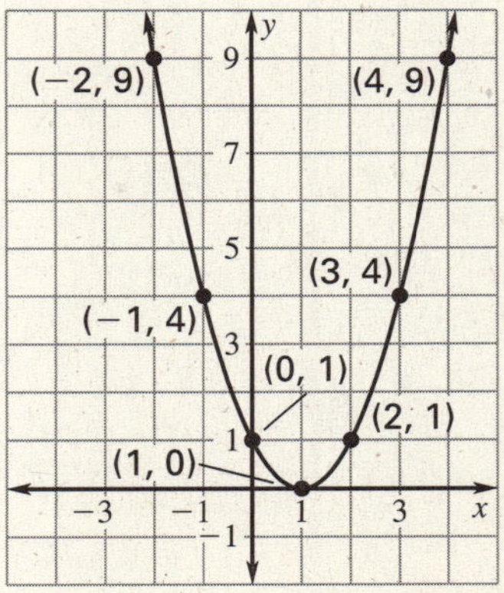

Marca los puntos. El vértice es (1, 0) y el eje de simetría es $x = 1$. Une los puntos para formar una parábola que se abre hacia arriba, porque a es positivo.

Chapter 9

NOMBRE ______________________ FECHA ____________

Refuerzo con práctica

Para usar con las páginas 518–525

Ejercicios para el Ejemplo 2

Dibuja la gráfica de la función. Nombra las coordenadas del vértice.

4. $y = 2x^2$ **5.** $y = x^2 + 3x$ **6.** $y = x^2 + 2x + 1$

EJEMPLO 3 Dibujar la gráfica de una función cuadrática con un valor negativo de a

Dibuja la gráfica de $y = -x^2 + 2x - 3$.

SOLUCIÓN

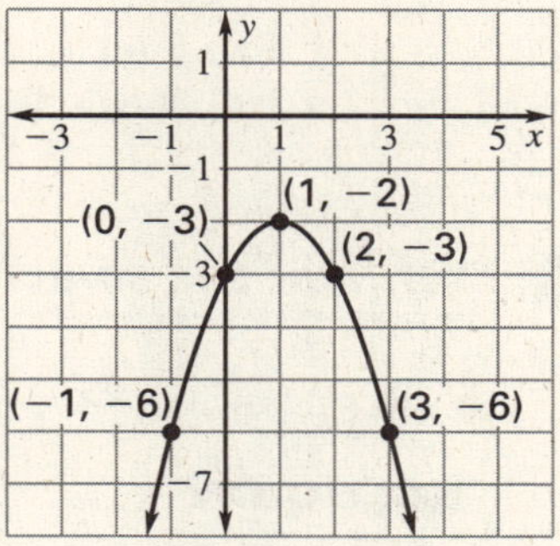

La coordenada x del vértice es $-\frac{b}{2a}$. Calcula la coordenada x cuando $a = -1$ y $b = 2$.

$$-\frac{b}{2a} = -\frac{2}{2(-1)} = 1$$

Haz una tabla de valores, usando los valores de x a la izquierda y a la derecha de $x = 1$.

x	−1	0	1	2	3
y	−6	−3	−2	−3	−6

Marca los puntos. El vértice es $(1, -2)$ y el eje de simetría es $x = 1$. Une los puntos para formar una parábola que se abre hacia abajo, porque a es negativo.

Ejercicios para el Ejemplo 3

Dibuja la gráfica de la función. Nombra las coordenadas del vértice.

7. $y = -4x^2$ **8.** $y = -x^2 + x$ **9.** $y = -x^2 - 2x + 3$

Chapter 9

LECCIÓN 9.5

NOMBRE ______________________ FECHA __________

Refuerzo con práctica

Para usar con las páginas 526–532

OBJETIVO **Usar una gráfica para hallar o verificar la solución de una ecuación cuadrática**

VOCABULARIO

Las soluciones de una ecuación cuadrática de una variable x se pueden resolver o verificar gráficamente siguiendo los siguientes pasos.

Paso 1: Escribe la ecuación en la forma $ax^2 + bx + c = 0$.

Paso 2: Escribe la función relacionada $y = ax^2 + bx + c$.

Paso 3: Dibuja la gráfica de la función $y = ax^2 + bx + c$. Las soluciones, o **raíces**, de $ax^2 + bx + c = 0$ son las intercepciones en x.

EJEMPLO 1 *Verificar una solución usando una gráfica*

a. Resuelve $3x^2 = 75$ algebraicamente. **b.** Verifica la solución haciendo una gráfica.

SOLUCIÓN

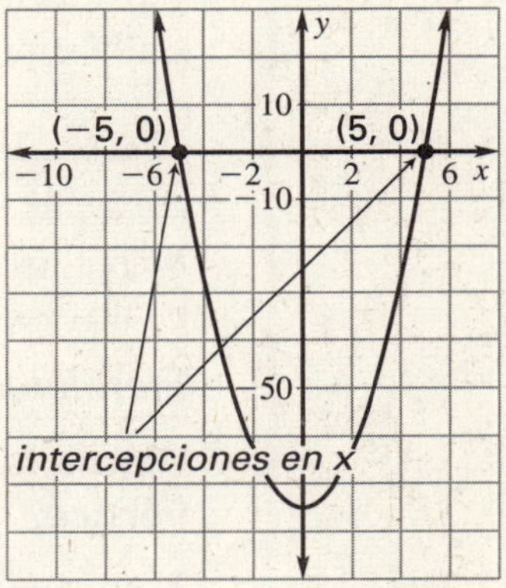

a. $3x^2 = 75$ Escribe la ecuación original.

$x^2 = 25$ Divide cada lado entre 3.

$x = \pm 5$ Calcula la raíz cuadrada de cada lado.

b. Escribe la ecuación de la forma $ax^2 + bx + c = 0$.

$3x^2 = 75$ Escribe la ecuación original.

$3x^2 - 75 = 0$ Resta 75 a cada lado.

Escribe la función relacionada $y = ax^2 + bx + c$.

$y = 3x^2 - 75$

Dibuja la gráfica de $y = 3x^2 - 75$. Las intercepciones en x son ± 5, lo cual coincide con la solución algebraica.

Ejercicios para el Ejemplo 1

Resuelve la ecuación en forma algebraica. Verifica las soluciones haciendo una gráfica.

1. $\frac{1}{3}x^2 = 12$ **2.** $3x^2 + 2 = 50$ **3.** $x^2 - 7 = 2$

EJEMPLO 2 *Resolver una ecuación mediante una gráfica*

a. Usa una gráfica para estimar las soluciones de $x^2 - 3x = 4$.

b. Verifica la solución en forma algebraica.

Chapter 9

NOMBRE__________ FECHA__________

Refuerzo con práctica

Para usar con las páginas 526–532

SOLUCIÓN

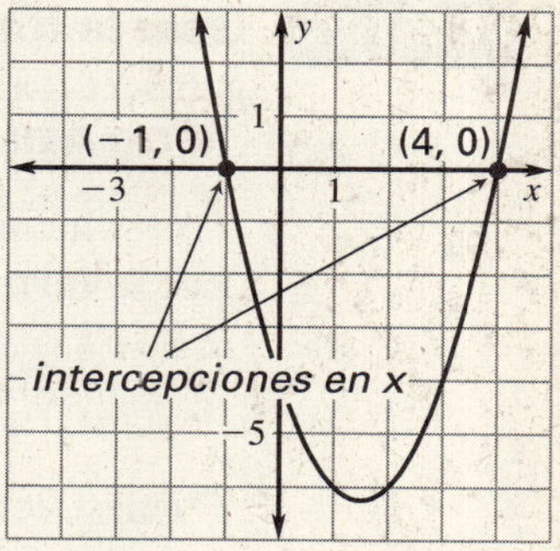

a. Escribe la ecuación de la forma $ax^2 + bx + c = 0$.

$x^2 - 3x = 4$ Escribe la ecuación original.

$x^2 - 3x - 4 = 0$ Resta 4 a cada lado.

Escribe la función relacionada $y = ax^2 + bx + c$.

$y = x^2 - 3x - 4$

Dibuja la gráfica de la función $y = x^2 - 3x - 4$.

Según la gráfica, las intercepciones en x parecen ser $x = -1$ y $x = 4$.

b. Puedes verificar la solución en forma algebraica, mediante la sustitución.

Verifica que $x = -1$:

$x^2 - 3x = 4$

$(-1)^2 - 3(-1) \stackrel{?}{=} 4$

$1 + 3 = 4$

Verifica que $x = 4$:

$x^2 - 3x = 4$

$4^2 - 3(4) \stackrel{?}{=} 4$

$16 - 12 = 4$

Ejercicios para el Ejemplo 2

Usa una gráfica para estimar las soluciones de la ecuación. Verifica las soluciones en forma algebraica.

4. $x^2 + x = 12$

5. $x^2 - 5x = -6$

6. $x^2 - 5x = 6$

EJEMPLO 3 *Puntos en una parábola*

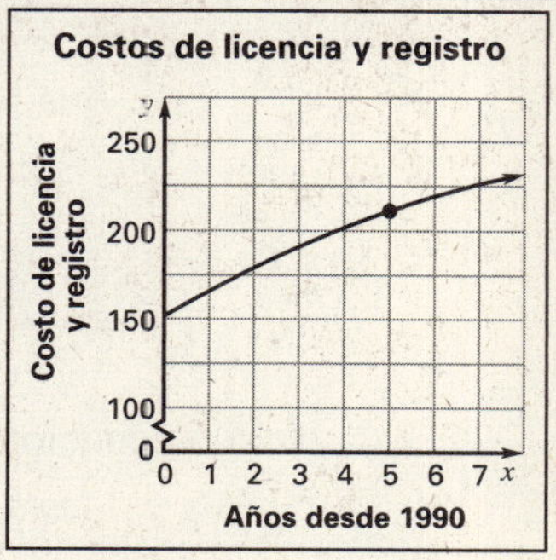

El costo promedio de la licencia y el registro de un automóvil en los Estados Unidos entre 1991 y 1997 puede representarse mediante

$$y = -0.63x^2 + 15.08x + 151.57$$

donde y representa el costo promedio de la licencia y el registro. Sea x el número de años desde 1990. Usa la gráfica del modelo para estimar el costo promedio de una licencia y un registro en 1995.

SOLUCIÓN

El año 1995 corresponde a $x = 5$. Según la gráfica de la ecuación cuadrática, el costo promedio de una licencia y un registro parece ser de aproximadamente 210 dólares.

Ejercicio para el Ejemplo 3

7. Verifica algebraicamente la solución del Ejemplo 3.

LECCIÓN 9.6

NOMBRE ____________________ FECHA ____________

Refuerzo con práctica

Para usar con las páginas 533–539

OBJETIVO **Usar la fórmula cuadrática para resolver una ecuación cuadrática**

VOCABULARIO

Las soluciones de la ecuación cuadrática $ax^2 + bx + c = 0$ están dadas por la **fórmula cuadrática**

$$x = \frac{-b \pm \sqrt{b^2 - 4ac}}{2a} \text{ donde } a \neq 0 \text{ y } b^2 - 4ac \geq 0.$$

Puedes leer esta fórmula como "x es igual al opuesto de b, más o menos la raíz cuadrada de b al cuadrado, menos $4ac$, todo dividido entre $2a$".

EJEMPLO 1 ***Usar la fórmula cuadrática***

Resuelve $x^2 + 3x = 4$.

SOLUCIÓN

Debes reescribir la ecuación en la forma usual $ax^2 + bx + c = 0$ antes de usar la fórmula cuadrática.

$x^2 + 3x = 4$ Escribe la ecuación original.

$x^2 + 3x - 4 = 0$ Reescribe la ecuación en forma usual.

$1x^2 + 3x + (-4) = 0$ Identifica que $a = 1$, $b = 3$, y $c = -4$.

$x = \frac{-3 \pm \sqrt{3^2 - 4(1)(-4)}}{2(1)}$ Sustituye los valores en la fórmula cuadrática: $a = 1$, $b = 3$, y $c = -4$.

$x = \frac{-3 \pm \sqrt{9 + 16}}{2}$ Simplifica.

$x = \frac{-3 \pm \sqrt{25}}{2}$ Simplifica.

$x = \frac{-3 \pm 5}{2}$ Soluciones

La ecuación tiene dos soluciones:

$$x = \frac{-3 + 5}{2} = 1 \text{ y } x = \frac{-3 - 5}{2} = -4$$

Ejercicios para el Ejemplo 1

Usa la fórmula cuadrática para resolver la ecuación.

1. $x^2 - 4x + 3 = 0$ **2.** $x^2 + 9x + 20 = 0$ **3.** $x^2 + x = 6$

Chapter 9

NOMBRE ______________________ FECHA __________

Refuerzo con práctica

Para usar con las páginas 533–539

EJEMPLO 2 Representar el movimiento vertical

Recuperas una pelota de fútbol americano desde un árbol que está a una altura de 25 pies sobre el suelo. La lanzas hacia abajo con una rapidez inicial de 20 pies por segundo. Usa un modelo de movimiento vertical para calcular cuánto demorará la pelota en llegar al suelo.

SOLUCIÓN

Como la pelota de fútbol americano se lanza hacia abajo, la velocidad inicial es $v = -20$ pies por segundo. La altura inicial es $s = 25$ pies. La pelota de fútbol americano llegará al suelo cuando la altura sea igual a 0.

$h = -16t^2 + vt + s$ — Escoge el modelo de movimiento vertical para un objeto que se lanza.

$h = -16t^2 + (-20)t + 25$ — Sustituye los valores para v y s en el modelo de movimiento vertical.

$0 = -16t^2 - 20t + 25$ — Sustituye h por 0.

$t = \dfrac{-(-20) \pm \sqrt{(-20)^2 - 4(-16)(25)}}{2(-16)}$ — Sustituye los valores en la fórmula cuadrática: $a = -16$, $b = -20$ y $c = 25$.

$t = \dfrac{20 \pm \sqrt{2000}}{-32}$ — Simplifica.

$t \approx 0.773$ ó -2.022 — Soluciones

La pelota de fútbol americano alcanzará el suelo unos 0.773 segundos después de ser lanzada. Como solución, -2.022 no tiene sentido en el problema.

Ejercicio para el Ejemplo 2

4. Formula nuevamente el Ejemplo 2 si la pelota de fútbol americano se deja caer del árbol con una rapidez inicial de 0 pies por segundo.

LECCIÓN 9.6

NOMBRE ______________________________ FECHA ____________

Prueba parcial 2

Para usar después de las lecciones 9.4–9.6

1. Decide si la gráfica de $y = 6x^2 - 4x - 3$ se abre hacia arriba o hacia abajo. *(Lección 9.4)*

2. Dibuja la gráfica de $-x^2 - 2x + 3$. *(Lección 9.4)*

3. Usa una gráfica para estimar las soluciones de la ecuación. Verifica las soluciones algebraicamente. *(Lección 9.5)*

$$x^2 - 12x + 36 = 0$$

4. Usa la fórmula cuadrática para resolver $x^2 - x = 2$. *(Lección 9.6)*

Respuestas

1. ____________
2. ____________
3. ____________
4. ____________

Chapter 9

LECCIÓN 9.7

NOMBRE ______________________ FECHA ____________

Refuerzo con práctica

Para usar con las páginas 540–545

OBJETIVO **Usar el discriminante para calcular el número de soluciones de una ecuación cuadrática**

VOCABULARIO

El **discriminante** es la expresión dentro del radical de la fórmula cuadrática, $b^2 - 4ac$.

Considera la ecuación cuadrática $ax^2 + bx + c = 0$.

- Si $b^2 - 4ac$ es positivo, entonces la ecuación tiene dos soluciones.
- Si $b^2 - 4ac$ es cero, entonces la ecuación tiene una solución.
- Si $b^2 - 4ac$ es negativo, entonces la ecuación no tiene una solución real.

EJEMPLO 1 *Calcular el número de soluciones*

Calcula el valor del discriminante y usa el valor para decir si la ecuación tiene *dos soluciones*, *una solución* o *ninguna solución real*.

a. $3x^2 - 2x - 1 = 0$ **b.** $x^2 - 8x + 16 = 0$ **c.** $x^2 - 4x + 5 = 0$

SOLUCIÓN

a. $b^2 - 4ac = (-2)^2 - 4(3)(-1)$ Sustituye a por 3, b por -2, c por -1.

$= 4 + 12$ Simplifica.

$= 16$ El discriminante es positivo.

El discriminante es positivo, de modo que la ecuación tiene dos soluciones.

b. $b^2 - 4ac = (-8)^2 - 4(1)(16)$ Sustituye a por 1, b por -8, c por 16.

$= 64 - 64$ Simplifica.

$= 0$ El discriminante es cero.

El discriminante es cero, de modo que la ecuación tiene una solución.

c. $b^2 - 4ac = (-4)^2 - 4(1)(5)$ Sustituye a por 1, b por -4, c por 5.

$= 16 - 20$ Simplifica.

$= -4$ El discriminante es negativo.

El discriminante es negativo, de modo que la ecuación no tiene una solución real.

Ejercicios para el Ejemplo 1

Di si la ecuación tiene dos soluciones, una solución o ninguna solución real.

1. $x^2 - 10x + 25 = 0$ **2.** $2x^2 - x - 1 = 0$ **3.** $x^2 + 2x + 4 = 0$

4. $-x^2 + 6x - 9 = 0$ **5.** $-2x^2 - 5x - 4 = 0$ **6.** $3x^2 + 2x - 16 = 0$

LECCIÓN 9.7 CONTINUACIÓN

NOMBRE ______________________ FECHA ____________

Refuerzo con práctica

Para usar con las páginas 540–545

EJEMPLO 2 *Calcular el número de intercepciones en x*

Determina si la gráfica de $y = 7x^2 - 5x + 1$ interseca el eje de x en *cero*, *uno* o *dos* puntos.

SOLUCIÓN

Deja que $y = 0$. Luego calcula el valor del discriminante de $7x^2 - 5x + 1 = 0$.

$7x^2 - 5x + 1 = 0$	Identifica $a = 7$, $b = -5$, $c = 1$.
$b^2 - 4ac = (-5)^2 - 4(7)(1)$	Sustituye a, b y c por valores.
$= 25 - 28$	Simplifica.
$= -3$	El discriminante es negativo.

El discriminante es negativo, así que la ecuación no tiene solución real. La gráfica de $y = 7x^2 - 5x + 1$ intersecará el eje de x en cero puntos.

Ejercicios para el Ejemplo 2

Determina si la gráfica de la función interseca el eje de *x* en *cero, uno* o *dos* puntos.

7. $y = x^2 - 8x + 16$

8. $y = x^2 - 8x - 1$

9. $y = x^2 - 8x + 18$

10. $y = 2x^2 - 6x + 3$

11. $y = -x^2 + 5x - 8$

12. $y = 4x^2 + 12x + 9$

Chapter 9

LECCIÓN 9.8

NOMBRE ______________________ FECHA __________

Refuerzo con práctica

Para usar con las páginas 546–552

OBJETIVO **Dibujar la gráfica de una desigualdad cuadrática de dos variables**

VOCABULARIO

Los siguientes son tipos de **desigualdades cuadráticas.**

$y < ax^2 + bx + c$ $\quad$ $y \leq ax^2 + bx + c$

$y > ax^2 + bx + c$ $\quad$ $y \geq ax^2 + bx + c$

La **gráfica de una desigualdad cuadrática** consiste en la gráfica de todos los pares ordenados (x, y) que son soluciones de la desigualdad.

EJEMPLO 1 *Verificar soluciones*

Decide si los pares ordenados $(-4, -5)$ y $(0, 2)$ son soluciones de la desigualdad $y < x^2 + 5x$.

SOLUCIÓN

$y < x^2 + 5x$ — Escribe la desigualdad original.

$-5 \overset{?}{<} (-4)^2 + 5(-4)$ — Sustituye x por -4 e y por -5.

$-5 < -4$ — Verdadero.

Como $-5 < -4$, el par ordenado $(-4, -5)$ es una solución de la desigualdad.

$y < x^2 + 5x$ — Escribe la desigualdad original.

$2 \overset{?}{<} (0)^2 + 5(0)$ — Sustituye x por 0 e y por 2.

$2 \not< 0$ — Falso.

Como 2 no es menor que 0, el par ordenado $(0, 2)$ no es una solución.

Ejercicios para el Ejemplo 1

Decide si el par ordenado es una solución de la desigualdad.

1. $y \geq x^2 - 2x,\ (2, 0)$ **2.** $y < 2x^2 + x,\ (1, -1)$ **3.** $y > x^2 - 3x,\ (2, -3)$

EJEMPLO 2 *Hacer una gráfica de una desigualdad cuadrática*

Dibuja la gráfica de $y > -x^2 + 2x - 1$.

NOMBRE ____________________ FECHA ____________

Refuerzo con práctica

Para usar con las páginas 546–552

Solución

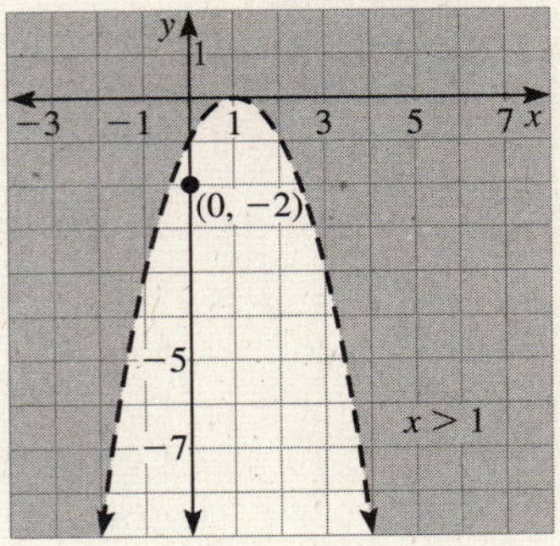

Dibuja la gráfica de la ecuación $y = -x^2 + 2x - 1$ que corresponde a la desigualdad $y > -x^2 + 2x - 1$. Usa una recta entrecortada, porque la desigualdad es $>$. La parábola se abre hacia abajo. Prueba el punto $(0, -2)$, que *no* está en la parábola.

$y > -x^2 + 2x - 1$	Escribe la desigualdad original.
$-2 \overset{?}{>} 0 + 0 - 1$	Sustituye x por 0, e y por -2.
$-2 \not> -1$	-2 no es mayor que -1.

El par ordenado $(0, -2)$ no es una solución porque -2 *no* es mayor que -1. Ya que el punto $(0, -2)$ está dentro de la parábola, la gráfica de $y > -x^2 + 2x - 1$ es todos los puntos fuera de la parábola.

Ejercicios para el Ejemplo 2

Dibuja la gráfica de la desigualdad.

4. $y < -x^2$ **5.** $y > 2x^2 + 1$ **6.** $y > -x^2 - 3x + 2$

EJEMPLO 3 *Hacer una gráfica de una desigualdad cuadrática*

Dibuja la gráfica de $y \geq 2x^2 + 6x$.

Solución

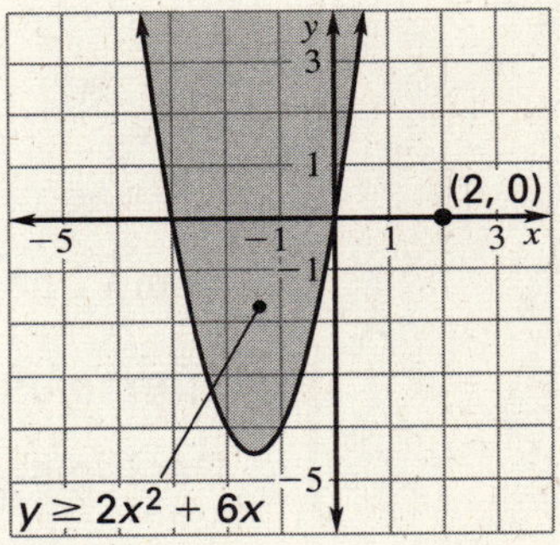

Dibuja la parábola $y = 2x^2 + 6x$ usando una recta continua, porque la desigualdad es $\geq$. La parábola se abre hacia arriba. Prueba el punto (2, 0), que no está en la parábola.

$y \geq 2x^2 + 6x$	Escribe la desigualdad original.
$0 \overset{?}{\geq} 2(2)^2 + 6(2)$	Sustituye x por 2, e y por 0.
$0 \not\geq 20$	Falso.

Como 0 no es mayor que o igual a 20, el par ordenado (2, 0) no es una solución. El punto (2, 0) no es una solución y está fuera de la parábola, de modo que la gráfica de $y \geq 2x^2 + 6x$ está constituida por todos los puntos ubicados dentro o en la parábola.

Ejercicios para el Ejemplo 3

Dibuja la gráfica de la desigualdad.

7. $y \leq x^2 + 4x + 4$ **8.** $y \geq 3x^2 - 12$ **9.** $y \leq x^2 - 10x + 9$

CAPÍTULO 9

NOMBRE ____________________ FECHA __________

Prueba del capítulo A

Para usar después del capítulo 9

Evalúa la expresión.

1. $\sqrt{81}$ **2.** $-\sqrt{100}$

3. $\sqrt{b^2 - 4ac}$ cuando $a = 3, b = 7, c = 2$

4. $\sqrt{b^2 - 4ac}$ cuando $a = 3, b = 8, c = 4$

Resuelve la ecuación calculando las raíces cuadradas.

5. $x^2 = 81$ **6.** $x^2 = 49$

Simplifica la expresión.

7. $\sqrt{45}$ **8.** $\sqrt{54}$ **9.** $\sqrt{\frac{16}{25}}$ **10.** $\sqrt{\frac{10}{32}}$

Dibuja la gráfica de la función. Nombra las coordenadas del vértice.

11. $y = 3x^2$

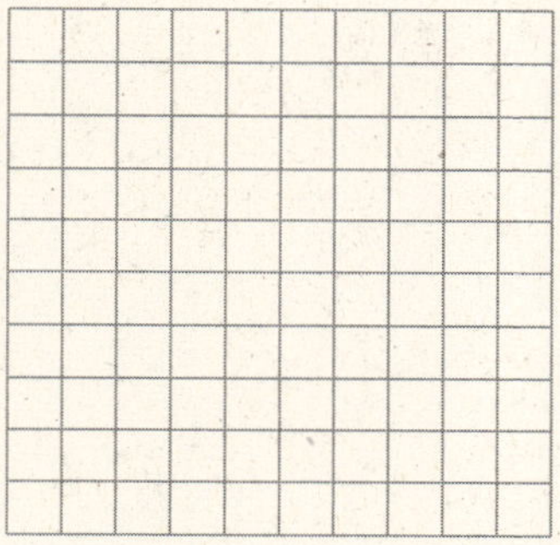

12. $y = -x^2$

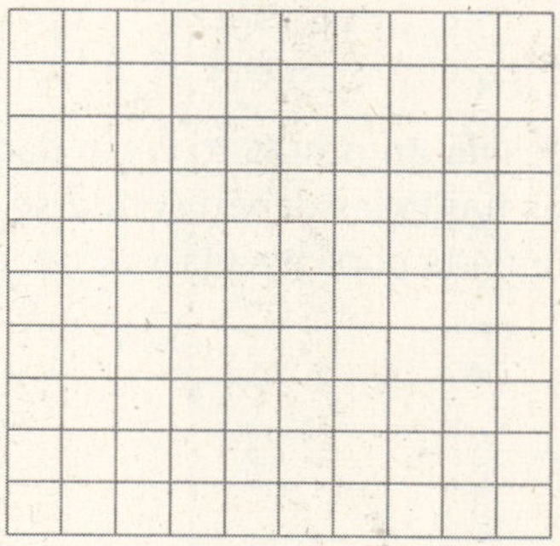

Usa la gráfica para identificar las raíces de la ecuación.

13. $y = x^2 - 2x - 8$

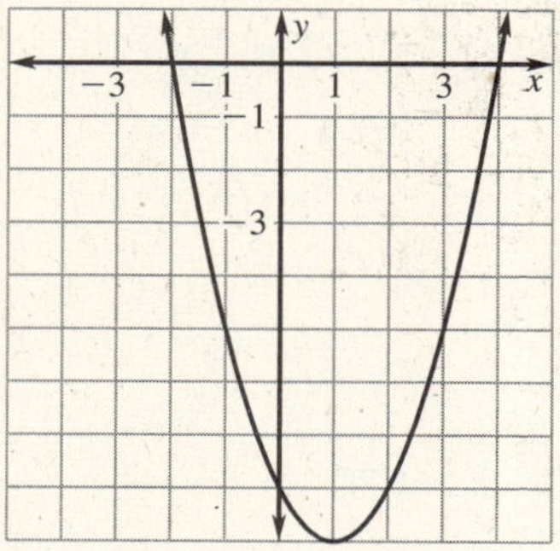

14. $y = x^2 - 4$

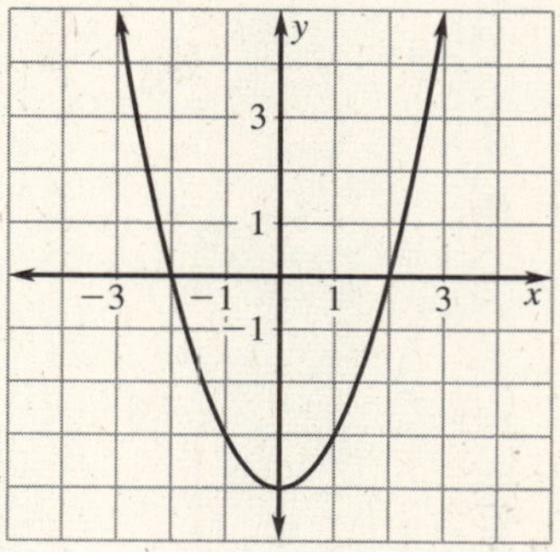

Usa la fórmula cuadrática para resolver la ecuación.

15. $0 = x^2 + x - 20$ **16.** $0 = x^2 - 5x + 6$

Respuestas

1. __________

2. __________

3. __________

4. __________

5. __________

6. __________

7. __________

8. __________

9. __________

10. __________

11. Usa la cuadrícula de la izquierda.

12. Usa la cuadrícula de la izquierda.

13. __________

14. __________

15. __________

16. __________

Chapter 9

NOMBRE ____________________ FECHA __________

Prueba del capítulo A

Para usar después del capítulo 9

Halla las intercepciones en *x* de la gráfica de la ecuación.

17. $y = x^2 - 3x + 2$

18. $y = x^2 - 1$

Determina cuántas soluciones tiene la ecuación.

19. $x^2 - 2x + 1 = 0$

20. $x^2 + 3 = 0$

Dibuja la gráfica de la desigualdad.

21. $y \geq x^2$

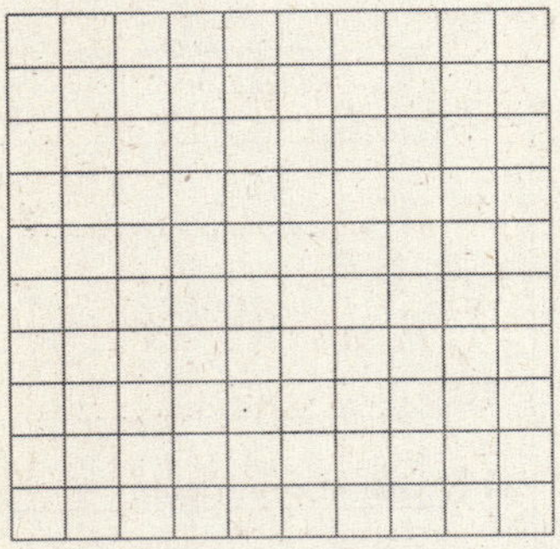

22. $y < x^2 - 3$

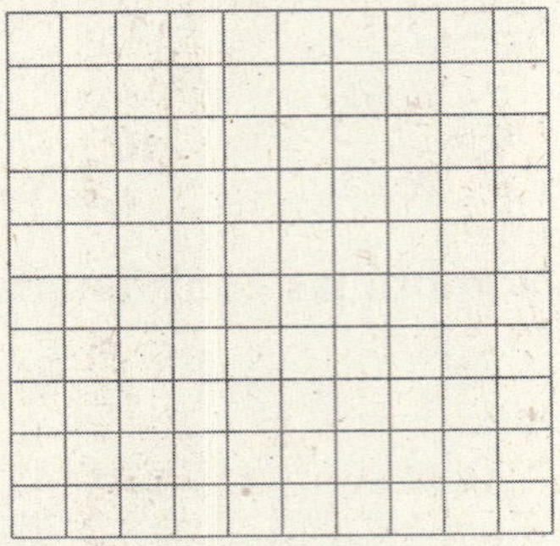

23. Los ingresos por vender x unidades de un producto están dados por $y = -0.0002x^2 + 20x$. ¿Cuántas unidades deben venderse para obtener el ingreso máximo? (Calcula la coordenada x del vértice de la parábola.)

Respuestas

17. ____________________

18. ____________________

19. ____________________

20. ____________________

21. Usa la cuadrícula de la izquierda.

22. Usa la cuadrícula de la izquierda.

23. ____________________

CAPÍTULO **9**

NOMBRE ______________________ FECHA __________

Prueba del capítulo B

Para usar después del capítulo 9

Evalúa la expresión.

1. $\sqrt{169}$

2. $-\sqrt{625}$

3. $\sqrt{b^2 - 4ac}$ cuando $a = 4, b = 5, c = 1$

Resuelve la ecuación calculando las raíces cuadradas.

4. $x^2 + 4 = 20$

5. $x^2 - 7 = 29$

Simplifica la expresión.

6. $\sqrt{\frac{9}{16}}$

7. $\sqrt{8} \cdot \sqrt{\frac{9}{20}}$

Dibuja la gráfica de la función. Nombra las coordenadas del vértice.

8. $y = x^2 + 2x + 1$

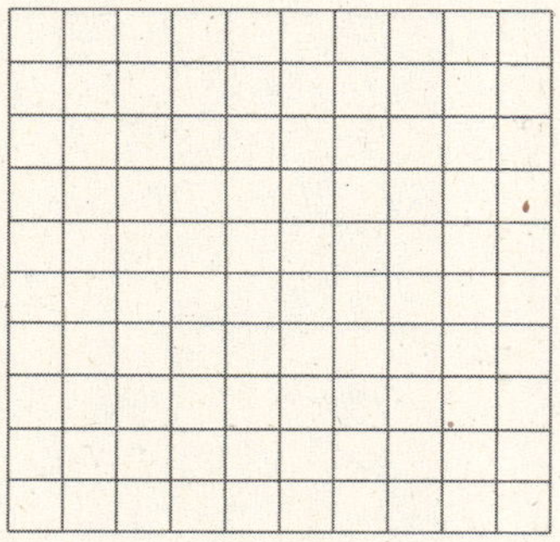

9. $y = x^2 + 4x + 1$

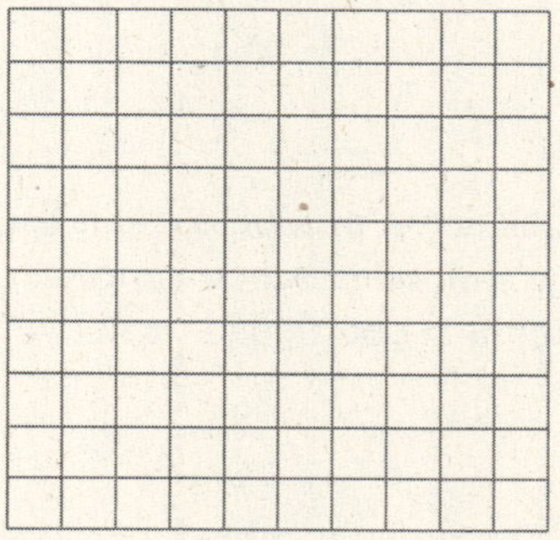

10. Lanzas una bola desde un grupo de graderías que está a 64 pies sobre el nivel del suelo. ¿Cuánto demorará la bola en golpear el suelo? Usa un modelo de movimiento vertical para un objeto que se deja caer: $h = -16t^2 + s$.

Usa la gráfica para identificar las raíces de la ecuación.

11. $y = x^2 - x - 6$

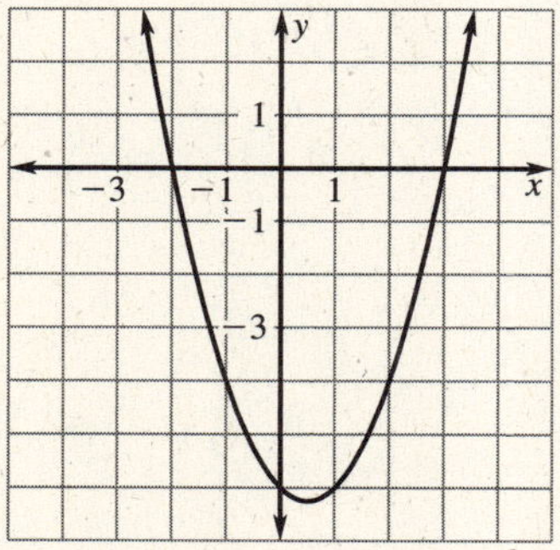

12. $y = x^2 - 6x + 8$

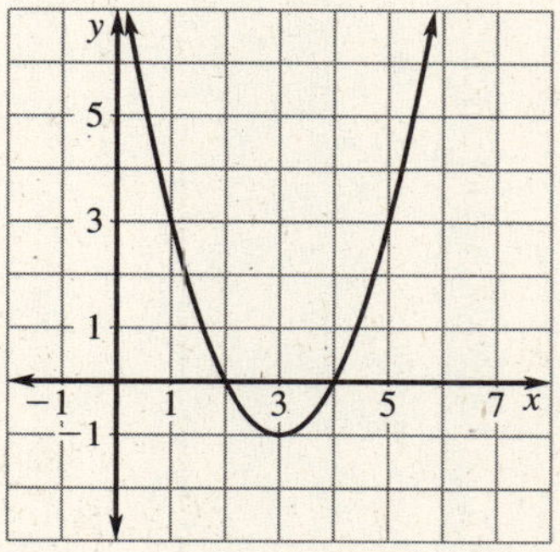

Usa la fórmula cuadrática para resolver la ecuación.

13. $0 = x^2 - 2x - 15$

14. $0 = x^2 + 10x + 24$

Respuestas

1. ____________
2. ____________
3. ____________
4. ____________
5. ____________
6. ____________
7. ____________
8. Usa la cuadrícula de la izquierda.
9. Usa la cuadrícula de la izquierda.
10. ____________
11. ____________
12. ____________
13. ____________
14. ____________

NOMBRE ______________________ FECHA ____________

Prueba del capítulo B

Para usar después del capítulo 9

Calcula las intercepciones en *x* de la gráfica de la ecuación.

15. $y = x^2 - 12x + 35$

16. $y = x^2 - 7x + 6$

Decide cuántas soluciones tiene la ecuación.

17. $x^2 + 4x + 4 = 0$

18. $x^2 - 6x + 13 = 0$

Dibuja la gráfica de la desigualdad.

19. $y > x^2 - 5x + 4$

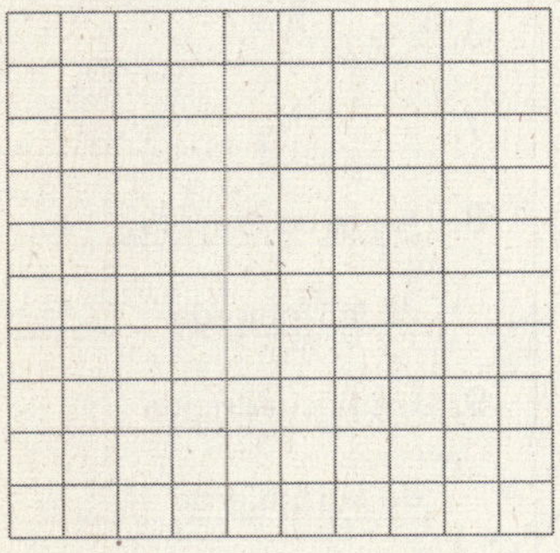

20. $y \leq x^2 - 2x + 3$

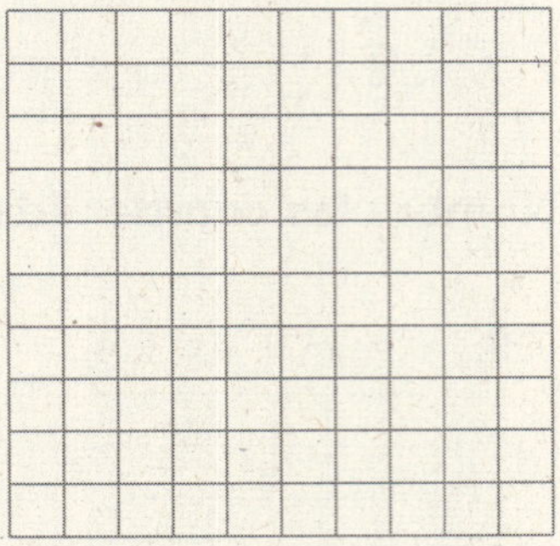

21. Los ingresos por vender x unidades de un producto están dados por $y = -0.0002x^2 + 40x$. ¿Cuántas unidades deben venderse para obtener el ingreso máximo? (Calcula la coordenada x del vértice de la parábola.)

Respuestas

15. ____________

16. ____________

17. ____________

18. ____________

19. Usa la cuadrícula de la izquierda.

20. Usa la cuadrícula de la izquierda.

21. ____________

NOMBRE ______________________ FECHA ____________

Prueba del capítulo SAT/ACT

Para usar después del capítulo 9

1. ¿Cuál de las siguientes alternativas es una solución de la ecuación $\frac{3}{4}x^2 - 13 = 14$?

Ⓐ $\frac{9}{2}$ Ⓑ $\sqrt{27}$

Ⓒ -6 Ⓓ $\frac{2}{\sqrt{3}}$

2. Calcula el área del rectángulo usando la fórmula $A = \ell \cdot w$.

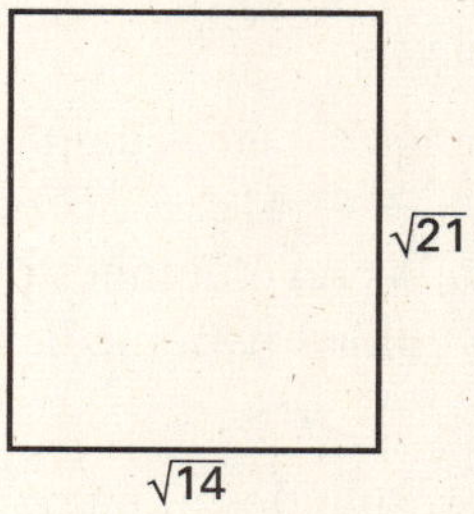

Ⓐ 294

Ⓑ $7\sqrt{6}$

Ⓒ $\sqrt{35}$

Ⓓ $7\sqrt{5}$

3. ¿Cuál de las siguientes alternativas es la forma simplificada de $3 \cdot \frac{\sqrt{35} \cdot \sqrt{15}}{\sqrt{63}}$?

Ⓐ $5\sqrt{3}$ Ⓑ $\frac{5\sqrt{2}}{\sqrt{7}}$

Ⓒ $\frac{5\sqrt{3}}{3}$ Ⓓ $3\sqrt{3}$

4. ¿Cuál es la coordenada x del vértice de la gráfica de la ecuación $y = \frac{2}{3}x^2 - 6x + 4$?

Ⓐ $\frac{1}{18}$ Ⓑ $\frac{1}{3}$

Ⓒ 3 Ⓓ $\frac{9}{2}$

5. ¿Cuáles son las soluciones de la ecuación $0 = -x^2 + x + 6$?

Ⓐ -2 y 3 Ⓑ $\frac{5}{2}$ y $-\frac{5}{2}$

Ⓒ 3 y -5 Ⓓ Ninguna

6. ¿Cuál es el discriminante de la ecuación $y = 3x^2 - 5x + 1$?

Ⓐ 13 Ⓑ 29

Ⓒ 41 Ⓓ 61

En las preguntas 7 y 8, escoge el enunciado que se cumple para los números dados.

Ⓐ El número de la columna A es mayor.

Ⓑ El número de la columna B es mayor.

Ⓒ Los dos números son iguales.

Ⓓ La relación no puede determinarse a partir de la información dada.

7.

Columna A	*Columna B*
$\sqrt{\frac{4}{25}}$	$\sqrt{\frac{1}{4}}$

Ⓐ Ⓑ Ⓒ Ⓓ

8.

Columna A	*Columna B*
x en $x^2 + 4 = 13$	x en $x^2 + 3 = 19$

Ⓐ Ⓑ Ⓒ Ⓓ

NOMBRE____________________________________ FECHA____________

Evaluación alternativa y diario de matemáticas

Para usar después del capítulo 9

DIARIO **1.** En este capítulo aprendiste cómo resolver problemas de movimiento vertical usando dos modelos. (a) Crea tres problemas verbales diferentes: uno en que se deja caer un objeto, uno en que se lanza hacia abajo un objeto y uno en que se lanza hacia arriba un objeto. Al menos dos de los tres problemas requerirían calcular el tiempo recorrido en el aire. Asegúrate de que los objetos se lancen con movimiento vertical. (b) Resuelve cada problema, mostrando todo el trabajo. Como parte de la solución, explica cómo saber qué número sustituir para cada variable.

PROBLEMA DE VARIOS PASOS **2.** Durante las pruebas, se determinó que los caballos de fuerza de un motor están representados por $H = -59.3r^2 + 1041r - 3676$, donde H representa los caballos de fuerza y r representa las revoluciones por minuto (rev/min) en miles. (El caballo de fuerza es una unidad para medir la potencia de un motor y otros dispositivos.)

Para los problemas a–d, redondea los resultados al número entero más próximo.

a. Predice el aspecto que tendrá la gráfica. Incluye la forma que tendrá la gráfica y explica cómo lo sabes. ¿Qué te dice el coeficiente dominante acerca de la gráfica?

b. Representa gráficamente la ecuación de los caballos de fuerza desde 7200 rev/min hasta 9600 rev/min (Consejo: las rev/min están en miles). Bosqueja la curva y rotula los ejes. Usa la curva para explicar cómo afectan las revoluciones por minuto sobre los caballos de fuerza.

c. Calcula los caballos de fuerza a 8000 rev/min. Explica cómo determinaste tu resultado.

d. Estima las rev/min a las cuales el motor produce 876 caballos de fuerza. ¿En cuántos puntos ocurre esto? Describe, en dos o tres oraciones completas, cómo podrías resolver este problema tanto usando la calculadora de gráficas como algebraicamente.

3. ***Escritura*** Después de algunos ajustes al motor, se hace otra prueba. Ahora el motor desarrolla un máximo de 902 caballos de fuerza. ¿Cuál es el porcentaje de aumento en caballos de fuerza? Explica cómo obtuviste el resultado.

NOMBRE ______________________ FECHA __________

Pauta para la evaluación alternativa

Para usar después del capítulo 9

DIARIO SOLUCIÓN

1. **a.** Las respuestas pueden variar; *Posible respuesta:* Se deja caer una moneda de un centavo desde la cima de un edificio de 400 pisos. ¿Cuánto tardará en llegar al suelo? Se lanza una moneda de un centavo hacia abajo, a 10 pies por segundo. ¿Cuán rápido golpeará el suelo esta vez? Se lanza verticalmente al aire un modelo de cohete desde una altura de 10 pies. ¿A qué altura está después de 2 segundos? **b.** Las respuestas completas deberían considerar los siguientes puntos:
   - Se usa el modelo $h = -16t^2 + s$ para un objeto que se deja caer y $h = -16t^2 + vt + s$ para los objetos que se lanzan hacia abajo o hacia arriba.
   - Al calcular cuánto demora un objeto en llegar al suelo, se sustituye h, por 0, porque la altura a nivel del suelo es cero.
   - Antes de resolver, se debería tomar como cero cualquier altura escogida que sea distinta del suelo.
   - Se sustituye s por la altura inicial y v por la velocidad inicial.
   - La velocidad inicial es positiva para un objeto que se lanza hacia arriba y negativa para un objeto que se lanza hacia abajo.

PROBLEMA DE VARIOS PASOS SOLUCIÓN

2. **a.** *Posible respuesta:* La gráfica debería tener la forma de una parábola, porque el modelo es cuadrático. Debería abrirse hacia abajo, porque el coeficiente dominante es negativo.

   b. Verifica las gráficas. *Posible respuesta:* Como las revoluciones por minuto aumentan, los caballos de fuerza aumentarán hasta que lleguen al punto más alto, después de lo cual los caballos de fuerza disminuyen.

   c. 857; sustituye r por 8 en la ecuación de los caballos de fuerza y simplifica.

   d. Las estimaciones deberían ser cercanas a 8248 rev/min y 9307 rev/min. *Posible respuesta:* Para resolver con la calculadora de gráficas, usa la característica de trazado de la calculadora para evaluar si H está cerca de 876. Para resolver algebraicamente, sustituye H por 876, iguala la ecuación a cero y resuelve usando la fórmula cuadrática.

3. 1%; *Posible respuesta:* Sustituye la coordenada r en la ecuación para hallar que el primer máximo de caballos de fuerza es de 893; $\frac{902}{893} \approx 1.01$, un aumento del 1%.

PROBLEMA DE VARIOS PASOS PAUTA DE EVALUACIÓN

4 Los estudiantes completan en forma exacta todas las partes de las preguntas. Los estudiantes explican correctamente cómo responder las preguntas, tanto gráfica como algebraicamente. La gráfica está bosquejada correctamente. Comprenden que el vértice es el punto máximo y calculan correctamente el porcentaje de mejora.

3 Los estudiantes completan las preguntas y explicaciones. Las soluciones pueden contener equivocaciones o errores matemáticos menores. Es posible que los estudiantes no den los resultados de las rev/min en miles. La gráfica está bosquejada en forma exacta. Los estudiantes comprenden lo que representa el vértice y calculan correctamente el porcentaje de mejora.

2 Los estudiantes completan las preguntas y explicaciones. Pueden ocurrir algunos errores matemáticos. Los estudiantes no explican correctamente cómo contestar gráfica y algebraicamente las preguntas. La gráfica está incorrecta o incompleta. Los estudiantes tienen problemas para interpretar la gráfica y no logran explicar que el punto máximo es el vértice.

1 Las respuestas están incompletas. Las soluciones y explicaciones están incorrectas. Falta la gráfica o es completamente inexacta.

NOMBRE ______________________ FECHA __________

Examen acumulativo del 1 al 9

Para usar tras completar el capítulo 9

En los ejercicios 1 a 4, evalúa la expresión. (1.2, 2.5, 9.1)

1. $\dfrac{x^2 - 9}{4}$ cuando $x = 3$
2. $2x^3 - 3x + 7$ cuando $x = -4$
3. $\sqrt{a^2 + b^2}$ cuando $a = 2$ y $b = -5$
4. $\sqrt{b^2 - 4ac}$ cuando $a = -3$, $b = 4$ y $c = -1$

En los ejercicios 5 a 10, simplifica la expresión. (1.3, 2.3–2.5, 2.8, 8.1, 8.2, 8.4)

5. $\dfrac{15 + 3^2}{4^2 \div 2}$
6. $5(-2)^3 \div 4(7^0)$
7. $-3(20 \div 2^2 - 10) + 5^3 \div 5^2$
8. $(r^2s)^4$
9. $(x^4)(x^5)$
10. $\dfrac{12x^2y}{-3xy^3} \cdot \dfrac{-2xy^2}{xy}$

En los ejercicios 11 a 13, halla las intercepciones en *x* e *y* de la recta. (4.4)

11. $y = -\dfrac{2}{3}x - 5$
12. $4x + 5y = 20$
13. $x = -6$

Soluciones

1. ______________
2. ______________
3. ______________
4. ______________
5. ______________
6. ______________
7. ______________
8. ______________
9. ______________
10. ______________
11. ______________
12. ______________
13. ______________

NOMBRE ______________________ FECHA __________

Examen acumulativo del 1 al 9

Para usar tras completar el capítulo 9

En los ejercicios 14 a 18, resuelve la ecuación. (3.3–3.5, 6.6, 9.2)

14. $16 = 12n - 8$

15. $-4x + 6 - x = 7 + 2x$

16. $3(x + 9) - 2 = 2(3x - 1)$

17. $2x^2 - 7 = 13$

18. $|7x - 1| = 6$

En los ejercicios 19 a 21, halla la pendiente de la recta que pasa por los dos puntos. (4.5)

19. $(-5, 7)$ y $(2, -3)$

20. $(-3, -4)$ y $(1, 4)$

21. $(-6, 5)$ y $(6, 5)$

En los ejercicios 22 a 25, escribe la ecuación en forma pendiente e intercepción de la recta descrita. (5.1–5.4, 5.6)

22. pendiente: -7 e intercepción en y: 10

23. pasa por los puntos $(2, 7)$ y $(5, 3)$

24. pasa por el punto $(-2, 1)$ y es paralela a la recta $y = 5x - 9$

25. pasa por el punto $(5, -4)$ y es perpendicular a la recta $y = \frac{1}{3}x + 11$

Soluciones

14. ______________

15. ______________

16. ______________

17. ______________

18. ______________

19. ______________

20. ______________

21. ______________

22. ______________

23. ______________

24. ______________

25. ______________

NOMBRE ______________________ FECHA ________

Examen acumulativo del 1 al 9

Para usar tras completar el capítulo 9

En los ejercicios 26 a 31, resuelve la desigualdad. A continuación dibuja una gráfica de la solución. (6.1–6.7)

26. $-7m \leq -63$

27. $7 - 3x \geq -5(x + 1)$

28. $-16 \leq 2x - 8 < 10$

29. $5x - 1 < 9$ ó $2x + 7 \geq 15$

30. $|x + 6| < 11$

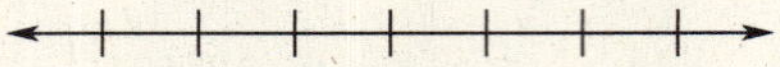

31. $|4x - 2| - 9 \geq 5$

En los ejercicios 32 a 36, haz la representación gráfica. (4.7, 6.8, 8.3, 9.4, 9.8)

32. $y = -3x + 1$

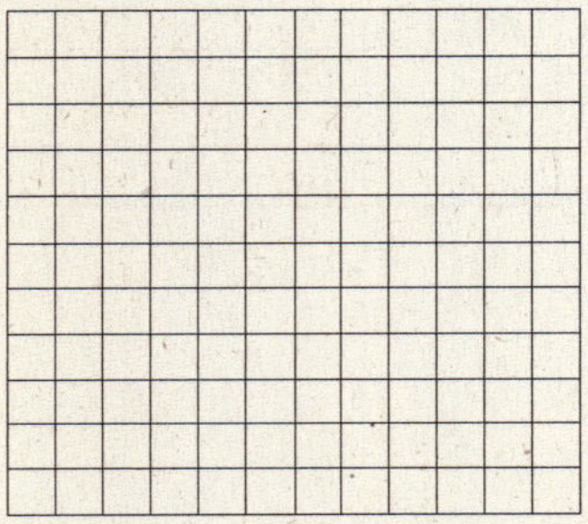

33. $2x - 3y = 9$

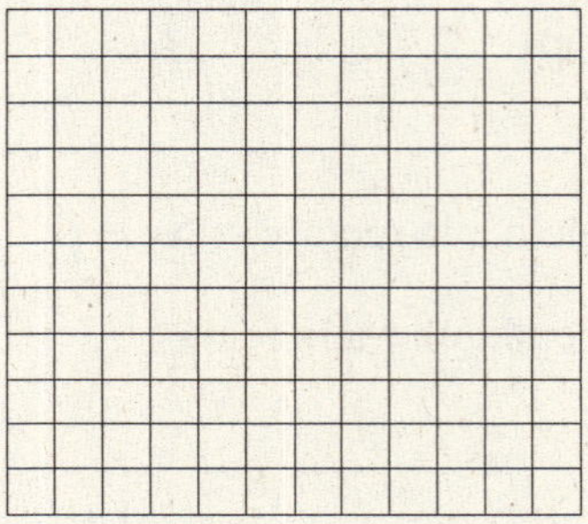

34. $y \leq \frac{2}{3}x + 5$

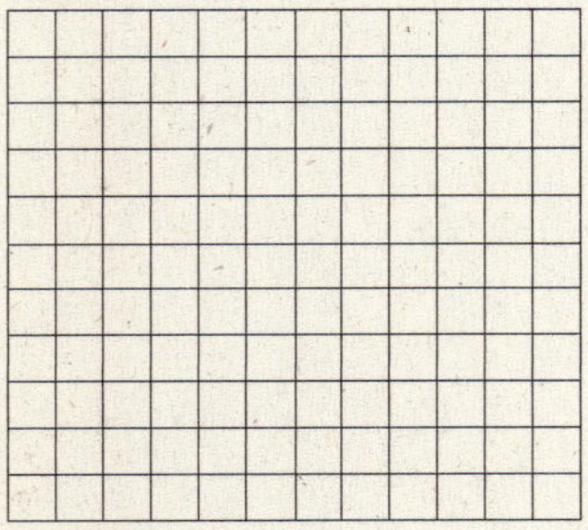

35. $y = x^2 - 2x + 1$

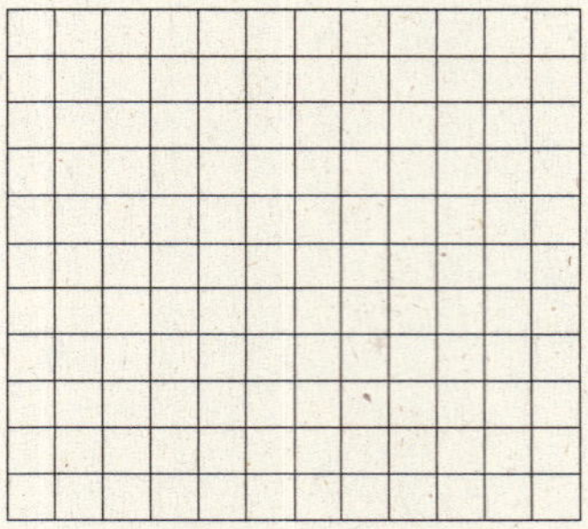

36. $y > x^2 + 2$

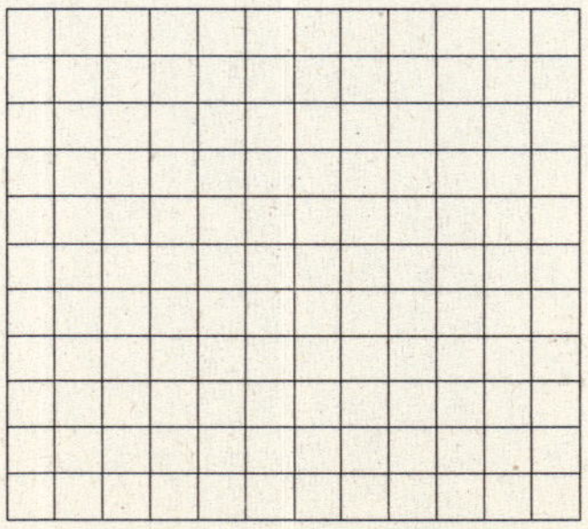

Soluciones

26. ______________

27. ______________

28. ______________

29. ______________

30. ______________

31. ______________

32. ______________

33. ______________

34. ______________

35. ______________

36. ______________

NOMBRE ______________________ FECHA __________

Examen acumulativo del 1 al 9

Para usar tras completar el capítulo 9

En los ejercicios 37 a 40, resuelve los sistemas de ecuaciones. (7.2, 7.3, 7.5)

37. $x - y = 7$
$x + y = -11$

38. $y = -3x + 5$
$2x + y = 17$

39. $5x + 2y = 19$
$x - 3y = -3$

40. $x + 4y = 7$
$-2x - 8y = 1$

En los ejercicios 41 y 42, resuelve mediante la fórmula cuadrática. (9.6)

41. $0 = x^2 - x - 2$

42. $2x^2 - 3 = x$

En los ejercicios 43 a 45, escribe una función exponencial para representar la situación. Usa la fórmula indicada. (8.6, 8.7)

43. Una población de 12,000 aumenta cada año un 5%. $(y = C(1 + r)^t)$

44. Depositas $500 en una cuenta que paga intereses del 6% compuesto trimestralmente. $\left(A = P\left(1 + \frac{r}{n}\right)^{tn}\right)$

45. Un automóvil de $15,000 se deprecia anualmente un 9%. $(y = C(1 - r)^t)$

Soluciones

37. ______________

38. ______________

39. ______________

40. ______________

41. ______________

42. ______________

43. ______________

44. ______________

45. ______________

LECCIÓN 10.1

NOMBRE ______________________ FECHA __________

Refuerzo con práctica

Para usar con las páginas 567–573

OBJETIVO Sumar y restar polinomios

VOCABULARIO

Un **monomio en una variable** es un número, una variable o un producto de números y variables.

Un **polinomio** es un monomio o una suma de monomios.

Un polinomio está escrito en **forma usual** cuando los términos aparecen en orden descendiente, desde el exponente más alto hasta el exponente más bajo.

El **grado** de cada término de un polinomio es el exponente de la variable.

El **grado de un polinomio en una variable** es el exponente más alto de la variable.

Un **binomio** es un polinomio de dos términos.

Un **trinomio** es un polinomio de tres términos.

EJEMPLO 1 *Identificar polinomios*

Identifica el polinomio por el grado y por el número de términos.

a. -2

b. $2x^2 - 5$

c. $x^3 + x - 8$

d. $\frac{1}{2}x$

SOLUCIÓN

a. constante; monomio

b. cuadrático; binomio

c. cúbico; trinomio

d. lineal; monomio

Ejercicios para el Ejemplo 1

Identifica el polinomio por el grado y por el número de términos.

1. $5x^3$ **2.** $-x^2 + 4x + 6$ **3.** $-7 + 3x$ **4.** $8x^2$

Chapter 10

NOMBRE ______________________ FECHA __________

Refuerzo con práctica

Para usar con las páginas 567–573

EJEMPLO 2 Sumar polinomios

Calcula la suma y escribe el resultado en forma usual.

a. $(6x - x^2 + 3) + (4x^2 - x - 2)$ **b.** $(x^2 - x - 4) + (2x + 3x^2 + 1)$

SOLUCIÓN

a. Formato vertical: Escribe cada expresión en forma usual. Alinea los términos semejantes.

$$\begin{array}{r} -x^2 + 6x + 3 \\ \underline{4x^2 - x - 2} \\ 3x^2 + 5x + 1 \end{array}$$

b. Formato horizontal: Agrupa los términos semejantes.

$$\begin{aligned}(x^2 - x - 4) + (2x + 3x^2 + 1) &= (x^2 + 3x^2) + (-x + 2x) + (-4 + 1) \\ &= 4x^2 + x - 3\end{aligned}$$

Ejercicios para el Ejemplo 2

Calcula la suma. Escribe cada expresión en forma usual.

5. $(7 + 2x - 4x^2) + (-3x + x^2 - 5)$ **6.** $(8x - 9 + 2x^2) + (1 + x - 6x^2)$

EJEMPLO 3 Restar polinomios

Calcula la diferencia y escribe el resultado en forma usual.

a. $(5x^2 - 4x + 1) - (8 - x^2)$ **b.** $(-x + 2x^2) - (3x^2 + 7x - 2)$

SOLUCIÓN

a. Formato vertical: Para restar, debes sumar el opuesto.

$$\begin{array}{r} (5x^2 - 4x + 1) \\ \underline{- \qquad (8 - x^2)} \end{array} \quad \text{Suma el opuesto.} \quad \begin{array}{r} 5x^2 - 4x + 1 \\ \underline{+\,x^2 \qquad - 8} \\ 6x^2 - 4x - 7 \end{array}$$

b. Formato horizontal: Agrupa los términos semejantes y simplifica.

$$\begin{aligned}(-x + 2x^2) - (3x^2 + 7x - 2) &= -x + 2x^2 - 3x^2 - 7x + 2 \\ &= (2x^2 - 3x^2) + (-x - 7x) + 2 \\ &= -x^2 - 8x + 2\end{aligned}$$

Ejercicios para el Ejemplo 3

Calcula la diferencia. Escribe cada expresión en forma usual.

7. $(x + 7x^2) - (1 + 3x - x^2)$ **8.** $(2x + 3 - 5x^2) - (2x^2 - x + 6)$

LECCIÓN 10.2

NOMBRE ______________________________ FECHA ____________

Refuerzo con práctica

Para usar con las páginas 574–580

OBJETIVO **Multiplicar polinomios**

> **VOCABULARIO**
>
> Para multiplicar dos binomios, usa un método llamado método **FOIL** en inglés. Multiplica los primeros términos *(First)*, luego los términos exteriores *(Outer)*, en seguida los términos interiores *(Inner)* y finalmente los últimos términos *(Last)*.

EJEMPLO 1 *Multiplicar binomios usando el método FOIL*

Calcula el producto $(4x + 3)(x + 2)$.

SOLUCIÓN

$$(4x + 3)(x + 2) = \underset{F}{4x^2} + \underset{O}{8x} + \underset{I}{3x} + \underset{L}{6}$$

$$= 4x^2 + 11x + 6 \qquad \text{Combina los términos semejantes.}$$

Ejercicios para el Ejemplo 1

Usa el método FOIL para calcular el producto.

1. $(2x + 3)(x + 1)$ **2.** $(y - 2)(y - 3)$ **3.** $(3a + 2)(2a - 1)$

EJEMPLO 2 *Multiplicar polinomios verticalmente*

Calcula el producto $(x + 3)(4 - 2x^2 + x)$.

SOLUCIÓN

Para multiplicar dos polinomios que tienen tres o más términos, debes multiplicar cada término de un polinomio por cada término del otro polinomio. Alinea los términos semejantes verticalmente.

$\times \quad -2x^2 + x + 4$	Forma usual
$x + 3$	Forma usual
$-6x^2 + 3x + 12$	$3(-2x^2 + x + 4)$
$-2x^3 + x^2 + 4x$	$x(-2x^2 + x + 4)$
$-2x^3 - 5x^2 + 7x + 12$	Combina los términos semejantes.

Ejercicios para el Ejemplo 2

Multiplica los polinomios verticalmente.

4. $(a + 4)(a^2 + 3 - 2a)$ **5.** $(2y + 1)(y^2 - 5 + y)$

Chapter 10

NOMBRE ________________________________ FECHA ____________

Refuerzo con práctica

Para usar con las páginas 574–580

EJEMPLO 3 Multiplicar polinomios horizontalmente

Calcula el producto $(x + 4)(-2x^2 + 3x - 1)$.

SOLUCIÓN

Multiplica $-2x^2 + 3x - 1$ por cada término de $x + 4$.

$$\begin{aligned}(x + 4)(-2x^2 + 3x - 1) &= x(-2x^2 + 3x - 1) + 4(-2x^2 + 3x - 1)\\ &= -2x^3 + 3x^2 - x - 8x^2 + 12x - 4\\ &= -2x^3 - 5x^2 + 11x - 4\end{aligned}$$

Ejercicios para el Ejemplo 3

Multiplica los polinomios horizontalmente.

6. $(a + 4)(a^2 + 3 - 2a)$

7. $(2y + 1)(y^2 - 5 + y)$

EJEMPLO 4 Multiplicar binomios para calcular un área

Las dimensiones de un jardín rectangular pueden representarse mediante un ancho de $(x + 6)$ pies y una longitud de $(2x + 5)$ pies. Escribe una expresión polinomial para el área A del jardín.

SOLUCIÓN

El modelo del área de un rectángulo es $A =$ (ancho)(longitud).

$A =$ (ancho)(longitud)	Modelo del área de un rectángulo
$= (x + 6)(2x + 5)$	Sustituye el ancho por $x + 6$ y la longitud por $2x + 5$.
$= 2x^2 + 5x + 12x + 30$	Usa el método FOIL.
$= 2x^2 + 17x + 30$	Combina los términos semejantes.

El área A del jardín puede representarse mediante $2x^2 + 17x + 30$.

Ejercicio para el Ejemplo 4

8. Formula nuevamente el Ejemplo 4 si el ancho es $(x + 3)$ pies y la longitud es $(3x + 2)$ pies.

LECCIÓN 10.3

NOMBRE ______________________ FECHA __________

Refuerzo con práctica

Para usar con las páginas 581–587

OBJETIVO **Usar patrones de productos especiales para multiplicar polinomios**

VOCABULARIO

Algunos pares de binomios tienen patrones de **productos especiales** como sigue.

Patrón de la suma por diferencia

$$(a + b)(a - b) = a^2 - b^2$$

Patrón del cuadrado de un binomio

$$(a + b)^2 = a^2 + 2ab + b^2$$

$$(a - b)^2 = a^2 - 2ab + b^2$$

EJEMPLO 1 *Usar el patrón de la suma por diferencia*

Usa el patrón de la suma por diferencia para calcular el producto $(4y + 3)(4y - 3)$.

SOLUCIÓN

$(a + b)(a - b) = a^2 - b^2$ Escribe el patrón.

$(4y + 3)(4y - 3) = (4y)^2 - 3^2$ Aplica el patrón.

$= 16y^2 - 9$ Simplifica.

Ejercicios para el Ejemplo 1

Usa el patrón de la suma por diferencia para calcular el producto.

1. $(x + 5)(x - 5)$ **2.** $(3x + 2)(3x - 2)$ **3.** $(x + 2)(x - 2)$

EJEMPLO 2 *Elevar un binomio al cuadrado*

Usa el patrón del cuadrado de un binomio para calcular el producto.

a. $(2x + 3)^2$ **b.** $(4x - 1)^2$

SOLUCIÓN

a. $(a + b)^2 = a^2 + 2ab + b^2$ Escribe el patrón.

$(2x + 3)^2 = (2x)^2 + 2(2x)(3) + 3^2$ Aplica el patrón.

$= 4x^2 + 12x + 9$ Simplifica.

b. $(a - b)^2 = a^2 - 2ab + b^2$ Escribe el patrón.

$(4x - 1)^2 = (4x)^2 - 2(4x)(1) + 1^2$ Aplica el patrón.

$= 16x^2 - 8x + 1$ Simplifica.

Chapter 10

NOMBRE ______________________ FECHA __________

Refuerzo con práctica

Para usar con las páginas 581–587

Ejercicios para el Ejemplo 2

Usa el patrón del cuadrado de un binomio para calcular el producto.

4. $(m + 3)^2$ **5.** $(3x - 2)^2$ **6.** $(7y + 2)^2$

EJEMPLO 3 Calcular el área de una figura

Usa un patrón de productos especiales y halla una expresión para el área de la región sombreada.

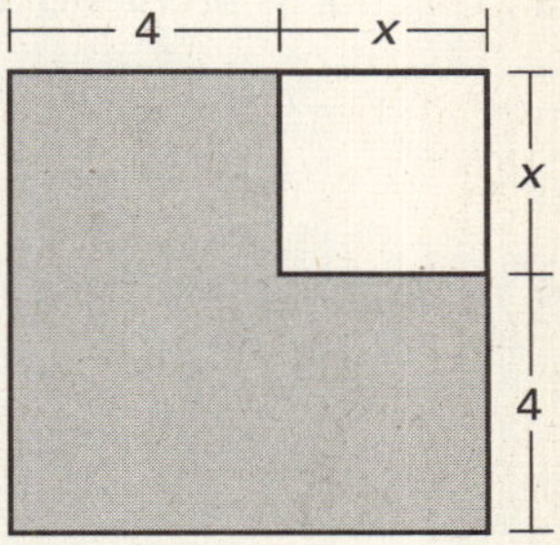

SOLUCIÓN

Modelo verbal [Área de la región sombreada] = [Área del cuadrado entero] − [Área del cuadrado pequeño]

Designaciones	Área de la región sombreada $= A$	(unidades cuadradas)
	Área del cuadrado entero $= (x + 4)^2$	(unidades cuadradas)
	Área del cuadrado pequeño $= x^2$	(unidades cuadradas)
Modelo algebraico	$A = (x + 4)^2 - x^2$	Escribe el modelo algebraico.
	$= (x^2 + 8x + 16) - x^2$	Aplica el patrón.
	$= 8x + 16$	Simplifica.

El área de la región sombreada puede representarse mediante $8x + 16$ unidades cuadradas.

Ejercicios para el Ejemplo 3

7. Usa un patrón de productos especiales y halla una expresión para el área de la región sombreada.

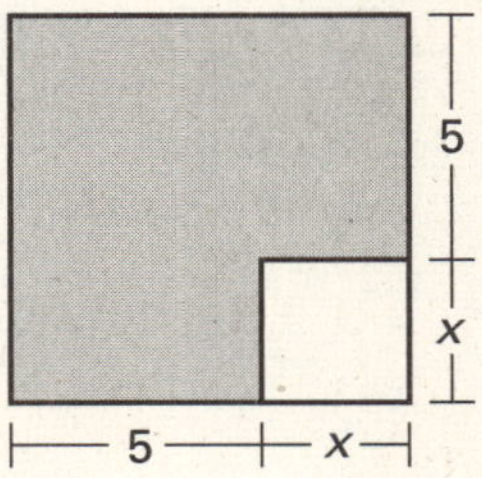

8. Usa un patrón de productos especiales y halla una expresión para el área de la región sombreada.

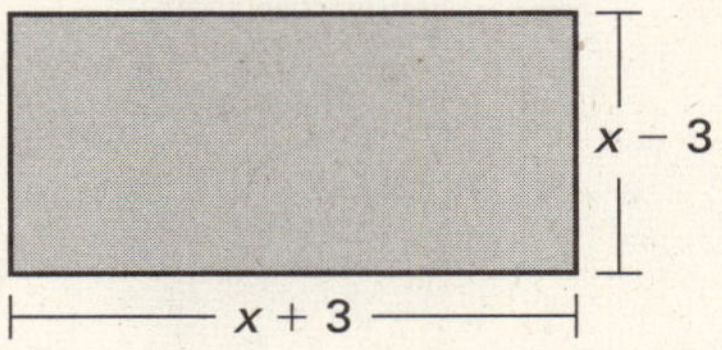

NOMBRE ______________________________ FECHA ____________

Prueba parcial 1

Para usar después de las lecciones 10.1–10.3

1. Suma los polinomios. *(Lección 10.1)*

   $(3n - 4n^2 + 7) + (7n^2 + 5n - 6)$

2. Resta los polinomios. *(Lección 10.1)*

   $(7y^3 + 4y^2 - 5y + 3) - (8y^3 - 4y^2 - 2y + 2)$

3. Calcula el producto de los polinomios. *(Lección 10.2)*

   $-3t^2(3t^2 - 4t + 5)$

4. Usa el método FOIL para multiplicar $(4y + 3)(2y - 2)$. *(Lección 10.2)*

5. Escribe $(m - 4)^2$ como trinomio. *(Lección 10.3)*

6. Multiplica $(3a - 5)(3a + 5)$. *(Lección 10.3)*

7. Tienes una huerta de vegetales rectangular que mide 10 pies de longitud y 12 pies de ancho. Luego agrandas la huerta, extendiendo cada lado en y pies. Escribe el área de la huerta grande en términos de un trinomio. *(Lección 10.2)*

Respuestas

1. ____________
2. ____________
3. ____________
4. ____________
5. ____________
6. ____________
7. ____________

LECCIÓN 10.4

NOMBRE ______________________ FECHA ____________

Refuerzo con práctica

Para usar con las páginas 588–593

OBJETIVO **Resolver ecuaciones cuadráticas en forma factorizada**

VOCABULARIO

Un polinomio está en **forma factorizada** si está escrito como el producto de dos o más factores. De acuerdo con la **propiedad del producto cero**, si el producto de dos factores es cero, entonces al menos uno de los factores debe ser cero.

EJEMPLO 1 *Resolver una ecuación factorizada*

Resuelve la ecuación $(x - 1)(x + 7) = 0$.

SOLUCIÓN

Usa la propiedad del producto cero: ya sea $x - 1 = 0$ o $x + 7 = 0$.

$(x - 1)(x + 7) = 0$	Escribe la ecuación original.
$x - 1 = 0$	Iguala el primer factor a 0.
$x = 1$	Resuelve para x.
$x + 7 = 0$	Iguala el segundo factor a 0.
$x = -7$	Resuelve para x.

Las soluciones son 1 y -7.

Ejercicios para el Ejemplo 1

Resuelve la ecuación.

1. $(z - 6)(z + 6) = 0$

2. $(y - 5)(y - 1) = 0$

3. $(x + 4)(x + 3) = 0$

EJEMPLO 2 *Resolver una ecuación de factor repetido*

Resuelve la ecuación $(x - 4)^2 = 0$.

SOLUCIÓN

Esta ecuación tiene un factor repetido. Para resolver la ecuación, iguala $x - 4$ a cero.

$(x - 4)^2 = 0$	Escribe la ecuación original.
$x - 4 = 0$	Iguala el factor repetido a 0.
$x = 4$	Resuelve para x.

La solución es 4.

NOMBRE ______________________ FECHA __________

Refuerzo con práctica

Para usar con las páginas 588–593

Ejercicios para el Ejemplo 2

Resuelve la ecuación.

4. $(t - 5)^2 = 0$ **5.** $(y + 3)^2 = 0$ **6.** $(2x + 4)^2 = 0$

EJEMPLO 3 *Hacer una gráfica de una ecuación factorizada*

Indica las intercepciones en x, y el vértice de la gráfica de la función $y = (x + 4)(x - 2)$. Luego dibuja la gráfica de la función.

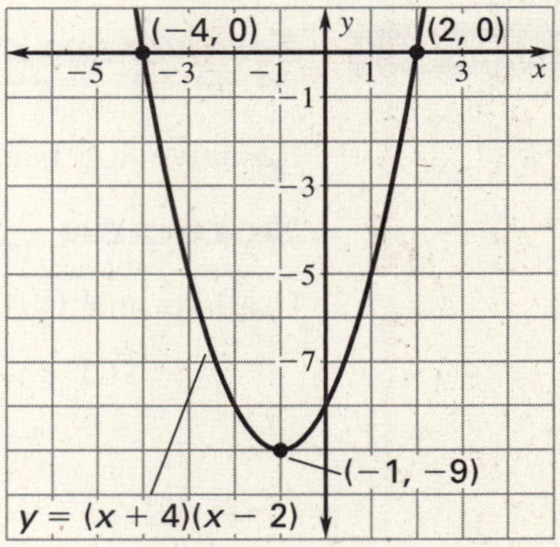

SOLUCIÓN

Primero, resuelve $(x + 4)(x - 2) = 0$ para hallar las intercepciones en x: -4 y 2.

Después, calcula las coordenadas del vértice.

- La coordenada x del vértice es el promedio de las intercepciones en x.

$$x = \frac{-4 + 2}{2} = -1$$

- Sustituye para calcular la coordenada y.

$$y = (-1 + 4)(-1 - 2) = -9$$

- Las coordenadas del vértice son $(-1, -9)$.

Ejercicios para el Ejemplo 3

Indica las intercepciones en *x* y el vértice de la gráfica de la función.

7. $y = (x + 3)(x + 1)$ **8.** $y = (x - 2)(x - 4)$ **9.** $y = (x - 1)(x + 5)$

LECCIÓN 10.5

NOMBRE______________________________ FECHA____________

Refuerzo con práctica

Para usar con las páginas 594–601

OBJETIVO **Factorizar trinomios de la forma $x^2 + bx + c$**

VOCABULARIO

Factorizar un trinomio significa escribirlo como el producto de dos binomios. Para factorizar $x^2 + bx + c$, debes hallar dos números p y q con tal de que

$$p + q = b \quad \text{y} \quad pq = c.$$

$x^2 + bx + c = (x + p)(x + q)$ cuando $p + q = b$ y $pq = c$

EJEMPLO 1 *Factorizar cuando b y c son positivos*

Factoriza $x^2 + 6x + 8$.

SOLUCIÓN

Para este trinomio, $b = 6$ y $c = 8$. Debes hallar dos números cuya suma sea 6 y cuyo producto sea 8.

$x^2 + 6x + 8 = (x + p)(x + q)$ Calcula p y q cuando $p + q = 6$ y $pq = 8$.

$= (x + 4)(x + 2)$ $p = 4$ y $q = 2$

Ejercicios para el Ejemplo 1

Factoriza el trinomio.

1. $x^2 + 5x + 6$ **2.** $x^2 + 6x + 5$ **3.** $x^2 + 3x + 2$

EJEMPLO 2 *Factorizar cuando b es negativo y c es positivo*

Factoriza $x^2 - 5x + 4$.

SOLUCIÓN

Como b es negativo y c es positivo, tanto p como q deben ser números negativos. Halla dos números cuya suma sea -5 y cuyo producto sea 4.

$x^2 - 5x + 4 = (x + p)(x + q)$ Calcula p y q cuando $p + q = -5$ y $pq = 4$.

$= (x - 4)(x - 1)$ $p = -4$ y $q = -1$

Ejercicios para el Ejemplo 2

Factoriza el trinomio.

4. $x^2 - 3x + 2$ **5.** $x^2 - 7x + 12$ **6.** $x^2 - 5x + 6$

Chapter 10

LECCIÓN 10.5 CONTINUACIÓN

NOMBRE ______________________ FECHA ____________

Refuerzo con práctica

Para usar con las páginas 594–601

EJEMPLO 3 Factorizar cuando b y c son negativos

Factoriza $x^2 - 3x - 10$.

SOLUCIÓN

Para este trinomio, $b = -3$ y $c = -10$. Como c es negativo, necesitas hallar números p y q con signos diferentes.

$x^2 - 3x - 10 = (x + p)(x + q)$ Calcula p y q si $p + q = -3$ y $pq = -10$.

$= (x + 2)(x - 5)$ $p = 2$ y $q = -5$

Ejercicios para el Ejemplo 3

Factoriza el trinomio.

7. $x^2 - x - 2$ **8.** $x^2 - 4x - 12$ **9.** $x^2 - 2x - 8$

EJEMPLO 4 Resolver una ecuación cuadrática

Resuelve $x^2 + 4x = 12$ mediante la factorización.

SOLUCIÓN

$x^2 + 4x = 12$	Escribe la ecuación.
$x^2 + 4x - 12 = 0$	Escribe en forma usual.
$(x + 6)(x - 2) = 0$	Factoriza el lado izquierdo. Como c es negativo, p y q tienen signos diferentes: $p = 6$ y $q = -2$.
$x + 6 = 0$ ó $x - 2 = 0$	Usa la propiedad del producto cero.
$x + 6 = 0$	Iguala el primer factor a 0.
$x = -6$	Resuelve para x.
$x - 2 = 0$	Iguala el segundo factor a 0.
$x = 2$	Resuelve para x.

Las soluciones son -6 y 2.

Ejercicios para el Ejemplo 4

Resuelve la ecuación mediante la factorización.

10. $x^2 + 8x + 15 = 0$ **11.** $x^2 - 8x + 12 = 0$ **12.** $x^2 + 3x - 4 = 0$

LECCIÓN **10.6**

NOMBRE______________________________ FECHA__________

Refuerzo con práctica

Para usar con las páginas 602–608

OBJETIVO **Factorizar trinomios de la forma $ax^2 + bx + c$**

VOCABULARIO

Para factorizar un trinomio de la forma $ax^2 + bx + c$, halla los factores de a (m y n) y los factores de c (p y q) con tal de que la suma del producto exterior más el producto interior (mq más pn) sea b.

$$c = pq$$

$$ax^2 + bx + c = (mx + p)(nx + q) \qquad b = mq + pn$$

$$a = mn$$

EJEMPLO 1 *Factorizar cuando a y c son números primos*

Factoriza $3x^2 + 7x + 2$.

SOLUCIÓN

Prueba los posibles factores de a (1 y 3) y c (1 y 2).

Prueba con $a = 1 \cdot 3$ y $c = 1 \cdot 2$.

$(1x + 1)(3x + 2) = 3x^2 + 5x + 2$ No es correcto

Prueba con $a = 1 \cdot 3$ y $c = 2 \cdot 1$.

$(1x + 2)(3x + 1) = 3x^2 + 7x + 2$ Correcto

La factorización correcta de $3x^2 + 7x + 2$ es $(x + 2)(3x + 1)$.

Ejercicios para el Ejemplo 1

Factoriza el trinomio.

1. $5x^2 + 11x + 2$ **2.** $2x^2 + 5x + 3$ **3.** $3x^2 + 10x + 7$

EJEMPLO 2 *Factorizar cuando a y c no son números primos*

Factoriza $4x^2 - 13x + 10$.

(Para la solución, ve la pagína 242.)

LECCIÓN **10.6** CONTINUACIÓN

NOMBRE ______________________ FECHA __________

Refuerzo con práctica

Para usar con las páginas 602–608

SOLUCIÓN

Ambos factores de c deben ser negativos, porque b es negativo y c es positivo.

Prueba los factores posibles para a y c.

FACTORES DE a Y c	PRODUCTO	¿CORRECTO?
$a = 1 \cdot 4$ y $c = (-1)(-10)$	$(x - 1)(4x - 10) = 4x^2 - 14x + 10$	No
$a = 1 \cdot 4$ y $c = (-10)(-1)$	$(x - 10)(4x - 1) = 4x^2 - 41x + 10$	No
$a = 1 \cdot 4$ y $c = (-2)(-5)$	$(x - 2)(4x - 5) = 4x^2 - 13x + 10$	Sí

La factorización correcta de $4x^2 - 13x + 10$ es $(x - 2)(4x - 5)$.

Ejercicios para el Ejemplo 2

Factoriza el trinomio.

4. $9x^2 + 65x + 14$ **5.** $6x^2 - 23x + 15$ **6.** $8x^2 + 38x + 9$

EJEMPLO 3 *Resolver una ecuación cuadrática*

Resuelve la ecuación $3x^2 - x = 10$ mediante la factorización.

SOLUCIÓN

$3x^2 - x = 10$	Escribe la ecuación.
$3x^2 - x - 10 = 0$	Escribe en forma usual.
$(3x + 5)(x - 2) = 0$	Factoriza el lado izquierdo.
$3x + 5 = 0$ ó $x - 2 = 0$	Usa la propiedad del producto cero.
$3x + 5 = 0$	Iguala el primer factor a 0.
$x = -\frac{5}{3}$	Resuelve para x.
$x - 2 = 0$	Iguala el segundo factor a 0.
$x = 2$	Resuelve para x.

Las soluciones son $-\frac{5}{3}$ y 2.

Ejercicios para el Ejemplo 3

Resuelve la ecuación mediante la factorización.

7. $2x^2 + 7x + 3 = 0$ **8.** $5n^2 - 17n = -6$ **9.** $6x^2 - x - 2 = 0$

NOMBRE ______________________ FECHA __________

Prueba parcial 2

Para usar después de las lecciones 10.4–10.6

1. Resuelve la ecuación $(x + 2)(x - 6) = 0$. *(Lección 10.4)*

2. Indica las intercepciones en x y el vértice de la gráfica de $y = (x + 3)(x - 1)$. Luego dibuja la gráfica de la función. *(Lección 10.4)*

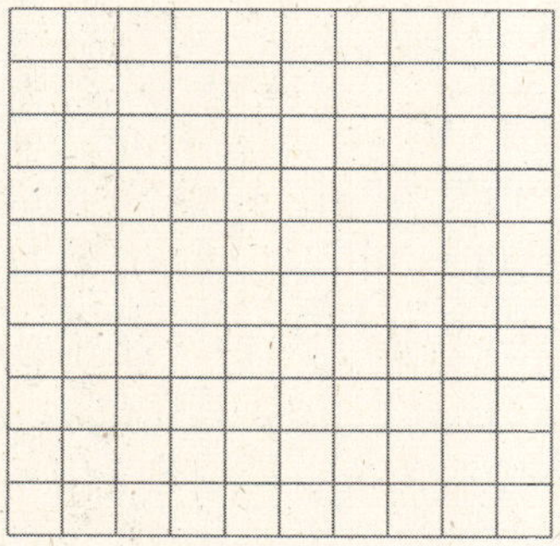

3. Factoriza el trinomio $x^2 - 7x + 10$. *(Lección 10.5)*

4. Resuelve $x^2 - x = 20$ mediante la factorización. *(Lección 10.5)*

5. Factoriza el trinomio $4x^2 + 5x - 9$. *(Lección 10.6)*

6. Resuelve $5x^2 + 8x - 21 = 0$ mediante la factorización. *(Lección 10.6)*

Respuestas

1. ______________

2. Usa la cuadrícula de la izquierda.

3. ______________

4. ______________

5. ______________

6. ______________

LECCIÓN 10.7

NOMBRE ______________________ FECHA __________

Refuerzo con práctica

Para usar con las páginas 609–615

OBJETIVO Factorizar productos especiales

VOCABULARIO

Factorizar productos especiales

Patrón de la diferencia de dos cuadrados

$a^2 - b^2 = (a + b)(a - b)$

Ejemplo

$9x^2 - 16 = (3x + 4)(3x - 4)$

Patrón del trinomio de un cuadrado perfecto

$a^2 + 2ab + b^2 = (a + b)^2$

$a^2 - 2ab + b^2 = (a - b)^2$

Ejemplo

$x^2 + 8x + 16 = (x + 4)^2$

$x^2 - 12x + 36 = (x - 6)^2$

EJEMPLO 1 *Factorizar la diferencia de dos cuadrados*

a. $n^2 - 25$

b. $4x^2 - y^2$

SOLUCIÓN

a. $n^2 - 25 = n^2 - 5^2$ Escribe como $a^2 - b^2$.

$= (n + 5)(n - 5)$ Usa el patrón de la diferencia de dos cuadrados.

b. $4x^2 - y^2 = (2x)^2 - y^2$ Escribe como $a^2 - b^2$.

$= (2x + y)(2x - y)$ Usa el patrón de la diferencia de dos cuadrados.

Ejercicios para el Ejemplo 1

Factoriza la expresión.

1. $16 - 9y^2$

2. $4q^2 - 49$

3. $36 - 25x^2$

EJEMPLO 2 *Factorizar trinomios de un cuadrado perfecto*

a. $x^2 - 6x + 9$

b. $9y^2 + 12y + 4$

SOLUCIÓN

a. $x^2 - 6x + 9 = x^2 - 2(x)(3) + 3^2$ Escribe como $a^2 - 2ab + b^2$.

$= (x - 3)^2$ Factoriza usando el patrón del trinomio de un cuadrado perfecto.

b. $9y^2 + 12y + 4 = (3y)^2 + 2(3y)(2) + 2^2$ Escribe como $a^2 + 2ab + b^2$.

$= (3y + 2)^2$ Factoriza usando el patrón del trinomio de un cuadrado perfecto.

Ejercicios para el Ejemplo 2

Factoriza la expresión.

4. $x^2 - 18x + 81$

5. $4n^2 + 20n + 25$

6. $16y^2 + 8y + 1$

LECCIÓN 10.7 CONTINUACIÓN

NOMBRE ______________________ FECHA __________

Refuerzo con práctica

Para usar con las páginas 609–615

EJEMPLO 3 Resolver una ecuación cuadrática

Resuelve la ecuación $2x^2 - 28x + 98 = 0$.

SOLUCIÓN

$2x^2 - 28x + 98 = 0$	Escribe la ecuación original.
$2(x^2 - 14x + 49) = 0$	Saca el factor común.
$2[x^2 - 2(7x) + 7^2] = 0$	Escribe como $a^2 - 2ab + b^2$.
$2(x - 7)^2 = 0$	Factoriza usando el patrón del trinomio de un cuadrado perfecto.
$x - 7 = 0$	Iguala el factor repetido a 0.
$x = 7$	Resuelve para x.

La solución es 7.

Ejercicios para el Ejemplo 3

Usa la factorización para resolver la ecuación.

7. $x^2 - 20x + 100 = 0$ **8.** $4n^2 - 4n = -1$ **9.** $3z^2 - 24z + 48 = 0$

EJEMPLO 4 Resolver una ecuación cuadrática

Resuelve la ecuación $75 - 48x^2 = 0$.

SOLUCIÓN

$75 - 48x^2 = 0$	Escribe la ecuación original.
$3(25 - 16x^2) = 0$	Saca el factor común.
$3[5^2 - (4x)^2] = 0$	Escribe como $a^2 - b^2$.
$3(5 + 4x)(5 - 4x) = 0$	Factoriza usando el patrón de la diferencia de dos cuadrados.
$5 + 4x = 0$ ó $5 - 4x = 0$	Usa la propiedad del producto cero.
$5 + 4x = 0$	Iguala el primer factor a 0.
$x = -\frac{5}{4}$	Resuelve para x.
$5 - 4x = 0$	Iguala el segundo factor a 0.
$x = \frac{5}{4}$	Resuelve para x.

Las soluciones son $-\frac{5}{4}$ y $\frac{5}{4}$.

Ejercicios para el Ejemplo 4

Usa la factorización para resolver la ecuación.

10. $x^2 - 49 = 0$ **11.** $9y^2 - 64 = 0$ **12.** $4x^2 = 81$

Chapter 10

LECCIÓN 10.8

NOMBRE ______________________ FECHA ____________

Refuerzo con práctica

Para usar con las páginas 616–622

OBJETIVO **Factorizar polinomios cúbicos**

VOCABULARIO

Un polinomio es **primo** si no puede factorizarse usando coeficientes enteros.

Para **factorizar un polinomio completamente**, escríbelo como el producto de un monomio por polinomios primos.

EJEMPLO 1 *Hallar el factor común máximo*

Factoriza el mayor factor común de $8x^4 - 24x^2$.

SOLUCIÓN

Escribe cada término usando factores primos.

$8x^4 = 2^3 \cdot x^4$ $24x^2 = 2^3 \cdot 3 \cdot x^2$

2^3x^2 es el factor común máximo.

Usa la propiedad distributiva para sacar el factor común máximo de cada término.

$8x^4 - 24x^2 = 8x^2(x^2 - 3)$

Ejercicios para el Ejemplo 1

Saca el factor común máximo.

1. $5x^2 + 10x$ **2.** $4x^4 + 6x^3 + 14x$ **3.** $12x^5 + 6x^3 - 3x^2$

EJEMPLO 2 *Factorizar completamente*

Factoriza completamente $8x^2 - 32$.

SOLUCIÓN

$8x^2 - 32 = 8(x^2 - 4)$ Saca el factor común máximo, en este caso 8.

$= 8(x - 2)(x + 2)$ Factoriza la diferencia de dos cuadrados.

Ejercicios para el Ejemplo 2

Factoriza la expresión completamente.

4. $48a^3 - 3a^2$ **5.** $2a^2 - 2$ **6.** $2x^3 + 14x^2 + 20x$ **7.** $4n^4 - 28n^3 + 40n^2$

LECCIÓN 10.8 CONTINUACIÓN

NOMBRE ______________________________ FECHA ____________

Refuerzo con práctica

Para usar con las páginas 616–622

EJEMPLO 3 *Factorizar por agrupamiento*

Factoriza completamente $x^3 + 4x^2 - 9x - 36$.

SOLUCIÓN

$x^3 + 4x^2 - 9x - 36 =$	$(x^3 + 4x^2) + (-9x - 36)$	Agrupa los términos.
	$= x^2(x + 4) - 9(x + 4)$	Factoriza cada grupo.
	$= (x^2 - 9)(x + 4)$	Usa la propiedad distributiva.
	$= (x + 3)(x - 3)(x + 4)$	Factoriza la diferencia de dos cuadrados.

Ejercicios para el Ejemplo 3

Usa el agrupamiento para factorizar la expresión completamente.

8. $x^3 - 3x^2 - 4x + 12$

9. $2x^3 + 10x^2 - 8x - 40$

10. $6x^3 - 24x^2 + 9x - 36$

11. $5x^3 - 20x^2 - 45x + 180$

EJEMPLO 4 *Factorizar la suma o la diferencia de dos cubos*

Factoriza: **a.** $x^3 + 8$ **b.** $a^3 - 64$

SOLUCIÓN

a.	$x^3 + 8 = x^3 + 2^3$	Escribe como una suma de dos cubos.
	$= (x + 2)(x^2 - 2x + 4)$	Usa el patrón especial del producto.
b.	$a^3 - 64 = a^3 - 4^3$	Escribe como una diferencia de dos cubos.
	$= (a - 4)(a^2 + 4a + 16)$	Usa el patrón especial del producto.

Ejercicios para el Ejemplo 4

Factoriza.

12. $8y^3 + 27$

13. $x^3 + 64$

14. $8x^3 + 125$

15. $27y^3 - 1$

16. $8y^3 - 27$

17. $x^3 - 343$

NOMBRE ______________________________ FECHA __________

Prueba del capítulo A

Para usar después del capítulo 10

Calcula la suma o la diferencia.

1. $(x^2 + 2x + 1) + (4x^2 + 5x + 3)$
2. $(3x^2 + 5x + 4) - (x^2 + 2x + 1)$
3. $(3x^2 + 5x + 8) + (6x^2 + 3x + 2)$
4. $(8x^2 + 6x + 3) - (4x^2 + 3x + 2)$
5. Las ganancias de una empresa se calculan restando los costos de la empresa de sus ingresos. Si el costo de una empresa puede representarse mediante $14x + 120{,}000$ y sus ingresos pueden representarse mediante $40x - 0.0002x^2$, ¿qué expresión representa las ganancias?

Calcula el producto.

6. $2x(3x - 5)$
7. $(x + 3)(x + 2)$
8. $(2x + 1)(x + 3)$
9. $(x + 1)(x^2 + x + 1)$
10. $(x + 2)(x - 2)$
11. $(x + 5)^2$
12. Halla una expresión para el área de la figura.

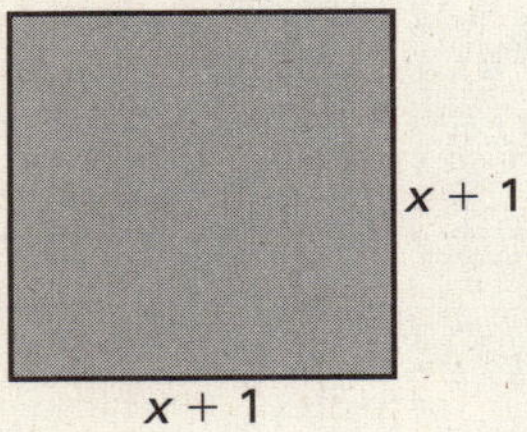

Usa la propiedad del producto cero para resolver la ecuación.

13. $(x + 4)(x - 2) = 0$
14. $(x + 3)^2 = 0$

Empareja la función con su gráfica.

A

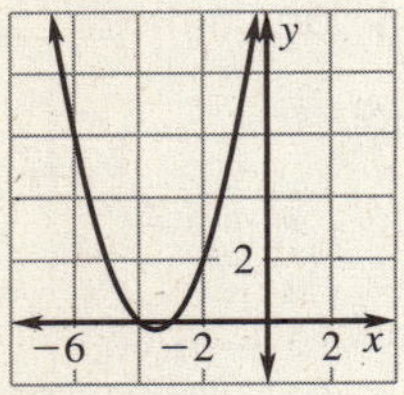

B

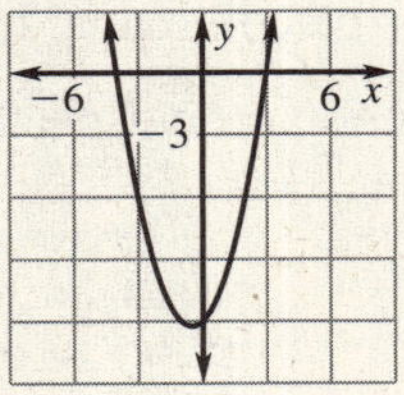

C

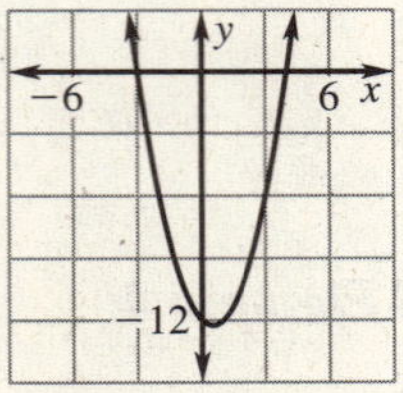

15. $y = (x - 3)(x + 4)$
16. $y = (x + 3)(x - 4)$
17. $y = (x + 3)(x + 4)$

Respuestas

1. ____________
2. ____________
3. ____________
4. ____________
5. ____________
6. ____________
7. ____________
8. ____________
9. ____________
10. ____________
11. ____________
12. ____________
13. ____________
14. ____________
15. ____________
16. ____________
17. ____________

NOMBRE ______________________ FECHA __________

Prueba del capítulo A

Para usar después del capítulo 10

Factoriza la expresión.

18. $x^2 + 3x + 2$

19. $x^2 - x - 6$

20. $x^2 - 7x + 10$

21. $x^2 + x - 12$

22. Un rectángulo tiene un área dada por $A = x^2 + 5x + 6$. Halla expresiones para la longitud y el ancho posibles del rectángulo.

Factoriza completamente la expresión.

23. $2x^2 + 5x + 3$

24. $6x^2 + 14x + 4$

25. $x^2 - 9$

26. $x^2 - 8x + 16$

27. $x^2 + 6x + 9$

28. $2x^2 - 4x$

29. $x^3 + 2x^2 - 3x - 6$

30. $x^3 + 4x^2 + x + 4$

Resuelve la ecuación mediante el método que prefieras.

31. $x^2 - 2x - 3 = 0$

32. $x^2 + 5x + 6 = 0$

33. $x^2 + 3x - 4 = 0$

34. $x^2 - 6x + 5 = 0$

35. $6x^2 + 5x + 1 = 0$

36. $4x^2 + 15x + 9 = 0$

37. $x^2 - 36 = 0$

38. $x^2 + 12x + 36 = 0$

Respuestas

18. ______________
19. ______________
20. ______________
21. ______________
22. ______________
23. ______________
24. ______________
25. ______________
26. ______________
27. ______________
28. ______________
29. ______________
30. ______________
31. ______________
32. ______________
33. ______________
34. ______________
35. ______________
36. ______________
37. ______________
38. ______________

NOMBRE ______________________________ FECHA __________

Prueba del capítulo B

Para usar después del capítulo 10

Calcula la suma o diferencia.

1. $(2x^2 + 3x + 5) + (-x^2 + 4x - 7)$
2. $(5x^2 + 8x + 5) - (2x^2 - 3x + 2)$
3. $(9x^2 + 8x + 4) + (8x^2 - 4x - 8)$
4. $(14x^2 - 5x + 2) - (3x^2 - 8x - 4)$
5. Las ganancias de una empresa se calculan restando los costos de la empresa de sus ingresos. Si el costo de una empresa puede representarse mediante $18x + 110{,}000$ y sus ingresos pueden representarse mediante $60x - 0.0003x^2$, ¿qué expresión representa las ganancias?

Calcula el producto.

6. $(4x + 3)(6x^2)$
7. $(x - 4)(x - 5)$
8. $(4x - 5)(x + 2)$
9. $(x - 3)(x^2 + x + 1)$
10. $(x + 5)(x - 5)$
11. $(x - 8)^2$
12. Halla una expresión para el área de la figura.

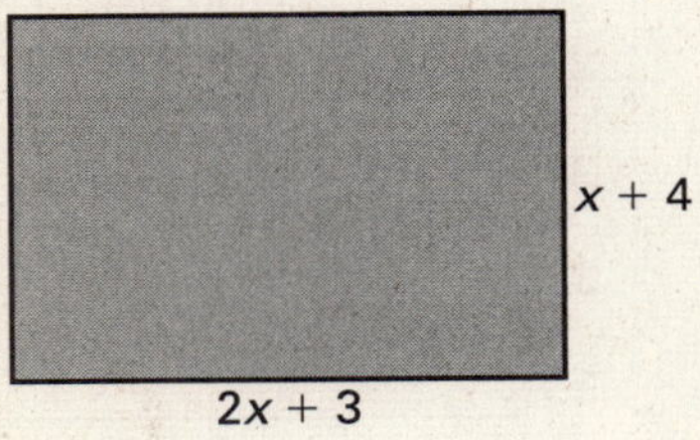

Usa la propiedad del producto cero para resolver la ecuación.

13. $(x + 5)(x - 1) = 0$
14. $(2x + 1)^2 = 0$

Empareja la función con su gráfica.

A

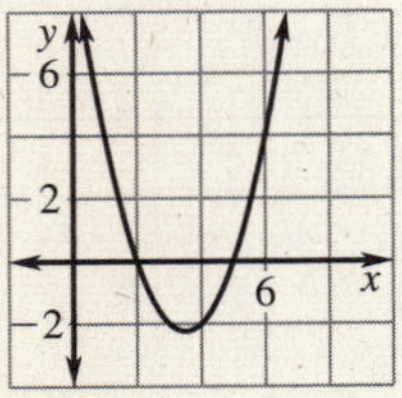

B

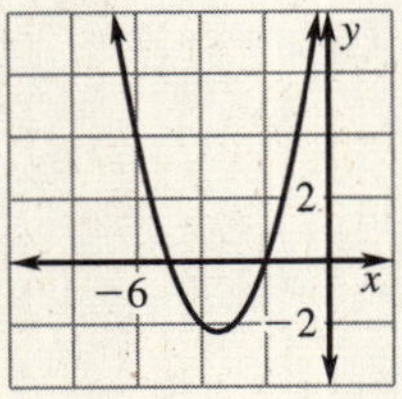

C

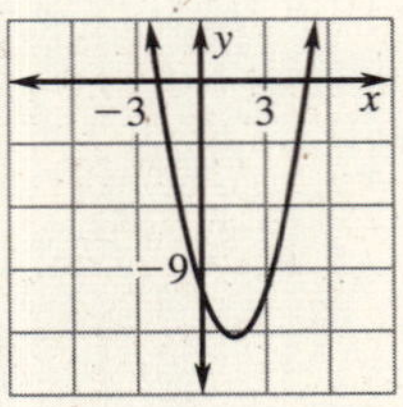

15. $y = (x + 5)(x + 2)$
16. $y = (x - 5)(x + 2)$
17. $y = (x - 5)(x - 2)$

Respuestas

1. ____________
2. ____________
3. ____________
4. ____________
5. ____________
6. ____________
7. ____________
8. ____________
9. ____________
10. ____________
11. ____________
12. ____________
13. ____________
14. ____________
15. ____________
16. ____________
17. ____________

NOMBRE ______________________ FECHA ____________

Prueba del capítulo B

Para usar después del capítulo 10

Factoriza la expresión.

18. $x^2 + 11x + 30$

19. $x^2 - 3x - 40$

20. $x^2 - 9x + 14$

21. $x^2 + 2x - 35$

22. Un rectángulo tiene un área dada por $A = x^2 + 7x + 12$. Halla expresiones para la longitud y el ancho posibles del rectángulo.

Factoriza completamente la expresión.

23. $5x^2 + 16x + 3$

24. $12x^2 + 14x + 4$

25. $x^2 - 16$

26. $x^2 - 12x + 36$

27. $x^2 + 10x + 25$

28. $3x^3 + 9x^2 + 2x$

29. $x^3 - 3x^2 + 2x - 6$

30. $x^3 - x^2 + 5x - 5$

Resuelve la ecuación mediante el método que prefieras.

31. $x^2 - 2x - 8 = 0$

32. $x^2 + 9x + 20 = 0$

33. $x^2 + 4x - 12 = 0$

34. $x^2 - 11x + 30 = 0$

35. $4x^2 + 5x + 1 = 0$

36. $4x^2 + 10x + 6 = 0$

37. $x^2 - 49 = 0$

38. $x^2 - 8x + 16 = 0$

Respuestas

18. ____________
19. ____________
20. ____________
21. ____________
22. ____________
23. ____________
24. ____________
25. ____________
26. ____________
27. ____________
28. ____________
29. ____________
30. ____________
31. ____________
32. ____________
33. ____________
34. ____________
35. ____________
36. ____________
37. ____________
38. ____________

NOMBRE ____________________ FECHA ____________

Prueba del capítulo SAT/ACT

Para usar después del capítulo 10

1. ¿Cuál de las alternativas siguientes es igual a $(7x^3 - 3x^2 + 5x - 5) + (5x^2 - 8x - 3)$?

Ⓐ $7x^3 + 2x^2 - 3x - 8$
Ⓑ $7x^3 - 11x^2 + 5x - 8$
Ⓒ $10x^3 - 3x^2 - 3x - 8$
Ⓓ $12x^3 + 2x^2 - 3x - 8$

2. ¿Qué trinomio representa el área del triángulo?

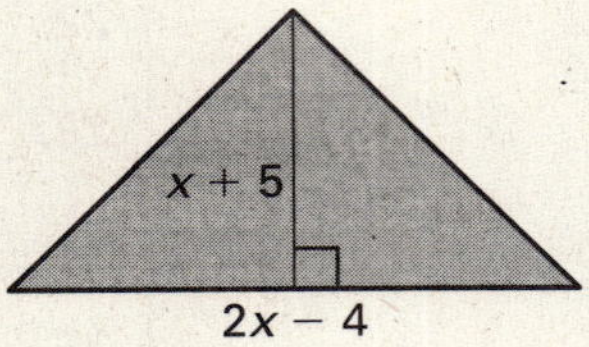

Ⓐ $x^2 + \frac{1}{2}x - 10$
Ⓑ $x^2 + 3x - 10$
Ⓒ $2x^2 + 6x - 20$
Ⓓ $2x^2 + x - 20$

3. ¿Cuál de las alternativas siguientes es igual a $(3x + 7)^2$?

Ⓐ $9x^2 + 42x + 49$ Ⓑ $9x^2 + 21x + 49$
Ⓒ $9x^2 + 49$ Ⓓ $9x^2 + 49x + 21$

4. ¿Cuáles son las intercepciones en x de la gráfica de $y = (2x + 3)(x - 5)$?

Ⓐ $\frac{3}{2}$ y -5 Ⓑ $-\frac{3}{2}$ y -5
Ⓒ $\frac{3}{2}$ y 5 Ⓓ $-\frac{3}{2}$ y 5

5. La base de un triángulo mide 14 pulgadas menos que 2 veces su altura. Si h representa la altura en pulgadas y el área total del triángulo mide 54 pulgadas cuadradas, ¿cuál de las siguientes ecuaciones puede usarse para determinar la altura?

Ⓐ $7h - h^2 = 54$ Ⓑ $2h^2 - 14h = 54$
Ⓒ $h^2 - 7h = 54$ Ⓓ $14h - 2h^2 = 54$

En las preguntas 6 y 7, escoge el enunciado que se cumple para los números dados.

Ⓐ El número de la columna A es mayor.
Ⓑ El número de la columna B es mayor.
Ⓒ Los dos números son iguales.
Ⓓ La relación no puede determinarse a partir de la información dada.

6.

Columna A	*Columna B*
$(2x + 3y)^2$ para $x = 5$ e $y = -4$	$(2x)^2 + (3y)^2$ para $x = 5$ e $y = -4$

Ⓐ Ⓑ Ⓒ Ⓓ

7.

Columna A	*Columna B*
$(5x - 2y)^2$ para $x = -6$ e $y = 2$	$(5x)^2 - (2y)^2$ para $x = -6$ e $y = 2$

Ⓐ Ⓑ Ⓒ Ⓓ

8. ¿Cuál de las alternativas siguientes es igual a la expresión $3x^3 + 15x^2 + 4x + 20$?

Ⓐ $(3x + 4)(x + 5)$
Ⓑ $(3x + 4)(x^2 + 5)$
Ⓒ $(3x^2 + 4)(x + 5)$
Ⓓ $(3x^2 + 5)(x + 4)$

NOMBRE_______________________ FECHA__________

Evaluación alternativa y diario de matemáticas

Para usar después del capítulo 10

DIARIO

1. Has aprendido cómo resolver ecuaciones cuadráticas mediante diversos métodos. Recuerda que hay tres métodos que has aprendido para resolver ecuaciones cuadráticas. (a) Considera las siguientes ecuaciones cuadráticas. Determina la cantidad de soluciones de cada ecuación cuadrática.

i. $x^2 - 4x + 3 = 0$ *ii.* $2x^2 - 4x - 3 = 0$ *iii.* $2x^2 + x + 3 = 0$

(b) Para cada ecuación responde lo siguiente: ¿Es posible resolver la ecuación por los tres métodos? ¿Por qué? De los tres métodos para resolver ecuaciones cuadráticas, ¿cuál usarías para resolver la ecuación? Explica tu razonamiento. (c) En general, menciona las ventajas y desventajas de cada método para resolver una ecuación cuadrática. Puedes escribir un párrafo para explicar tus razones o hacer una tabla que contenga las ventajas y desventajas de cada método.

PROBLEMA DE VARIOS PASOS

2. Considera las siguientes figuras para contestar las preguntas que siguen. Resuelve todas las ecuaciones cuadráticas mediante la **factorización**.

Figura 1

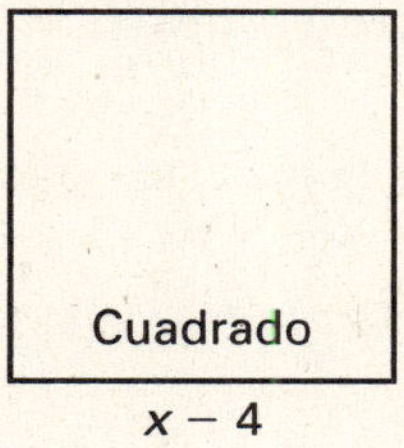

Figura 2

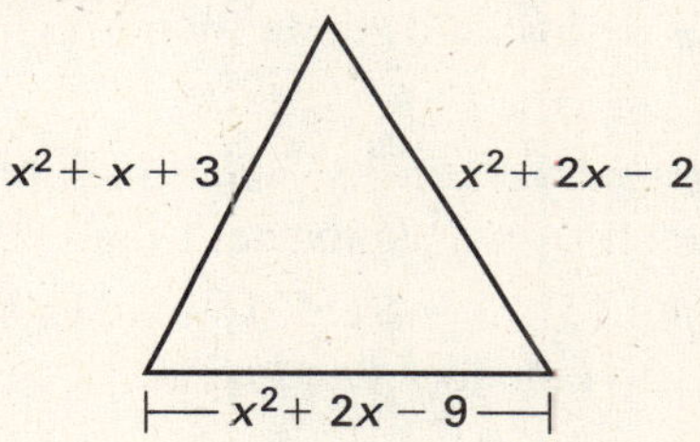

Figura 3

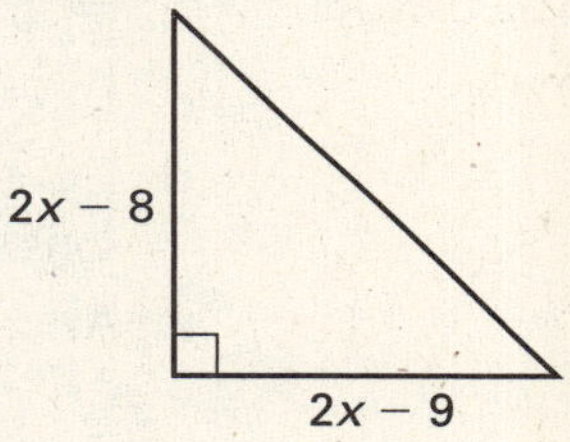

a. Escribe una expresión para el perímetro de la figura 1 y para el perímetro de la figura 2.

b. De ser posible, calcula el perímetro de la figura 1 si $x = 5$ centímetros y si $x = 3$ centímetros. De no ser posible, explica por qué.

c. Calcula x si el perímetro de la figura 1 mide 32 centímetros.

d. Para la figura 2, calcula x si el perímetro mide 4 centímetros. ¿Tiene sentido el resultado? ¿Por qué?

e. Escribe y simplifica una expresión para el área de la figura 1 y para el área de la figura 3.

f. Calcula el área de la figura 3 si $x = 10$ centímetros.

g. Determina x en la figura 1 si el área mide 4 centímetros.

h. Determina los valores de x si las áreas de las figuras 1 y 3 son iguales.

3. ***Escritura*** Explica claramente por qué las ecuaciones de las partes (d), (g) y (h) del ejercicio 2 deben igualarse a cero antes de que puedas resolver. Usa oraciones completas. Puedes usar ejemplos para apoyar tu explicación.

NOMBRE ______________________________ FECHA ____________

Pauta para la evaluación alternativa

Para usar después del capítulo 10

DIARIO SOLUCIÓN

1. a–c. Las respuestas completas deberían considerar los siguientes puntos.

a. • Las ecuaciones *i* e *ii* tienen 2 soluciones e *iii* no tiene solución.

b. • Explica que el problema *i* puede resolverse mediante los tres métodos, *ii* y *iii* sólo pueden resolverse mediante la fórmula cuadrática y mediante representación gráfica. Explica por qué.

• Explica que *i* puede factorizarse fácilmente, porque su discriminante es un cuadrado perfecto; *ii* no puede factorizarse, pero podría usarse la fórmula cuadrática para resolver.

• Explica que en *ii* sería más difícil obtener un resultado exacto mediante representación gráfica.

• Explica que la parte *iii* puede resolverse más fácilmente mediante representación gráfica, porque uno puede decir rápidamente que no hay intercepciones en x.

c. • Explica las ventajas y desventajas, incluyendo resultados exactos versus aproximados, de la representación gráfica, de la posibilidad de factorizar y de la mayor o menor facilidad para factorizar un problema.

PROBLEMA DE VARIOS PASOS SOLUCIÓN

2. a. Perímetro de la figura 1: $4x - 16$ unidades; perímetro de la figura 2: $3x^2 + 5x - 8$ unidades

b. 4 cm; -4 cm, lo que no es posible. *Posible respuesta:* Uno debe asegurarse de que las longitudes de los lados de la figura sean números positivos.

c. 12

d. Las soluciones para x son $\frac{4}{3}$ y -3. Sin embargo, ninguna está correcta porque las longitudes de uno o más lados del triángulo serían negativos.

e. Área de la figura 1: $x^2 - 8x + 16$ unidades cuadradas; área de la figura 3: $2x^2 - 17x + 36$ unidades cuadradas

f. 66 cm^2

g. 6 (x no puede ser 2 porque los lados serían negativos.)

h. 5 (x no puede ser 4 porque los lados del cuadrado serían de 0 unidades de largo.)

3. *Posible respuesta:* Para usar la propiedad del producto cero, la ecuación debe ser igual a cero.

PROBLEMA DE VARIOS PASOS PAUTA DE EVALUACIÓN

4 Los estudiantes completan todas las partes de las preguntas en forma exacta. Las explicaciones son lógicas y claras. Se incluyen enunciados para explicar por qué los resultados no son correctos, basados en la figura geométrica. Los estudiantes resuelven los problemas mediante el método de factorización. En las soluciones se incluyen unidades correctas.

3 Los estudiantes completan las preguntas y explicaciones. Las soluciones pueden contener equivocaciones o errores matemáticos menores. Se incluyen enunciados para explicar por qué los resultados no están correctos, basados en la figura geométrica. Los estudiantes resuelven los problemas mediante el método de factorización. En su mayoría, los resultados incluyen unidades correctas.

2 Los estudiantes completan las preguntas y explicaciones. Pueden ocurrir diversos errores matemáticos. No se dan explicaciones de por qué los resultados no son correctos, basados en la figura geométrica. Los estudiantes no siempre resuelven los problemas mediante el método de factorización. No dan las unidades.

1 El trabajo de los estudiantes está muy incompleto. Las soluciones y el razonamiento están incorrectos. No se dan explicaciones de por qué los resultados no son correctos, en base a la forma geométrica. Los estudiantes no resuelven los problemas mediante el método de factorización. No dan las unidades.

NOMBRE ______________________________ FECHA ____________

Refuerzo con práctica

Para usar con las páginas 633–638

OBJETIVO Resolver proporciones

VOCABULARIO

Una **proporción** es una ecuación que iguala dos razones. En la proporción $\frac{a}{b} = \frac{c}{d}$, los números a y d son los **extremos** de la proporción y los números b y c son los **términos medios** de la proporción.

Propiedades de las proporciones

Propiedad del recíproco

Si las dos razones son iguales, sus recíprocos también son iguales.

Si $\frac{a}{b} = \frac{c}{d}$, entonces $\frac{b}{a} = \frac{d}{c}$.

Propiedad de los productos cruzados

El producto de los extremos es igual al producto de los términos medios.

Si $\frac{a}{b} = \frac{c}{d}$, entonces $ad = bc$.

Al hecho de resolver para la variable de una proporción se le llama **resolver la proporción**.

EJEMPLO 1 *Usar la propiedad de los productos cruzados y verificar soluciones*

Resuelve la proporción $\frac{x^2 - 4}{x + 2} = \frac{x - 2}{2}$.

SOLUCIÓN

$\frac{x^2 - 4}{x + 2} = \frac{x - 2}{2}$ Escribe la proporción original.

$2(x^2 - 4) = (x + 2)(x - 2)$ Usa la propiedad de los productos cruzados.

$\frac{x^2 - 4}{x + 2} \times \frac{x - 2}{2}$

$2x^2 - 8 = x^2 - 4$ Usa la propiedad distributiva y simplifica.

$x^2 = 4$ Aísla el término variable.

$x = \pm 2$ Saca la raíz cuadrada a cada lado.

Las soluciones parecen ser $x = 2$ y $x = -2$. Debes verificar cada solución en la proporción original, para eliminar cualesquier valores que resulten en un denominador de cero.

LECCIÓN 11.1 CONTINUACIÓN

NOMBRE ______________________ FECHA __________

Refuerzo con práctica

Para usar con las páginas 633–638

$x = 2$:

$$\frac{x^2 - 4}{x + 2} = \frac{x - 2}{2}$$

$$\frac{2^2 - 4}{2 + 2} \stackrel{?}{=} \frac{2 - 2}{2}$$

$$\frac{0}{4} \stackrel{?}{=} \frac{0}{2}$$

$$0 = 0$$

$x = -2$:

$$\frac{x^2 - 4}{x + 2} = \frac{x - 2}{2}$$

$$\frac{(-2)^2 - 4}{(-2) + 2} \stackrel{?}{=} \frac{(-2) - 2}{2}$$

$$\frac{0}{0} \stackrel{?}{\neq} \frac{-4}{2}$$

Puedes concluir que $x = -2$ no es una solución, porque la verificación da un enunciado falso. La única solución es $x = 2$.

Ejercicios para el Ejemplo 1

Resuelve la proporción y verifica tus soluciones.

1. $\frac{4}{x} = \frac{x}{16}$

2. $\frac{x + 5}{6} = \frac{x - 2}{4}$

3. $\frac{x - 1}{2} = \frac{x^2 - 1}{x + 1}$

EJEMPLO 2 *Escribir y usar una proporción*

Estás haciendo un modelo a escala de un velero. El bote mide 20 pies de longitud y 15 pies de altura. Tu modelo a escala tendrá 12 pulgadas de altura. ¿Qué longitud tendrá?

Solución

Sea L la longitud del modelo.

$$\frac{\text{Longitud del bote real}}{\text{Altura del bote real}} = \frac{\text{Longitud del modelo}}{\text{Altura del modelo}}$$

$$\frac{20}{15} = \frac{L}{12}$$

La solución es $L = 16$. Tu modelo a escala debería medir 16 pulgadas de longitud.

Ejercicio para el Ejemplo 2

4. Formula nuevamente el Ejemplo 2 si tu modelo a escala mide 18 pulgadas de altura.

NOMBRE______________________________ FECHA__________

Refuerzo con práctica

Para usar con las páginas 639–645

OBJETIVO **Usar variación directa y variación inversa**

VOCABULARIO

Las variables x e y varían **directamente** si para una constante k $\frac{y}{x} = k$, ó $y = kx$, donde $k \neq 0$.

Las variables x e y varían **inversamente** si para una constante k $xy = k$, ó $y = \frac{k}{x}$, donde $k \neq 0$.

El número k es la **constante de variación**.

EJEMPLO 1 *Usar variación directa y variación inversa*

Cuando x es 4, y vale 6. Halla una ecuación que relacione x con y en cada caso.

a. x e y varían directamente **b.** x e y varían inversamente

SOLUCIÓN

a. $\frac{y}{x} = k$ Escribe el modelo directo de variación.

$\frac{6}{4} = k$ Sustituye x por 4 e y por 6.

$\frac{3}{2} = k$ Simplifica.

La ecuación de variación directa que relaciona x con y es $\frac{y}{x} = \frac{3}{2}$, o $y = \frac{3}{2}x$.

b. $xy = k$ Escribe el modelo de variación inversa.

$(4)(6) = k$ Sustituye x por 4 e y por 6.

$24 = k$ Simplifica.

La ecuación de variación inversa que relaciona x con y es $xy = 24$, o $y = \frac{24}{x}$.

Ejercicios para el Ejemplo 1

Cuando x es 4, y vale 5. Halla una ecuación que relacione x con y en cada caso.

1. x e y varían directamente. **2.** x e y varían inversamente.

LECCIÓN 11.2 CONTINUACIÓN

NOMBRE ______________________ FECHA ____________

Refuerzo con práctica

Para usar con las páginas 639–645

EJEMPLO 2 Escribir y usar un modelo

La gráfica de la derecha muestra un modelo para la relación que hay entre la longitud y el ancho de un rectángulo específico, suponiendo que el área del mismo es fija. Para los valores que se muestran, la longitud ℓ y el ancho a varían inversamente.

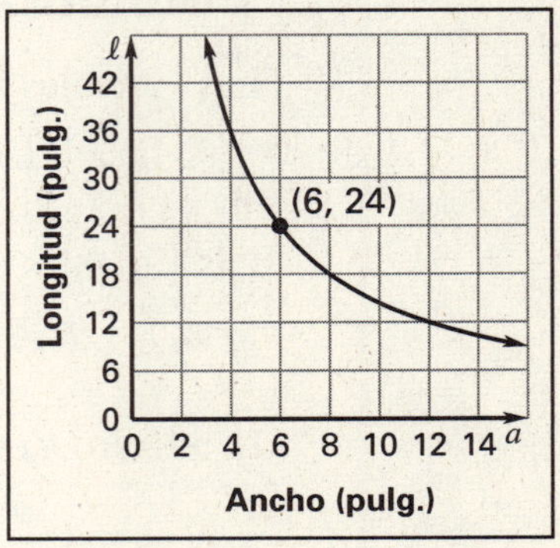

a. Halla un modelo de variación inversa que relacione ℓ con a.

b. Usa el modelo para calcular la longitud para un ancho de 8 pulgadas.

SOLUCIÓN

a. A partir de la gráfica, puedes apreciar que $\ell = 24$ pulgadas cuando $a = 6$ pulgadas.

$\ell = \dfrac{k}{a}$ Escribe el modelo de variación inversa.

$24 = \dfrac{k}{6}$ Sustituye ℓ por 24 y a por 6.

$144 = k$ Resuelve para k.

El modelo es $\ell = \dfrac{144}{a}$, donde ℓ y a están en pulgadas.

b. Cuando $a = 8$ pulgadas, $\ell = \dfrac{144}{8} = 18$ pulgadas.

Ejercicios para el Ejemplo 2

3. Usa el modelo del Ejemplo 2 para calcular la longitud de un rectángulo para un ancho de 4 pulgadas.

4. Supón que la longitud y el ancho de un rectángulo varían inversamente. Cuando la longitud mide 16 pulgadas, el ancho mide 8 pulgadas. Halla un modelo de variación inversa que relacione la longitud con el ancho, suponiendo un área fija.

5. Usando el resultado del Ejercicio 4, calcula la longitud del rectángulo cuando el ancho mide 2, 4, 16 y 20 pulgadas.

LECCIÓN 11.3

NOMBRE ______________________ FECHA ____________

Refuerzo con práctica

Para usar con las páginas 646–651

Chapter 11

OBJETIVO Simplificar expresiones racionales

VOCABULARIO

Un **número racional** es aquel que puede escribirse como el cociente de dos números enteros.

Una **expresión racional** es una fracción cuyo numerador y denominador son polinomios distintos a cero.

Una expresión racional está **simplificada** si su numerador y su denominador no tienen factores en común (distintos a ± 1).

EJEMPLO 1 *Simplificar una expresión racional*

De ser posible, simplifica la expresión.

a. $\dfrac{x^2 - 5}{x}$ **b.** $\dfrac{x^2 - 6x}{3x^2}$

SOLUCIÓN

a. Cuando simplificas expresiones racionales, sólo puedes eliminar por división los factores, no los términos. No puedes simplificar $\dfrac{x^2 - 5}{x}$. No puedes eliminar por división el término común x.

b. $\dfrac{x^2 - 6x}{3x^2} = \dfrac{\cancel{x}(x - 6)}{\cancel{x} \cdot 3x}$ Puedes eliminar por división el factor común x.

$= \dfrac{x - 6}{3x}$ Simplifica.

Ejercicios para el Ejemplo 1

De ser posible, simplifica la expresión.

1. $\dfrac{3x}{4x + x^2}$ **2.** $\dfrac{x^2(x - 7)}{x^3}$ **3.** $\dfrac{x^3 + 3}{x^3}$

LECCIÓN 11.3 CONTINUACIÓN

NOMBRE ______________________________ FECHA ____________

Refuerzo con práctica

Para usar con las páginas 646–651

EJEMPLO 2 *Reconocer factores opuestos*

Simplifica $\dfrac{x^2 - 6x + 8}{4 - x}$.

SOLUCIÓN

$\dfrac{x^2 - 6x + 8}{4 - x} = \dfrac{(x - 2)(x - 4)}{4 - x}$ Factoriza el numerador y el denominador.

$= \dfrac{(x - 2)(x - 4)}{-(x - 4)}$ Factoriza el -1 de $(4 - x)$.

$= \dfrac{(x - 2)\cancel{(x - 4)}}{-\cancel{(x - 4)}}$ Elimina por división el factor común $(x - 4)$.

$= -(x - 2)$ Simplifica.

$= 2 - x$ Simplifica.

Ejercicios para el Ejemplo 2

De ser posible, simplifica la expresión.

4. $\dfrac{x^2 - 8x + 12}{2 - x}$

5. $\dfrac{1 - x^2}{x^2 - 3x + 2}$

6. $\dfrac{1 - x}{x^2 + 2x - 3}$

EJEMPLO 3 *Dividir un polinomio entre un binomio*

Divide $(4y^2 - 10y - 6)$ entre $(y - 3)$.

SOLUCIÓN

$\dfrac{4y^2 - 10y - 6}{y - 3}$ Reescribe el problema como una expresión racional.

$\dfrac{2(2y + 1)(y - 3)}{y - 3}$ Factoriza el numerador.

$\dfrac{2(2y + 1)\cancel{(y - 3)}}{\cancel{y - 3}}$ Elimina por división el factor común $(y - 3)$.

$4y + 2$ Simplifica la expresión.

Ejercicio para el Ejemplo 3

7. Divide $(6y^2 + 15y - 9)$ entre $(y + 3)$.

LECCIÓN

11.3

NOMBRE____ FECHA____________

Prueba parcial 1

Para usar después de las lecciones 11.1–11.3

1. Resuelve la proporción $\frac{5}{x} = \frac{2}{8}$. *(Lección 11.1)*

2. Resuelve la proporción $\frac{x + 2}{3} = \frac{x + 4}{5}$. *(Lección 11.1)*

3. Las variables x e y varían inversamente. Cuando $x = 3$, $y = 7$. Escribe una ecuación que relacione x con y. *(Lección 11.2)*

4. Decide si los datos de la tabla muestran una variación directa o inversa. Escribe una ecuación que relacione las variables. *(Lección 11.2)*

x	1	3	5	7	0.5
y	4	12	20	28	2

5. Simplifica la expresión. *(Lección 11.3)*

$$\frac{3x^4}{18x^2}$$

6. Calcula el cociente. *(Lección 11.3)*
Divide $(x^2 + 7x + 10)$ entre $(x + 5)$.

Respuestas

1. ____________________

2. ____________________

3. ____________________

4. ____________________

5. ____________________

6. ____________________

Chapter 11

LECCIÓN 11.4

NOMBRE ______________________ FECHA ____________

Refuerzo con práctica

Para usar con las páginas 652–657

OBJETIVO **Multiplicar y dividir expresiones racionales**

VOCABULARIO

Sean a, b, c y d polinomios distintos a cero.

Para **multiplicar** expresiones racionales, multiplica los numeradores y los denominadores.

$$\frac{a}{b} \cdot \frac{c}{d} = \frac{ac}{bd}$$

Para **dividir** expresiones racionales, multiplica por el recíproco del divisor.

$$\frac{a}{b} \div \frac{c}{d} = \frac{a}{b} \cdot \frac{d}{c}$$

EJEMPLO 1 ***Multiplicar expresiones racionales***

Simplifica $\frac{x+3}{x^2-4} \cdot \frac{x+2}{x^2+4x+3}$.

SOLUCIÓN

$$\frac{x+3}{x^2-4} \cdot \frac{x+2}{x^2+4x+3} = \frac{x+3}{(x+2)(x-2)} \cdot \frac{x+2}{(x+3)(x+1)}$$

Factoriza los numeradores y los denominadores.

$$= \frac{(x+3)(x+2)}{(x+2)(x-2)(x+3)(x+1)}$$

Multiplica los numeradores y los denominadores.

$$= \frac{\cancel{(x+3)}\cancel{(x+2)}}{\cancel{(x+2)}(x-2)\cancel{(x+3)}(x+1)}$$

Elimina por division los factores comunes,

$$= \frac{1}{(x-2)(x+1)}$$

Simplifica.

Ejercicios para el Ejemplo 1

Simplifica la expresión.

1. $\frac{5x}{x^2-2x-8} \cdot \frac{2x-8}{5x^2}$

2. $\frac{x^2-9}{6} \cdot \frac{3x+6}{x^2-x-6}$

NOMBRE ______________________ FECHA __________

Refuerzo con práctica

Para usar con las páginas 652–657

EJEMPLO 2 Dividir por un polinomio

Simplifica $\frac{x^2 - x - 12}{x^2 - 9} \div (x - 4)$.

SOLUCIÓN

$\frac{x^2 - x - 12}{x^2 - 9} \div (x - 4) = \frac{x^2 - x - 12}{x^2 - 9} \cdot \frac{1}{x - 4}$ Multiplica por el recíproco.

$= \frac{(x - 4)(x + 3)}{(x + 3)(x - 3)} \cdot \frac{1}{x - 4}$ Factoriza.

$= \frac{(x - 4)(x + 3)}{(x + 3)(x - 3)(x - 4)}$ Multiplica los numeradores y los denominadores.

$= \frac{\cancel{(x - 4)}\cancel{(x + 3)}}{\cancel{(x + 3)}(x - 3)\cancel{(x - 4)}}$ Elimina por división los factores comunes.

$= \frac{1}{x - 3}$ Simplifica.

Ejercicios para el Ejemplo 2

Simplifica la expresión.

3. $\frac{x^2 - 49}{x} \div 5(x + 7)$

4. $\frac{x^2 - 5x + 4}{x^2} \div (x - 1)$

LECCIÓN 11.5

NOMBRE ____________________ FECHA ____________

Refuerzo con práctica

Para usar con las páginas 658–662

OBJETIVO **Sumar y restar expresiones racionales que tienen igual denominador**

VOCABULARIO

Sean a, b, y c polinomios, y $c \neq 0$.

Para **sumar**, suma los numeradores. $\frac{a}{c} + \frac{b}{c} = \frac{a+b}{c}$

Para **restar**, resta los numeradores. $\frac{a}{c} - \frac{b}{c} = \frac{a-b}{c}$

EJEMPLO 1 *Sumar expresiones racionales*

Simplifica $\frac{3x}{x+2} + \frac{5x+1}{x+2}$.

SOLUCIÓN

$\frac{3x}{x+2} + \frac{5x+1}{x+2} = \frac{3x + (5x+1)}{x+2}$ Suma los numeradores.

$= \frac{8x+1}{x+2}$ Simplifica.

Ejercicios para el Ejemplo 1

Simplifica la expresión.

1. $\frac{5}{4x} + \frac{2}{4x}$

2. $\frac{3x}{10} + \frac{4x}{10}$

3. $\frac{4x+1}{3x+2} + \frac{x-3}{3x+2}$

EJEMPLO 2 *Restar expresiones racionales*

Simplifica $\frac{9}{x-1} - \frac{x+9}{x-1}$.

SOLUCIÓN

$\frac{9}{x-1} - \frac{x+9}{x-1} = \frac{9-(x+9)}{x+1}$ Resta los numeradores.

$= \frac{9-x-9}{x+1}$ Distribuye el negativo.

$= -\frac{x}{x+1}$ Simplifica.

Ejercicios para el Ejemplo 2

Simplifica la expresión.

4. $\frac{6}{x+3} - \frac{4}{x+3}$

5. $\frac{7x}{2x+1} - \frac{6x-6}{2x+1}$

NOMBRE_______________________ FECHA___________

Refuerzo con práctica

Para usar con las páginas 658–662

EJEMPLO 3 Simplificar después de restar

Simplifica $\frac{5x}{2x^2 + x - 1} - \frac{3x + 1}{2x^2 + x - 1}$.

SOLUCIÓN

$$\frac{5x}{2x^2 + x - 1} - \frac{3x + 1}{2x^2 + x - 1} = \frac{5x - (3x + 1)}{2x^2 + x - 1}$$ Resta los numeradores.

$$= \frac{2x - 1}{2x^2 + x - 1}$$ Simplifica.

$$= \frac{2x - 1}{(2x - 1)(x + 1)}$$ Factoriza.

$$= \frac{\cancel{2x - 1}}{(\cancel{2x - 1})(x + 1)}$$ Elimina el factor común por división.

$$= \frac{1}{x + 1}$$ Simplifica.

Ejercicios para el Ejemplo 3

Simplifica la expresión.

6. $\frac{2x}{x^2 + 5x + 6} - \frac{x - 2}{x^2 + 5x + 6}$

7. $\frac{x}{x^2 - 16} - \frac{4}{x^2 - 16}$

Chapter 11

LECCIÓN 11.6

NOMBRE ______________________________ FECHA ____________

Refuerzo con práctica

Para usar con las páginas 663–669

OBJETIVO **Sumar y restar expresiones racionales que tienen distinto denominador**

VOCABULARIO

Al mínimo común múltiplo de distintos denominadores se le llama **mínimo común denominador**, o **m.c.d.**

EJEMPLO 1 *Hallar el m.c.d. de expresiones racionales*

Halla el mínimo común denominador de $\frac{7}{15x^2}$ y $\frac{x-3}{20x^3}$.

SOLUCIÓN

$15x^2 = 3 \cdot 5 \cdot x^2$ $20x^3 = 2^2 \cdot 5 \cdot x^3$	Factoriza los denominadores.
$2^2, 3, 5, x^3$	Halla la potencia más alta de cada factor.
$2^2 \cdot 3 \cdot 5 \cdot x^3 = 60x^3$	Multiplica para hallar el **m.c.d.**

Ejercicios para el Ejemplo 1

Halla el mínimo común denominador.

1. $\frac{x+3}{4}, \frac{5x}{6}$

2. $\frac{8}{9x^2}, \frac{2x+1}{12x}$

EJEMPLO 2 *Sumar expresiones de distinto denominador*

Simplifica $\frac{3}{4x} + \frac{5}{6x^2}$.

SOLUCIÓN

El m.c.d. contiene la potencia más alta de cada factor que aparece en cualquier denominador, por lo tanto, el m.c.d. es $2^2 \cdot 3 \cdot x^2$, ó $12x^2$.

$\frac{3}{4x} + \frac{5}{6x^2} = \frac{3 \cdot 3x}{4x \cdot 3x} + \frac{5 \cdot 2}{6x^2 \cdot 2}$	Reescribe las fracciones usando el m.c.d.
$= \frac{9x}{12x^2} + \frac{10}{12x^2}$	Simplifica los numeradores y los denominadores.
$= \frac{9x + 10}{12x^2}$	Suma las fracciones.

NOMBRE ______________________________ FECHA __________

Refuerzo con práctica

Para usar con las páginas 663–669

Ejercicios para el Ejemplo 2

Simplifica la expresión.

3. $\frac{3}{5x} + \frac{2}{7x}$

4. $\frac{4}{x+1} + \frac{5}{x+2}$

5. $\frac{3x}{x+4} + \frac{1}{2x+8}$

EJEMPLO 3 Restar expresiones con distinto denominador

Simplifica $\frac{x}{x+2} - \frac{3}{x-3}$.

SOLUCIÓN

El mínimo común denominador es el producto $(x + 2)(x - 3)$.

$$\frac{x}{x+2} - \frac{3}{x-3} = \frac{x(x-3)}{(x+2)(x-3)} - \frac{3(x+2)}{(x+2)(x-3)}$$

Reescribe las fracciones usando el m.c.d.

$$= \frac{x^2 - 3x}{(x+2)(x-3)} - \frac{3x+6}{(x+2)(x-3)}$$

Simplifica los numeradores. Deja los denominadores en forma factorizada.

$$= \frac{x^2 - 3x - (3x+6)}{(x+2)(x-3)}$$

Resta las fracciones.

$$= \frac{x^2 - 3x - 3x - 6}{(x+2)(x-3)}$$

Usa la propiedad distributiva.

$$= \frac{x^2 - 6x - 6}{(x+2)(x-3)}$$

Simplifica.

Ejercicios para el Ejemplo 3

Simplifica la expresión.

6. $\frac{x+1}{x^2} - \frac{2}{3x}$

7. $\frac{2}{x+1} - \frac{3}{x+3}$

8. $\frac{3x}{x^2+2x} - \frac{4}{x+2}$

LECCIÓN 11.7

NOMBRE ______________________ FECHA ____________

Refuerzo con práctica

Para usar con las páginas 670–677

OBJETIVO Resolver ecuaciones racionales

VOCABULARIO

Una **ecuación racional** es una ecuación que contiene expresiones racionales.

EJEMPLO 1 *Multiplicación cruzada*

Resuelve $\frac{2}{x} = \frac{x+2}{4}$.

SOLUCIÓN

$\frac{2}{x} = \frac{x+2}{4}$	Escribe la ecuación original.
$2(4) = x(x+2)$	Multiplica en cruz.
$8 = x^2 + 2x$	Simplifica.
$0 = x^2 + 2x - 8$	Escribe en forma normal.
$0 = (x+4)(x-2)$	Factoriza el lado derecho.

Si haces que cada factor sea igual a 0, las soluciones son -4 y 2.

Ejercicios para el Ejemplo 1

Resuelve la ecuación mediante la multiplicación en cruz.

1. $\frac{5}{w-3} = \frac{w}{2}$

2. $\frac{6}{x+1} = \frac{4}{x+2}$

3. $\frac{t}{9} = \frac{2}{t-3}$

EJEMPLO 2 *Factoriza primero; luego multiplica por el m.c.d.*

Resuelve $\frac{1}{x-2} + 1 = \frac{8}{x^2 - 5x + 6}$.

SOLUCIÓN

El denominador $x^2 - 5x + 6$ se factoriza como $(x-2)(x-3)$, por lo tanto, el m.c.d. es $(x-2)(x-3)$. Multiplica cada lado de la ecuación por $(x-2)(x-3)$.

$$\frac{1}{x-2} \cdot (x-2)(x-3) + 1 \cdot (x-2)(x-3) = \frac{8}{(x-2)(x-3)} \cdot (x-2)(x-3)$$

$$\frac{1\cancel{(x-2)}(x-3)}{\cancel{x-2}} + (x-2)(x-3) = \frac{8\cancel{(x-2)}\cancel{(x-3)}}{\cancel{(x-2)}\cancel{(x-3)}}$$

$$x - 3 + x^2 - 5x + 6 = 8$$

$$x^2 - 4x + 3 = 8$$

$$x^2 - 4x - 5 = 0$$

$$(x-5)(x+1) = 0$$

Las soluciones son 5 y -1. Verifica ambos valores.

NOMBRE______________________ FECHA__________

Refuerzo con práctica

Para usar con las páginas 670–677

Ejercicios para el Ejemplo 2

Resuelve la ecuación multiplicando por el mínimo común denominador.

4. $\dfrac{1}{2x - 10} - \dfrac{2}{x - 5} = \dfrac{3}{4}$

5. $\dfrac{11}{x^2 - 16} = \dfrac{x}{x + 4} - 2$

EJEMPLO 3 Resolver un problema de monedas

Monedas Tienes 8 monedas que tienen un valor de \$1.20. Si tienes sólo monedas de 25 centavos y 5 centavos, ¿cuántas de cada una tienes?

SOLUCIÓN

Deja que $x =$ el número de monedas de 25 centavos.

Así que $8 - x =$ el número de monedas de 5 centavos.

	Número	*Valor de moneda*	*Valor*
Monedas de 25 centavos	x	0.25	$0.25x$
Monedas de 5 centavos	$8 - x$	0.05	$0.05(8 - x)$

Modelo verbal [Valor de las monedas de 25 centavos] + [Valor de las monedas de 5 centavos] = \$1.20

Modelo algebraico

$0.25x + 0.05(8 - x) = 1.20$ Escribe el modelo algebraico.

$0.25x + 0.4 - 0.05x = 1.20$ Usa la propiedad distributiva.

$25x + 40 - 5x = 120$ Multiplica por 100.

$20x = 80$ Combina términos semejantes.

$x = 4$ Divide cada lado entre 20.

Por esto, $8 - x = 4$.

Respuesta Tienes 4 monedas de 25 centavos y 4 monedas de 5 centavos.

Ejercicio para el Ejemplo 3

6. Tienes 12 monedas que tienen un valor de \$5.50. Si tienes sólo monedas de 25 centavos y 50 centavos, ¿cuántas de cada una tienes?

LECCIÓN 11.7

NOMBRE ______________________ FECHA ____________

Prueba parcial 2

Para usar después de las lecciones 11.4–11.7

1. Simplifica la expresión. *(Lección 11.4)*

$$\frac{8x^2}{14x} \cdot \frac{7x}{5x^2}$$

2. Simplifica la expresión. *(Lección 11.4)*

$$\frac{3(x+1)}{4x} \div \frac{3x+3}{2x}$$

3. Simplifica la expresión. *(Lección 11.5)*

$$\frac{2-20m}{2-5m} + \frac{4+5m}{2-5m}$$

4. Resta las fracciones. *(Lección 11.6)*

$$\frac{7x}{2x+3} - \frac{9x}{x-3}$$

5. Resuelve la ecuación. Verifica tu solución. *(Lección 11.7)*

$$\frac{3}{x} = \frac{5}{x+1}$$

6. Resuelve la ecuación. Verifica tu solución. *(Lección 11.7)*

$$\frac{3}{x-4} + 2 = \frac{5}{x-4}$$

Respuestas

1. ____________
2. ____________
3. ____________
4. ____________
5. ____________
6. ____________

CAPÍTULO 11

NOMBRE ____________________ FECHA ____________

Prueba del capítulo A

Para usar después del capítulo 11

Resuelve la proporción. Excluye valores de la variable que resulten en un denominador de cero. (11.1)

1. $\frac{5}{x} = \frac{8}{15}$

2. $\frac{x}{9} = \frac{4}{x}$

3. $\frac{4}{x+1} = \frac{3}{x+2}$

4. $\frac{x}{x+3} = \frac{x-2}{x}$

Las variables *x* e *y* varían directamente. Usa los valores dados para escribir una ecuación que relacione *x* con *y*. (11.2)

5. $x = 5, y = 25$

6. $x = 12, y = 4$

Las variables *x* e *y* varían inversamente. Usa los valores dados para escribir una ecuación que relacione *x* con *y*. (11.2)

7. $x = 3, y = 6$

8. $x = 15, y = 5$

De ser posible, simplifica la expresión. (11.3)

9. $\frac{8x}{40}$

10. $\frac{2x^2 - 4x}{x - 2}$

De ser posible, simplifica la expresión. (11.3)

11. $\frac{3(x-1)}{3(1-x)}$

12. $\frac{x+3}{x^2 + 8x + 15}$

Halla el cociente. (11.4)

13. Divide $15x^2 + 10x - 5$ entre $5x + 5$.

14. Divide $x^2 + 3x - 18$ entre $x - 3$.

Simplifica la expresión. (11.4)

15. $\frac{5x}{2} \cdot \frac{1}{x}$

16. $\frac{12x}{5} \div \frac{6x}{7}$

17. $\frac{3x+6}{5} \cdot \frac{1}{x+2}$

18. $\frac{x-3}{x+1} \div \frac{x^2 - 3x}{5x - 5}$

19. $\frac{x+6}{4x+3} \div (x^2 - 36)$

Respuestas

1. ____________
2. ____________
3. ____________
4. ____________
5. ____________
6. ____________
7. ____________
8. ____________
9. ____________
10. ____________
11. ____________
12. ____________
13. ____________
14. ____________
15. ____________
16. ____________
17. ____________
18. ____________
19. ____________

CAPÍTULO 11 CONTINUACIÓN

NOMBRE ______________________ FECHA __________

Prueba del capítulo A

Para usar después del capítulo 11

Simplifica la expresión. (11.5, 11.6)

20. $\frac{14}{3x} + \frac{x + 5}{3x}$

21. $\frac{4}{x + 2} - \frac{3}{x + 2}$

22. $\frac{3}{x} + \frac{2}{x^2}$

23. $\frac{4}{5x} - \frac{3}{x}$

Resuelve la ecuación. (11.7)

24. $\frac{x}{4} = \frac{7}{2}$

25. $\frac{1}{3} + \frac{2}{x} = \frac{3}{x}$

26. $\frac{2}{5} - \frac{3}{x} = \frac{1}{5x}$

27. $\frac{3}{x + 1} - \frac{1}{x} = \frac{1}{2}$

Respuestas

20. ______________
21. ______________
22. ______________
23. ______________
24. ______________
25. ______________
26. ______________
27. ______________

CAPÍTULO 11

NOMBRE ______________________ FECHA ____________

Prueba del capítulo B

Para usar después del capítulo 11

Resuelve la proporción. Excluye valores de la variable que resulten en un denominador de cero. (11.1)

1. $\frac{3}{8} = \frac{x}{12}$

2. $\frac{3}{x} = \frac{x}{27}$

3. $\frac{x+6}{7} = \frac{x-4}{3}$

4. $\frac{x+1}{x} = \frac{x}{x+3}$

Las variables *x* e *y* varían directamente. Usa los valores dados para escribir una ecuación que relacione *x* con *y*. (11.2)

5. $x = 6, y = 48$

6. $x = 27, y = 3$

Las variables *x* e *y* varían inversamente. Usa los valores dados para escribir una ecuación que relacione *x* con *y*. (11.2)

7. $x = 4, y = 36$

8. $x = 45, y = 5$

De ser posible, simplifica la expresión. (11.3)

9. $\frac{3x^2 + 15x}{x + 5}$

10. $\frac{x^2 + 3x - 28}{x + 7}$

11. $\frac{x - 4}{x^2 - 16}$

12. $\frac{x - 2}{x^2 - 10x + 16}$

Halla el cociente. (11.3)

13. Divide $(8x^2 - 2x - 15)$ entre $(2x - 3)$.

14. Divide $(2x^2 + 5x - 3)$ entre $x + 3$.

Simplifica la expresión. (11.4)

15. $\frac{2 + 3x}{5} \cdot \frac{15}{4 + 6x}$

16. $\frac{3x + 6}{4x^2} \div \frac{x + 2}{16x}$

17. $\frac{8}{2 + 3x} \cdot (8 + 12x)$

18. $\frac{x - 9}{x^2 - 4} \div \frac{x - 9}{x^2 + 2x}$

19. $\frac{x^2 - 6x + 8}{x - 2} \div (3x - 12)$

Respuestas

1. ____________
2. ____________
3. ____________
4. ____________
5. ____________
6. ____________
7. ____________
8. ____________
9. ____________
10. ____________
11. ____________
12. ____________
13. ____________
14. ____________
15. ____________
16. ____________
17. ____________
18. ____________
19. ____________

CAPÍTULO 11 CONTINUACIÓN

NOMBRE ______________________ FECHA __________

Prueba del capítulo B

Para usar después del capítulo 11

Simplifica la expresión. (11.5, 11.6)

20. $\frac{3}{x+1} + \frac{x-5}{x+1}$

21. $\frac{5x}{x-3} - \frac{2x+1}{x-3}$

22. $\frac{x+1}{x} + \frac{5}{x^2}$

23. $\frac{x+1}{2x} - \frac{x-5}{3x^2}$

Resuelve la ecuación. (11.7)

24. $\frac{3}{x} = \frac{5}{2(x-3)}$

25. $\frac{3}{4} + \frac{4}{x} = \frac{1}{x}$

26. $\frac{2}{x+1} - \frac{1}{x-1} = \frac{3}{x^2-1}$

27. $\frac{2x}{x-4} - \frac{2}{x+4} = \frac{4}{x^2-16}$

Respuestas

20. ______________
21. ______________
22. ______________
23. ______________
24. ______________
25. ______________
26. ______________
27. ______________

Chapter 11

NOMBRE______________________________ FECHA____________

Prueba del capítulo SAT/ACT

Para usar después del capítulo 11

1. ¿Cuál de las siguientes alternativas es solución de la proporción $\frac{2x+3}{5} = \frac{x-2}{6}$?

Ⓐ $-\frac{27}{4}$ Ⓑ -4

Ⓒ $-\frac{13}{7}$ Ⓓ $-\frac{8}{7}$

2. Las variables x e y varían directamente. Cuando x vale 5, y vale 15. Si x vale 25, ¿cuánto vale y?

Ⓐ $\frac{1}{3}$ Ⓑ 3

Ⓒ $\frac{25}{3}$ Ⓓ 75

3. ¿Cuál de las siguientes ecuaciones representa una variación inversa?

Ⓐ $y = x + 4$ Ⓑ $xy = 4$

Ⓒ $y = \frac{x}{4}$ Ⓓ $y = 4x$

4. ¿Cuál es la forma simplificada de la expresión $\frac{x^2 + 2x - 15}{3x^2 + 6x} \div \frac{3x^2 - 9x}{x^2 + 7x + 10}$?

Ⓐ $\frac{(x+5)^2}{9x^2}$ Ⓑ $\frac{(x-3)^2}{(x-2)^2}$

Ⓒ $\frac{5(2x+5)}{8x^2}$ Ⓓ $-2x + 5$

5. Divide $\frac{x^2 + 3x + 2}{x - 4}$ por $(x + 1)$.

Ⓐ $\frac{x+1}{x-4}$ Ⓑ $\frac{(x^2 + 3x + 2)(x + 1)}{x - 4}$

Ⓒ $\frac{x+2}{x-4}$ Ⓓ $-\frac{1}{2}$

6. ¿Cuál es la forma más simplificada de la suma $\frac{x+9}{x^2+1} + \frac{3x}{x^2+1}$?

Ⓐ $\frac{3x^2 + 27x}{x^2 + 1}$ Ⓑ $\frac{13}{x+1}$

Ⓒ $\frac{4x+9}{2x^2+2}$ Ⓓ $\frac{4x+9}{x^2+1}$

En la pregunta 7, escoge el enunciado que se cumple para los números dados.

A. El número de la columna A es mayor.
B. El número de la columna B es mayor.
C. Los dos números son iguales.
D. La relación no puede determinarse a partir de la información dada.

7.

Columna A	*Columna B*
La solución de $\frac{2}{x+2} = \frac{-10}{x+3}$	La solución de $\frac{6}{x-4} = \frac{3}{2x+1}$

Ⓐ Ⓑ Ⓒ Ⓓ

8. Simplifica la expresión $\frac{x+4}{x-3} - \frac{2x+1}{x+4}$.

Ⓐ $\frac{3x^2 + 3x + 13}{(x-3)(x+4)}$ Ⓑ $\frac{3x^2 + 13x + 13}{(x-3)(x+4)}$

Ⓒ $\frac{-x^2 + 13x + 19}{(x-3)(x+4)}$ Ⓓ $\frac{-x^2 + 3x + 19}{(x-3)(x+4)}$

9. Has tomado 4 pruebas y tienes un promedio de 75 puntos. Si sacas 100 puntos en cada una de las pruebas restantes, ¿cuántas pruebas más necesitas para elevar tu promedio a 80 puntos?

Ⓐ 1 Ⓑ 2

Ⓒ 3 Ⓓ 4

NOMBRE ____________________ FECHA __________

Evaluación alternativa y diario de matemáticas

Para usar después del capítulo 11

DIARIO 1. En este diario, explicarás cómo desarrollar diversas operaciones con expresiones racionales. Usarás las siguientes expresiones.

$$A = \frac{x + 5}{x^2 + 4x + 3} \qquad B = \frac{2}{x^2 + x} \qquad C = \frac{x - 3}{2x + 2} \qquad D = \frac{7}{2x}$$

(a) Explica cómo sumar dos expresiones racionales; simplifica $A + B$ como ejemplo. Asegúrate de dar las razones para cada paso. Simplifica completamente. (b) Explica cómo el restar (como al simplificar $A - B$) sería diferente a sumar. (c) Explica cómo multiplicar expresiones racionales, simplificando $B \cdot C$ como ejemplo. (d) Muestra cómo dividir $B \div C$. (e) Explica cómo resolverías una ecuación racional como $C = D$. Describe después, en detalle, la estrategia para resolver una ecuación como $B + C = D$. *No* resuelvas completamente las ecuaciones. En vez de ello, concéntrate en los primeros dos o tres pasos para resolver; muestra qué hacer y por qué.

PROBLEMA DE VARIOS PASOS 2. Nicolás, que repara piscinas, a veces tiene que vaciar toda el agua de las piscinas que tiene a su cargo usando una bomba. Ahora quiere comprar una nueva bomba.

a. En el enunciado siguiente, llena el espacio en blanco con *directamente* o *inversamente* y explica tu preferencia. La cantidad de tiempo que demora una bomba en vaciar la piscina varía ______________ a la rapidez con que está bombeando.

b. La bomba A demora dos horas y media en vaciar cierta piscina, a una rapidez de 14,000 galones por hora. Escribe una ecuación de variación para representar esta situación. ¿Cuál es la constante de variación?

c. Escribe un modelo verbal para la ecuación de variación. ¿Qué representa la constante de variación en este problema?

d. ¿Cuánto demorará la bomba B en vaciar la misma piscina si bombea a una rapidez de 10,500 galones por hora? Da tu resultado en horas y minutos.

NOMBRE ______________________ FECHA ____________

Pauta para la evaluación alternativa

Para usar después del capítulo 11

DIARIO SOLUCIÓN

1. $A + B = \frac{x+6}{x(x+3)}$; $B \cdot C = \frac{x-3}{x(x+1)^2}$; $B \div C = \frac{4}{x(x-3)}$

Las respuestas completas deberían considerar los siguientes puntos:

a. Al sumar expresiones racionales, factoriza cada denominador y después escribe nuevamente las expresiones de modo que tengan igual denominador. A continuación, suma las fracciones y factoriza el numerador y, de ser posible, simplifica la expresión.

b. La resta es similar a la suma, excepto que para la resta se debe usar la propiedad distributiva.

c. Para multiplicar expresiones racionales, multiplica los numeradores y los denominadores. Después, elimina por división los factores comunes para simplificar.

d. Para dividir expresiones racionales, multiplica por el recíproco del divisor. Después, elimina por división los factores comunes para simplificar.

e. Multiplica cruzado para resolver $C = D$. Para eliminar los denominadores de $B + C = D$, multiplica ambos lados de la ecuación por el mínimo común denominador, después resuelve la ecuación resultante.

PROBLEMA DE VARIOS PASOS SOLUCIÓN

2. **a.** inversamente; a medida que la rapidez de bombeo aumenta, el tiempo requerido para vaciar la piscina disminuye.

b. $xy = 35{,}000$; 35,000

c. [Rapidez de bombeo (galones por hora)] · [Tiempo que demora en bombear (horas)] = [Cantidad de agua de la piscina (galones)]

La constante de variación es la cantidad de agua de la piscina (en galones).

d. 3 horas con 20 minutos

PROBLEMA DE VARIOS PASOS PAUTA DE EVALUACIÓN

4 Los estudiantes completan todas las partes de las preguntas en forma exacta. Reconocen la relación como variación inversa. Los estudiantes comprenden la ecuación de variación y son capaces de aplicarla en diversas situaciones.

3 Los estudiantes completan las preguntas y explicaciones. Las soluciones pueden contener errores matemáticos menores. Puede que el modelo verbal esté incorrecto o las explicaciones sean vagas.

2 Los estudiantes completan las preguntas y explicaciones, pero cometen diversos errores matemáticos. Es posible que usen un modelo de variación inversa incorrecto.

1 Las respuestas están muy incompletas. Las soluciones y el razonamiento están incorrectos. Los estudiantes no demuestran comprensión de la variación inversa.

LECCIÓN 12.1

NOMBRE ______________________ FECHA ____________

Refuerzo con práctica

Para usar con las páginas 691–697

OBJETIVO **Evaluar y hacer una gráfica de una función con raíces cuadradas**

> **VOCABULARIO**
>
> Una **función de raíz cuadrada** es una función definida por la ecuación $y = \sqrt{x}$.

EJEMPLO 1 *Hacer una gráfica de* $y = a\sqrt{x} + k$

Halla el dominio de $y = 3\sqrt{x} + 2$. Luego, haz una gráfica de la solución y halla la gama.

SOLUCIÓN

El dominio es el conjunto de todos los números reales no negativos. Haz una tabla de valores, marca los puntos y únelos con una curva lisa.

x	y
0	$y = 3\sqrt{0} + 2 = 2$
1	$y = 3\sqrt{1} + 2 = 5$
2	$y = 3\sqrt{2} + 2 \approx 6.2$
3	$y = 3\sqrt{3} + 2 \approx 7.2$
4	$y = 3\sqrt{4} + 2 = 8$

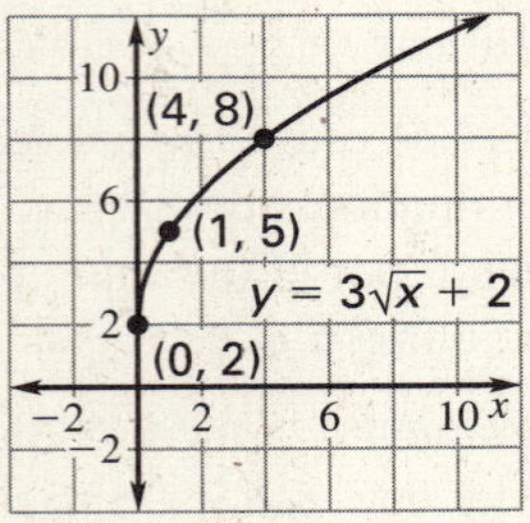

La gama es el conjunto de todos los números mayores que o iguales a 2.

Ejercicios para el Ejemplo 1

Halla el dominio de la función. Luego, haz una gráfica de la solución y halla la gama.

1. $y = 2\sqrt{x} + 1$ **2.** $y = 2\sqrt{x} - 1$ **3.** $y = 2\sqrt{x} - 2$

EJEMPLO 2 *Hacer una gráfica de* $y = \sqrt{x - h}$

Halla el dominio de $y = \sqrt{x - 2}$. Luego, haz una gráfica de la solución y halla la gama.

SOLUCIÓN

Para hallar el dominio, calcula los valores de x para los cuales el radicando no es negativo.

$x - 2 \geq 0$ Escribe una desigualdad para el dominio.

$x \geq 2$ Suma dos a cada lado.

NOMBRE ______________________________ FECHA ____________

Refuerzo con práctica

Para usar con las páginas 691–697

El dominio es el conjunto de todos los números reales mayores que o iguales a 2. Haz una tabla de valores, marca los puntos y únelos con una curva lisa.

x	y
2	$y = \sqrt{2-2} = 0$
3	$y = \sqrt{3-2} = 1$
4	$y = \sqrt{4-2} \approx 1.4$
5	$y = \sqrt{5-2} \approx 1.7$
6	$y = \sqrt{6-2} = 2$

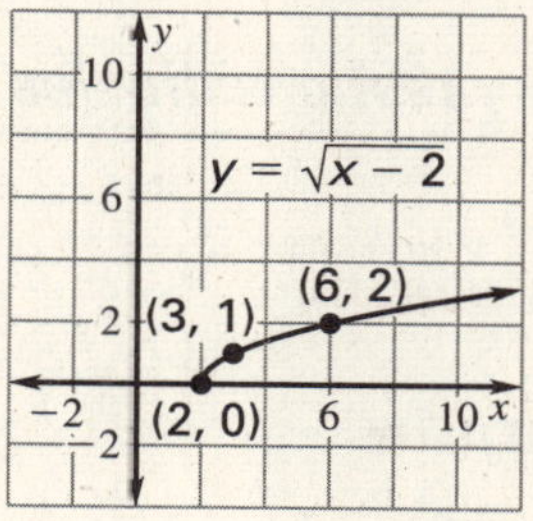

La gama es el conjunto de todos los números reales no negativos.

Ejercicios para el Ejemplo 2

Halla el dominio de la función. Luego, haz una gráfica de la solución y halla la gama.

4. $y = \sqrt{x-1}$ **5.** $y = \sqrt{x+1}$ **6.** $y = \sqrt{x-4}$

EJEMPLO 3

Usar un modelo de raíz cuadrada

Se deja caer un objeto desde una altura de h pies. La velocidad S (en pies/seg) del objeto justo antes de golpear el suelo está dada por el modelo $S = \sqrt{64h}$.

a. Dibuja la gráfica del modelo.

b. Calcula la velocidad S (en pies/seg) de un objeto que se deja caer desde una altura de 25 pies.

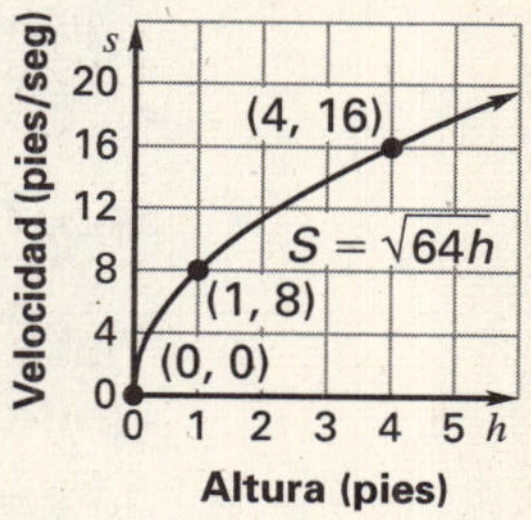

SOLUCIÓN

a. Haz una tabla de valores, marca los puntos y únelos con una curva lisa.

h	0	1	2	3	4
S	$\sqrt{64 \cdot 0} = 0$	$\sqrt{64 \cdot 1} = 8$	$\sqrt{64 \cdot 2} \approx 11.3$	$\sqrt{64 \cdot 3} \approx 13.9$	$\sqrt{64 \cdot 4} = 16$

b. Sustituye $h = 25$ en el modelo: $S = \sqrt{64 \cdot 25} = 40$ pies/seg

Ejercicio para el Ejemplo 3

7. Usa el modelo del Ejemplo 3 para calcular la velocidad S (en pies/seg) de un objeto que se deja caer desde una altura de 36 pies.

LECCIÓN 12.2

NOMBRE ______________________ FECHA ____________

Refuerzo con práctica

Para usar con las páginas 698–703

OBJETIVO **Sumar, restar, multiplicar y dividir expresiones radicales**

EJEMPLO 1 *Sumar y restar radicales*

Simplifica la expresión.

$\sqrt{12} + \sqrt{3}$.

SOLUCIÓN

$\sqrt{12} + \sqrt{3} = \sqrt{4 \cdot 3} + \sqrt{3}$	Factor de cuadrado perfecto
$= \sqrt{4} \cdot \sqrt{3} + \sqrt{3}$	Usa la propiedad del producto.
$= 2\sqrt{3} + \sqrt{3}$	Simplifica.
$= 3\sqrt{3}$	Suma los radicales con el mismo radicando.

Ejercicios para el Ejemplo 1

Simplifica la expresión.

1. $\sqrt{7} + 3\sqrt{7}$ **2.** $\sqrt{8} - \sqrt{2}$ **3.** $\sqrt{48} + \sqrt{3}$

EJEMPLO 2 *Multiplicar radicales*

Simplifica la expresión.

a. $\sqrt{3} \cdot \sqrt{12}$ **b.** $\sqrt{5}(\sqrt{2} + \sqrt{3})$ **c.** $(3 + \sqrt{2})(3 - \sqrt{2})$

SOLUCIÓN

a. $\sqrt{3} \cdot \sqrt{12} = \sqrt{36}$	Usa la propiedad del producto.
$= 6$	Simplifica.
b. $\sqrt{5}(\sqrt{2} + \sqrt{3}) = \sqrt{5} \cdot \sqrt{2} + \sqrt{5} \cdot \sqrt{3}$	Usa la propiedad distributiva.
$= \sqrt{10} + \sqrt{15}$	Usa la propiedad del producto.
c. $(3 + \sqrt{2})(3 - \sqrt{2}) = 3^2 - (\sqrt{2})^2$	Usa el patrón de la suma por diferencia.
$= 9 - 2 = 7$	Simplifica.

Ejercicios para el Ejemplo 2

Simplifica la expresión.

4. $(\sqrt{2} + 1)(\sqrt{2} - 1)$ **5.** $\sqrt{3} \cdot \sqrt{6}$ **6.** $\sqrt{10}(2 + \sqrt{2})$

LECCIÓN **12.2** CONTINUACIÓN

NOMBRE ______________________ FECHA ____________

Refuerzo con práctica

Para usar con las páginas 698–703

EJEMPLO 3 *Simplificar radicales*

Simplifica $\frac{5}{\sqrt{2}}$.

SOLUCIÓN

$\frac{5}{\sqrt{2}} = \frac{5}{\sqrt{2}} \cdot \frac{\sqrt{2}}{\sqrt{2}}$ Multiplica el numerador y el denominador por $\sqrt{2}$.

$= \frac{5\sqrt{2}}{\sqrt{2} \cdot \sqrt{2}}$ Multiplica las fracciones.

$= \frac{5\sqrt{2}}{2}$ Simplifica.

Ejercicios para el Ejemplo 3

Simplifica la expresión.

7. $\frac{4}{\sqrt{3}}$

8. $\frac{5}{\sqrt{8}}$

9. $\frac{-1}{\sqrt{12}}$

EJEMPLO 4 *Usar un modelo de radical*

Un tsunami es una enorme ola del océano que puede ser provocada por terremotos bajo el agua, erupciones volcánicas o huracanes. La velocidad S de un tsunami, en millas por hora, está dada por el modelo $S = 3.86\sqrt{d}$, en el cual d es la profundidad del océano en pies. Supón que un tsunami está a una profundidad de 1792 pies y que otro está a una profundidad de 1372 pies. Escribe una expresión que represente la diferencia de velocidad entre los tsunamis. Simplifica la expresión.

SOLUCIÓN

La velocidad del primer tsunami mencionado es $3.86\sqrt{1792}$, mientras que la velocidad del segundo tsunami es $3.86\sqrt{1372}$. La diferencia D de velocidad puede representarse mediante $3.86\sqrt{1792} - 3.86\sqrt{1372}$.

$$D = 3.86\sqrt{1792} - 3.86\sqrt{1372}$$
$$= 3.86\sqrt{7 \cdot 256} - 3.86\sqrt{7 \cdot 196}$$
$$= 61.76\sqrt{7} - 54.04\sqrt{7} = 7.72\sqrt{7}$$

Ejercicio para el Ejemplo 4

10. Formula nuevamente el Ejemplo 4 si un tsunami está a una profundidad de 3125 pies y otro tsunami está a una profundidad de 2000 pies.

LECCIÓN 12.3

NOMBRE ______________________ FECHA ____________

Refuerzo con práctica

Para usar con las páginas 704–709

OBJETIVO Resolver una ecuación radical

EJEMPLO 1 *Resolver una ecuación radical*

Resuelve $\sqrt{3x+1}+2=6$.

SOLUCIÓN

Aísla la expresión radical a un lado de la ecuación.

$\sqrt{3x+1}+2=6$	Escribe la ecuación original.
$\sqrt{3x+1}=4$	Resta 2 a cada lado.
$(\sqrt{3x+1})^2=4^2$	Eleva cada lado al cuadrado.
$3x+1=16$	Simplifica.
$3x=15$	Resta 1 a cada lado.
$x=5$	Divide cada lado entre 3.

La solución es 5. Verifica la solución en la ecuación original.

Ejercicios para el Ejemplo 1

Resuelve la ecuación.

1. $\sqrt{x+2}=3$ **2.** $\sqrt{x}+2=3$ **3.** $\sqrt{4x+1}=3$

EJEMPLO 2 *Verificar soluciones externas*

Resuelve la ecuación $\sqrt{2x+3}=x$ y verifica posibles soluciones externas.

SOLUCIÓN

$\sqrt{2x+3}=x$	Escribe la ecuación original.
$(\sqrt{2x+3})^2=x^2$	Eleva cada lado al cuadrado.
$2x+3=x^2$	Simplifica.
$0=x^2-2x-3$	Escribe en forma normal.
$0=(x-3)(x+1)$	Factoriza.
$x=3$ ó $x=-1$	Usa la propiedad del producto cero.

Para verificar las soluciones, sustituye 3 y -1 en la ecuación original.

$\sqrt{2(3)+3}\stackrel{?}{=}3$	$\sqrt{2(-1)+3}\stackrel{?}{=}-1$
$\sqrt{9}\stackrel{?}{=}3$	$\sqrt{1}\stackrel{?}{=}-1$
$3=3$	$1\neq-1$

La única solución es 3, porque $x=-1$ no es solución.

NOMBRE__________ FECHA__________

Refuerzo con práctica

Para usar con las páginas 704–709

Ejercicios para el Ejemplo 2

Resuelve la ecuación y verifica posibles soluciones externas.

4. $\sqrt{x+2} = x$ **5.** $\sqrt{3x} + 6 = 0$ **6.** $\sqrt{x+6} = x$

EJEMPLO 3 Usar un modelo de radical

La distancia d (en centímetros) que recorre el agua de la llave, al ser absorbida por una tira de papel secante, a una temperatura de 28.4°C está dada por el modelo

$$d = 0.444\sqrt{t}$$

donde t es el tiempo (en segundos). ¿Aproximadamente cuántos minutos tardará el agua en recorrer una distancia de 16 centímetros en la tira de papel secante?

SOLUCIÓN

$d = 0.444\sqrt{t}$	Escribe el modelo para la distancia en el papel secante.
$16 = 0.444\sqrt{t}$	Sustituye d por 16.
$\frac{16}{0.444} = \sqrt{t}$	Divide cada lado entre 0.444.
$\left(\frac{16}{0.444}\right)^2 = t$	Eleva cada lado al cuadrado.
$1299 \approx t$	Simplifica.

El agua demoraría unos 1299 segundos en recorrer una distancia de 16 centímetros en la tira de papel secante. Para calcular el tiempo en minutos, divide 1299 entre 60. Demoraría unos 22 minutos.

Ejercicios para el Ejemplo 3

7. Usa el modelo del Ejemplo 3 para calcular la distancia que recorrería el agua en 36 segundos.

8. Usa el modelo del Ejemplo 3 para calcular la cantidad de segundos que demoraría el agua en recorrer una distancia de 10 centímetros por la tira de papel secante.

NOMBRE ______________________ FECHA __________

Prueba parcial 1

Para usar después de las lecciones 12.1–12.3

1. Evalúa $y = 3\sqrt{x} - 2$ cuando $x = 9$. *(Lección 12.1)*

2. Dibuja la gráfica de $y = \sqrt{x} + 3$. *(Lección 12.1)*

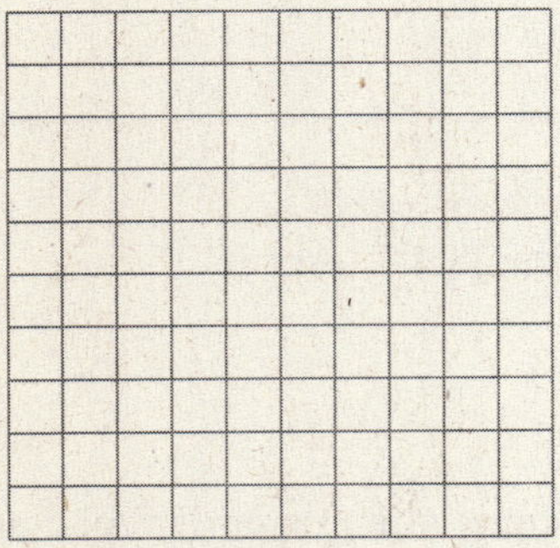

En los Ejercicios 3 y 4, simplifica la expresión. ***(Lección 12.2)***

3. $2\sqrt{3} + \sqrt{12}$

4. $(3 + \sqrt{5})(3 - \sqrt{5})$

5. Resuelve la ecuación. *(Lección 12.3)*

$$\sqrt{6x - 3} + 1 = 10$$

6. Usando la ecuación para la tasa de fluencia, $r = 30d^2\sqrt{P}$, dada en los Ejercicios 37 y 38 de la página 708 del libro, halla la presión de la boca de una manguera que tiene una tasa de fluencia de 250 galones por minuto y un diámetro de 1.5 pulgadas. *(Lección 12.3)*

Respuestas

1. ____________

2. ____________

3. ____________

4. ____________

5. ____________

6. ____________

LECCIÓN **12.4**

NOMBRE ______________________ FECHA __________

Refuerzo con práctica

Para usar con las páginas 710–714

OBJETIVO **Evaluar expresiones con exponentes racionales**

Al igual que elevar un número al cuadrado es lo contrario de hallar la raíz cuadrada de ese número, lo contrario de elevar un número al cubo es hallar la **raíz cúbica**. Puedes usar exponentes racionales para escribir raíces cuadradas y cúbicas.

raíz cuadrada de a — $\sqrt{a} = a^{1/2}$

raíz cúbica de a — $\sqrt[3]{a} = a^{1/3}$

EJEMPLO 1 *Hallar raíces cúbicas y raíces cuadradas*

a. $125^{1/3}$ — Ya que $5^3 = 125$, sabes que $125^{1/3} = 5$.

b. $\sqrt[3]{64}$ — Ya que $4^3 = 64$, sabes que $\sqrt[3]{64} = 4$.

c. $25^{1/2}$ — Ya que $5^2 = 25$, sabes que $25^{1/2} = 5$.

Ejercicios para el Ejemplo 1

Evalúa la expresión sin usar la calculadora.

1. $121^{1/2}$ **2.** $8^{1/3}$ **3.** $81^{1/2}$

4. $169^{1/2}$ **5.** $\sqrt[3]{216}$ **6.** $\sqrt[3]{1000}$

EJEMPLO 2 *Evaluar expresiones con exponentes racionales*

a. $25^{3/2} = (25^{1/2})^3$ Usa la propiedad de la potencia de una potencia.

$= (5)^3$ Halla la raíz cuadrada.

$= 125$ Evalúa la potencia.

Otro modo: $25^{3/2} = (\sqrt{25})^3$ Reescribe usando la notación radical.

$= 5^3$ La raíz cuadrada de 25 es 5.

$= 125$ Evalúa la potencia.

b. $216^{4/3} = (216^{1/3})^4$ Usa la propiedad de la potencia de una potencia.

$= (6)^4$ Halla la raíz cúbica.

$= 1296$ Evalúa la potencia.

Otro modo: $216^{4/3} = (\sqrt[3]{216})^4$ Reescribe usando la notación radical.

$= 6^4$ La raíz cúbica de 216 es 6.

$= 1296$ Evalúa la potencia.

Ejercicios para el Ejemplo 2

Evalúa la expresión sin usar la calculadora.

7. $8^{5/3}$ **8.** $9^{3/2}$ **9.** $64^{4/3}$

LECCIÓN **12.4** CONTINUACIÓN

NOMBRE ______________________ FECHA ____________

Refuerzo con práctica

Para usar con las páginas 710–714

Evalúa la expresión sin usar la calculadora.

10. $125^{2/3}$ **11.** $81^{3/2}$ **12.** $1000^{4/3}$

EJEMPLO 3 *Usar las propiedades de los exponentes racionales*

a. $6^{1/2} \times 6^{3/2} = (6^{1/2+3/2})$ Usa la propiedad de la potencia de un producto.

$= 6^{4/2} = 6^2 = 36$ Simplifica.

b. $(11^{1/3})^9 = (11^{1/3 \times 9})$ Usa la propiedad de la potencia de una potencia.

$= (11^3) = 1331$ Simplifica.

c. $(16 \times 25)^{1/2} = 16^{1/2} \times 25^{1/2}$ Usa la propiedad de la potencia de un producto.

$= 4 \times 5 = 20$ Simplifica.

Ejercicios para el Ejemplo 3

Evalúa usando las propiedades de los exponentes racionales.

13. $(4^3)^{1/3}$ **14.** $(8 \cdot 27)^{1/3}$ **15.** $16^{1/2} \cdot 36^{1/2}$

16. $(3^6)^{2/3}$ **17.** $9^{5/2} \cdot 9^{1/2}$ **18.** $(16^{3/2})^{1/2}$

EJEMPLO 4 *Usar las propiedades de los exponentes racionales*

Simplifica la expresión variable $(x \cdot y^{3/2})^4 x$.

$(x \cdot y^{3/2})^4 x = (x^4 \cdot y^{3/2 \cdot 4})x$ Reescribe usando la propiedad de la potencia de un producto.

$= x^4 \cdot y^6 \cdot x$ Simplifica.

$= x^{4+1} \cdot y^6$ Usa la propiedad de la potencia de un producto.

$= x^5 \cdot y^6$ Simplifica.

Ejercicios para el Ejemplo 4

Simplifica la expresión.

19. $(x^2 \cdot y)^{1/2}$ **20.** $(y^4)^{1/8}$ **21.** $(x^{3/4} \cdot x^{1/4})^2$

22. $(y^6)^{1/3}$ **23.** $(x^{1/2} \cdot y)^4 x$ **24.** $\sqrt[3]{x}(x^6 \cdot y^2)^{1/3}$

Chapter 12

LECCIÓN 12.5

NOMBRE ______________________ FECHA ____________

Refuerzo con práctica

Para usar con las páginas 715–721

OBJETIVO **Resolver una ecuación cuadrática completando el cuadrado**

VOCABULARIO

Para **completar el cuadrado** de la expresión $x^2 + bx$, suma el cuadrado de la mitad del coeficiente de x.

$$x^2 + bx + \left(\frac{b}{2}\right)^2 = \left(x + \frac{b}{2}\right)^2$$

EJEMPLO 1 ***Completar el cuadrado***

Resuelve $x^2 - 18x + 5 = 0$ completando el cuadrado.

SOLUCIÓN

$x^2 - 18x + 5 = 0$	Escribe la ecuación original.
$x^2 - 18x = -5$	Resta 5 a cada lado.
$x^2 - 18x + \left(\frac{18}{2}\right)^2 = -5 + 81$	Suma $\left(\frac{18}{2}\right)^2$ u 81 a cada lado.
$(x - 9)^2 = 76$	Escribe el lado izquierdo como un cuadrado perfecto.
$x - 9 = \pm\sqrt{76}$	Saca la raíz cuadrada a cada lado.
$x = 9 \pm 2\sqrt{19}$	Suma 9 a cada lado.

Las soluciones son $9 + 2\sqrt{19}$ y $9 - 2\sqrt{19}$. Ambas soluciones cumplen la ecuación original.

Ejercicios para el Ejemplo 1

Resuelve la ecuación completando el cuadrado.

1. $n^2 - 3n = 2$

2. $y^2 + 4y = -1$

3. $b^2 + 8b + 3 = 0$

NOMBRE ______________________ FECHA ____________

Refuerzo con práctica

Para usar con las páginas 715–721

EJEMPLO 2 Escoger un método de solución

Escoge un método para resolver la ecuación cuadrática.

a. $5x^2 + 3x - 2 = 0$ **b.** $x^2 + 6x - 1 = 0$

SOLUCIÓN

a. Esta ecuación puede factorizarse fácilmente.

$5x^2 + 3x - 2 = 0$	Escribe la ecuación original.
$(5x - 2)(x + 1) = 0$	Factoriza.
$5x - 2 = 0$ ó $x + 1 = 0$	Propiedad del producto cero
$x = \frac{2}{5}$ ó $x = -1$	Resuelve para x.

Las soluciones son $\frac{2}{5}$ y -1.

b. Esta ecuación no puede resolverse mediante la factorización, pero puede resolverse completando el cuadrado.

$x^2 + 6x - 1 = 0$	Escribe la ecuación original.
$x^2 + 6x = 1$	Suma 1 a cada lado.
$x^2 + 6x + \left(\frac{6}{2}\right)^2 = 1 + 9$	Suma $\left(\frac{6}{2}\right)^2$, ó 9 a cada lado.
$(x + 3)^2 = 10$	Escribe el lado izquierdo como un cuadrado perfecto.
$x + 3 = \pm\sqrt{10}$	Saca la raíz cuadrada a cada lado.
$x = -3 \pm \sqrt{10}$	Resta 3 a cada lado.

Las soluciones son $-3 + \sqrt{10}$ y $-3 - \sqrt{10}$.

Ejercicios para el Ejemplo 2

Escoge un método para resolver la ecuación cuadrática. Explica tu preferencia.

4. $5y^2 - 35 = 0$ **5.** $w^2 - 3w - 10 = 0$ **6.** $x^2 + 4x - 7 = 0$

LECCIÓN 12.6

NOMBRE ______________________________ FECHA ____________

Refuerzo con práctica

Para usar con las páginas 722–729

OBJETIVO Usar el teorema de Pitágoras y su recíproco

VOCABULARIO

En un triángulo rectángulo, la **hipotenusa** es el lado opuesto al ángulo recto; los otros dos lados son los **catetos**.

El **teorema de Pitágoras** establece que si un triángulo es triángulo rectángulo, entonces la suma de los cuadrados de las longitudes de los catetos a y b es igual al cuadrado de la longitud de la hipotenusa c, es decir, $a^2 + b^2 = c^2$.

En un enunciado de la forma "Si p, entonces q", p es la *hipótesis* y q es la *conclusión*. El **recíproco** del enunciado "Si p, entonces q" es el enunciado relacionado "Si q, entonces p".

El **recíproco del teorema de Pitágoras** establece que si un triángulo tiene lados de longitud a, b y c tales que $a^2 + b^2 = c^2$, entonces el triángulo es un triángulo rectángulo.

EJEMPLO 1 *Usar el teorema de Pitágoras*

Un triángulo rectángulo tiene un cateto que mide 1 pulgada más que el otro cateto. La hipotenusa mide 5 pulgadas. Calcula la longitud de los catetos.

SOLUCIÓN

Dibuja un triángulo rectángulo y nombra sus lados. Sea x la longitud del cateto más corto. Usa el teorema de Pitágoras para resolver para x.

$a^2 + b^2 = c^2$	Escribe el teorema de Pitágoras.
$x^2 + (x + 1)^2 = 5^2$	Sustituye a, b y c.
$x^2 + x^2 + 2x + 1 = 25$	Simplifica.
$2x^2 + 2x - 24 = 0$	Escribe en forma normal.
$2(x + 4)(x - 3) = 0$	Factoriza.
$x = -4$ ó $x = 3$	Propiedad del producto cero

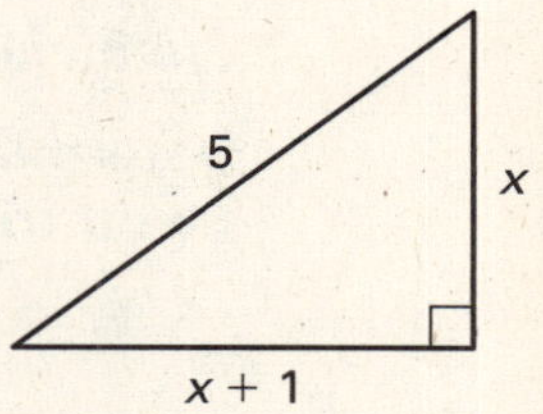

La longitud es positiva por lo que la solución $x = -4$ es externa. Los lados miden 3 pulgadas y $3 + 1 = 4$ pulgadas de longitud.

NOMBRE ______________________ FECHA __________

Refuerzo con práctica

Para usar con las páginas 722–729

Ejercicios para el Ejemplo 1

Usa el teorema de Pitágoras para calcular la longitud del lado que falta del triángulo rectángulo.

1.

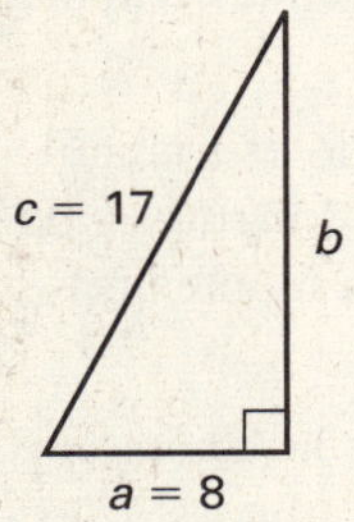

2.

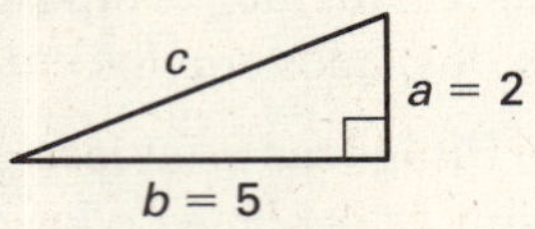

3.

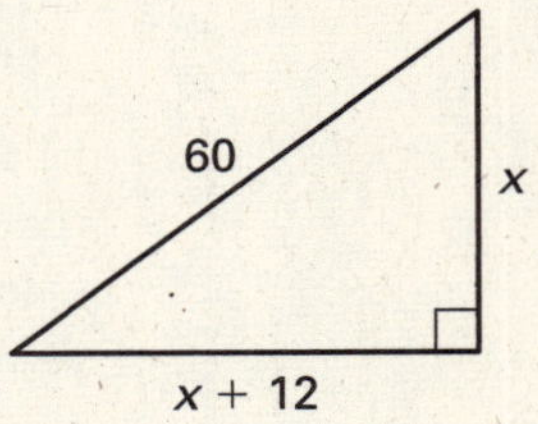

EJEMPLO 2 *Determinar triángulos rectángulos*

Usa el teorema de Pitágoras para hallar las longitudes que faltan de los lados de un triángulo rectángulo.

a. 12, 16, 20 **b.** 10, 24, 25

SOLUCIÓN

Usa el recíproco del teorema de Pitágoras.

a. Los valores son las longitudes de los lados de un triángulo rectángulo, porque

$12^2 + 16^2 = 144 + 256 = 400 = 20^2.$

b. Los valores no son las longitudes de los lados de un triángulo rectángulo, porque

$10^2 + 24^2 = 100 + 576 = 676 \neq 25^2.$

Ejercicios para el Ejemplo 2

Determina si los valores dados son las longitudes de los lados de un triángulo rectángulo.

4. 8, 15, 17 **5.** 3, 6, 7 **6.** 9, 40, 41

LECCIÓN 12.6

NOMBRE ______________________ FECHA ____________

Prueba parcial 2

Para usar después de las lecciones 12.4–12.6

Respuestas

1. ____________

2. ____________

3. ____________

4. ____________

5. ____________

6. ____________

1. Simplifica. *(Lección 12.4)*

$10^{1/4} \cdot 10^{3/4}$

2. Halla el término que se debería sumar a $x^2 + 6x$ para crear un trinomio cuadrado perfecto. *(Lección 12.5)*

3. Resuelve la ecuación completando el cuadrado. *(Lección 12.5)*

$x^2 + 12x = 13$

4. Calcula la longitud que falta. *(Lección 12.6)*

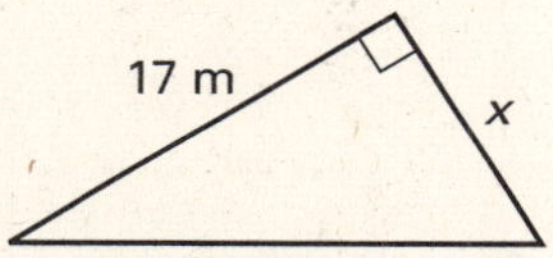

5. Determina si 7, 9 y 11 son las longitudes de los lados de un triángulo rectángulo. Explica tu razonamiento. *(Lección 12.6)*

6. Una cancha de vóleibol es un rectángulo de 9 metros por 18 metros. ¿Cuál es la longitud de la diagonal de la cancha? *(Lección 12.6)*

Chapter 12

NOMBRE ______________________ FECHA ____________

Refuerzo con práctica

Para usar con las páginas 730–735

OBJETIVO **Calcular la distancia entre dos puntos de un plano de coordenadas**

EJEMPLO 1 *Calcular la distancia entre dos puntos*

Calcula la distancia entre $(-1, 2)$ y $(3, 7)$ usando la fórmula de distancia.

SOLUCIÓN

$d = \sqrt{(x_2 - x_1)^2 + (y_2 - y_1)^2}$	Escribe la fórmula de distancia.
$= \sqrt{(-1 - 3)^2 + (2 - 7)^2}$	Sustituye.
$= \sqrt{41}$	Simplifica.
≈ 6.40	Usa la calculadora.

Ejercicios para el Ejemplo 1

Calcula la distancia que hay entre los dos puntos. De ser necesario, redondea el resultado a la centésima más próxima.

1. $(0, 4), (-3, 0)$ **2.** $(2, 3), (4, 5)$ **3.** $(-4, 2), (1, 4)$

EJEMPLO 2 *Verificar un triángulo rectángulo*

Decide si los puntos $(4, 6)$, $(2, 1)$ y $(-2, 3)$ son vértices de un triángulo rectángulo.

SOLUCIÓN

Usa la fórmula de distancia para hallar la longitud de los tres lados.

$$d_1 = \sqrt{(4 - 2)^2 + (6 - 1)^2} = \sqrt{2^2 + 5^2} = \sqrt{4 + 25} = \sqrt{29}$$
$$d_2 = \sqrt{[4 - (-2)]^2 + (6 - 3)^2} = \sqrt{6^2 + 3^2} = \sqrt{36 + 9} = \sqrt{45}$$
$$d_3 = \sqrt{[2 - (-2)]^2 + (1 - 3)^2} = \sqrt{4^2 + (-2)^2} = \sqrt{16 + 4} = \sqrt{20}$$

Halla la suma de los cuadrados de las longitudes de los dos lados más cortos.

$$d_1^2 + d_3^2 = (\sqrt{29})^2 + (\sqrt{20})^2$$
$$= 29 + 20$$
$$= 49$$

La suma de los cuadrados de las longitudes de los dos lados más cortos es 49, que no es igual al cuadrado del lado más largo, $(\sqrt{45})^2$. Según el recíproco del teorema de Pitágoras, los puntos dados no son los vértices de un triángulo rectángulo.

Ejercicio para el Ejemplo 2

4. Decide si $(3, 7)$, $(6, 2)$ y $(-1, -2)$ son vértices de un triángulo rectángulo. Explica tu respuesta.

LECCIÓN 12.7 CONTINUACIÓN

NOMBRE ______________________ FECHA ____________

Refuerzo con práctica

Para usar con las páginas 730–735

EJEMPLO 3

Aplicar la fórmula de distancia

Desde tu casa, viajas 5 millas al norte en bicicleta, luego 12 millas al este. ¿A qué distancia estás de tu casa?

SOLUCIÓN

Puedes superponer un sistema de coordenadas en un diagrama de tu viaje en bicicleta. Comienzas en el punto (0, 0) y terminas en el punto (12, 5). Usa la fórmula de distancia.

$d = \sqrt{(12 - 0)^2 + (5 - 0)^2}$

$= \sqrt{144 + 25}$

$= \sqrt{169}$

$= 13$

Estás a 13 millas de tu casa.

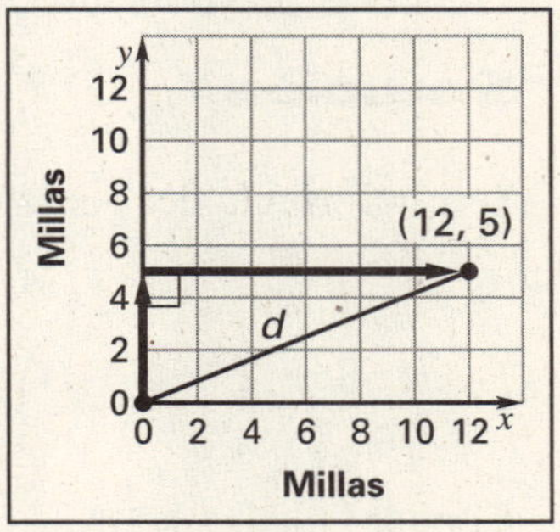

Ejercicio para el Ejemplo 3

5. Vuelve a formular el Ejemplo 3 si viajas 8 millas al este y 15 millas al sur.

LECCIÓN 12.8

NOMBRE ______________________ FECHA ____________

Refuerzo con práctica

Para usar con las páginas 736–739

OBJETIVO **Hallar el punto medio de un segmento de recta en un plano de coordenadas**

> **VOCABULARIO**
>
> El **punto medio** de un segmento de recta es el punto del segmento que es equidistante a sus extremos.

Chapter 12

EJEMPLO 1 *Calcular el punto medio*

Calcula el punto medio del segmento de la recta que conecta los puntos $(-8, -4)$ y $(2, 0)$.

SOLUCIÓN

Usa la fórmula del punto medio para los puntos (x_1, y_1) y (x_2, y_2): $\left(\frac{x_1 + x_2}{2}, \frac{y_1 + y_2}{2}\right)$.

$$\left(\frac{-8 + 2}{2}, \frac{-4 + 0}{2}\right) = \left(\frac{-6}{2}, \frac{-4}{2}\right) = (-3, -2)$$

El punto medio es $(-3, -2)$.

Ejercicios para el Ejemplo 1

Calcula el punto medio del segmento de la recta que conecta los puntos dados.

1. $(1, 3), (4, 5)$ **2.** $(6, 1), (-4, -1)$ **3.** $(6, 0), (0, 2)$

EJEMPLO 2 *Verificar el punto medio*

Usa la fórmula de distancia para verificar el punto medio del Ejemplo 1.

SOLUCIÓN

La distancia entre $(-3, -2)$ y $(-8, -4)$ es

$$d_1 = \sqrt{[-3 - (-8)]^2 + [-2 - (-4)]^2} = \sqrt{5^2 + 2^2} = \sqrt{25 + 4} = \sqrt{29}.$$

La distancia entre $(-3, -2)$ y $(2, 0)$ es

$$d_2 = \sqrt{(-3 - 2)^2 + (-2 - 0)^2} = \sqrt{(-5)^2 + (-2)^2} = \sqrt{25 + 4} = \sqrt{29}.$$

Las distancias de $(-3, -2)$ a los extremos del segmento son iguales.

NOMBRE ______________________________ FECHA __________

Refuerzo con práctica

Para usar con las páginas 736–739

Ejercicios para el Ejemplo 2

4–6. Muestra que los puntos medios hallados en los Ejercicios 1 a 3 están a la misma distancia de cada punto.

EJEMPLO 3 Aplicar la fórmula del punto medio

Un amigo y tú se ponen de acuerdo para encontrarse a mitad de camino entre sus ciudades, como se muestra en la gráfica de la derecha. Calcula la ubicación en que se deberían encontrar.

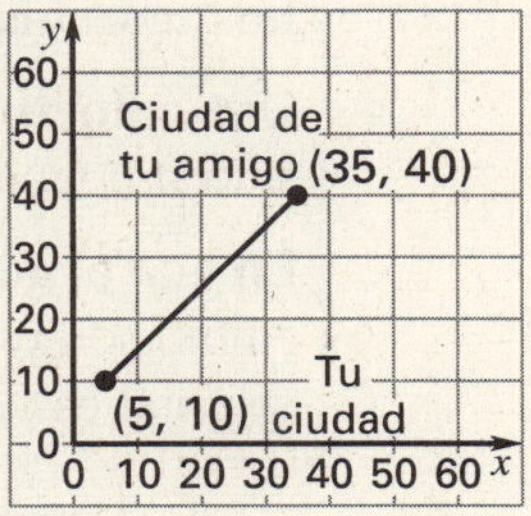

Solución

Las coordenadas de tu ciudad son (5, 10) y las coordenadas de la ciudad de tu amigo son (35, 40). Usa la fórmula del punto medio para calcular el punto que está a mitad de camino entre las dos ciudades.

$$\left(\frac{5 + 35}{2}, \frac{10 + 40}{2}\right) = \left(\frac{40}{2}, \frac{50}{2}\right)$$
$$= (20, 25)$$

Se deberían encontrar en (20, 25).

Ejercicio para el Ejemplo 3

7. Formula nuevamente el Ejemplo 3 si las coordenadas de tu ciudad son (0, 35) y las coordenadas de la ciudad de tu amigo son (30, 15).

LECCIÓN 12.9

NOMBRE ______________________ FECHA ____________

Refuerzo con práctica

Para usar con las páginas 740–746

OBJETIVO **Usar el razonamiento lógico y una demostración para probar que un enunciado es verdadero o falso**

VOCABULARIO

Los **postulados** o **axiomas** son propiedades de las matemáticas que aceptamos como verdaderas sin necesidad de prueba.

Los **teoremas** son enunciados que deben probarse.

Una **conjetura** es un enunciado que se piensa verdadero, pero que no ha sido probado.

En una **prueba indirecta**, o *prueba por contradicción*, supones que el enunciado es falso. Si esto lleva a algo imposible, entonces el enunciado original es verdadero.

Chapter 12

EJEMPLO 1 *Probar un teorema*

Prueba la propiedad de cancelación de la suma: Si $a + c = b + c$, entonces $a = b$.

SOLUCIÓN

$a + c = b + c$	Escribe la propiedad original.
$a + c + (-c) = b + c + (-c)$	Propiedad de la igualdad de la suma
$a + [c + (-c)] = b + [c + (-c)]$	Propiedad de la asociatividad de la suma
$a + 0 = b + 0$	Propiedad del inverso de la suma
$a = b$	Propiedad de identidad de la suma

Ejercicios para el Ejemplo 1

Prueba el teorema usando los axiomas básicos del álgebra.

1. Si $ac = bc$, entonces $a = b$, $c \neq 0$.

2. Si $a - c = b - c$, entonces $a = b$.

EJEMPLO 2 *Hallar un contraejemplo*

Asigna valores a a y b para mostrar que la regla $\frac{1}{a+b} = \frac{1}{a} + \frac{1}{b}$ es falsa.

SOLUCIÓN

Puedes escoger cualquier valor para a y b, excepto $a = -b$, $a = 0$ ó $b = 0$.
Sea $a = 3$ y $b = 1$. Evalúa el lado izquierdo de la ecuación.

$\frac{1}{a+b} = \frac{1}{3+1}$ Sustituye a por 3 y b por 1.

$= \frac{1}{4}$ Simplifica.

NOMBRE ______________________ FECHA __________

Refuerzo con práctica

Para usar con las páginas 740–746

Evalúa el lado derecho de la ecuación.

$\frac{1}{a} + \frac{1}{b} = \frac{1}{3} + \frac{1}{1}$ Sustituye a por 3 y b por 1.

$= \frac{4}{3}$ Simplifica.

Como $\frac{1}{4} \neq \frac{4}{3}$, has mostrado un caso en que la regla es falsa.

El contraejemplo con $a = 3$ y $b = 1$ es suficiente para probar que $\frac{1}{a+b} = \frac{1}{a} + \frac{1}{b}$ es falso.

Ejercicios para el Ejemplo 2

Halla un contraejemplo para mostrar que el enunciado no es verdadero.

3. $\sqrt{a^2 + b^2} = a + b$ **4.** $a - b = b - a$ **5.** $a \div b = b \div a$

EJEMPLO 3 Usar una prueba indirecta

Usa una prueba indirecta para probar que la conclusión es verdadera: Si $\frac{a}{b} \geq \frac{c}{b}$ y $b > 0$, entonces $a \geq c$.

SOLUCIÓN

Supón que $a \geq c$ no es verdadero. Entonces $a < c$.

$a < c$ Supón que el opuesto de $a \geq c$ es verdadero.

$\frac{a}{b} < \frac{c}{b}$ El dividir cada lado entre el mismo número positivo produce una desigualdad equivalente.

Esto contradice el enunciado planteado de que $\frac{a}{b} \geq \frac{c}{b}$. Por lo tanto, es imposible que $a < c$.

Concluyes que $a \geq c$ es verdadero.

Ejercicio para el Ejemplo 3

6. Usa una prueba indirecta para probar que la conclusión es verdadera: Si $a + b > b + c$, entonces $a > c$.

CAPÍTULO 12

NOMBRE ____________________ FECHA __________

Prueba del capítulo A

Para usar después del capítulo 12

Identifica el dominio y la gama de la función. Luego, haz una gráfica de la solución.

1. $y = 4\sqrt{x}$

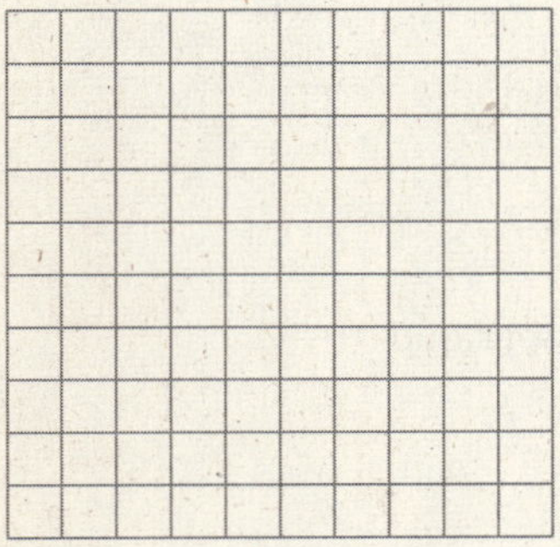

2. $y = \sqrt{x} + 2$

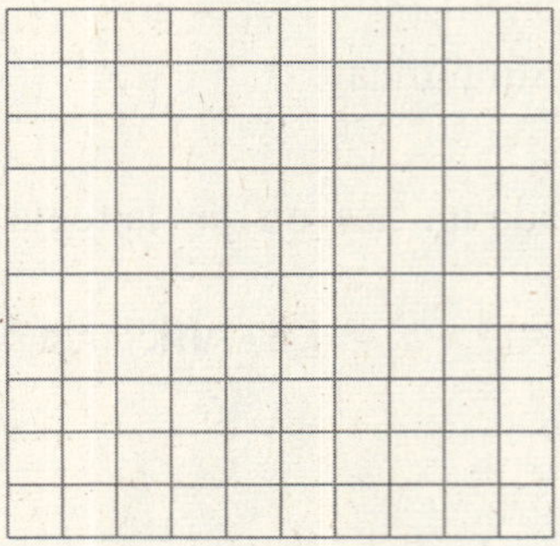

Simplifica la expresión.

3. $3\sqrt{5} + 4\sqrt{5}$

4. $6\sqrt{3} - 2\sqrt{3}$

5. $\sqrt{5} \cdot \sqrt{20}$

6. $\dfrac{3}{\sqrt{2}}$

7. $\sqrt{5}(6\sqrt{2} - \sqrt{5})$

8. $\dfrac{4}{\sqrt{20}}$

Resuelve la ecuación.

9. $\sqrt{x} - 2 = 0$

10. $\sqrt{3x} - 6 = 0$

Simplifica la expresión variable usando las reglas para exponentes racionales.

11. $x^{3/5} \cdot x^{7/5}$

12. $(x^{3/5})^{10}$

Resuelve la ecuación completando el cuadrado.

13. $x^2 + 2x = 3$

14. $x^2 + 8x = 14$

Calcula cada longitud que falta.

15.

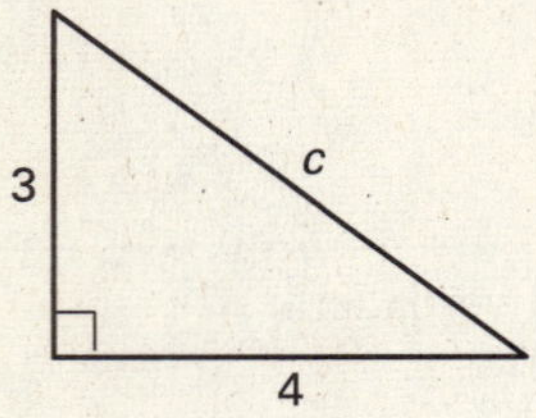

16.

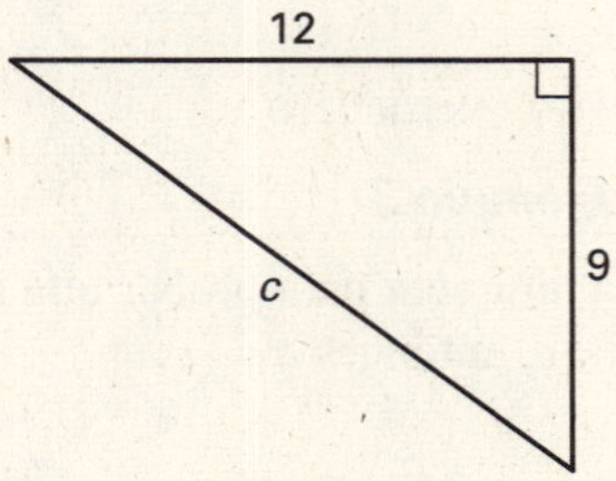

Respuestas

1. ____________
2. ____________
3. ____________
4. ____________
5. ____________
6. ____________
7. ____________
8. ____________
9. ____________
10. ____________
11. ____________
12. ____________
13. ____________
14. ____________
15. ____________
16. ____________

Chapter 12

CAPÍTULO 12 CONTINUACIÓN

NOMBRE ______ FECHA ______

Prueba del capítulo A

Para usar después del capítulo 12

Calcula la distancia que hay entre los dos puntos.

17. (5, 8), (2, 4)

18. (7, 12), (1, 4)

Decide si los puntos son vértices de un triángulo rectángulo.

19. (0, 0), (0, 3), (4, 0)

20. (1, 2), (3, 0), (3, 3)

21. Un amigo y tú salen a montar en bicicleta. Tú recorres 12 millas al norte y 2 millas al este. ¿Cuál es la distancia en línea recta que hay desde el punto de partida?

Halla el punto medio entre los dos puntos.

22. (2, 2), (6, 4)

23. (2, 3), (4, 1)

24. Una empresa tuvo ventas por $500,000 en 1996 y ventas por $720,000 en 1998. Usa la fórmula del punto medio para calcular las ventas de la empresa en 1997.

25. Copia y completa la prueba del enunciado: $a + 2a = 3a$

$a + 2a = a(1) + 2a$ ___?___

$= a(1 + 2)$ ___?___

$= a(3)$ ___?___

$= 3a$ ___?___

Respuestas

17. ______

18. ______

19. ______

20. ______

21. ______

22. ______

23. ______

24. ______

25. ______

______

______

______

Chapter 12

NOMBRE ______________________ FECHA ____________

Prueba del capítulo B

Para usar después del capítulo 12

Identifica el dominio y la gama de la función. Luego, haz una gráfica de la solución.

1. $y = \sqrt{x} - 2$

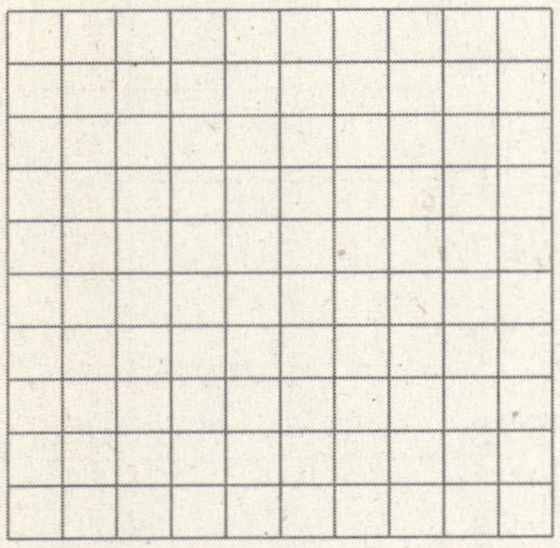

2. $y = \sqrt{x + 1}$

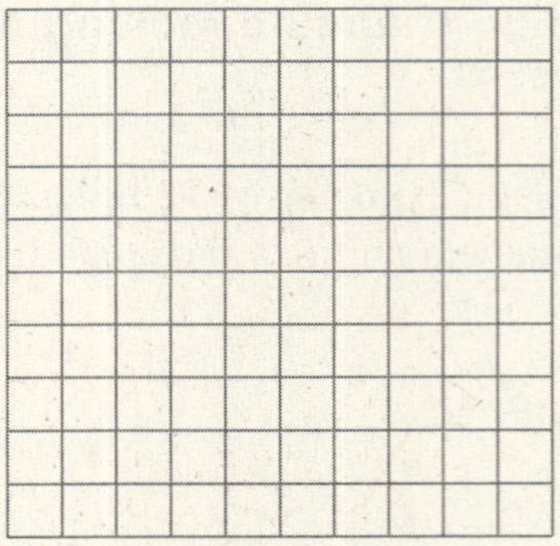

Simplifica la expresión.

3. $\sqrt{3} + \sqrt{27}$

4. $7\sqrt{5} - \sqrt{125}$

5. $\sqrt{3}(4\sqrt{2} + \sqrt{3})$

6. $\dfrac{7}{\sqrt{5}}$

7. $(2 + \sqrt{3})(2 - \sqrt{3})$

8. $\dfrac{6}{8 - \sqrt{3}}$

Resuelve la ecuación.

9. $\sqrt{x} - 3 = 0$

10. $\sqrt{4x} - 12 = 0$

Simplifica la expresión variable usando las reglas para exponentes racionales.

11. $(8x^6)^{1/3}$

12. $x^{2/3} \cdot x^{7/3}$

Resuelve la ecuación completando el cuadrado.

13. $x^2 + 6x = 4$

14. $x^2 + x = 2$

Calcula cada longitud que falta.

15.

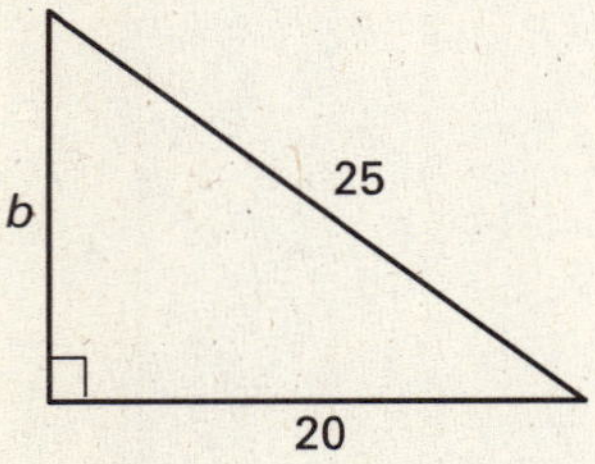

16.

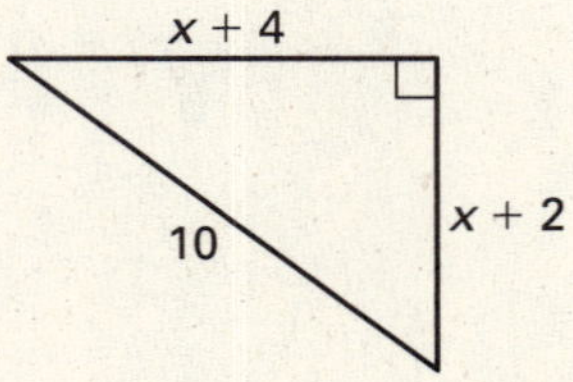

Respuestas

1. ______________
2. ______________
3. ______________
4. ______________
5. ______________
6. ______________
7. ______________
8. ______________
9. ______________
10. ______________
11. ______________
12. ______________
13. ______________
14. ______________
15. ______________
16. ______________

NOMBRE ______________________ FECHA __________

Prueba del capítulo B

Para usar después del capítulo 12

Calcula la distancia que hay entre los dos puntos.

17. (6, 5), (2, 2)

18. (−2, 8), (3, 4)

Decide si los puntos son vértices de un triángulo rectángulo.

19. (1, 1), (1, 4), (5, 1)

20. (1, 2), (1, −1), (3, 0)

21. Un amigo y tú salen a montar en bicicleta. Tú recorres 13 millas al norte y 5 millas al este. ¿Cuál es la distancia en línea recta que hay desde el punto de partida?

Calcula el punto medio entre los dos puntos.

22. (−1, 3), (4, 2)

23. (−4, 3), (3, 1)

24. Una empresa tuvo ventas por $525,000 en 1996 y ventas por $750,000 en 1998. Usa la fórmula del punto medio para calcular las ventas de la empresa en 1997.

25. Copia y completa la prueba del enunciado: Para todos los numeros reales a y b, $-a + (a + b) = b$.

$-a + (a + b) = (-a + a) + b$ ___?___

$= 0 + b$ ___?___

$= b$ ___?___

Respuestas

17. ____________

18. ____________

19. ____________

20. ____________

21. ____________

22. ____________

23. ____________

24. ____________

25. ____________

____

____

CAPÍTULO 12

NOMBRE ______________________ FECHA ____________

Prueba del capítulo SAT/ACT

Para usar después del capítulo 12

1. ¿Cuál es el dominio y el rango de $y = \sqrt{x+1} - 2$?
   - Ⓐ dominio: todos los números no negativos
     rango: todos los números no negativos
   - Ⓑ dominio: $x \geq -1$
     rango: todos los números mayores o iguales que -2
   - Ⓒ dominio: todos los números no negativos
     rango: todos los números mayores o iguales que -2
   - Ⓓ dominio: $x \geq -1$
     rango: todos los números no negativos

2. ¿Cuál de las siguientes alternativas es la diferencia $\sqrt{112} - \sqrt{63}$ en forma simplificada?
   - Ⓐ $\sqrt{112} - 3\sqrt{7}$
   - Ⓑ $\sqrt{112} - 9\sqrt{7}$
   - Ⓒ $-5\sqrt{7}$
   - Ⓓ $\sqrt{7}$

3. Simplifica $\dfrac{7}{6 - \sqrt{3}}$.
   - Ⓐ $\dfrac{6 + \sqrt{3}}{27}$
   - Ⓑ $\dfrac{6 + \sqrt{3}}{33}$
   - Ⓒ $\dfrac{42 + 7\sqrt{3}}{33}$
   - Ⓓ $\dfrac{42 + 7\sqrt{3}}{27}$

4. Resuelve $\sqrt{3x - 5} - 2 = 0$.
   - Ⓐ $x = \frac{1}{3}$
   - Ⓑ $x = 3$
   - Ⓒ $x = \frac{49}{3}$
   - Ⓓ $x = 7$

5. ¿Cuál es la distancia entre $(-2, 3)$ y $(3, -4)$?
   - Ⓐ $\sqrt{2}$
   - Ⓑ $2\sqrt{2}$
   - Ⓒ $\sqrt{26}$
   - Ⓓ $\sqrt{74}$

En las preguntas 6 y 7, escoge el enunciado que se cumple para los números dados.

A. El número de la columna A es mayor.
B. El número de la columna B es mayor.
C. Los dos números son iguales.
D. La relación no puede determinarse a partir de la información dada.

6.

Columna A	*Columna B*
$4^{1/2}$	$8^{1/2}$

Ⓐ Ⓑ Ⓒ Ⓓ

7.

Columna A	*Columna B*
La solución de $\sqrt{x} - 4 = 3$	La solución de $\sqrt{x - 4} = 3$

Ⓐ Ⓑ Ⓒ Ⓓ

8. ¿Cuál es el punto medio del segmento de línea conectando los puntos $(-1, 5)$ y $(3, 8)$?
   - Ⓐ $\left(1, \dfrac{13}{2}\right)$
   - Ⓑ $\left(2, \dfrac{13}{2}\right)$
   - Ⓒ $\left(1, \dfrac{3}{2}\right)$
   - Ⓓ $\left(2, \dfrac{3}{2}\right)$

Chapter 12

NOMBRE____ FECHA____________

Evaluación alternativa y diario de matemáticas

Para usar después del capítulo 12

DIARIO 1. Considera que las gráficas de $y = |x|$, $y = x^2$ y $y = \sqrt{x}$ son las funciones "padre". (a) Explica lo que tienen en común las gráficas de $y = |x| + 2$, $y = x^2 + 2$ e $y = \sqrt{x} + 2$. Describe en qué difieren de su función padre las gráficas de $y = |x| - 1$, $y = x^2 - 1$, e $y = \sqrt{x} - 1$. ¿Qué efecto tendrían $y = |x + 3|$, $y = (x + 3)^2$, e $y = \sqrt{x + 3}$ sobre las gráficas, comparadas con la función padre? (b) Dada una ecuación genérica $y = |x - h| + k$, $y = (x - h)^2 + k$ o $y = \sqrt{x - h} + k$, ¿qué efecto tienen h y k sobre las gráficas? Escribe un párrafo para explicar posibles situaciones diferentes. Asegúrate de considerar valores positivos, negativos o cero. (c) ¿Cómo cambiaría la gráfica un signo negativo delante de una función (como $y = -\sqrt{x - 2}$)?

PROBLEMA DE VARIOS PASOS 2. Considera el triángulo formado por las coordenadas $A(2, -3)$, $B(8, 3)$ y $C(8, -9)$ para contestar lo siguiente. Representa gráficamente y rotula este triángulo.

a. Halla los puntos medios de cada lado del triángulo.

b. Representa gráficamente el nuevo triángulo que se forma al unir los puntos medios hallados en la parte (a). Halla las longitudes de cada lado de este nuevo triángulo. Da resultados exactos.

c. Determina si el triángulo formado en la parte (b) es triángulo rectángulo. Explica cómo lo sabes.

d. Calcula el perímetro y el área del triángulo de la parte (b).

e. Dado el punto $D(-4, y)$ y una distancia desde el punto A al D de 10 unidades, calcula los posibles valores para y. Muestra todo el trabajo y da razones para cada paso.

3. ***Razonamiento crítico*** Calcula la longitud de los tres lados del triángulo original ABC. Determina si el triángulo original ABC es triángulo rectángulo. Haz una conjetura acerca de la relación que hay entre un triángulo y el nuevo triángulo que se forma al unir los puntos medios.

NOMBRE ____________________ FECHA __________

Pauta para la evaluación alternativa

Para usar después del capítulo 12

DIARIO SOLUCIÓN

1. **a–c.** Las respuestas completas deberían considerar los siguientes puntos:

a. • Explica que todas las gráficas se desplazan 2 unidades hacia arriba cuando se suma 2 a la función, y explica que todas se desplazan hacia abajo cuando se resta 1 a la función.

• Explica que cuando se suma 3 al valor de x en la función, las gráficas se desplazan 3 unidades a la izquierda de la función padre.

b. • Explica que si h es positivo, la gráfica se desplazará h unidades a la derecha, y que si h es negativo, la gráfica se desplazará h unidades a la izquierda. Si k es positivo, la gráfica se desplazará k unidades hacia arriba, y si k es negativo, la gráfica se desplazará k unidades hacia abajo de la gráfica padre. Si tanto h como k son cero, la gráfica no se desplaza para esa parte.

c. • Explica que un signo negativo delante de la función provocará una reflexión de la gráfica en el eje x.

PROBLEMA DE VARIOS PASOS SOLUCIÓN

2. **a.** $(5, 0), (8, -3), (5, -6)$

b. $3\sqrt{2}, 3\sqrt{2}$ y 6

c. Sí, es triángulo rectángulo, porque los lados cumplen las condiciones del teorama de Pitágoras.

d. $6 + 6\sqrt{2}$ unidades; 9 unidades cuadradas

e. $5, -11$

3. $6\sqrt{2}, 6\sqrt{2}, 12$; El triángulo original es triángulo rectángulo. *Posible respuesta:* Como el triángulo original es triángulo rectángulo, el nuevo triángulo formado por los puntos medios también debe ser triángulo rectángulo.

PROBLEMA DE VARIOS PASOS PAUTA DE EVALUACIÓN

4 Los estudiantes completan todas las partes de las preguntas en forma exacta. Las explicaciones son lógicas y claras. Los estudiantes son capaces de aplicar correctamente las fórmulas del capítulo. Dan resultados exactos y simplificados cuando se les pide.

3 Los estudiantes completan las preguntas y explicaciones. Las soluciones pueden contener equivocaciones o errores matemáticos menores. Los estudiantes son capaces de aplicar las fórmulas del capítulo. Dan resultados exactos y simplificados cuando se les pide.

2 Los estudiantes completan las preguntas y explicaciones. Pueden ocurrir diversos errores matemáticos. Los estudiantes no siempre son capaces de aplicar correctamente las fórmulas del capítulo. No dan resultados exactos o simplificados.

1 El trabajo de los estudiantes está muy incompleto. Las soluciones y el razonamiento están incorrectos. Los estudiantes no son capaces de aplicar las fórmulas del capítulo. No dan resultados exactos y simplificados.

CAPÍTULOS

1 a 12

NOMBRE ______________________ FECHA __________

Examen acumulativo del 1 al 12

Para usar tras completar el capítulo 12

En los ejercicios 1 a 3, evalúa la expresión. (1.2, 2.5, 9.1)

1. $c^2 - b^2$ cuando $b = 5$ y $c = 10$
2. $\sqrt{x + 3y}$ cuando $x = 25$ e $y = 4$
3. $2m^4 - m^3n + 5$ cuando $m = -1$ y $n = -6$

En los ejercicios 4 a 14, simplifica la expresión. (1.3, 2.5, 8.1, 8.2, 8.4, 9.3, 11.3–11.6, 12.2)

4. $-5(10^2 \div 6^0) + (2^2)(2^4)$
5. $(m^{-3})(m^5)$
6. $(a^2b^4)^3$
7. $\dfrac{2x^2y}{8xy^3}$
8. $\sqrt{56}$
9. $\sqrt{44} + \sqrt{99}$
10. $\sqrt{\dfrac{6}{12}}$
11. $\dfrac{x^2 - 4}{x^2 + 4x + 4}$
12. $\dfrac{5x}{x^2 + x - 6} \cdot \dfrac{x^2 - 9}{25x^2}$
13. $\dfrac{7}{2m} + \dfrac{1}{m}$
14. $\dfrac{6}{x - 1} - \dfrac{3}{x + 2}$

Soluciones

1. ______________
2. ______________
3. ______________
4. ______________
5. ______________
6. ______________
7. ______________
8. ______________
9. ______________
10. ______________
11. ______________
12. ______________
13. ______________
14. ______________

Review and Assess

NOMBRE ______________________ FECHA __________

Examen acumulativo del 1 al 12

Para usar tras completar el capítulo 12

En los ejercicios 15 a 24, resuelve la ecuación. (3.3–3.5, 6.6, 9.2, 9.6, 10.6, 11.1, 11.7)

15. $-7(x - 4) = 8 - 2x$

16. $\frac{3}{4}(4x - 12) = 5x - 1 - 2x$

17. $|3x - 7| = 8$

18. $5x^2 - 4 = 16$

19. $x^2 - 9x + 20 = 0$

20. $3x^2 + x - 1 = 0$

21. $\frac{9}{10} = \frac{c}{48}$

22. $\frac{r - 5}{4} = \frac{r + 1}{6}$

23. $-\frac{4}{a} + 3 = \frac{a}{2}$

24. $\frac{5}{b - 1} + \frac{3}{2b + 3} = 0$

En los ejercicios 25 a 27, usa los puntos (–7, 0) y (5, 4). (5.3, 12.7, 12.8)

25. Escribe la ecuación de la recta que pasa por los dos puntos usando la forma pendiente e intercepción.

26. Halla la distancia entre los dos puntos. Redondea la solución al centésimo más cercano.

27. Halla el punto medio del segmento de la recta que conecta los dos puntos.

Soluciones

15. ______________

16. ______________

17. ______________

18. ______________

19. ______________

20. ______________

21. ______________

22. ______________

23. ______________

24. ______________

25. ______________

26. ______________

27. ______________

NOMBRE ____________________ FECHA __________

Examen acumulativo del 1 al 12

Para usar tras completar el capítulo 12

En los ejercicios 28 a 32, resuelve la desigualdad. (6.1–6.4, 6.7)

28. $\frac{m}{5} - 1 \geq -8$

29. $9 - 3x < 4(-x + 1)$

30. $6 < x + 1 \leq 7$

31. $|9 + a| > 4$

32. $|2 - 3x| + 9 \leq 10$

En los ejercicios 33 y 34, resuelve el sistema de ecuaciones. (7.2–7.4)

33. $x = 3y + 1$
$-2x + y = 8$

34. $5x + y = 9$
$2x + 3y = 1$

En los ejercicios 35 a 39, simplifica la expresión. (10.1–10.3)

35. $(10x^3 - 2x^2 + 5x + 7) + (4x^3 + 2x^2 - 8x - 3)$

36. $-6x(2x^2 + 9x - 1)$

37. $(x + 1)(x - 7)$

38. $(2x - 5)(3x - 1)$

39. $(x + 2)(x^2 - x - 4)$

Soluciones

28. ____________
29. ____________
30. ____________
31. ____________
32. ____________
33. ____________
34. ____________
35. ____________
36. ____________
37. ____________
38. ____________
39. ____________

Review and Assess

NOMBRE ______________________ FECHA ________

Examen acumulativo del 1 al 12

Para usar tras completar el capítulo 12

En los ejercicios 40 a 44, descompón el polinomio en factores. (10.5–10.8)

40. $x^2 + 8x + 7$

41. $2x^2 + 7x - 4$

42. $x^2 + 6x + 9$

43. $a^3 - 8$

44. $5x^2 - 45$

En los ejercicios 45 a 47, representa gráficamente la ecuación. (4.2, 4.3, 9.4)

45. $4x - 2y = 8$

46. $y = -2x^2 + 3$

47. $y = -4$

En los ejercicios 48 y 49, representa gráficamente la desigualdad. (6.8, 9.8)

48. $3x + y < -2$

49. $y \geq x^2 - 4x + 3$

Soluciones

40. ____________

41. ____________

42. ____________

43. ____________

44. ____________

45. *Ver la gráfica.*

46. *Ver la gráfica.*

47. *Ver la gráfica.*

48. *Ver la gráfica.*

49. *Ver la gráfica.*

ANSWERS

Chapter 1

Lesson 1.1

1. 4 minus x, subtraction
2. 7 times y, multiplication **3.** x plus 1, addition
4. y divided by 2, division **5.** 14 **6.** 5
7. 40 **8.** 8 **9.** 108 **10.** 24 **11.** 240 mi
12. 2100 mi **13.** 30 square inches
14. 23 inches

Lesson 1.2

1. three to the third power; $3 \cdot 3 \cdot 3$
2. five squared; $5 \cdot 5$ **3.** x to the third power; $x \cdot x \cdot x$ **4.** 1000 **5.** 32 **6.** 25 **7.** 1296
8. 729 **9.** 243 **10.** 343 **11.** 133 **12.** 20
13. 100 **14.** 100 ft^2 **15.** 144 cm^2

Lesson 1.3

1. 16 **2.** 8 **3.** 11 **4.** 15 **5.** 8 **6.** 5
7. 3 **8.** 36 **9.** 9 **10.** $157

Quiz 1

1. 20 **2.** 4 **3.** 90 mi **4.** 625 **5.** 49
6. 216 ft^3 **7.** 18 **8.** 333 **9.** 44

Lesson 1.4

1. 3 is not a solution. **2.** 3 is not a solution.
3. 2 is not a solution. **4.** 12 is a solution.
5. 5 is not a solution. **6.** 3 is a solution.
7. What number plus 7 gives 21? The number is 14. **8.** One more than 3 times what number gives 19? The number is 6. **9.** What number minus 12 gives 10? The number is 22.
10. What number divided by 3 gives 11? The number is 33. **11.** Seven less than 4 times what number gives 9? The number is 4. **12.** What number divided by 2 gives 4? The number is 8.
13. 5 is not a solution. **14.** 3 is not a solution.
15. 2 is a solution.

Lesson 1.5

1. $x + 1$ **2.** $x - 4$ **3.** $12 - x$ **4.** $x + 8$
5. $x + 6$ **6.** $x - 10$ **7.** $3n$ **8.** $\frac{n}{4}$
9. $12n$ **10.** $\frac{1}{2}n$ **11.** $\frac{9}{n}$ **12.** $x + 6 = 15$; $x = 9$ **13.** $\frac{x}{4} = 7$; $x = 28$
14. $x + 8 = 15$; $x = 7$
15. $x \cdot 3 = 33$; $x = 11$

Quiz 2

1. no; $24 \neq 16$ **2.** yes; $72 \geq 65$
3. *Sample answer*: The product of what number and 3 can be added to 2 to get 14? **4.** $4x - 7$
5. $h + 20 < 35$ **6.** $20s = 600$

Lesson 1.6

1. a. [Price per hat] · [Number of hats] = [Total receipts]

b. Price per hat = 8 (dollars)
Number of hats = n (hats)
Total receipts = 2480 (dollars)
$8n = 2480$

c. 310 hats

2. a. [Cost per person] · [Number of persons] = [Total cost]

b. Cost per person = 7.50 (dollars)
Number of persons = 3 (persons)
Total cost = n (dollars)
$7.50(3) = n$

c. $22.50

3. $\frac{2}{15}$ h or 8 min

Lesson 1.7

1. 1970 **2.** 1995

Lesson 1.7 *continued*

3. 1985–1990

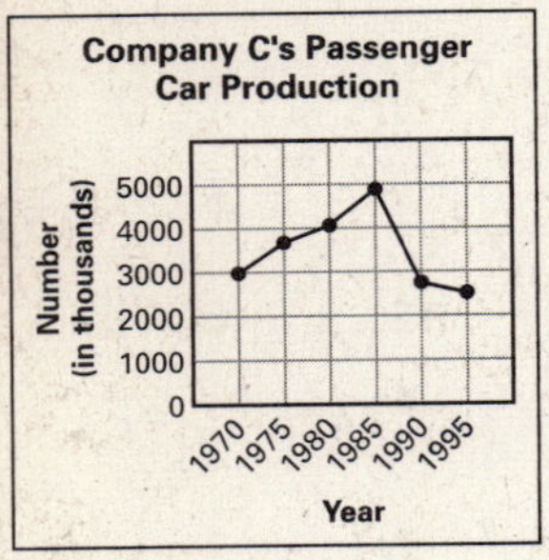

4. 1980–1985

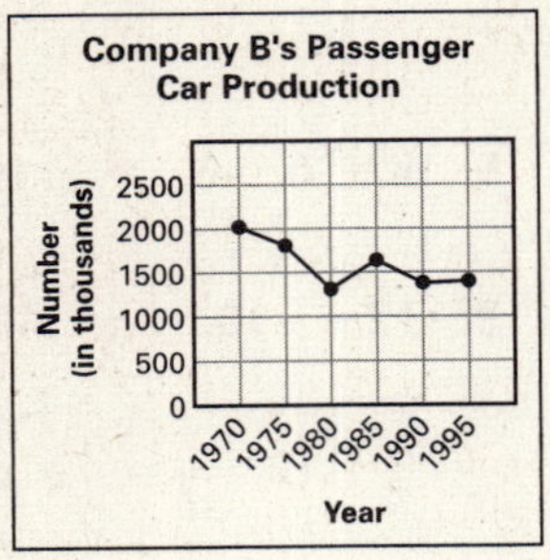

Lesson 1.8

1. The table represents a function. For each input, there is exactly one output.
2. The table does not represent a function. For the input value 2, there are two output values, not one.

3.

Input x	*Output y*
0	5
1	4
2	3
3	2

4.

Input x	*Output y*
0	1
1	5
2	9
3	13

5.

Input x	*Output y*
0	9
1	8
2	7
3	6

6. $C = 1.5 + 4p$

7. $C = 3 + 2.50p$

Chapter Test A

1. 3 **2.** 136 **3.** 420 mi **4.** $18a$ **5.** 64
6. 125 **7.** 243 **8.** 216 **9.** 19 **10.** 512
11. 684 cm^3 **12.** 6 **13.** 5 **14.** no **15.** yes
16. yes **17.** no **18.** $8 + x$ **19.** $x - 10$
20. $3 + x = 10$ **21.** $4 > 6t$ **22.** $d = \frac{3}{2} + p$
23. $4s \geq 70 + 5$ **24.** $k \geq a + 3$

25.

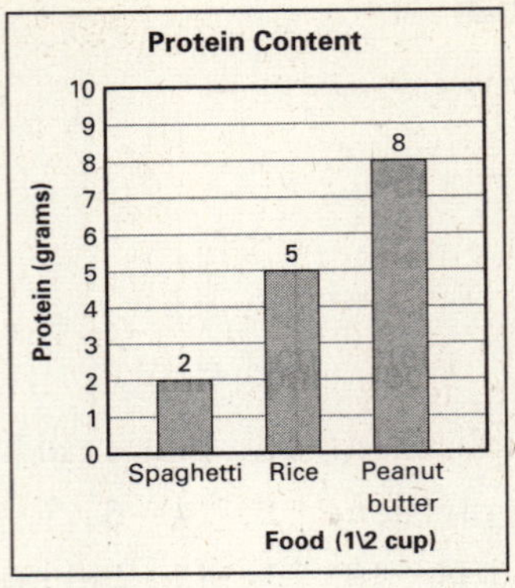

26.

Input	*Output*
0	2
1	9
2	16
3	23

27.

Input	*Output*
0	12
1	9
2	6
3	3

Chapter Test B

1. 150 **2.** 8 **3.** 260 mi **4.** $56x^2$
5. 64 **6.** 256 **7.** 253 **8.** 56 **9.** 86
10. 256 **11.** 9680 $in.^3$ **12.** 25 **13.** 108
14. 18 **15.** 0 **16.** no **17.** no **18.** $x + \frac{1}{2}$
19. $\frac{2}{3}x$ **20.** $3 \leq 4 - x$ **21.** $2^3 = 8$
22. $400 \leq 32p$ **23.** $8m + 8 \cdot 5 = 6 \cdot 60$

24.

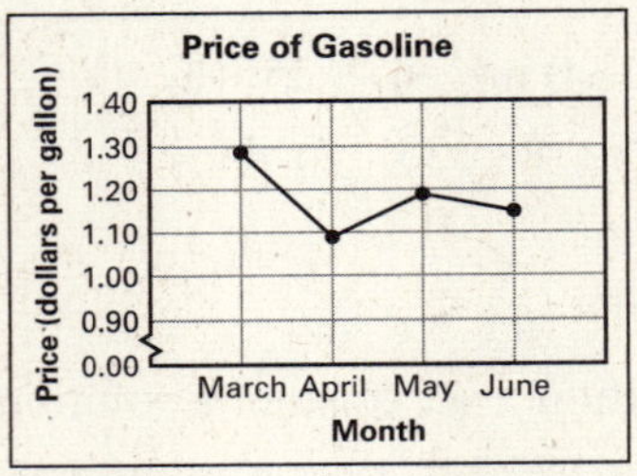

25.

Input	*Output*
1	5.1
1.5	7.6
2	11.1
3	21.1

26.

Input	*Output*
1	5.5
1.5	3.5
2	2.5
3	1.5

SAT/ACT Chapter Test

1. C **2.** A **3.** B **4.** B **5.** C **6.** A
7. A **8.** C **9.** B **10.** C

Alternative Assessment

1. a–c. Complete answers should include these points.

a.

$6 + 3^2 \div 3 - 5 = 6 + 9 \div 3 - 5$ Evaluate power.

$= 6 + 3 - 5$ Complete the division.

$= 9 - 5$ Add and subtract from left to right.

$= 4$ Simplify.

Amit is correct, since he used the order of operations.

b. • Explain order of operations: First do operations that occur within grouping symbols. Then evaluate powers. Multiply and divide from left to right. Finally, add and subtract from left to right.

• Explain that it is important to have an established order of operations for there to be consistency within mathematics.

c. • Explain that the calculator was not programmed with the established order of operations and completed all calculations from left to right.

• Explain that Sue should be sure to enter each computation separately using the order of operations herself.

2. a. $1 + 3x = 10$; $x = 3$, Sally purchased exactly 3 tickets.

$1 + 3x \leq 10$; $x \leq 3$, Naveen purchased 3 tickets or fewer.

$1 + 3x < 10$; $x < 3$, David purchased fewer than 3 tickets.

b. 3 rides for Sally and Naveen, 2 rides for David

3. a. The number of rides for both can be less than 3, but for Naveen it can also be 3. The key words are *less than $10* and *$10 or less* because they change the meaning of the inequality.

b. No, Naveen may take 3 or fewer rides; Sally must take 3.

4. Answers may vary. *Sample answer:* Rita can spend $10 or more.

Chapter 2

Lesson 2.1

1.

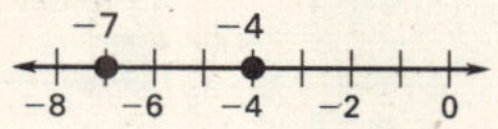

$-7 < -4, -4 > -7$

2.

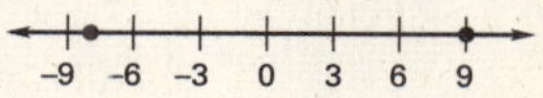

$-8 < 9, 9 > -8$

3.

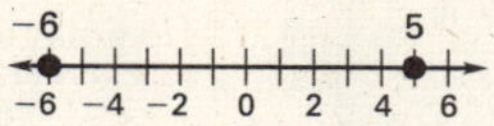

$-6 < 5, 5 > -6$

4.

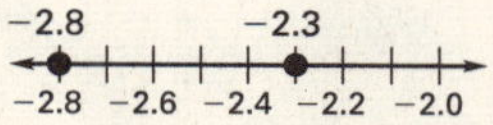

$-2.8 < -2.3, \ -2.3 > -2.8$

5.

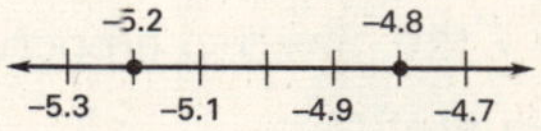

$-5.2 < -4.8, \ -4.8 > -5.2$

6.

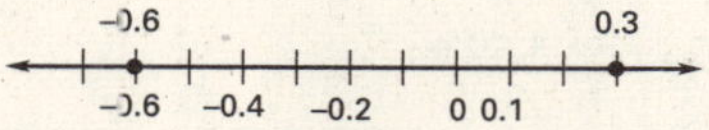

$-6 < 0.3, \ 0.3 > -0.6$

7. $-3, -2.5, -1.5, 2, 4.5$ **8.** $-2, -\frac{5}{4}, -\frac{3}{4}, \frac{1}{4}, 1$

Lesson 2.2

1. 1.7, 1.7 **2.** -4.2, 4.2

3. 5, 5 **4.** -1.8, 1.8

5. no solution **6.** -11.3, 11.3

7. 150 mi/h, -150 mi/h

8. -8 ft/sec, 8 ft/sec

9. True, by definition

10. True by definition

11. False, $\left|-\frac{3}{4}\right| = \frac{3}{4}; \frac{3}{4} < 1$

Lesson 2.3

1.

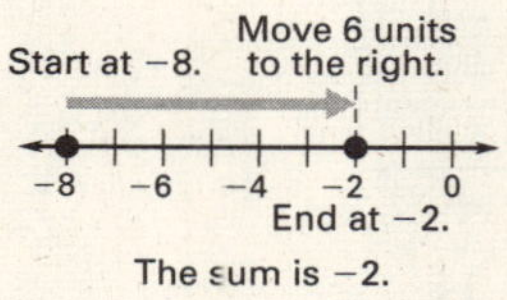

2.

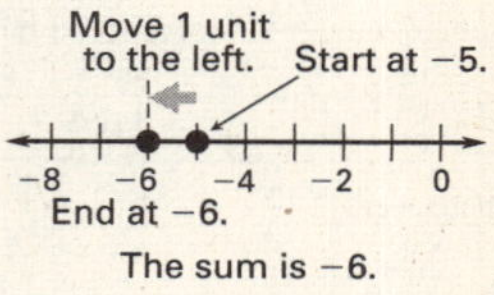

Lesson 2.3 *continued*

3.

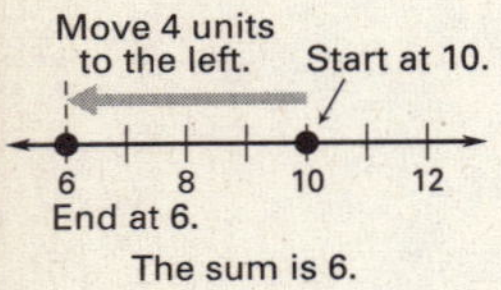

4.

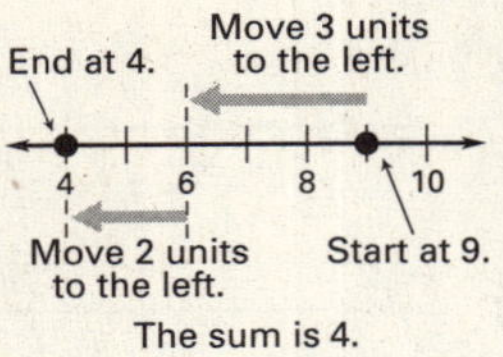

5.

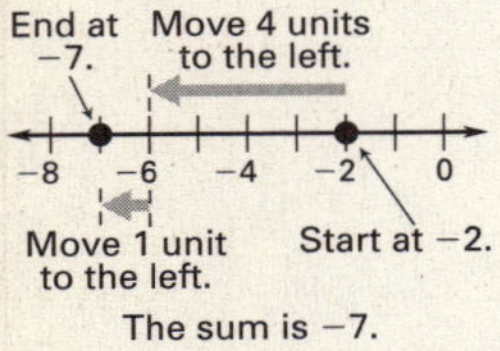

6.

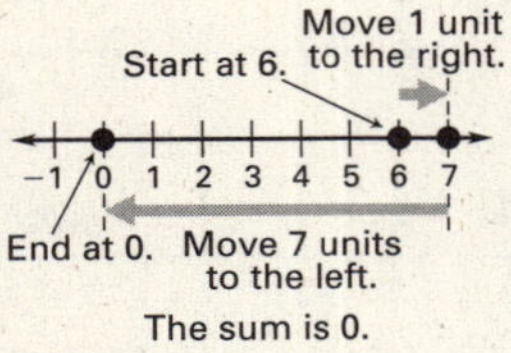

7. commutative property **8.** identity property

9. associative property **10.** inverse property

11. Yes, the store made a profit.
$342.60 + (-78.35) + (-127.40) + 457.80 = 594.65$; \$594.65

12. The overall change in the price of a share of the stock is $-\$.25$.

Quiz 1

1. $-7.1, -5.5, -1\frac{1}{3}, \frac{1}{2}, 4$

2. $-6.8 < -6.7$ and $-6.7 > -6.8$

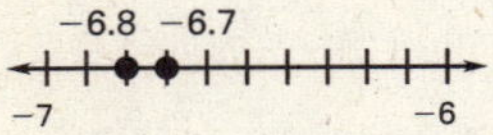

3. -14 **4.** $-0.5, 0.5$ **5.** Associative

6. -10 **7.** 20.5 **8.** 0 **9.** $-\frac{4}{5}$

Lesson 2.4

1. -3 **2.** -12 **3.** -1.5 **4.** 1.5 **5.** 8

6. 12 **7.** 1 **8.** 18 **9.** -13 **10.** $7, -4x$

11. $-y, -5$ **12.** $-2a, 1$

13.

Week	*Amount*	*Change*
1	9	—
2	6.5	−2.5
3	11	4.5
4	14	3

Lesson 2.5

1. -6 **2.** 7 **3.** -20 **4.** 18 **5.** -40

6. -72 **7.** $-5w$ **8.** $8t^2$ **9.** $-7y^2$

10. $-2x$ **11.** $-4a^3$ **12.** $6s^2$ **13.** -45

14. 2 **15.** 160 **16.** -27 **17.** loses \$384

18. loses \$462.50

Lesson 2.6

1. $5(2x + 6), 10x + 30$

2. $5(2x + 6) = 10x + 30$

3. $6x + 18$ **4.** $-30x - 5$ **5.** $-x - 8$

6. $-6x + 27$ **7.** $24x - 18$ **8.** $3x - 5$

9. $3(10 + 6) = 30 + 18 = 48$

10. $2(38) = 2(30 + 8) = 60 + 16 = 76$

11. $4(24) = 4(20 + 4) = 80 + 16 = 96$

Quiz 2

1. -5. **2.** 19 **3.** -4

4. 15 **5.** -40 **6.** Commutative

7. $7x^2 + 14x$ **8.** $55x - 33x^2$

Lesson 2.7

1. $3x^2, -2x^2; 5, 1$ **2.** $10x^2, -5x^2; 6x, -2x$

3. $-2x^2 - x + 1$ **4.** $5x^2 - 8x$

5. $-5w - 12$

6. $15 - 4q$ **7.** $-9t^2 + 24$ **8.** $-x^2 - 14x$

9. 5 **10.** $11d^2 + 8d$ **11. a.** $C = 5x + 420$

b. \$480

Lesson 2.8

1. -12 **2.** 4 **3.** -0.5 **4.** -8 **5.** $\frac{1}{15}$

6. -5 **7.** -9 **8.** -144 **9.** $-\frac{1}{16}$

10. 1 **11.** 2 **12.** 2 **13.** 9 **14.** $2t + 3$

15. $-2x + 5$ **16.** $-3y - 2$

Chapter Test A

1.

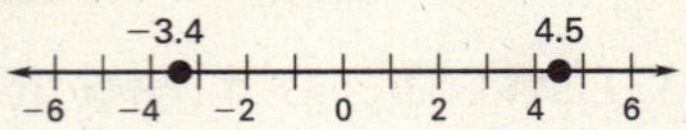

2.

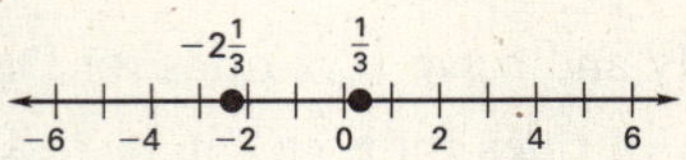

3. $-3.45, -3.42, 0.99, 1.99, 2.01$

4. $-2.25, 1\frac{2}{5}, 1\frac{7}{10}, 2.15, 2\frac{1}{2}$ **5.** 4.1 **6.** -9.5

7. 5 **8.** -16.6 **9.** 12 **10.** 0

11. yes; \$2850.34 **12.** 6 **13.** 18

14. 2 **15.** 4 **16.** $\frac{1}{4}$ **17.** $\frac{1}{3}$

18. B **19.** C **20.** D **21.** A

Chapter Test A *continued*

22. 28 **23.** 3 **24.** 60 **25.** −13 **26.** $4x$
27. $2y^2$ **28.** $7x - 35$ **29.** $12 - 4x$
30. $6 - 12x$ **31.** $-10 + 7x$ **32.** $-9 - 5y$
33. $2x + 5$ **34.** $x - 2$ **35.** $-2x + 3$
36. $4x + 3$ **37.** $2x + 3$
38. all real numbers except 0
39. all real numbers except −9
40. all real numbers
41. all real numbers except −5
42. $x + 8$ **43.** $-7x + 23$ **44.** $6x$

Chapter Test B

1.

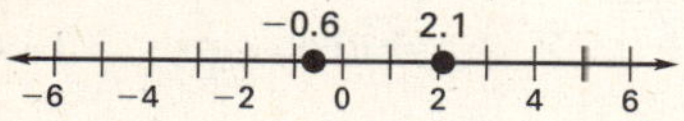

2.

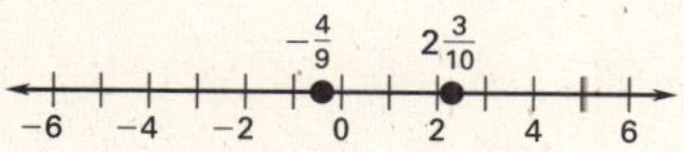

3. −2.4, −1.6, 1.5, 2.1, 3.3
4. $-1.25, -1\frac{2}{9}, -1\frac{1}{5}, 2.5, 2\frac{5}{9}$ **5.** −2.3
6. −11 **7.** 3.4 **8.** 10.3 **9.** 39.73 **10.** 7
11. yes; $1411.29 **12.** −3 **13.** −22 **14.** 28
15. 5 **16.** $\frac{5}{2}$ **17.** $\frac{9}{5}$
18. A **19.** D **20.** B **21.** C
22. −693 **23.** −2.7 **24.** −54 **25.** −40
26. $4x^3$ **27.** $120x^2$ **28.** $x^2 - 4x$
29. $-4t^2 - 8t$ **30.** $4b^2 - b^4$ **31.** $-c^3 - 3c^4$
32. $6y^2 + 5y$ **33.** $-x^3 + 8x^2$ **34.** $3x + 5$
35. $2x - 4$ **36.** $-2x + \frac{3}{5}$ **37.** $\frac{17x}{2} - 3$
38. all real numbers.
39. all real numbers except 0
40. all real numbers except 8
41. all real numbers except −4
42. 0 **43.** $3x + 1$ **44.** $\frac{11x}{4}$

SAT/ACT Chapter Test

1. D **2.** A **3.** B **4.** C **5.** D **6.** A **7.** B
8. D **9.** B **10.** A

Alternative Assessment

1. Complete answers should address these points: • answers: −4, −8, −16, −32, −64, 4, −8, 16, −32, 64. • Work includes the expanded expression, for example:
$-2^2 = -(2 \cdot 2) = -4$
$(-2)^2 = (-2) \cdot (-2) = 4$
a. Explain how you know the sign of the answer: A product is negative if it has an *odd* number of negative factors. A product is positive if it has an *even* number of negative factors. **b.** Explain that if a is positive, then a^n is positive. If a is negative, then a^n is positive if n is even and a^n is negative if n is odd. If $a = 0$, then $a^n = 0$.

2. a. *Sample answer:* The set of integers consists of the set of whole numbers and their opposites. **b.** Result should be 15 more than the original number. **c.** Result should be 15 more than the original number. **d.** 55
e. The expression simplifies to $x + 15$. The answer will always be 15 more than the original number. Your teacher subtracts fifteen to find the original number. **f.** Answers may vary.

3. Expression is $-((x - 8) \cdot 2) - 17 + 4x + (-4)$, which simplifies to $2x - 5$. Your teacher should add five to the student's answer and then divide by two to obtain the original number.

4. Answers may vary. The expression must simplify to a constant.

Chapter 3

Lesson 3.1

1. 15 **2.** −1 **3.** 13 **4.** −9 **5.** 16 **6.** −6
7. −7 **8.** 9 **9.** 14 **10.** $275

Lesson 3.2

1. $-\frac{1}{2}$ **2.** $\frac{1}{6}$ **3.** 7 **4.** −12 **5.** 21 **6.** 18
7. $s(2.5) = 800$; 320 miles per hour
8. $340t = 1530$; 4.5 hours

Chapter 3 *continued*

Lesson 3.3

1. -2 **2.** 1 **3.** 24 **4.** 2 **5.** -4 **6.** 2.5
7. $3 + 1.5n = 12$; 6 **8.** $6 + 2.5h = 16$; 4

Quiz 1

1. -8 **2.** -39 **3.** $\frac{1}{3}$ **4.** 42 **5.** 4 **6.** -15
7. 14

Lesson 3.4

1. $\frac{1}{2}$ **2.** -2 **3.** -1 **4.** no solution
5. identity **6.** $-\frac{1}{2}$ **7.** 40 **8.** 55

Lesson 3.5

1. $-\frac{13}{11}$ **2.** $\frac{9}{4}$ **3.** $2\frac{2}{3}$ inches

Lesson 3.6

1. 0.57 **2.** -0.06 **3.** 0.81 **4.** 1.17 **5.** 112.5
6. 0.11 **7.** \$13.91 **8.** \$11.67

Quiz 2

1. -2 **2.** 11 **3.** $\frac{1}{2}$
4. a. $120 + 4x = 8(10 + x)$
b. Plan A: \$10 per month;
Plan B: \$20 per month
5. 0.06 **6.** 3.52

Lesson 3.7

1. $h = \frac{2A}{b}$ **2.** $r = \frac{C}{2\pi}$ **3.** $P = \frac{I}{rt}$
4. $r = \frac{I}{Pt}$
5. $r = \frac{d}{t}$ **6.** 58 mi/h

Lesson 3.8

1. $\frac{24}{1}$ **2.** 40 mi/h **3.** \$11/h **4.** about 190
5. about 310 **6.** about 284 marks
7. about 2665 schillings

Lesson 3.9

1. \$7.20 **2.** 9 mi **3.** 150 g **4.** 50 yd
5. 25% **6.** 400% **7.** 170

Chapter Test A

1. 25 **2.** -25 **3.** \$26 **4.** yes **5.** no
6. -2 **7.** 28 **8.** \$28.75 each week
9. 128 **10.** 3 **11.** 138, 139, 140; $x + (x + 1) + (x + 2) = 417$ **12.** 2
13. 2 **14.** $10x = 300 + 4x$; 50 hours **15.** 136 pixels **16.** $-32.1, -32.06$ **17.** $-37.7, -37.69$
18. 3.13 **19.** 5.86 **20.** -4.33 **21.** 11.44
22. 1.42 **23.** 0.22 **24.** $b_1 = \frac{2A}{h} - b_2$
25. $t = \frac{I}{Pr}$ **26.** $y = 13 - 7x$ **27.** $y = 3 - \frac{3}{5}x$
28. 20, 13, -1 **29.** $\frac{18}{5}, 3, \frac{9}{5}$
30. 2 tablespoons per serving
31. \$0.92 per slice **32.** 5 tablespoons **33.** 45%

Chapter Test B

1. 7 **2.** 16 **3.** \$22 **4.** no **5.** yes **6.** 32
7. 35 **8.** 18 **9.** 5 **10.** 8 **11.** 4 **12.** 6
13. 23, 50, 64 **14.** identity **15.** 5
16. $8x = 150 + 2x$; 25 days **17.** $-5.7, -5.65$
18. 41.7, 41.68 **19.** 1.07 **20.** -13.54
21. 0.25 **22.** 4.43 **23.** $h = \frac{3V}{\pi r^2}$
24. $C = \frac{5}{9}(F - 32)$ **25.** $y = 3x - 6$
26. $y = -2x - 5$ **27.** $-9, -6, 0$
28. $-3, -5, -9$
29. 32 ounces for \$2.40
30. 236.5 kilometers **31.** \$333.33

SAT/ACT Chapter Test

1. A **2.** D **3.** C **4.** C **5.** D **6.** D **7.** A
8. B **9.** B **10.** C **11.** D **12.** C

Chapter 3 *continued*

Alternative Assessment

1. Complete answers should include these points:

$7 + \frac{1}{2}(6x + 4) = -2x + 4$	Original equation
$7 + 3x + 2 = -2x + 4$	This step is correct.
$10x + 2 = -2x + 4$	Error: added 7 and $3x$ to get $10x$; incorrect because 7 and $3x$ are not like terms. The correct method is to add like terms 7 and 2, to get $3x + 9$.
$8x + 2 = 4$	Error: incorrect to add $10x$ and $-2x$; because they are on different sides of equation. The correct method is to add $2x$ to *both* sides of the equation.
$8x = 2$	This step is correct.
$x = 4$	Error: did not divide both sides by 8 to isolate the variable. The correct method is to divide *both* sides by 8 to isolate the variable.

2. a. \$3350; \$2700; Salary Plan 1

b. [total pay] = [base pay] + [percent commission] · [sales in a month]

c. [total pay] = [percent commission] · [sales in a month]

d. $2000 + 0.03x = 0.06x$; Answers should include these points: If Ron's sales per month are \$66,666 or less, he should choose Plan 1. If his sales per month are greater than \$66,667, he should choose Plan 2. **e.** Ron should chose Plan 2 because monthly sales must exceed \$66,667 in order to provide a salary of \$8000 a month. Since $8000 = 0.06x$ (where x = sales per month), $x = 133{,}333$. Ron must make \$133,333 in sales each month.

3. 15 hcuses under Plan 1; 14 houses under Plan 2

Cumulative Test

1. 16 **2.** 49 **3.** 512 **4.** 15 **5.** −288 **6.** 2
7. 64 **8.** 2 **9.** 2 **10.** 24 **11.** −27
12. $-\frac{5}{3}$ **13.** −1 **14.** $x + 7 = 23$
15. $x - 12 = 16$ **16.** $35 > 5x$ **17.** $\frac{x}{6} < 27$

18.

Input	Output
0	−5
1	−2
2	1
3	4

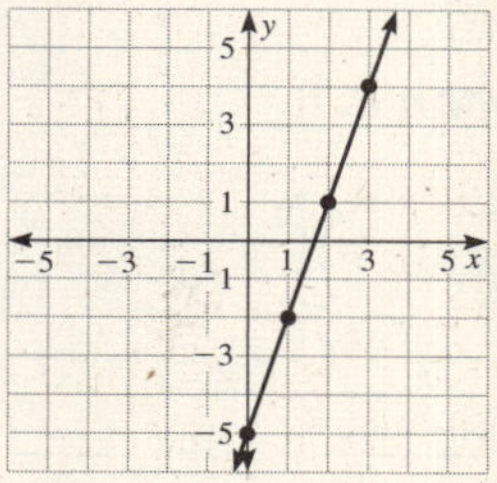

19.

Input	Output
0	8
1	4
2	0
3	−4

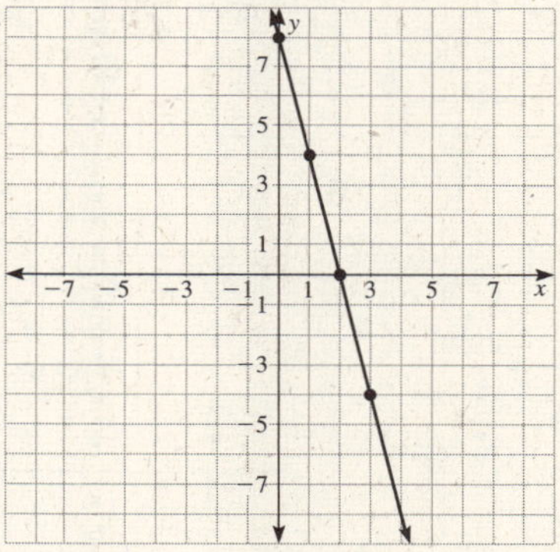

20. −3.9, −1.72, −1.4, 0.6, 2
21. −2, −1.7, $-\frac{4}{3}$, −0.5, $\frac{3}{2}$
22. −5.3, −5, 1, |2.7|, |−6| **23.** $-8m$
24. $c + 5$ **25.** $3p^2 + 4p - 6$ **26.** $14r - 11$
27. $4x - 46$ **28.** $3x - 21$ **29.** $-30 - 6a$
30. $-18a - 36$ **31.** −1 **32.** 7
33. 12 **34.** 2 **35.** −4 **36.** 7 **37.** −4
38. $y = z - x$ **39.** $x = \frac{(c + b)}{a}$

Answers

Cumulative Test *continued*

40. $m = \frac{(n - 4)}{4}$ **41.** \$112.50 **42.** 28.8 feet

43. $33\frac{1}{3}$ grams **44.** \$666.67 **45.** 9% **46.** 14%

47. $5(2 + 0.30) = \$11.50$

48. $25 - 17 = x$; 8 people were left

49. $150 + 30x = 360$; 7 weeks

9.

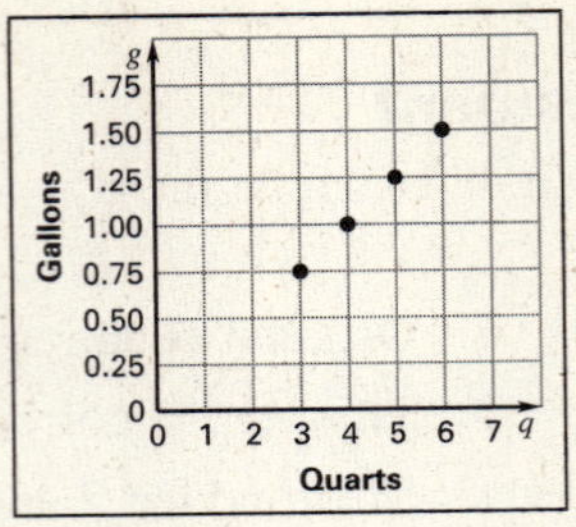

10.

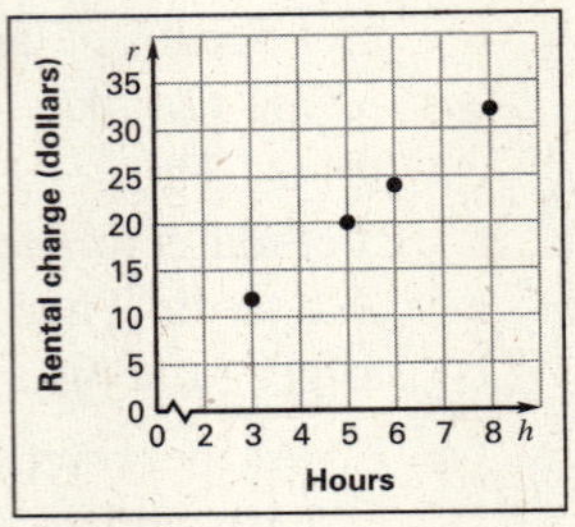

Chapter 4

Lesson 4.1

1.

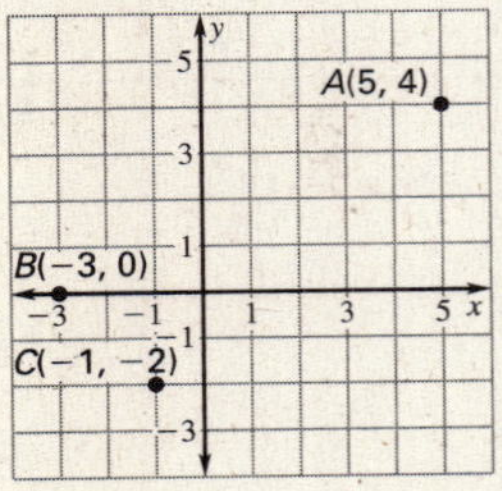

2.

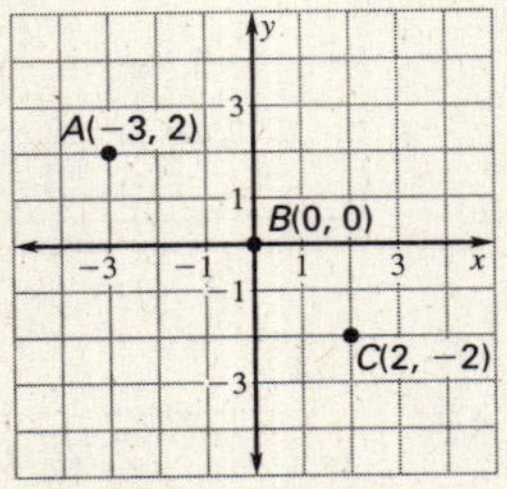

3.

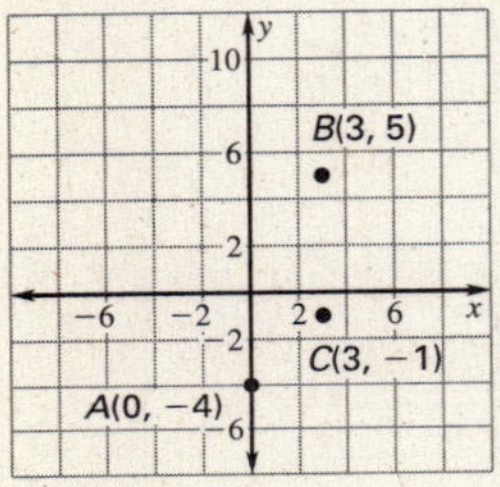

4.

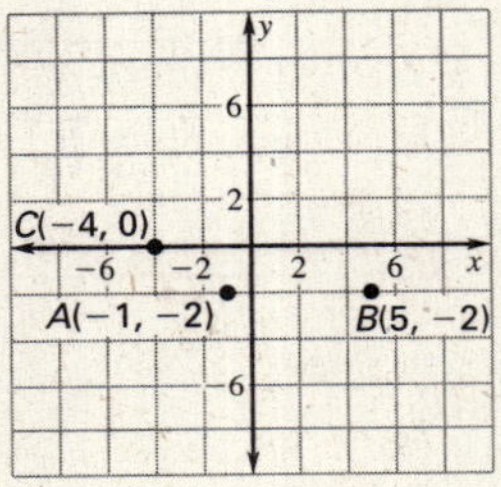

5.

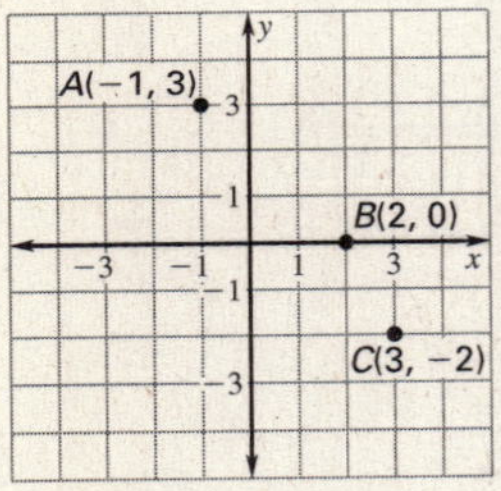

6.

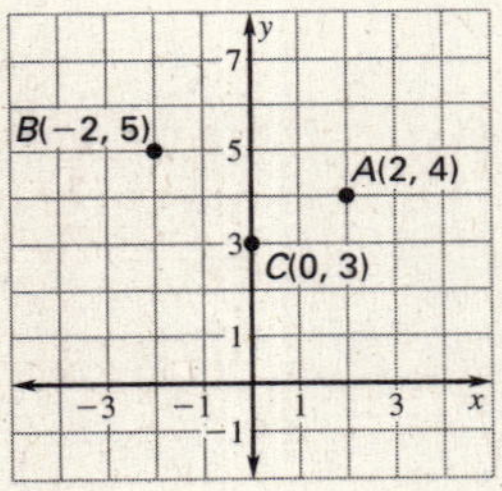

7.

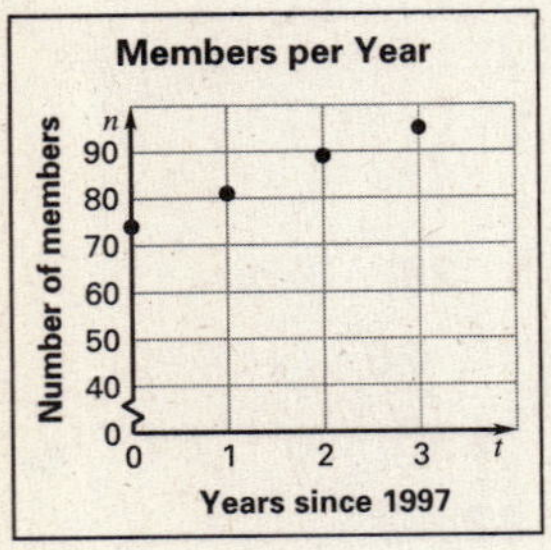

8.

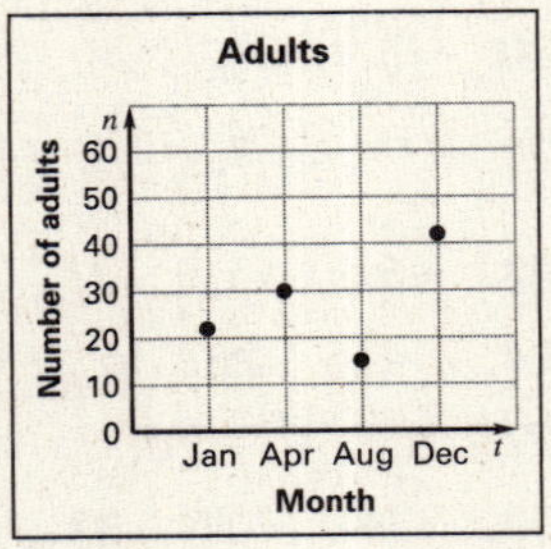

Lesson 4.2

1. $(-4, 0)$ is a solution.
2. $(2, 1)$ is not a solution.
3. $(3, 1)$ is a solution.
4. $(-2, 2)$ is not a solution.

5–10. Answers may vary.

5. $(-2, -12), (-1, -10), (0, -8)$
6. $(-2, 4), (-1, 1), (0, -2)$
7. $(-2, -7), (-1, -5), (0, -3)$
8. $(-2, -1), (-1, 2), (0, 5)$

9 $(-2, -2), (-1, 1), (0, 4)$

10. $(-2, -9), (-1, -5), (0, -1)$

11.

Choose x.	−2	−1	0	1	2
Evaluate y.	−10	−7	−4	−1	2

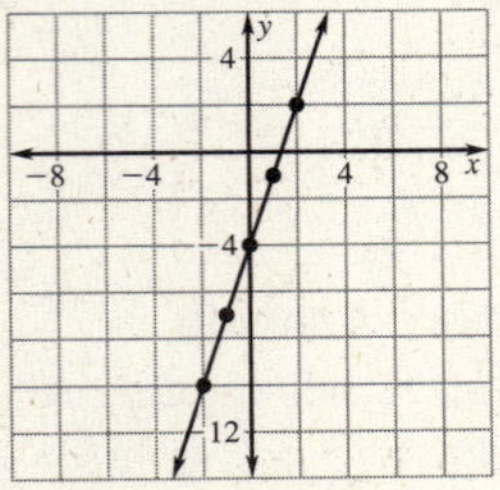

Lesson 4.2 *continued*

12.

Choose x.	−2	−1	0	1	2
Evaluate y.	0	1	2	3	4

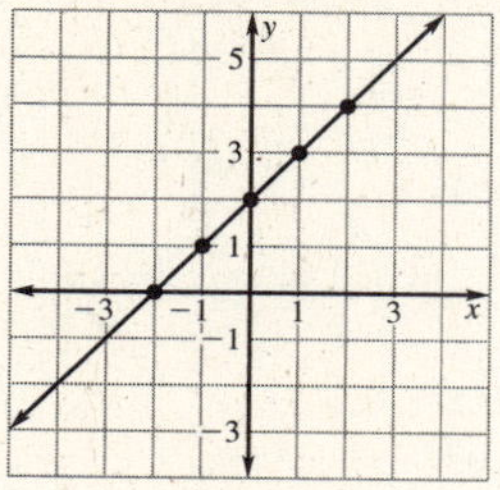

13.

Choose x.	−2	−1	0	1	2
Evaluate y.	9	6	3	0	−3

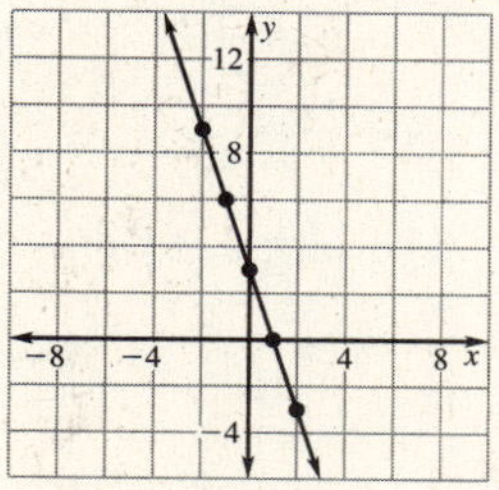

Lesson 4.3

1.

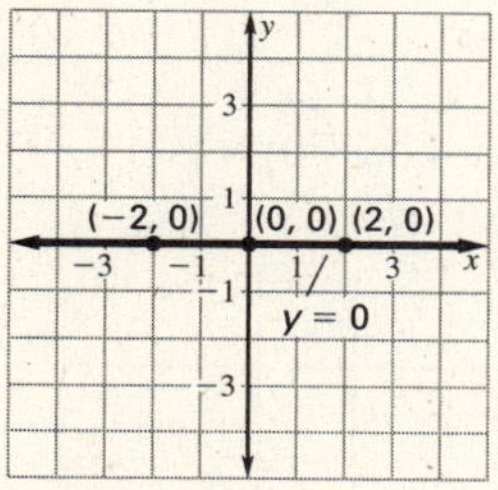

2.

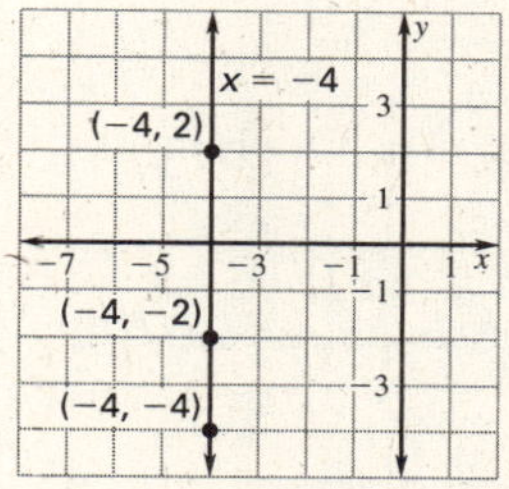

3.

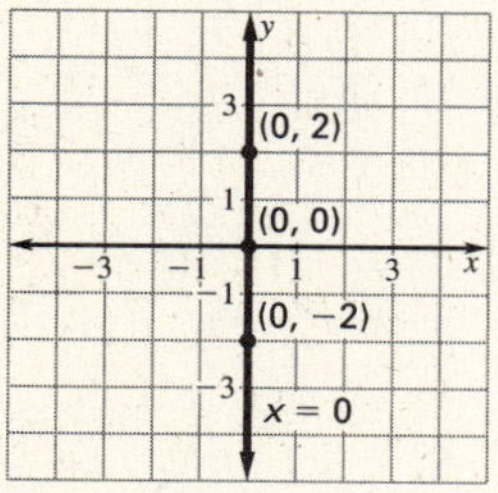

4.

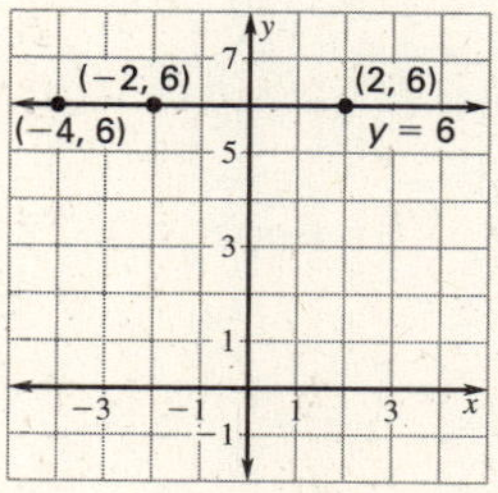

5.

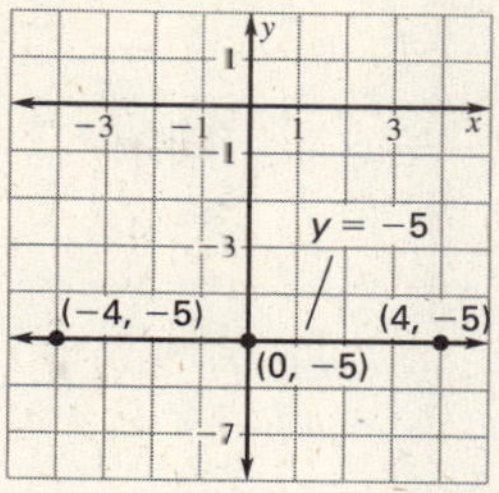

6.

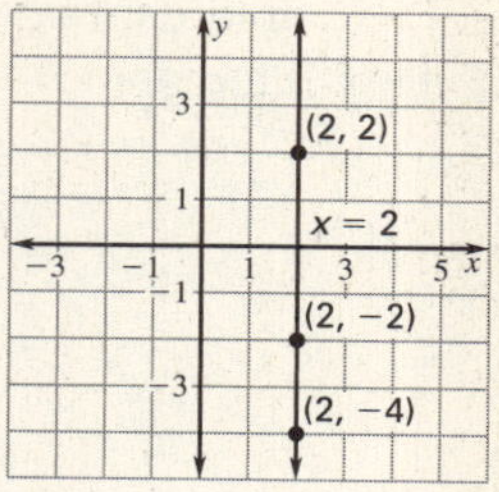

7. $x = -1$ **8.** $y = 2$

Lesson 4.4

1. 6 **2.** 2 **3.** 2 **4.** −6 **5.** −4 **6.** −3

7. The x-intercept is 6 and the y-intercept is 6.

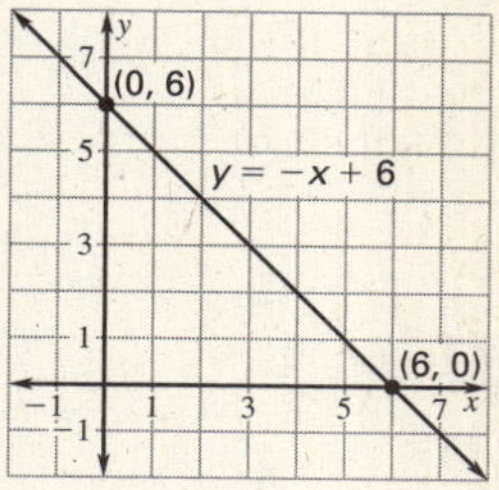

8. The x-intercept is 15 and the y-intercept is −3.

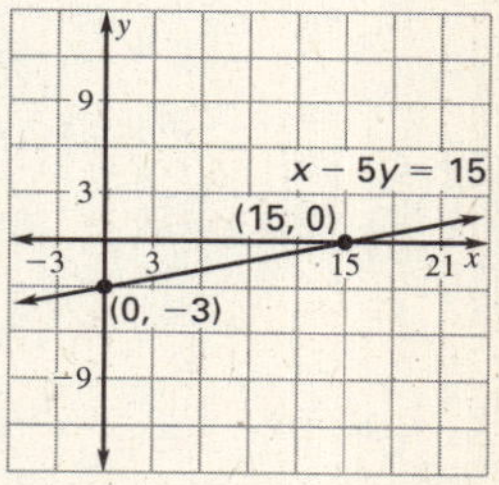

9. The x-intercept is 2 and the y-intercept is 4.

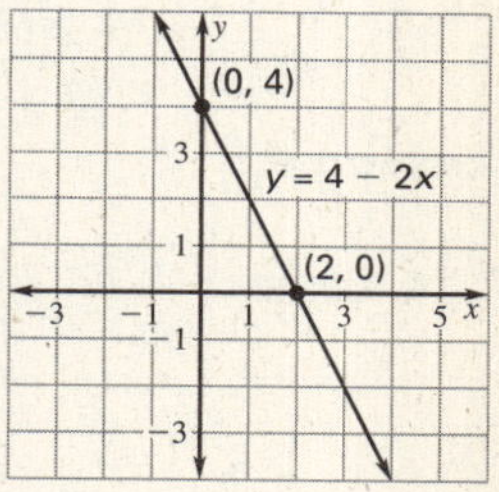

10. The x-intercept is 2 and the y-intercept is −14.

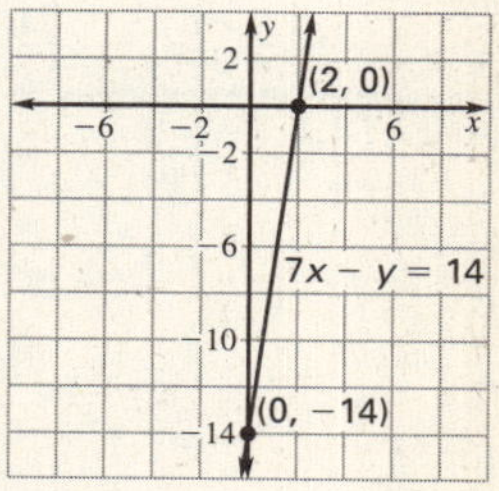

Lesson 4.4 *continued*

11. The x-intercept is and the y-intercept is 6.

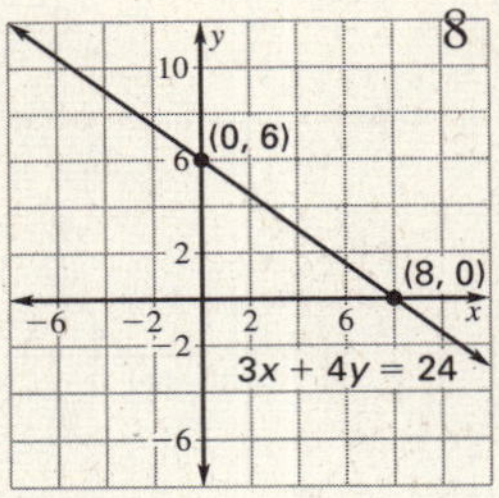

12. The x-intercept is $-\frac{10}{7}$ and the y-intercept is 5.

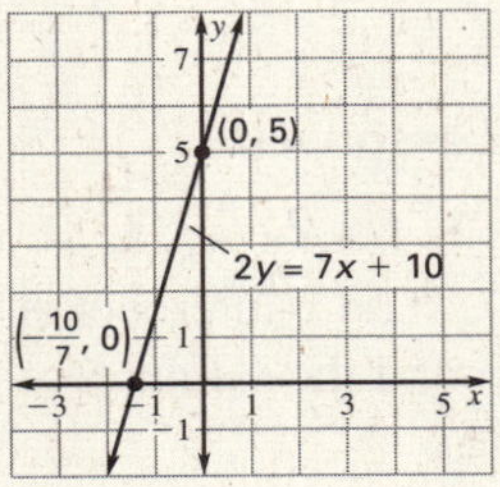

Quiz 1

1.

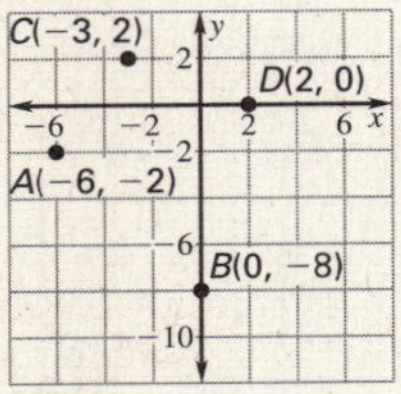

2.

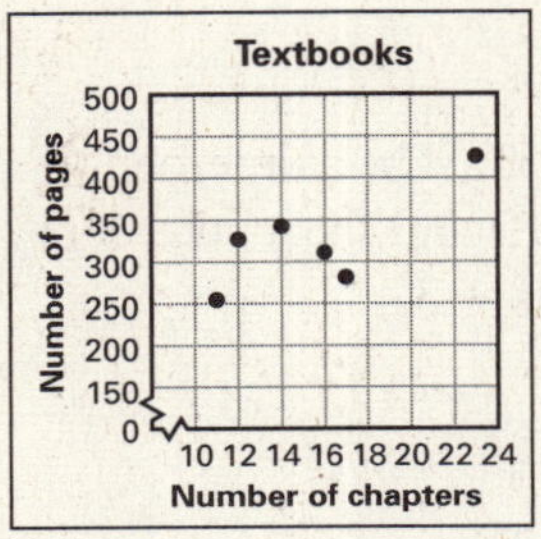

3. Answers may vary. *Sample answer:* (0, −5), (3, 4) **4.** $y = \frac{1}{2}x - 1$ **5.** *Sample answer:* $y = 5$

Lesson 4.5

1. $m = \dfrac{3}{7}$

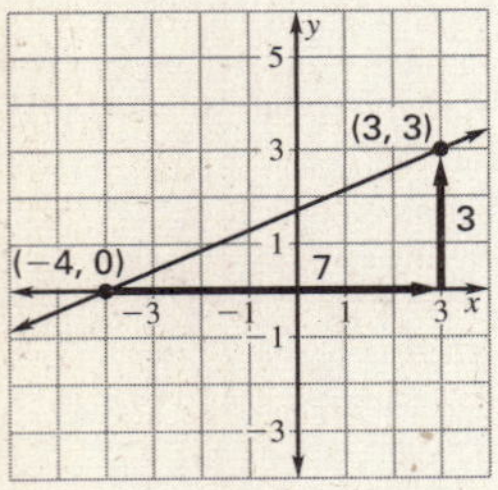

2. $m = \dfrac{-4}{3} = -\dfrac{4}{3}$

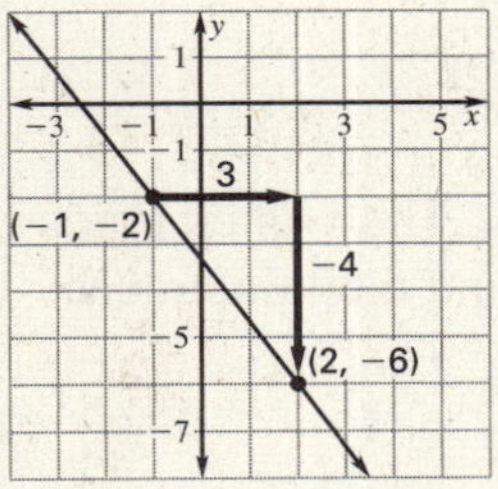

3. $m = 1$

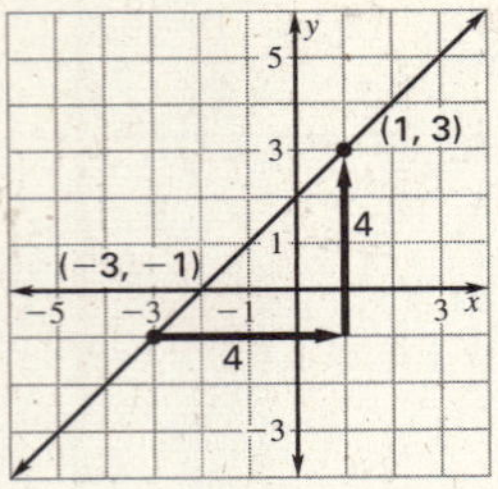

4. $\frac{3}{2}$ **5.** $-\frac{1}{2}$ **6.** $\frac{5}{3}$

7. The slope is undefined.

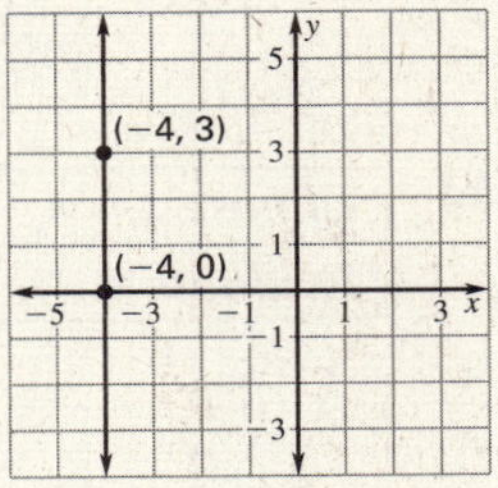

8. The slope is undefined.

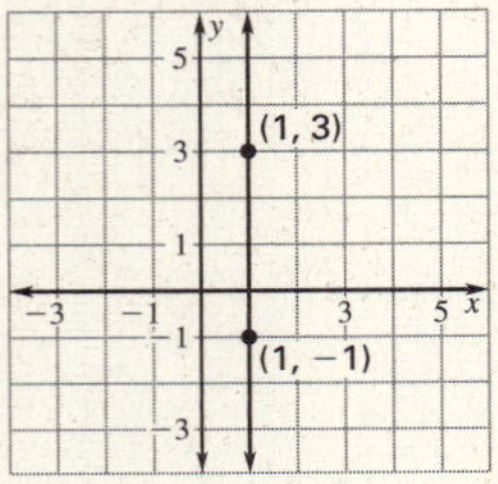

9. The slope is 0.

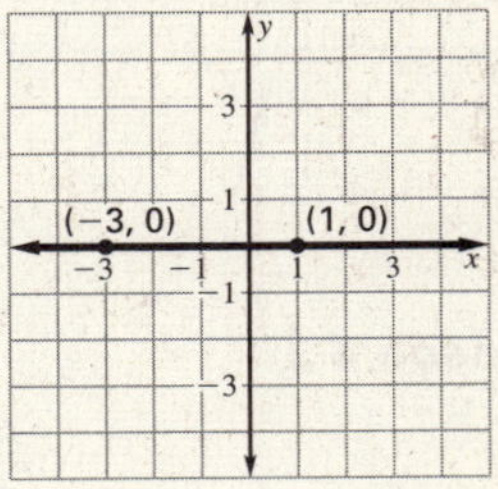

10. The slope is 0.

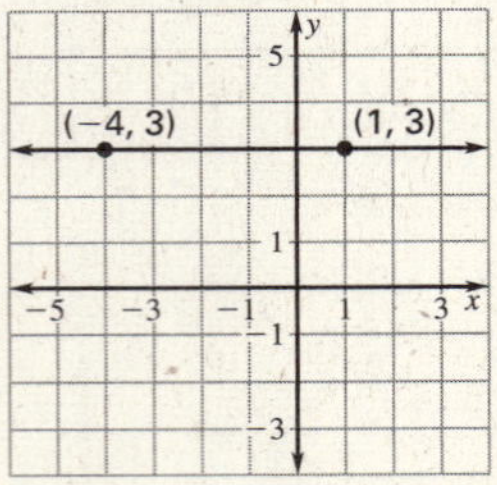

11. The slope is undefined.

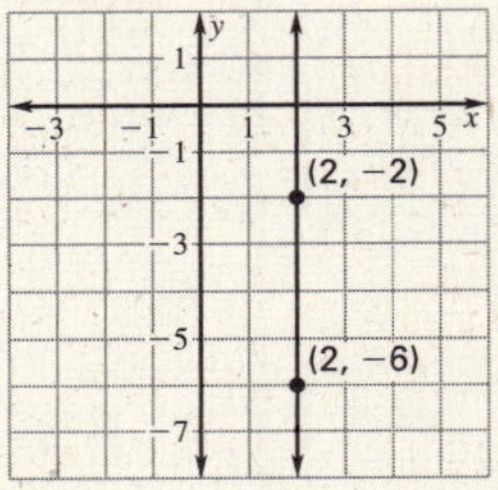

12. The slope is 0.

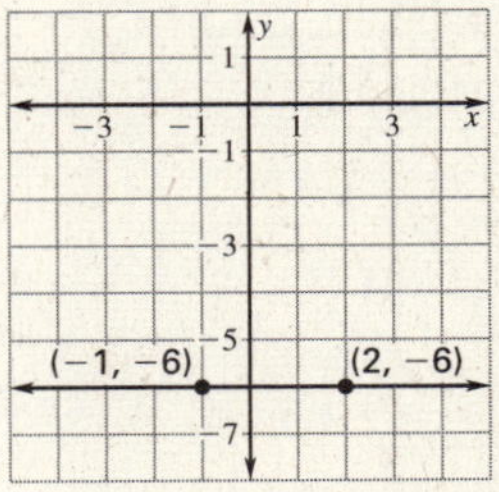

Chapter 4 *continued*

Lesson 4.6

1. $y = 5x$ **2.** $y = 0.5x$ **3.** $y = x$
4. $y = -0.2x$ **5.** $y = 2x$ **6.** $y = \frac{-x}{3}$
7. $M = 45.6$ lb **8.** $E \approx 163.2$ lb
9. a. $E = \frac{160}{139}V$ **b.** $V \approx 169.4$ lb

Quiz 2

1. x-intercept, -6; y-intercept, -3 **2.**

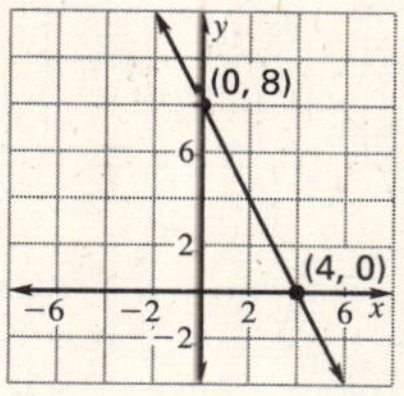

3. $m = -\frac{1}{2}$ **4.** negative **5.** undefined

6. $y = \frac{3}{4}x$

7. constant of variation, $-\frac{1}{2}$; slope $-\frac{1}{2}$.

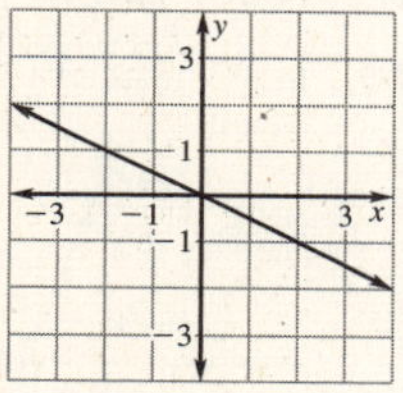

Lesson 4.7

Slope-intercept form	Slope	y-intercept
1. $y = -3x + 0$	$m = -3$	$b = 0$
2. $y = -x + 5$	$m = -1$	$b = 5$
3. $y = -3x + 5$	$m = -3$	$b = 5$
4. $y = -\frac{1}{3}x + \frac{7}{3}$	$m = -\frac{1}{3}$	$b = \frac{7}{3}$
5. $y = 0x + 2$	$m = 0$	$b = 2$
6. $y = -\frac{1}{4}x + 1$	$m = -\frac{1}{4}$	$b = 1$

7. $y = -3x$ and $3x + y = 5$; they have the same slope, -3.

8. $y = 6x$

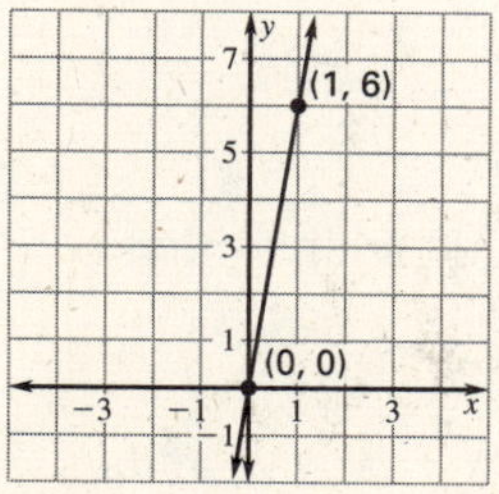

9. $y = -\frac{1}{3}x + 1$

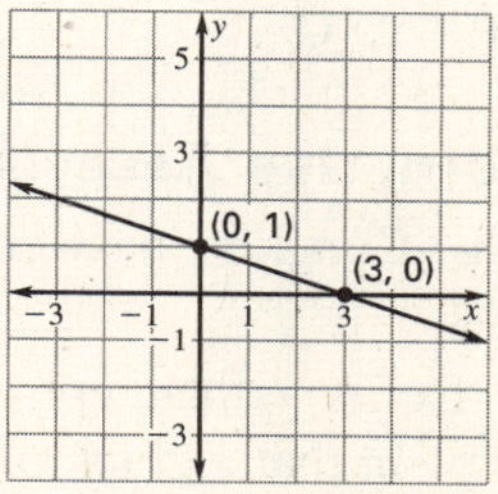

10. $y = -5x + 4$

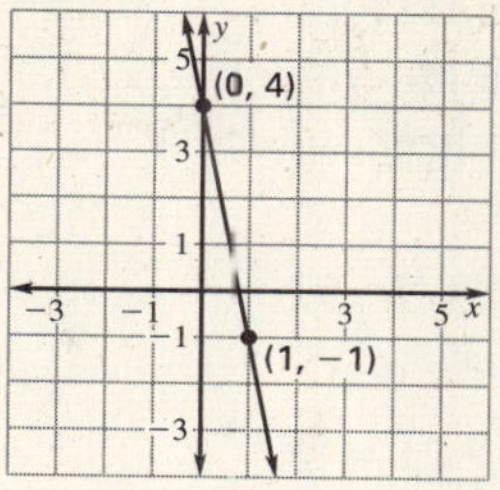

11. $y = -\frac{1}{3}x + 2$

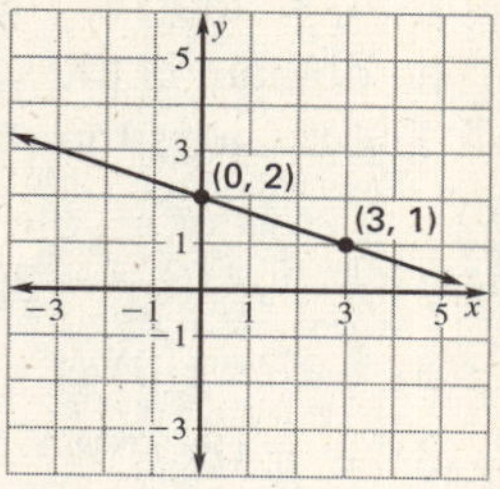

12. $y = -2x + 9$

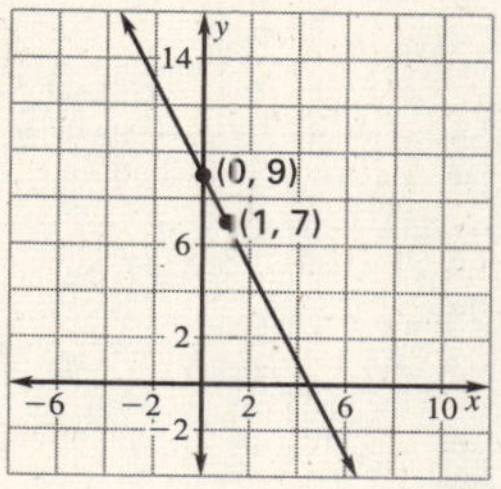

13. $y = -\frac{1}{2}x - 4$

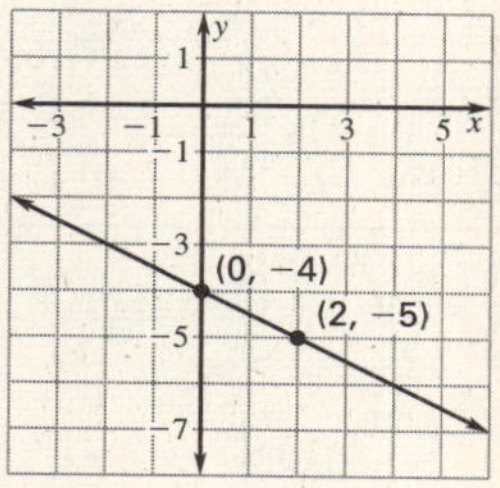

14. a. $w = 1.75h + 4$
b. The slope is 1.75 and the y-intercept is 4.
c. The slope represents the hourly rate.
d.

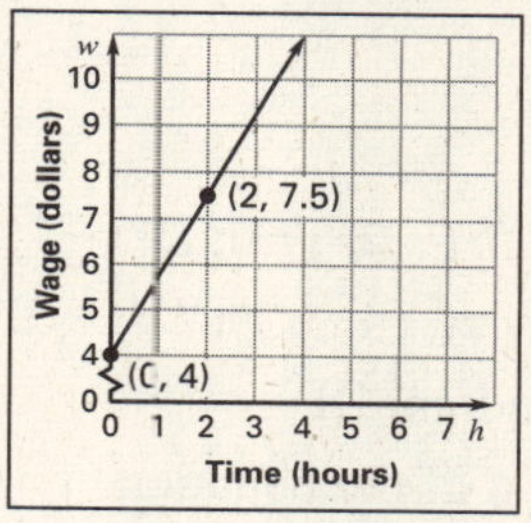

15. a. $w = 1.25h + 6$
b. The slope is 1.25 and the y-intercept is 6.
c. The slope represents the hourly rate.
d.

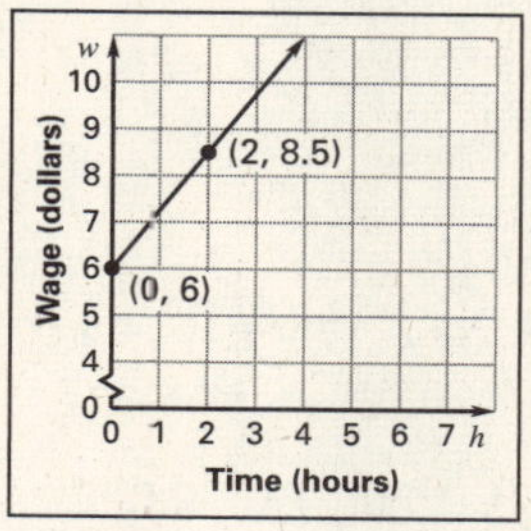

Lesson 4.8

1. The relation is not a function. **2.** The relation is a function. The domain is the set of input values 1, 2, 3, and 4. The range is the set of output

Lesson 4.8 *continued*

values 1, 4, 9, and 16. **3.** The relation is a function. The domain is the set of input values 1, 2, 3, and 4. The range is the set of output values 4, 6, and 8.

4. $f(3) = 29; f(0) = 2; f(-2) = -16$

5. $f(3) = 5.5; f(0) = 4; f(-2) = 3$

6. $f(3) = -18; f(0) = 3; f(-2) = 17$

7.

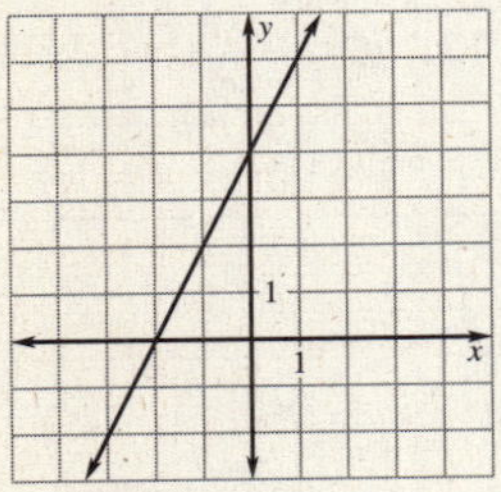

8.

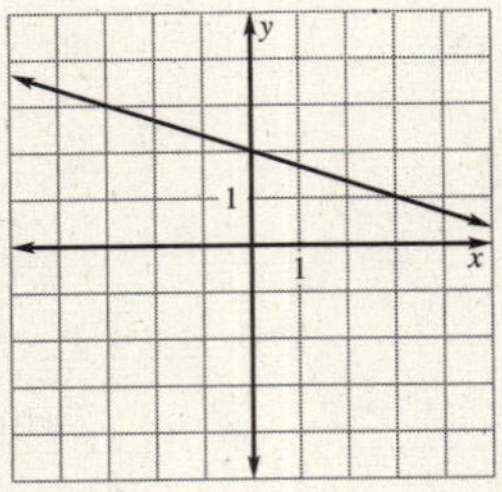

9.

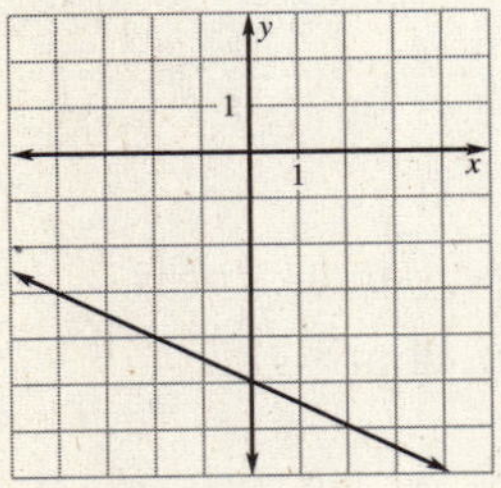

Chapter Test A

1. A: (2, 4); B: (3, −2); C: (−2, −3); D: (−2, 1)

2. A: (0, 1); B: (2, −3); C: (−4, −1); D: (−3, 3)

3. Quadrant IV **4.** Quadrant III

5. Yes, (2, 7) is a solution of the equation.

6. No, (−3, 10) is not a solution of the equation.

7. 7 **8.** $\frac{3}{4}$ **9.** 4 **10.** 4

11.

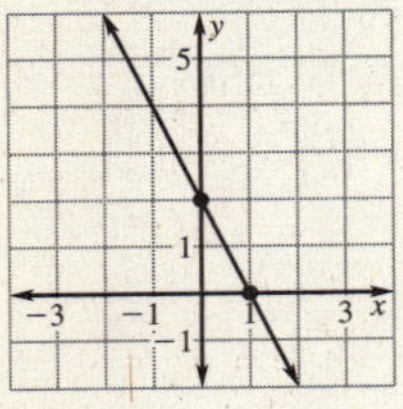

12. $\frac{1}{2}$ **13.** $-\frac{1}{3}$

14. 2 **15.** −1 **16.** $y = 5x$ **17.** $y = -4x$

18. $m = 2$; y-intercept: 5

19. $m = -3$; y-intercept: 5 **20.** 13 **21.** 2

22. Yes, the lines are parallel.

23. No, the lines are not parallel.

24. Yes, the relation is a function.

25. Yes, the relation is a function.

Chapter Test B

1. No, it is not a solution.

2. Yes, it is a solution.

3.

x	−1	0	1
y	$-\frac{9}{4}$	−2	$-\frac{7}{4}$

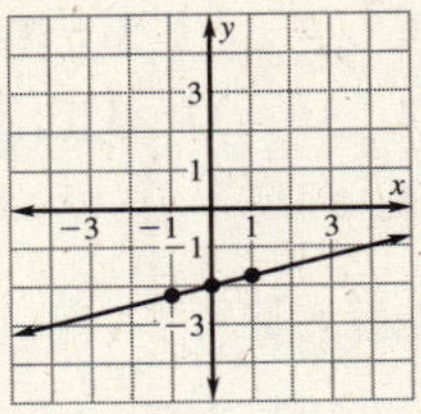

4.

x	−1	0	1
y	$-\frac{7}{2}$	$-\frac{1}{2}$	$\frac{5}{2}$

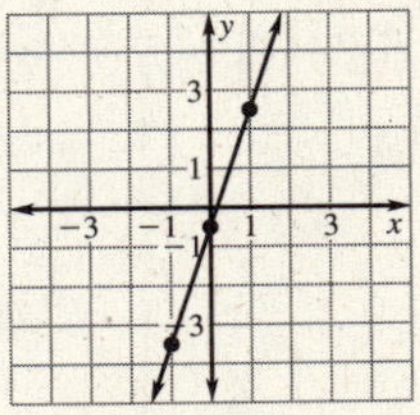

5. 2 **6.** $-\frac{2}{5}$ **7.** $\frac{7}{3}$ **8.** $-\frac{9}{4}$ **9.** $m = -4$

10. $m = \frac{5}{11}$ **11.** undefined **12.** negative

13. zero **14.** $y = -7x$ **15.** $y = 36x$

16. Yes, the two quantities have direct variation.

17. $y = \frac{3}{2}x - \frac{3}{4}$

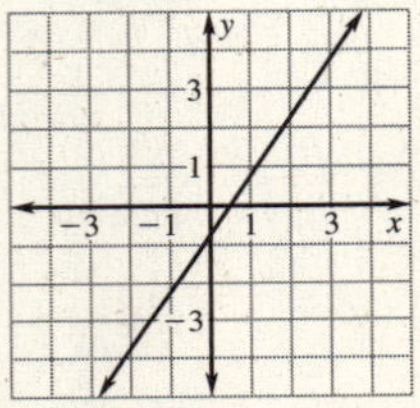

18. $y = -\frac{5}{2}x + 5$

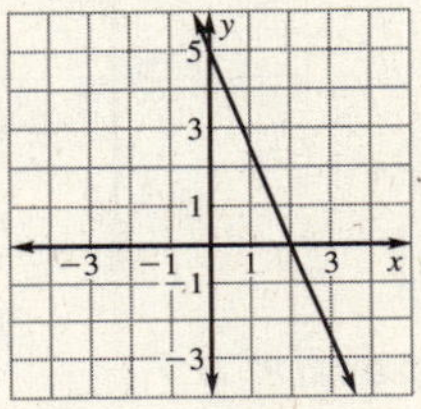

19. No, the lines are not parallel.

20. Yes, the lines are parallel.

21. $f(3) = \frac{3}{2}; f(0) = 3; f(-2) = 4$

22. $h(3) = 20.5; h(0) = 4; h(-2) = -7$

23. $g(3) = -\frac{29}{8}; g(0) = -4; g(-2) = -\frac{17}{4}$

24. $k(3) = 2; k(0) = 14; k(-2) = 22$

25. $m = 3$

SAT/ACT Chapter Test

1. A **2.** B **3.** D **4.** A **5.** D **6.** C **7.** A **8.** B **9.** C

Alternative Assessment

1 a, b. Complete answers should address these points:

a. • Define y-intercept.
• Explain that a graph of $y = x + k$ is $|k|$ units above or below the graph of $y = x$.

Alternative Assessment *continued*

b. • Define slope.
• Explain that a graph of $y = mx$, $m > 0$, slopes up from left to right and gets steeper as m increases.
• Explain that a graph of $y = mx$, $m < 0$, slopes down from left to right and gets steeper as m increases in absolute value.

2. a. increasing; 50 members per year; each year there were 50 new club members. **b.** 300; in 1985 there were 300 members. **c.** 1999
d. −200 members; *Sample answer:* This does not make sense because there can not be a negative number of people. The club probably was not in existence in 1975. **e.** 1800; *Sample answer:* The result may or may not be reasonable. The prediction is based on a model that ends in 2000, so it may not be very accurate for 2015.
f. Find the year when the club had no members; the t-intercept; 1979.

3. *Sample answer:* Both clubs had 300 members in 1985, because both graphs have the vertical intercept 300. The club in Exercise 2 is gaining members, because the rate of change is positive. The other club is losing members because the rate of change is negative. Therefore, the club in Exercise 2 is better at attracting members.

Chapter 5

Lesson 5.1

1. $y = -2x + 5$ **2.** $y = x - 4$ **3.** $y = 2$
4. $y = 3x + 6$
5. $y = \frac{1}{3}x + 1$ **6.** $y = 2x - 4$
7. $y = -\frac{3}{4}x - 3$ **8.** $y = -\frac{5}{2}x + 5$

Lesson 5.2

1. $y = 2x - 3$ **2.** $y = -3x + 3$
3. $y = -4x$ **4.** $y = -4x + 7$ **5.** $y = -x - 8$

Quiz 1

1. $y = -3x + 7$ **2.** $y = -\frac{3}{5}x - 3$
3. $y = 4x + 3$ **4.** $y = \frac{2}{3}(x - 1)$
5. $y = 2x + 10$ **6.** $y = \frac{1}{4}x + 5$
7. $y = -5x + 14$

Lesson 5.3

1. $y = x + 5$ **2.** $y = -8x + 7$ **3.** $y = 3x + 3$
4. $y = -2x + 4$ **5.** $y = \frac{7}{3}x + 12$

Lesson 5.4

1. $2x - 3y = 21$ **2.** $2x - y = -8$
3. $x + 4y = 24$ **4.** $2x + y = 6$
5. $3x - y = -10$ **6.** $x + y = 3$
7. $5x + y = 8$

Quiz 2

1. $y = -2x + 10$ **2.** $y = 5x + 3$
3. $3x - 5y = 25$ **4.** $x - 2y = -12$
5. $x - 2y = -10$

Lesson 5.5

1. $y = 3t$ **2.** $y = 100t + 500$
3. 6 miles **4.** $1100
5. $40x + 20y = 120$;

Jeans, x	0	1	2	3
Shirts, y	6	4	2	0

Lesson 5.6

1. yes **2.** no
3. $y = -\frac{1}{3}x - \frac{8}{3}$; $(3)\left(-\frac{1}{3}\right) = -1$
4. $y = -\frac{3}{2}x$; $\left(\frac{2}{3}\right)\left(-\frac{3}{2}\right) = -1$
5. $y = -\frac{1}{2}x + 5$
6. $y = 3x - 14$
7. $y = \frac{1}{4}x + 2$

Chapter Test A

1. $y = -5x + 7$ **2.** $y = 10x - 3$
3. $y = x + 1$ **4.** $y = 5x + 5$
5. $y = -7x + 70$ **6.** $y = -2x + 6$

Chapter Test A *continued*

7. $y = 2x$ **8.** $y = \frac{2}{3}x + \frac{7}{3}$ **9.** $y = \frac{3}{2}x - 2$
10. $y = x - 5$ **11.** $y = 2x + 9$
12. $y = -\frac{3}{5}x - \frac{2}{5}$ **13.** $y = \frac{6}{5}x + \frac{7}{5}$
14. $y = -\frac{1}{2}x + \frac{11}{2}$ **15.** $y + 4 = \frac{4}{3}(x + 3)$ or $y - 4 = \frac{4}{3}(x - 3)$ **16.** $y + 4 = -\frac{1}{12}(x + 5)$ or $y + 5 = -\frac{1}{12}(x - 7)$ **17.** $5x - y = -6$
18. $3x + y = 9$ **19.** $y = 3, x = 3$
20. $y = 2, x = -1$ **21.** $y = x - 3$
22. $y = x + 2$

Chapter Test B

1. $y = -3x + 5$ **2.** $y = 4x$ **3.** $y = \frac{3}{4}x + 3$
4. $y = \frac{2}{3}x - 2$ **5.** $y = 3x + 4$ **6.** $y = \frac{1}{2}x + \frac{1}{2}$
7. $y = \frac{1}{2}x + \frac{7}{2}$ **8.** $y = \frac{2}{7}x + \frac{13}{7}$
9. $y = -\frac{6}{5}x + \frac{8}{5}$ **10.** $y = -3x + 9$
11. $y = \frac{1}{2}x + \frac{1}{2}$ **12.** $y = -\frac{8}{9}x - \frac{13}{9}$
13. $y = x - \frac{1}{2}$ **14.** $y = \frac{1}{3}x + \frac{5}{3}$
15. $y + 6 = \frac{1}{4}(x - 5)$ or $y + 7 = \frac{1}{4}(x - 1)$
16. $y + 3 = -\frac{12}{7}(x - 6)$ or $y - 9 = -\frac{12}{7}(x + 1)$ **17.** $2x - 8y = 3$
18. $x + 3y = -15$ **19.** $y = 4, x = 2$
20. $y = 4, x = -5$ **21.** $10x + 15y = 55$
22. $y = x$ **23.** $x = 0$

SAT/ACT Chapter Test

1. B **2.** C **3.** D **4.** C **5.** B **6.** D **7.** A
8. C **9.** A

Alternative Assessment

1. a–d, Complete answers should address these points. • Explain that linear models are linear functions that are used to model a real-life situation. The rate of change is a method of comparing the change of two quantities.

a. The situation should be able to be modeled with a linear equation. It should involve a rate of change. At least two data points should be given. **b.** A linear equation based on the points chosen in part (a) should be given in slope-intercept or point-slope form. **c.** Check graphs. The graph should be linear. **d.** The point should fall on the line or the student should have explained why the prediction was not accurate.

2. a. 75; −7.5; Jeremy deposits \$75 weekly; Zachary withdraws \$7.50 weekly. **b.** Jeremy: $y = 75x + 275$; Zachary: $y = -7.50x + 522.50$ **c.** Check graphs. **d.** Jeremy: \$1775; Zachary: \$372.50 **e.** 70 weeks; He can withdraw \$5 in the last week.

3. *Critical Thinking Solution* They would be the same after 3 weeks. *Sample answer:* One method would be to set the two equations equal to each other, $75x + 275 = -7.50x + 522.50$, and solve for x. Another method would be to sketch the graph of both equations and find out where the two equations have the same x-value. This would occur where the two equations intersect. A third method would be to use a table of values, either on the calculator or by hand, and calculate the balances for several weeks to determine the solution.

Chapter 6

Lesson 6.1

1.

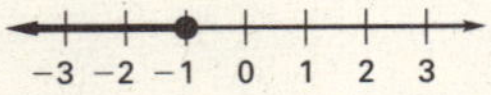

2.

3.

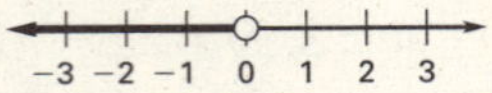

4. $x < -4$

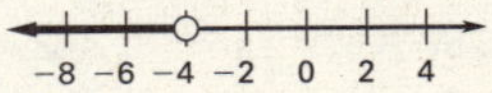

5. $a \le 3$

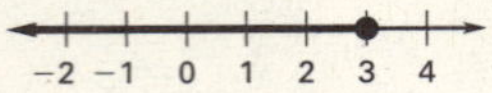

6. $t < -6$

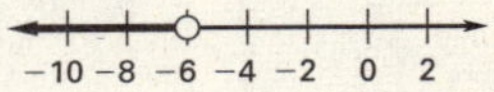

7. $2 > y$

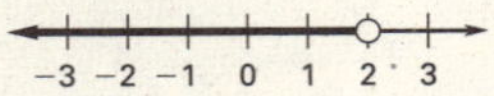

8. $x \le -3$

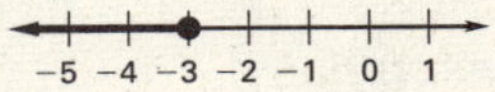

9. $k \ge -2$

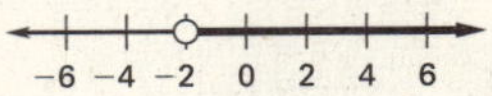

10. $x \ge 32$

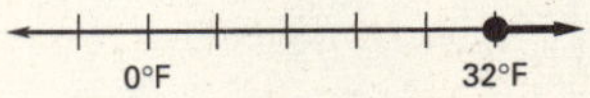

Chapter 6 *continued*

Lesson 6.2

1. $x < -8$;
2. $t > 6$;
3. $b \geq -15$;
4. $a > 6$;
5. $x \leq -4$;
6. $y \leq -3$;
7. $x < -4$;
8. $y > 10$;
9. $z \geq -6$;
10. $n \geq -6$;
11. $p < -4$;
12. $q \leq 3$;

Lesson 6.3

1. $x > 1$ **2.** $m \leq 2$ **3.** $y \geq -1$ **4.** $x < -5$
5. $x \geq 6$ **6.** $y \leq 6$ **7.** $a > -3$
8. $y > 6$ **9.** $z \geq 4$ **10.** at least 35 hours
11. at least 47 hours

Quiz 1

1. $x \geq 8$;
2. $x > -28$;
3. $h < 1000$;

4. $x > 11$ **5.** $x \leq 12$ cm
6. $x > -5$;
7. $x > 10$

Lesson 6.4

1. $-4 < x \leq -2$; **2.** $-3 < x < -1$
3. $172{,}000 \leq v \leq 226{,}000$
4. $-2 \leq x \leq 2$;
5. $-2 < x \leq 11$;
6. $3 \leq x < 13$;
7. $-2 < x \leq 3$; **8.** $-3 < x < -1$;
9. $2 \geq x > -3$;

Lesson 6.5

1. $x < -4$ or $x \geq -2$;
2. $x < -1$ or $x > 3$;
3. $x < 4$ or $x \geq 5$;
4. $x \leq -3$ or $x > -1$;
5. $x < -6$ or $x \geq 3$;
6. $x < 0$ or $x > 5$;
7. $x < -10$ or $x > 6$;
8. $x < -5$ or $x \geq -3$;

Lesson 6.6

1. 8, −8 **2.** no solution **3.** −6, 6
4. −14, 2 **5.** −7, 9 **6.** −14, 8 **7.** −8, 7
8. −1, 7 **9.** −3, 6 **10.** $|x - 2| = 4$

Quiz 2

1. $12 < x \leq 19$;
2. $3 \leq x < 5$;
3. $-16 \leq x \leq -4$;
4. $x < -6$ or $x > 4$;
5. $x \leq -3$ or $x > 3$;

6. $65 \leq p \leq 143$ **7.** 20, −20 **8.** no solution
9. 1, 2 **10.** $|x - 36| = 14$

Chapter 6 *continued*

Lesson 6.7

1. $x < -4$ or $x > 4$;

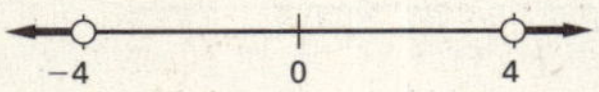

2. all real numbers

3. $x < -1$ or $x > 1$;

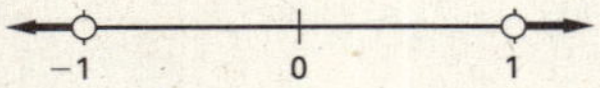

4. $1 < x < 5$ **5.** $-11 \le x \le -5$

6. $0.5 < x < 2.5$ **7.** $x \le -3$ or $x \ge -1$

8. $x \le 2$ or $x \ge 6$ **9.** $x < -2$ or $x > 1$

10. $-2 \le x \le 8$ **11.** $x < -14$ or $x > 10$

Lesson 6.8

1. (0, 0) is not a solution; (−1, −2) is a solution. **2.** (2, 2) is a solution; (−2, 2) is not a solution.

3.

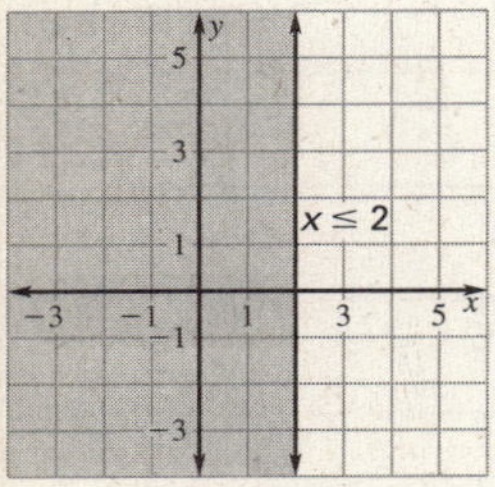

4.

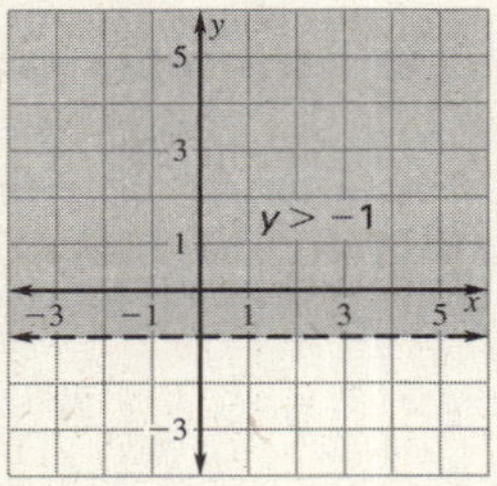

5.

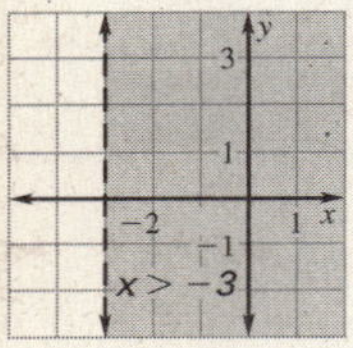

6.

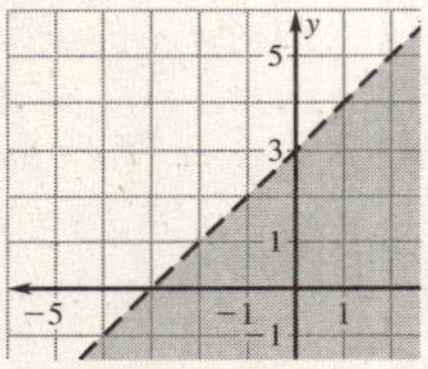

7.

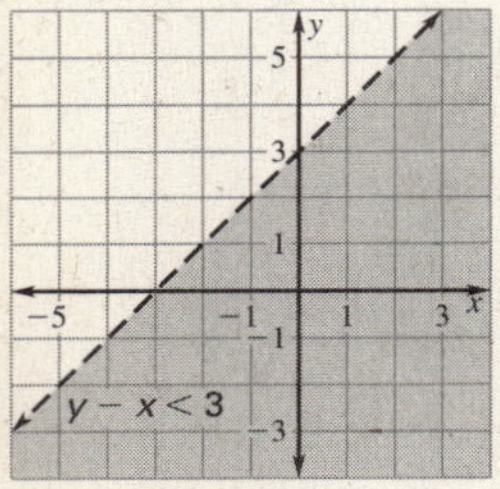

8.

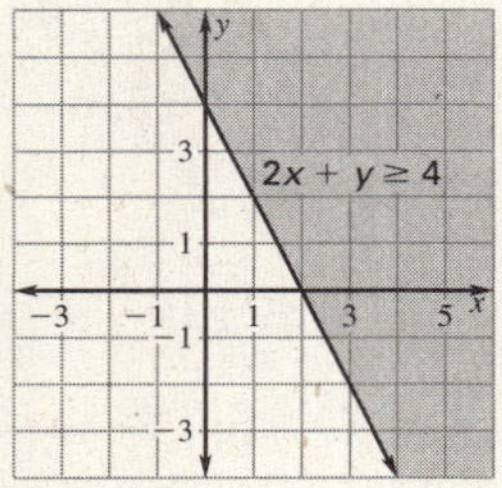

9.

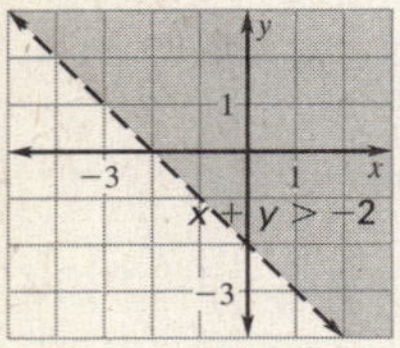

10.

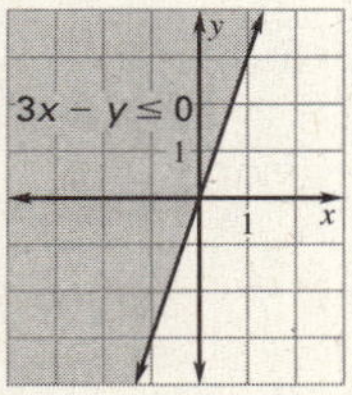

Chapter Test A

1.

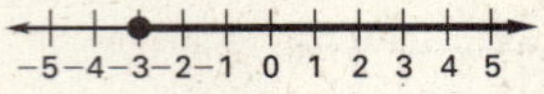

2.

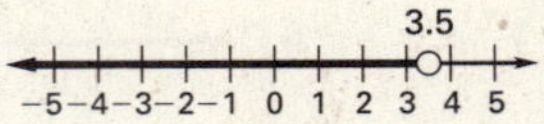

3. $x \le 4$

4. $a < 7$

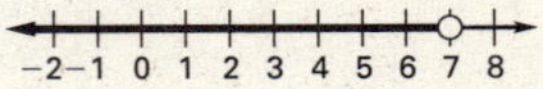

5. $t > 45.5$ **6.** $x \le 5$ **7.** $x < -3$

8. $12.99x \le 45$

9. $1 < x < 4$

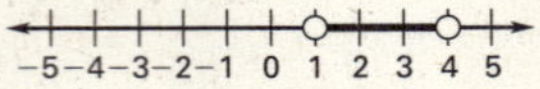

10. $2 < x \le 7$

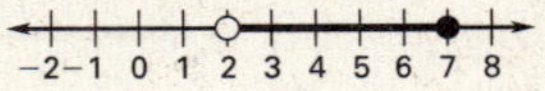

11. $x < -2$ or $x > 3$

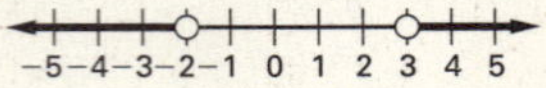

12. $-1 < x < 4$

13. $x \le 1$ or $x \ge 5$ **14.** 5, −5

15. $-7 < x < 3$ **16.** $-2, \frac{22}{3}$

17. $x \le -3$ or $x \ge 17$ **18.** yes **19.** no

20.

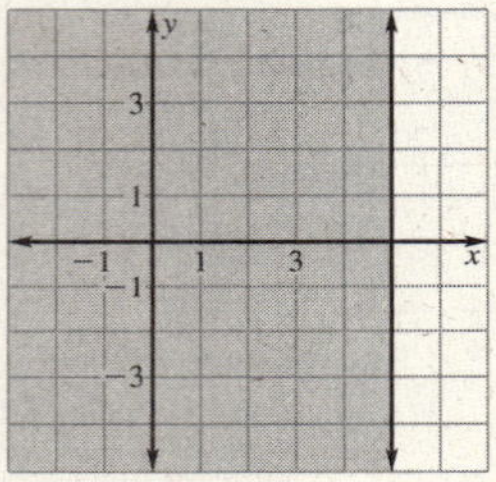

21.

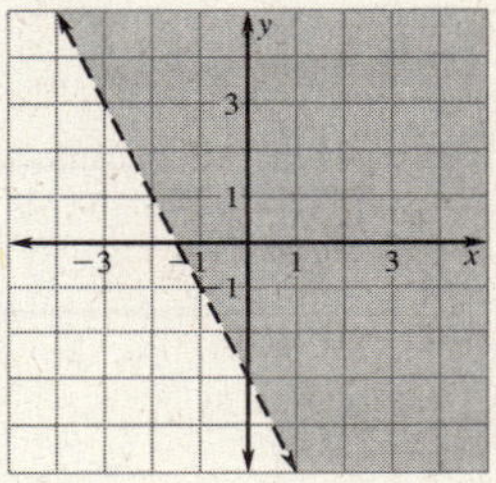

22. no

Chapter Test B

1. $p \ge -2$

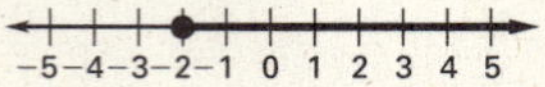

2. $y > -4$

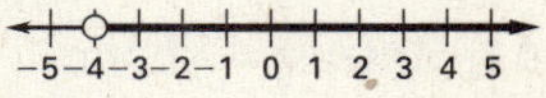

3. $s < 0.08$ **4.** $x \ge \frac{1}{4}$ **5.** $x \ge -5$

6. $1.50x \le 200$

7. $x > 1$ or $x < -2$

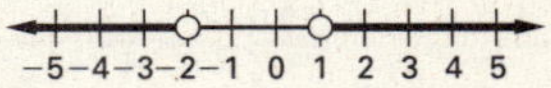

8. $-4 \le x < 3$

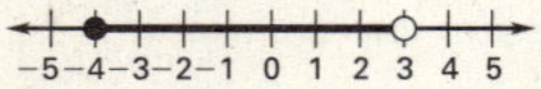

9. $x < -\frac{1}{2}$ or $x \ge 1$

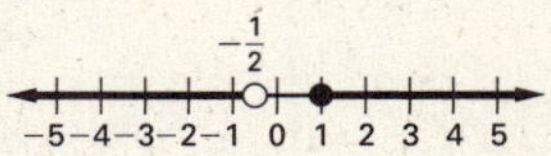

10. $-1 < x \le 3$ **11.** $x < -3$ or $x > 0$

12. 1 and −7 **13.** 8 and −4 **14.** $2 < x < 8$

15. $x \ge 7$ or $x \le -10$ **16.** No **17.** Yes

Chapter Test B *continued*

18. $x > 1$

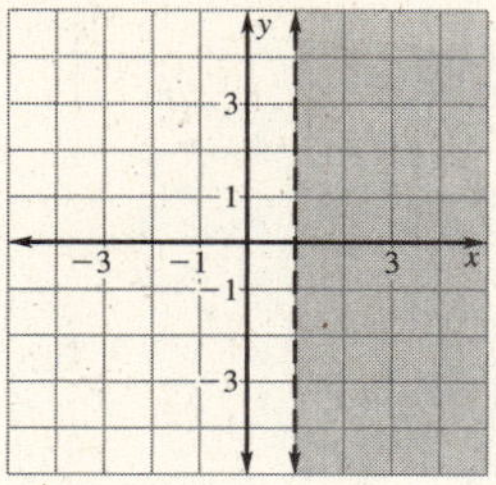

19. $y \leq -1$

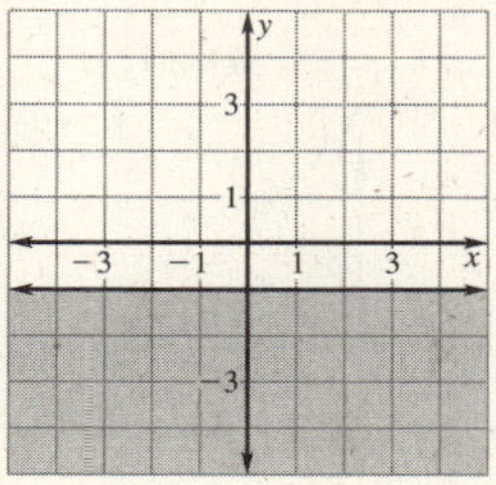

20. B **21.**

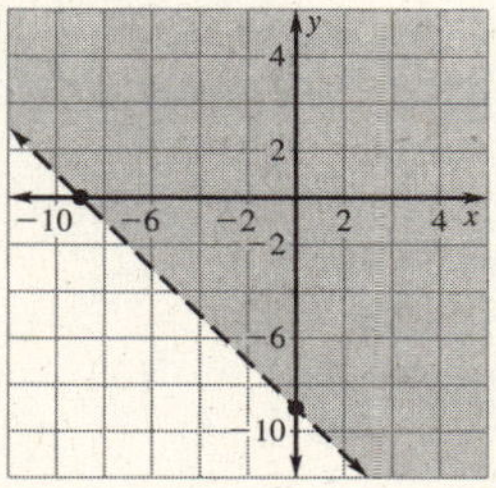

22. D

SAT/ACT Chapter Test

1. D **2.** C **3.** D **4.** A **5.** B **6.** C **7.** B **8.** A **9.** C

Alternative Assessment

1. Complete answer should address these points: **a.** In solving a linear inequality, the inequality symbol is reversed when dividing or multiplying both sides by a negative number. **b.** For a linear inequality in two variables, the line is dashed for $<$ or $>$ and solid for $\leq$ or $\geq$. Also, one has to determine which way to shade. The solution of an inequality is a shaded region, whereas the solution of an equation is just a line.

2. Situation 1

a. $3x + 2y \leq 120;\ x \geq 0;\ y \geq 0$

b.

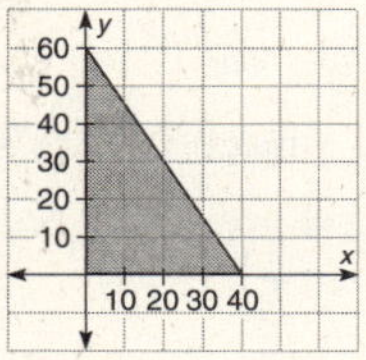

c. The cost of the cakes, \$3x, added to the cost of the cookies, \$2y, must be less than or equal to the production cost, \$120. Thus, $3x + 2y \leq 120$. The number of cakes and the number of cookies must be greater than or equal to zero. Thus, $x \geq 0$ and $y \geq 0$. The graph of the inequality must be in the first quadrant under and including the line $3x + 2y = 120$.

d. The graph does not represent the real-life solution. Since you can only make a whole number of cakes or a whole number of cookies, only the points in the shaded region or on the line that represent ordered pairs of whole numbers are solutions.

Situation 2

a. $125x + 50y > 5000;\ x \geq 0;\ y \geq 0$

b.

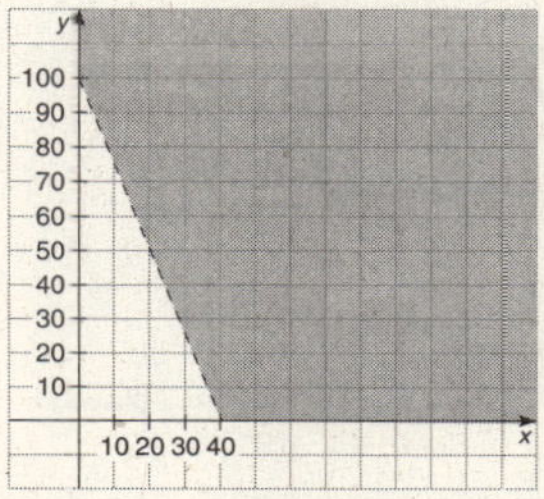

c. The cost of the suede jackets, \$125x, added to the cost of the nylon jackets, \$50y, must be greater than \$5000. Thus, $125x + 50y > 5000$. The number of suede jackets and the number of nylon jackets must be greater than or equal to zero. Thus, $x \geq 0$ and $y \geq 0$. The graph of the inequality must be in the first quadrant above the line $125x + 50y = 5000$.

d. The entire graph does not represent the real-life situation. Since you can only have a whole number of suede jackets or a whole number of nylon jackets, only the points in the shaded region that represent ordered pairs of whole numbers are solutions.

Cumulative Test

1. 11 **2.** 25 **3.** -120 **4.** -360 **5.** -3 **6.** -11 **7.** 4 **8.** 20 **9.** 20 **10.** -1 **11.** 4 **12.** $-9a - 36$ **13.** $10x - 5$ **14.** $3m + 6n$ **15.** $y = -68$ **16.** $x = -4$ **17.** $y = -12$ **18.** $x = 25$ **19.** $m = 5$ **20.** $x = 168$ **21.** 20% **22.** 105.35 grams **23.** 525 **24.** 7 **25.** (2, 1) **26.** $(-2, 3)$ **27.** $(-3, -2)$ **28.** $(4, -2)$

29.

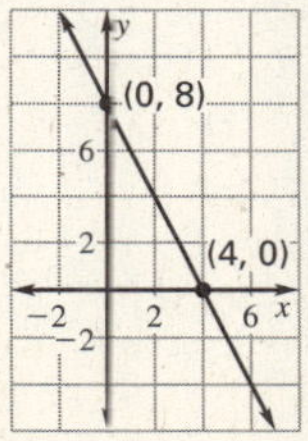

30.

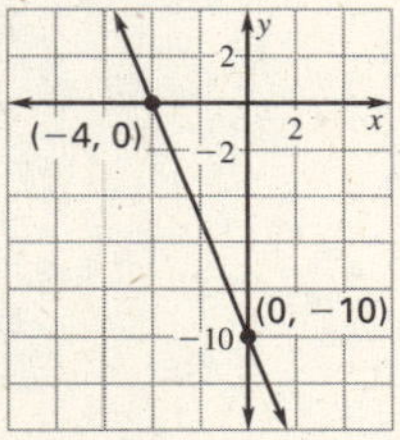

Cumulative Test *continued*

31. $-\frac{3}{2}$ **32.** 0 **33.** slope: 8; y-intercept: -2

34. slope: 2; y-intercept: -8

35. slope: undefined; y-intercept: none

36. parallel **37.** neither **38.** perpendicular

39. neither **40.** $y = \frac{2}{7}x + 10$ **41.** $y = -5x - 4$

42. $y = -x - 2$ **43.** $y = -5x + 22$

44. $n > 25$; 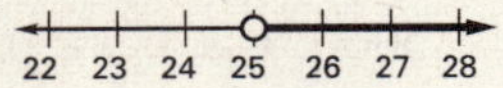

45. $a \le 9$; 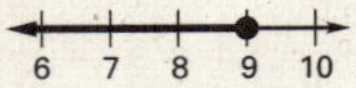

46. $-3 \le x < 1$; 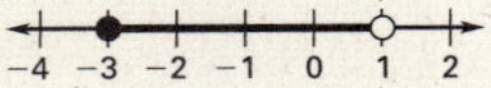

47. $x \ge \frac{11}{4}$ or $x \le -9$; 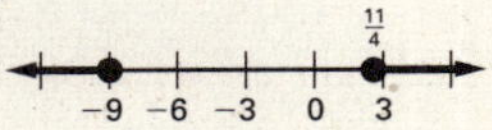

48. $x > \frac{3}{2}$ or $x < -1$; 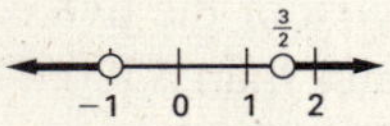

49.

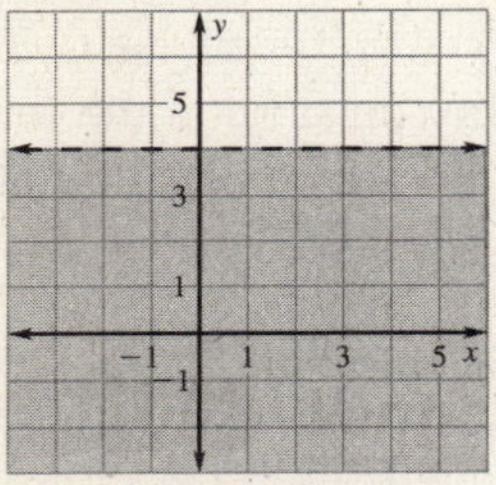

50.

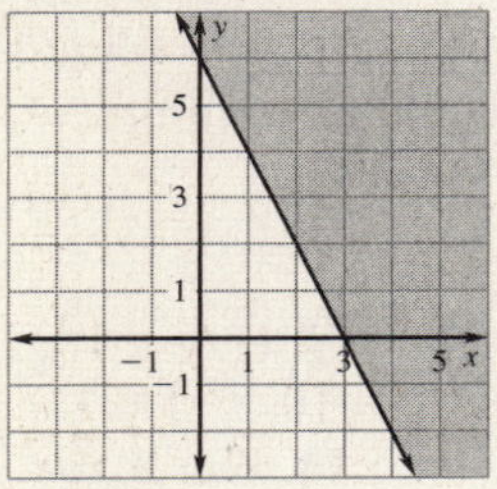

Chapter 7

Lesson 7.1

1.

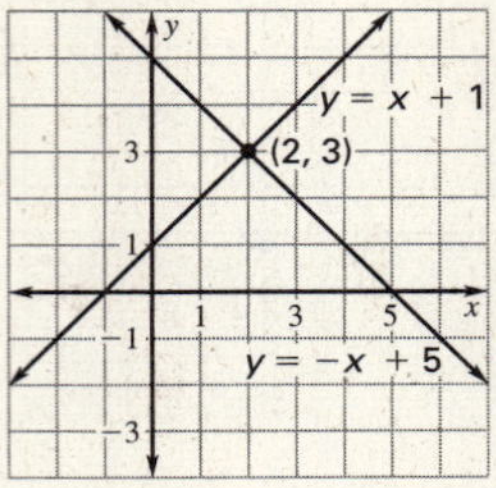

Equation 1

$y = -x + 5$

$3 \stackrel{?}{=} -2 + 5$

$3 = 3$

Equation 2

$y = x + 1$

$3 \stackrel{?}{=} 2 + 1$

$3 = 3$

2.

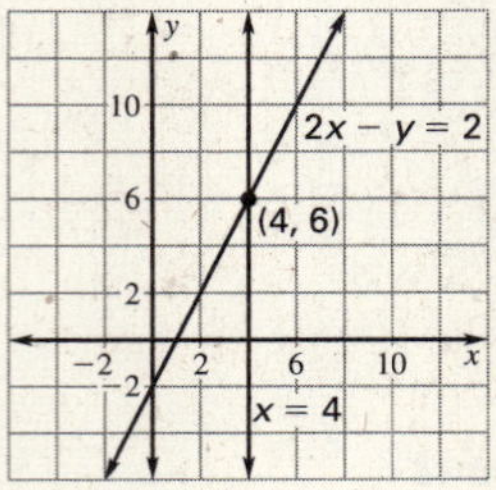

Equation 1

$2x - y = 2$

$2(4) - 6 \stackrel{?}{=} 2$

$2 = 2$

Equation 2

$x = 4$

$4 = 4$

3.

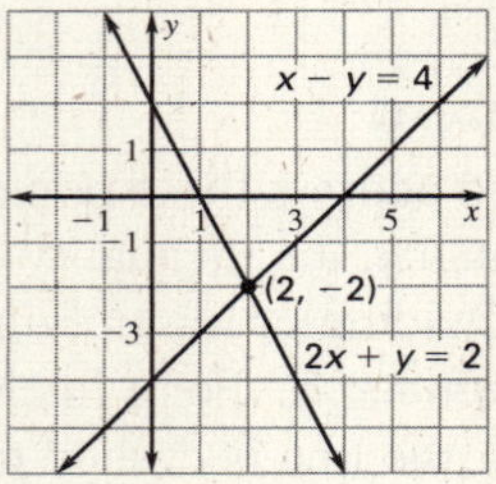

Equation 1

$2x + y = 2$

$2(2) + (-2) \stackrel{?}{=} 2$

$2 = 2$

Equation 2

$x - y = 4$

$2 - (-2) \stackrel{?}{=} 4$

$4 = 4$

4. $250 + 350 = 600$, $5(250) + 10(350) = 4750$

5. (650, 150) **6.** (500, 100)

Lesson 7.2

1. $(-1, -2)$ **2.** $(2, 1)$ **3.** $(-1, 1)$

4. 50 shares of stock A, 150 shares of stock B

5. 25 shares of stock A, 200 shares of stock B

Lesson 7.3

1. $\left(0, \frac{1}{2}\right)$ **2.** $(0, 2)$ **3.** $(3, 1)$ **4.** $(3, 1)$

5. $(3, -2)$ **6.** $(-1, 3)$ **7.** $\left(2, \frac{3}{2}\right)$ **8.** $\left(\frac{5}{6}, 1\right)$

9. $\left(-\frac{1}{2}, -2\right)$

Chapter 7 *continued*

Quiz 1

1. not a solution
2. (0, −2);

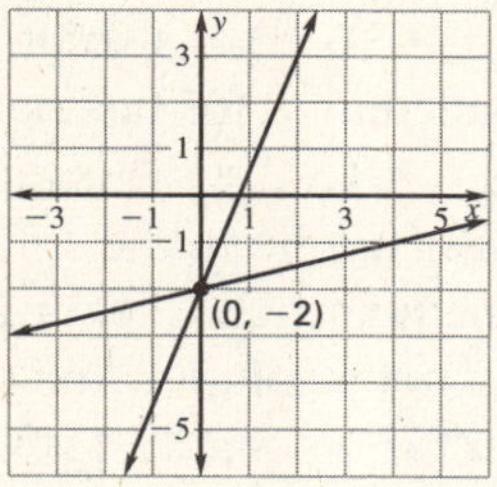

3. (7, 1)
4. (1, 4) **5.** 25 weeks

Lesson 7.4

1. a. Substitution method because the coefficient of x is 1 in Equation 2. **b.** Linear combination method because none of the variables has a coefficient of 1 or −1. **c.** Substitution method because the coefficient of x is 1 in Equation 1.

2. *sugar*, \$.35; *flour* \$.25

Lesson 7.5

1. Because solving leads to a false statement, the system has no solution.
2. Because solving leads to a false statement, the system has no solution.
3. Because solving leads to a false statement, the system has no solution.
4. Because $0 = 0$ is a true statement, the system has infinitely many solutions.
5. Because $0 = 0$ is a true statement, the system has infinitely many solutions.
6. Because $0 = 0$ is a true statement, the system has infinitely many solutions.
7. one solution: (0, 4)
8. no solution

Lesson 7.6

1.

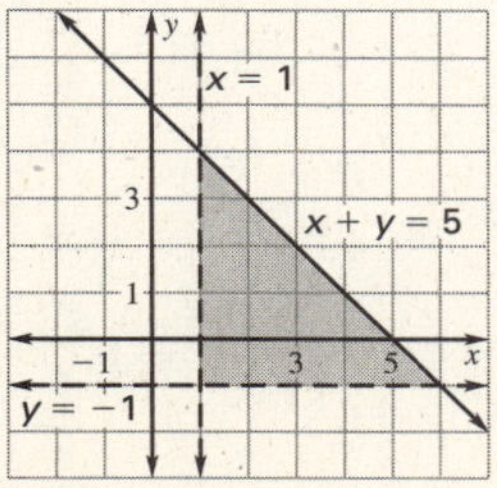

2.

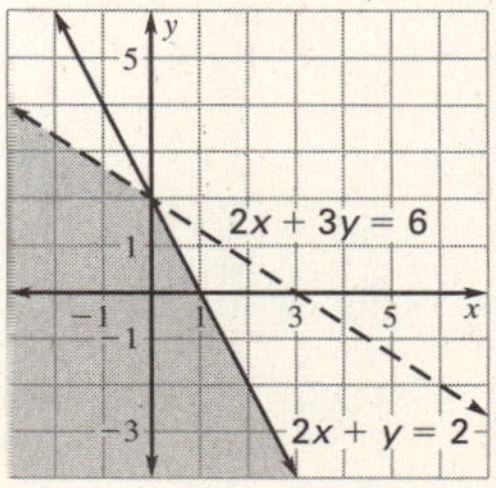

3.

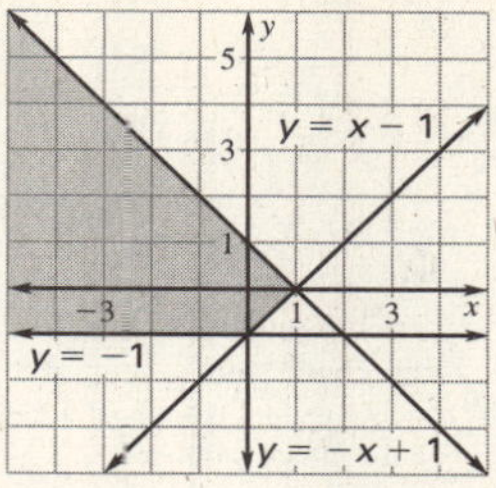

4. $x \geq -1$
$y \leq -x + 2$

Quiz 2

1. (2, 2) **2.** infinitely many solutions

3. no solution

4.

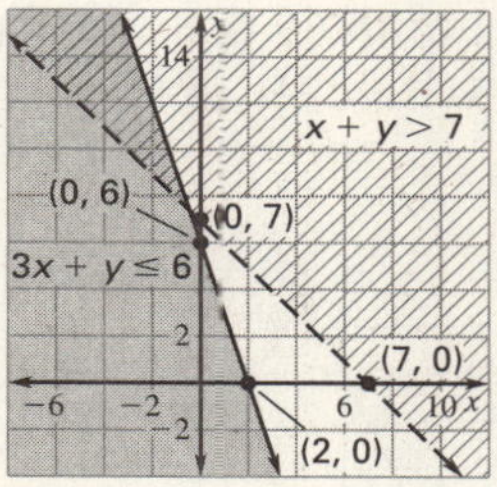

5. $x \geq -6$; $y \leq 3$; $y \geq \frac{1}{2}x + 3$

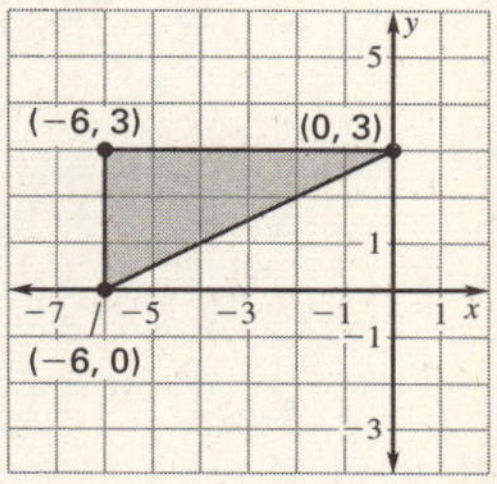

Chapter Test A

1. yes **2.** no

3.

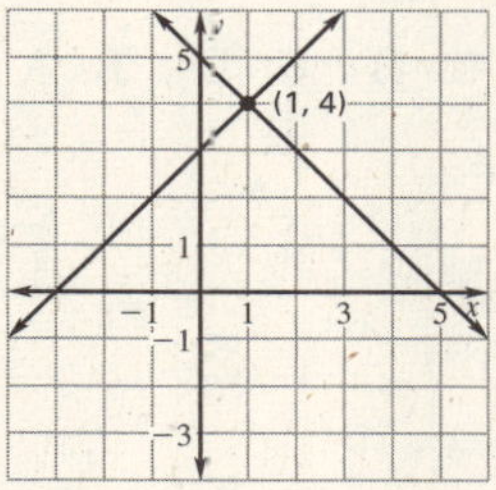

4.

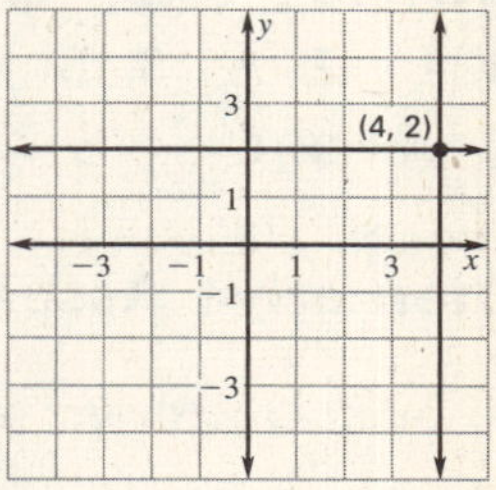

5. (1, 3) **6.** (−1, 4) **7.** \$3: 150 tickets; \$5: 200 tickets **8.** (4, 1) **9.** (1, 4) **10.** 5

11. (3, 1); one solution **12.** no solution

13. D **14.** A **15.** C **16.** B

17.

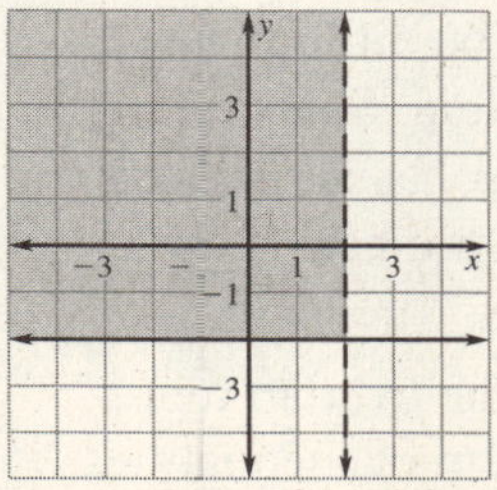

18.

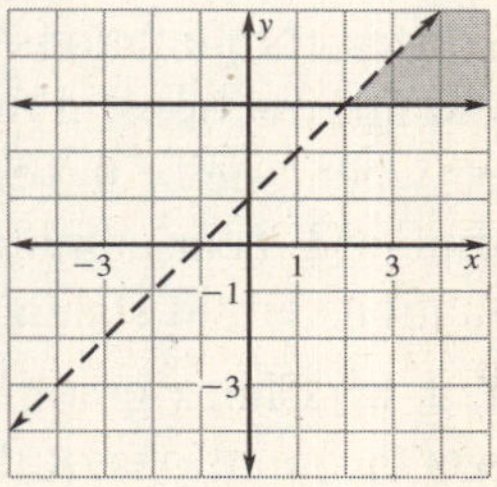

Chapter Test A *continued*

Chapter Test B

1. yes **2.** no

3.

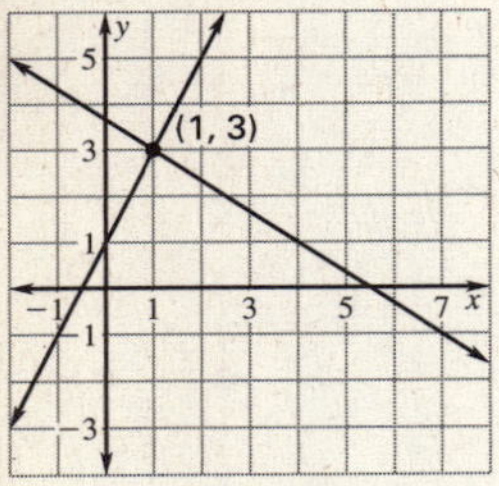

4.

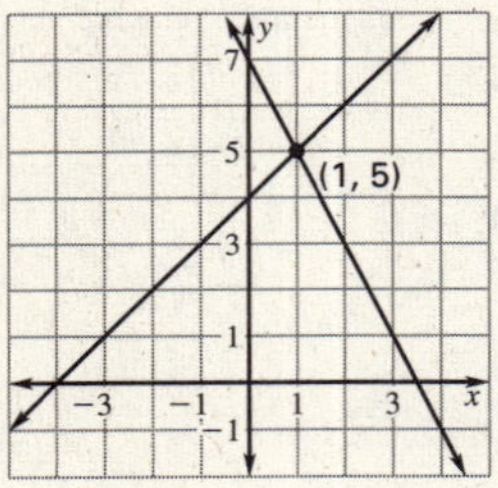

5. (2, 2) **6.** (3, 6) **7.** \$4: 180 tickets; \$6: 270 tickets **8.** (0, 3) **9.** (1, 6) **10.** 4 **11.** (2, 1); one solution **12.** infinitely many solutions **13.** D **14.** C **15.** B **16.** A

17.

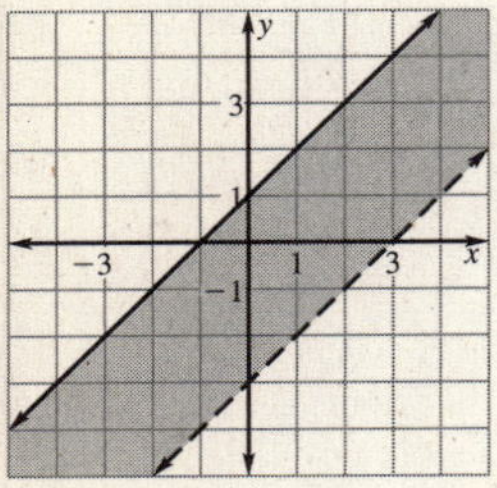

18.

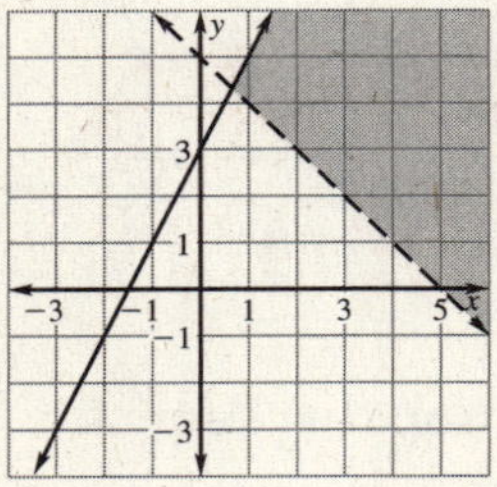

SAT/ACT Chapter Test

1. B **2.** A **3.** B **4.** C **5.** B **6.** D **7.** A **8.** A **9.** C

Alternative Assessment

1. *Sample answers:* **a.** $\begin{cases} y = -2x + 6 \\ y = \frac{1}{3}x - 1 \end{cases}$

b. $\begin{cases} x = 3y - 1 \\ 2x + 4y = 18 \end{cases}$ **c.** $\begin{cases} 3x - 8y = 28 \\ 2x + 4y = 18 \end{cases}$

d. Complete explanations should address these points: A system is easiest to solve by graphing if both equations are in a quick-graph form such as slope-intercept. In the above example, substitution or linear combinations would be difficult since there are fractions in the problem. Substitution is best when one of the equations has an isolated variable. Linear combinations are best if both equations are in standard form.

2. a, b. Check graph. **c.** The overlap represents the solutions of the system of inequalities.

d. $\left(\frac{16}{7}, -\frac{13}{7}\right)$; no, the point does not lie in the solution region of the system of inequalities.

3. Complete answers should addess the following points: • (6, 3) is a solution since the point is in the shaded area for Inequality 1. Check: $3 \geq -13$ is true. • $(-2, -4)$ is not a solution since the point does not lie in the solution region of the graph of Inequality 2. Check: $12 > 12$ is false. • (3, 0) is not a solution since it is only in the shaded region for Inequality 1. Check: $0 \geq -4$ is true, but $6 > 12$ is false. For a graph, if a point is in the doubly shaded area or on a solid line, the point is a solution of a system of inequalities. When checking algebraically, the point must satisfy all inequalities of the system.

Chapter 8

Lesson 8.1

1. m^2 **2.** 6^5 **3.** y^7 **4.** 3^6 **5.** w^{21} **6.** 7^{15} **7.** t^{12} **8.** $(-2)^6$ **9.** $125x^3$ **10.** $100s^2$ **11.** x^4 **12.** $-27y^3$ **13.** $\frac{9}{1}$

Lesson 8.2

1. 1 **2.** 2 **3.** $\frac{1}{169}$ **4.** $\frac{1}{13y}$ **5.** $(2x)^4$ **6.** $\frac{d}{(2c)^4}$ **7.** 1 **8.** 16 **9.** $\frac{1}{625}$

Lesson 8.3

1.

x	-2	-1	0	1	2
$y = 4^x$	$\frac{1}{16}$	$\frac{1}{4}$	1	4	16

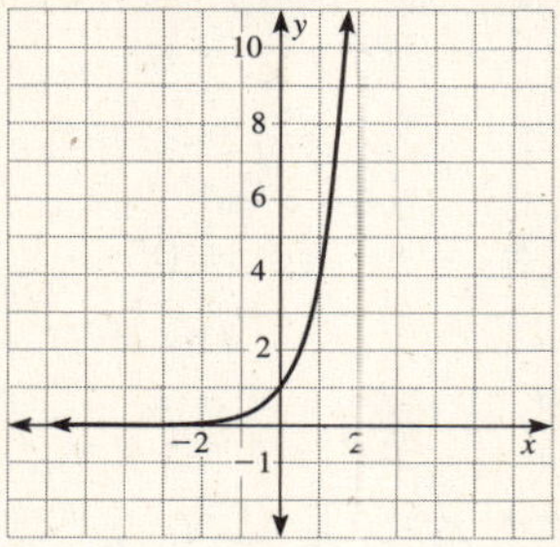

2.

x	-2	-1	0	1	2
$y = 2\left(\frac{1}{2}\right)^x$	8	4	2	1	$\frac{1}{2}$

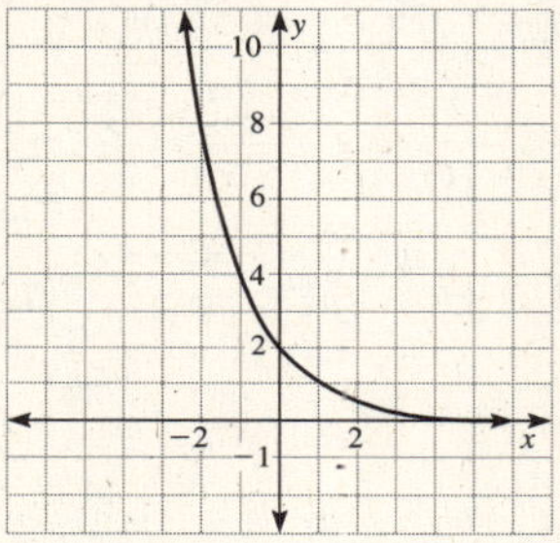

3. The domain of $y = 4^x$ is all real numbers; the range of $y = 4^x$ is all positive real numbers.

4. The domain of $y = 2\left(\frac{1}{2}\right)^x$ is all real numbers. The range of $y = 2\left(\frac{1}{2}\right)^x$ is all positive real numbers

Quiz 1

1. $72x^8y^7$ **2.** 3^4 **3.** $2xy^2$ **4.** 216

5. $-\frac{1}{125y^3}$ **6.** $4y$ **7.** $\frac{1}{36}, \frac{1}{6}, 1, 6, 36$ **8.** 905.10

9. domain: all real numbers, range: all positive real numbers

Lesson 8.4

1. $10^3 = 1000$ **2.** $\frac{1}{3}$ **3.** y^6 **4.** $\frac{16}{x^{12}}$ **5.** z^4

6. $\frac{25y^4}{w^2}$ **7.** $\frac{5}{2x^2y^3}$ **8.** $\frac{x^5}{3y^7}$ **9.** $\frac{1}{x^3}$

Lesson 8.5

1. 9,332,000 **2.** 0.278 **3.** 450,000

4. 7.52×10^1 **5.** 1.35667×10^5

6. 8.8×10^{-4} **7.** 1.265×10^3

8. 8.0×10^{-3} **9.** about 400 times

Quiz 2

1. a^5 **2.** $\frac{d^3}{c^3}$ **3.** $\frac{10x^3}{y}$ **4.** $\frac{2x^{10}}{y^5}$

5. 3,600,000 **6.** 0.000029 **7.** 1.02×10^7

8. 6.8×10^{-7}

Lesson 8.6

1. \$472.78 **2.** \$927.42 **3.** 1350 pheasants

4.

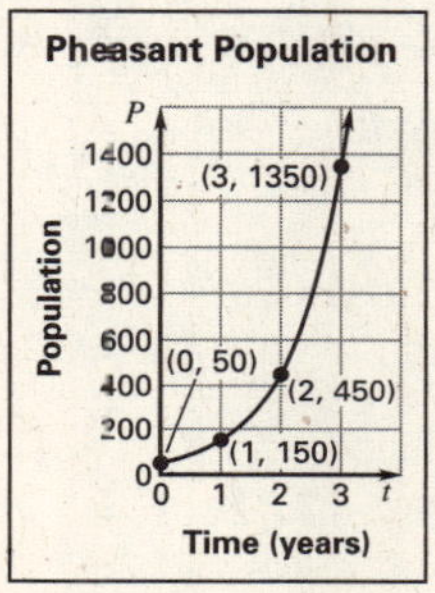

Lesson 8.7

1. \$9886 **2.** \$8368 **3.** $y = 15{,}000(0.90)^t$

4. about \$7700 **5.**

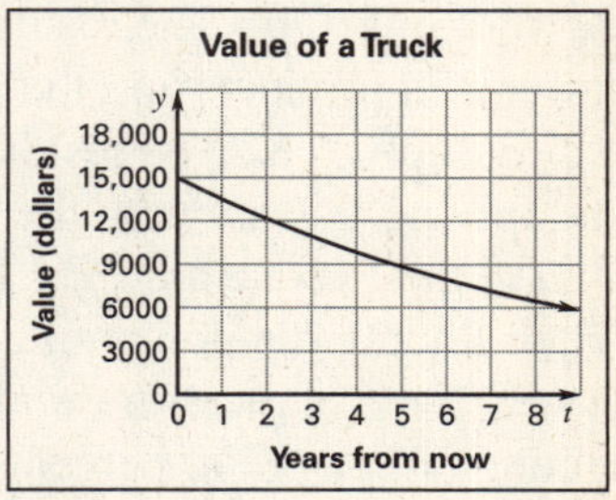

Chapter Test A

1. 4^8 **2.** 2^{12} **3.** $256a^3$ **4.** $4^2x^2y^4$ **5.** b^7 **6.** a^6

7. > **8.** < **9.** $\frac{1}{125}$ **10.** 3 **11.** $\frac{1}{y^3}$ **12.** $\frac{x^3}{3}$

13. A **14.** C **15.** B **16.** 4 **17.** $\frac{8}{27}$

18. $\frac{64}{x^3}$ **19.** $\frac{1}{y}$ **20.** 615 **21.** 0.0114

22. 2×10^{-2} **23.** 1.042×10^3 **24.** 360

25. 20 **26.** $P = 100{,}000(1 + 0.03)^t$

Answers

Chapter Test A *continued*

27. \$3707.40 **28.** B **29.** C **30.** A
31. exponential growth **32.** exponential decay

Chapter Test B

1. 6^{16} **2.** x^{30} **3.** $(-2)^4x^4$ **4.** $3 \cdot 4^2 \cdot x^8$
5. a^6b^6 **6.** $a^{14}b^8$ **7.** < **8.** < **9.** $\frac{1}{16}$
10. 16 **11.** $\frac{y^3}{x^4}$ **12.** $\frac{x^2y^3}{2}$ **13.** C **14.** A
15. B **16.** 4096 **17.** $\frac{49}{64}$ **18.** $\frac{4^4x^4}{3^4y^4}$
19. $\frac{3^3}{2^3x^6y^3}$ **20.** 4326.9 **21.** 0.000071532
22. 3.2×10^{-3} **23.** 3.215625×10^5
24. 0.00042 **25.** 25 **26.** \$2519.42
27. $P = 200{,}000(1 - 0.03)^t$ **28.** B **29.** A
30. C **31.** exponential growth
32. exponential decay

SAT/ACT Chapter Test

1. B **2.** C **3.** D **4.** D **5.** A **6.** A
7. D **8.** C **9.** B **10.** B **11.** B

Alternative Assessment

1. a. The result is incorrect. When finding a power of a product, find the power of *each* factor and multiply. **b.** The result is correct. To find a power of a product, find the power of *each* factor and multiply. **c.** The result is incorrect. When multiplying powers with the same base (such as a), *add* the exponents. **d.** The result is incorrect. When finding the power of a quotient, find the power of the numerator *and* the power of the denominator. **2. a.** percents: 3%, −1%, 8%, 4%, 7%, −1%, 5%, 2%, 3%, 4%, 11%, 13%, 9%, 8%, 4%, 4%, 6%, 6% **b.** Enrollment is increasing overall. **c.** $y = 1414(1.05)^x$; exponential growth; the model represents exponential growth because the enrollment increases about 5% each year. **d.** 5543 students **e.** Check graphs. No; the model gives estimates that are much too high for 1986–1992. **f.** The enrollment will be about 7875 in 2015. Students can use their graphing calculator's table feature or the graph and trace features to find this solution.

3. ***Writing*** Answers may vary. *Sample answer:* The school district needs this information in order to plan for the years to come. This would include supplies, teachers and staff members, as well as building space.

Chapter 9

Lesson 9.1

1. 3 **2.** 6 **3.** −5 **4.** ±10
5. 0 **6.** 3

Lesson 9.2

1. ±6 **2.** $\pm\sqrt{15}$ **3.** ±5 **4.** ±3
5. $\pm\sqrt{3}$ **6.** ±7 **7.** 2 sec

Lesson 9.3

1. $7\sqrt{2}$ **2.** $2\sqrt{13}$ **3.** $10\sqrt{3}$ **4.** $3\sqrt{11}$
5. $\frac{\sqrt{11}}{2}$ **6.** $\frac{1}{10}$ **7.** $\frac{\sqrt{5}}{3}$ **8.** $\frac{\sqrt{2}}{2}$
9. $\frac{\sqrt{3}}{3}$ **10.** $\frac{\sqrt{14}}{7}$ **11.** $\frac{3\sqrt{5}}{5}$ **12.** $\frac{2\sqrt{3}}{3}$

Quiz 1

1. −6 **2.** −6, 6 **3.** $\frac{5}{7}$ **4.** $\frac{2\sqrt{7}}{5}$ **5.** $\frac{\sqrt{6}}{3}$

Lesson 9.4

1. up **2.** down **3.** down

4.

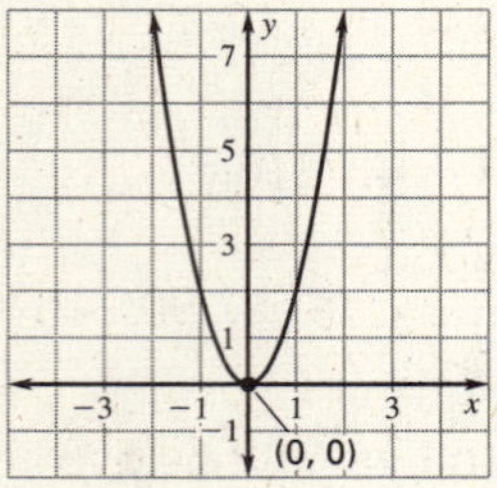

5.

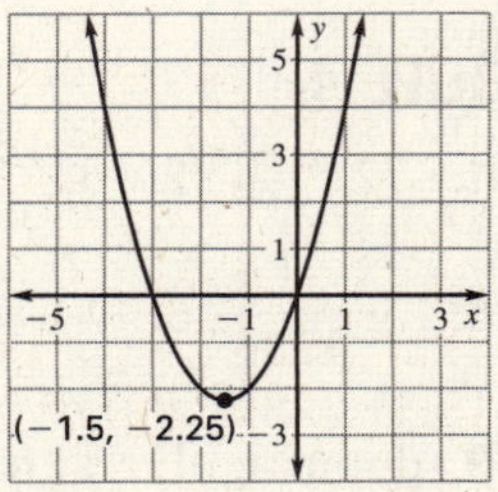

6.

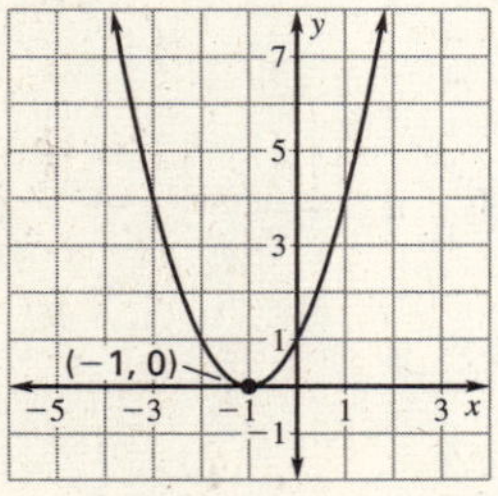

7.

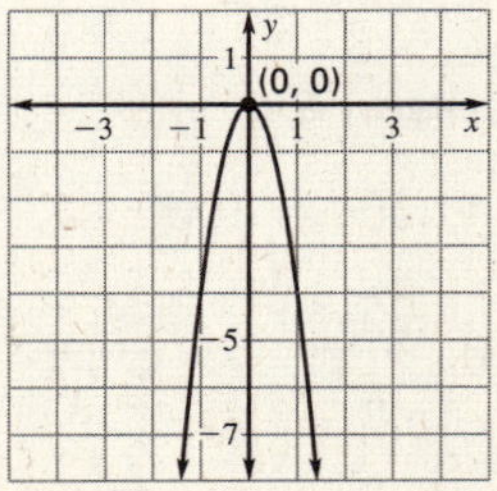

Lesson 9.4 *continued*

8.

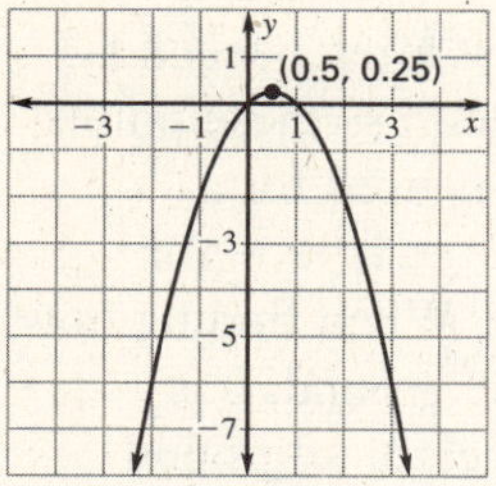

9.

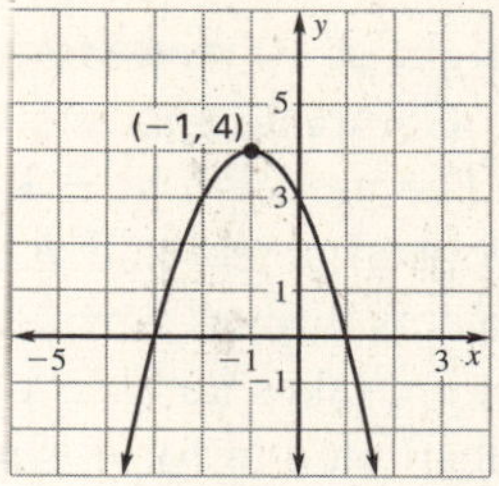

Lesson 9.5

1. ±6 **2.** ±4 **3.** ±3 **4.** −4, 3 **5.** 2, 3 **6.** −1, 6 **7.** $-0.63(5)^2 + 15.08(5) + 151.57 = 211.22 \approx 210$

Lesson 9.6

1. 1, 3 **2.** −5, −4 **3.** −3, 2 **4.** −4, −3 **5.** −1, 1 **6.** 1, 8 **7.** 1.25 sec

Quiz 2

1. up **2.**

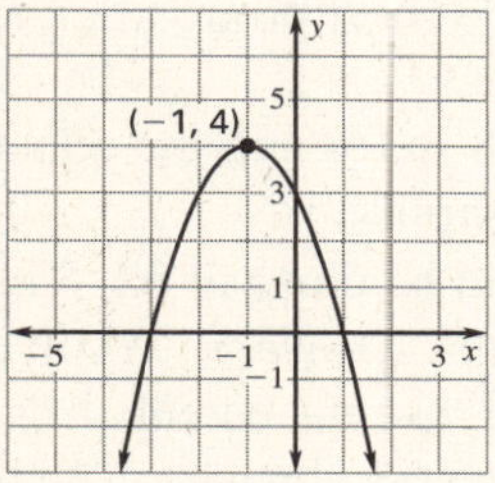

3. $x = 6$ **4.** 2, −1

Lesson 9.7

1. one solution **2.** two solutions **3.** no solution **4.** one solution **5.** no solution **6.** two solutions **7.** 1 **8.** 2 **9.** 0 **10.** 2 **11.** 0 **12.** 1

Lesson 9.8

1. (2, 0) is a solution. **2.** (1, −1) is a solution. **3.** (2, −3) is not a solution.

4.

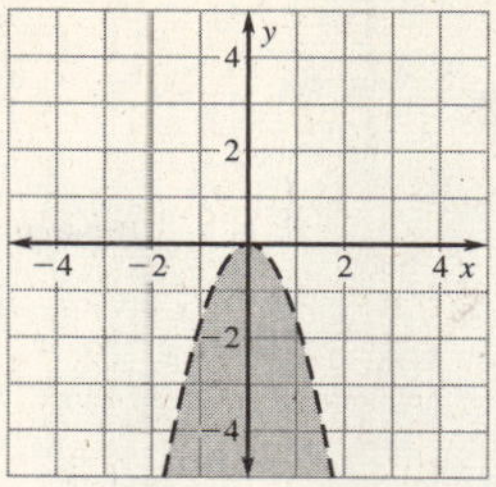

5.

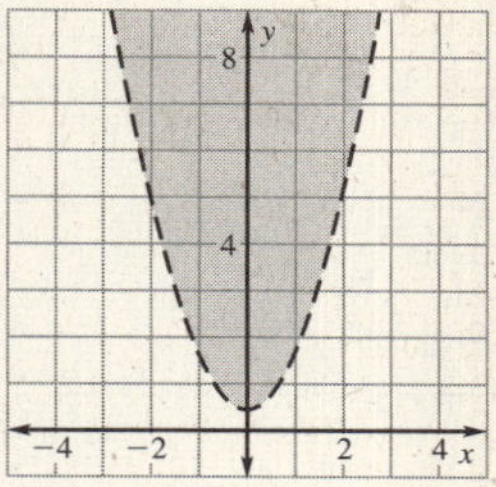

6.

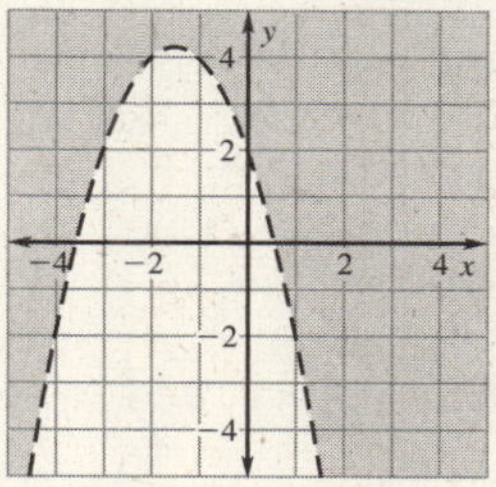

7.

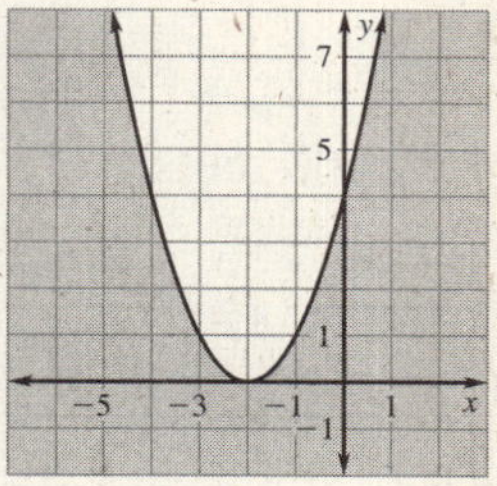

8.

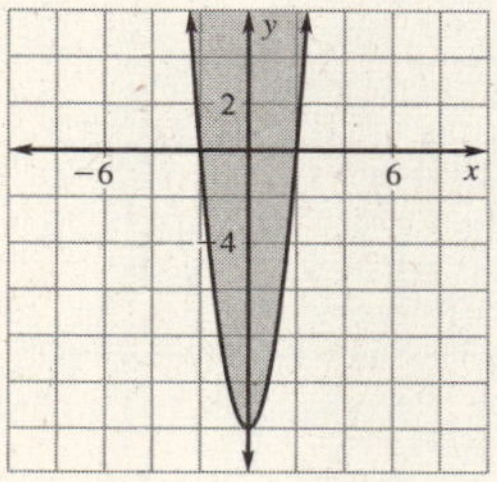

9.

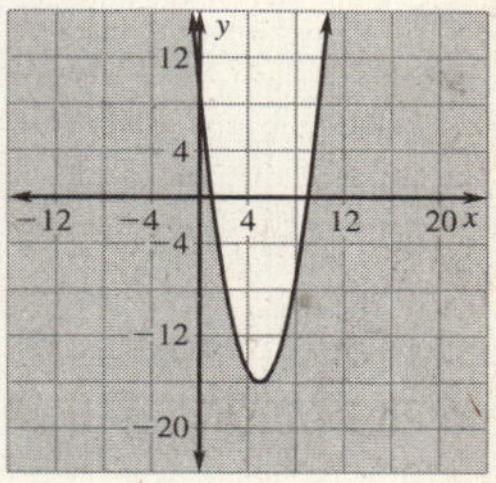

Chapter Test A

1. 9 **2.** −10 **3.** 5 **4.** 4 **5.** $x = -9$ and $x = 9$ **6.** $x = -7$ and $x = 7$ **7.** $3\sqrt{5}$ **8.** $3\sqrt{5}$ **9.** $\frac{4}{5}$ **10.** $\frac{\sqrt{5}}{4}$

11.

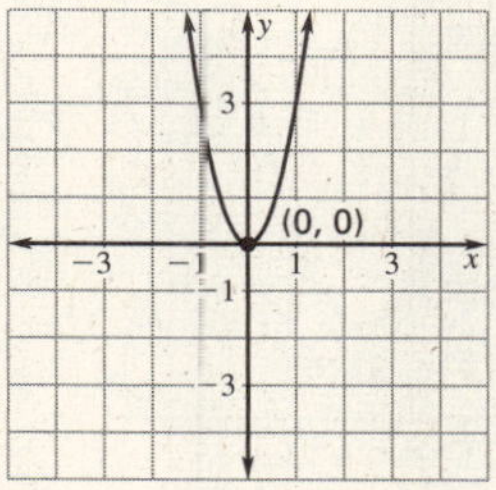

12.

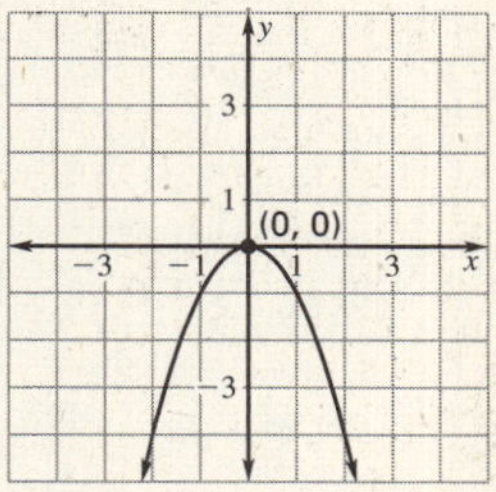

13. $x = -2$ and $x = 4$ **14.** $x = -2$ and $x = 2$ **15.** $x = -5$ and $x = 4$ **16.** $x = 2$ and $x = 3$ **17.** 1 and 2 **18.** −1 and 1 **19.** one solution **20.** no solutions

Answers

Chapter Test A *continued*

21.

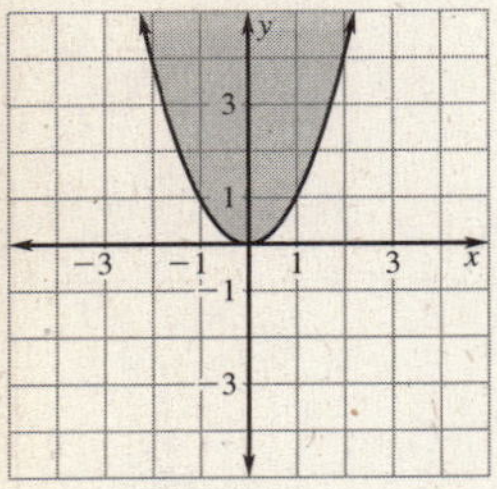

22.

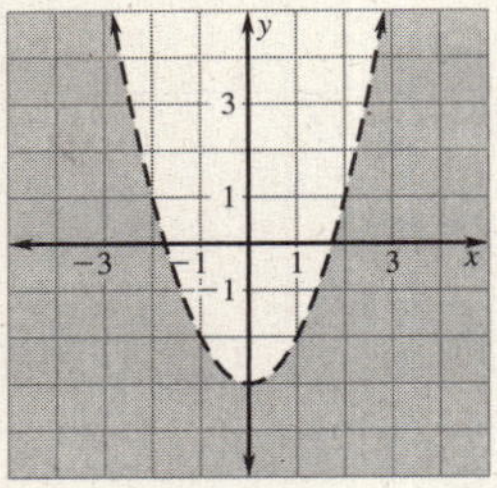

23. 50,000 units

Chapter Test B

1. 13 **2.** −25 **3.** 3 **4.** $x = -4$ and $x = 4$

5. $x = -6$ and $x = 6$ **6.** $\frac{3}{4}$ **7.** $\frac{3\sqrt{10}}{5}$

8.

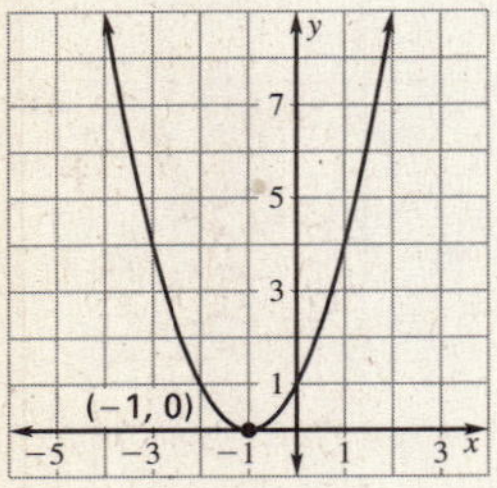

9.

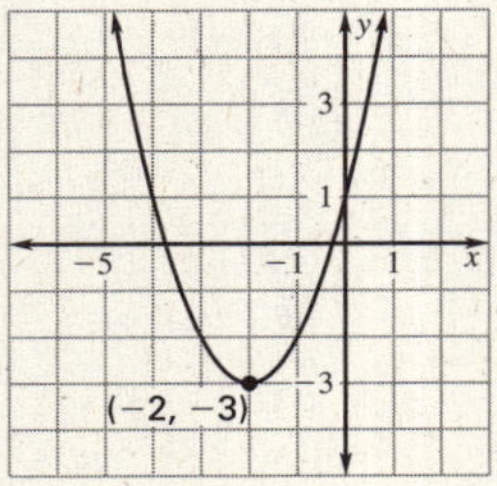

10. 2 sec **11.** $x = -2$ and $x = 3$

12. $x = 2$ and $x = 4$ **13.** $x = -3$ and $x = 5$

14. $x = -6$ and $x = -4$ **15.** 5 and 7

16. 1 and 6 **17.** one solution **18.** no solutions

19.

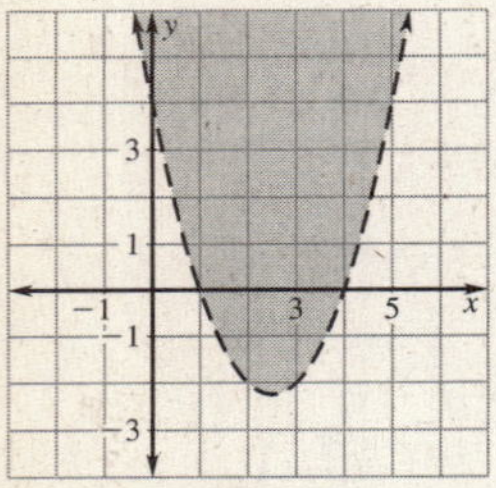

20.

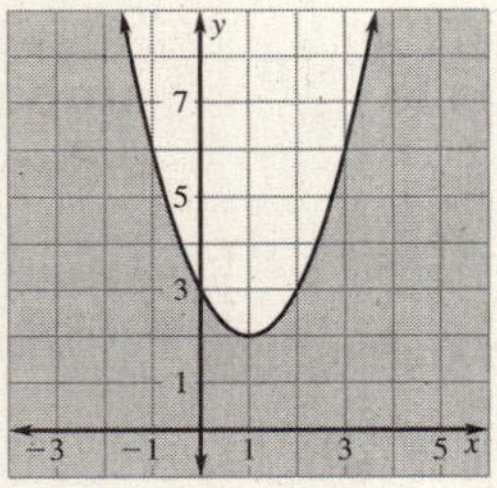

21. 100,000 units

SAT/ACT Chapter Test

1. C **2.** B **3.** A **4.** D **5.** A **6.** A **7.** B **8.** D

Alternative Assessment

1. a. Answers may vary; *Sample answer:* A penny is dropped from the top of a 400 story building. How long will it take to hit the ground? A penny is thrown down at 10 feet per second. This time, how soon will it hit the ground? A model rocket is shot vertically into the air from a height of 10 feet. How high is it after 2 seconds?

b. Complete answers should address these points: • The model $h = -16t^2 + s$ is used for a dropped object and $h = -16t^2 + vt + s$ for objects thrown down or up. • When finding how long it takes an object to hit the ground, 0 is substituted in for h, since the height at ground level is zero. • Heights chosen other than the ground should be set equal to zero before solving. • Initial height is substituted in for s, and the initial velocity for v. • Initial velocity is positive for an object thrown upward and negative for an object thrown downward.

2. a. *Sample answer:* The graph would be the shape of a parabola, because the model is quadratic. It would open downward because the leading coefficient is negative.

b. Check graphs. *Sample answer:* As revolutions per minute increase, the horsepower will increase until it reaches its highest point, after which horsepower decreases.

c. 857; substitute 8 in for r in the equation for horsepower and simplify.

d. Estimates should be close to 8248 rev/min and 9307 rev/min. *Sample answer:* To solve on a graphing calculator, use the calculator's trace feature to see when H is close to 876. To solve algebraically, substitute 876 in for H, set equation equal to zero, and solve using the quadratic formula.

3. 1%; *Sample answer:* Substitute the r-coordinate into the equation to find the first maximum horsepower to be 893; $\frac{902}{893} \approx 1.01$, a 1% improvement.

Cumulative Test

1. 0 **2.** −109 **3.** $\sqrt{29}$ **4.** 2 **5.** 3 **6.** −10

7. 20 **8.** r^8s^4 **9.** x^9 **10.** $\frac{8x}{y}$

11. x-intercept: $\left(-\frac{15}{2}, 0\right)$, y-intercept: $(0, -5)$

12. x-intercept: $(5, 0)$, y-intercept: $(0, 4)$

13. x-intercept: $(-6, 0)$, y-intercept: none

14. 2 **15.** $-\frac{1}{7}$ **16.** 9 **17.** $\pm\sqrt{10}$

18. 1 or $-\frac{5}{7}$ **19.** $-\frac{10}{7}$ **20.** 2

Cumulative Test *continued*

21. 0 **22.** $y = -7x + 10$ **23.** $y = -\dfrac{4}{3x} + \dfrac{29}{3}$

24. $y = 5x + 11$ **25.** $y = -3x + 11$

26. $m \geq 9$ 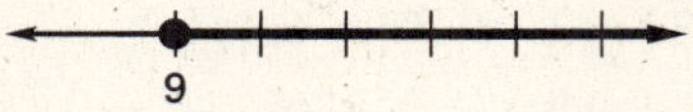

27. $x \geq -6$ 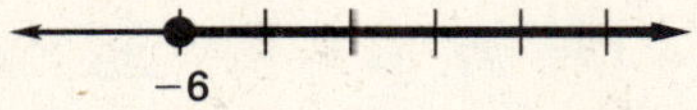

28. $-8 \leq x < 9$ 

29. $x < 2$ or $x \geq 4$ 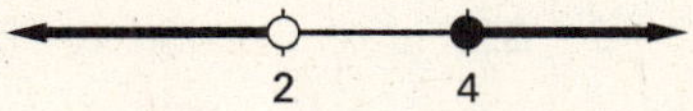

30. $-17 < x < 5$ 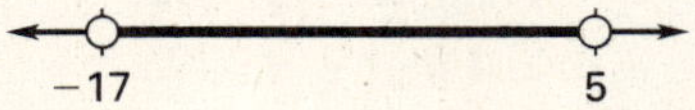

31. $x \geq 4$ or $x \leq -3$

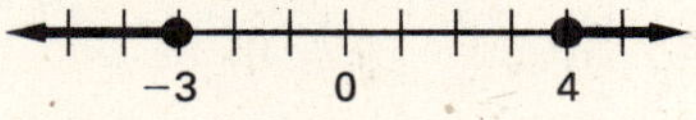

32.

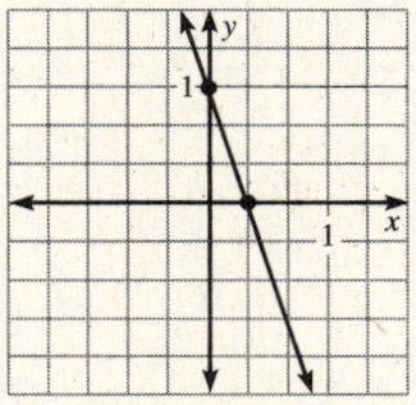

33.

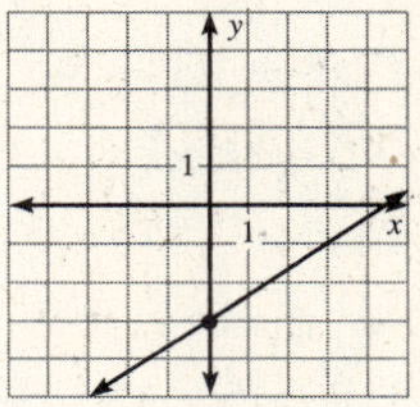

34.

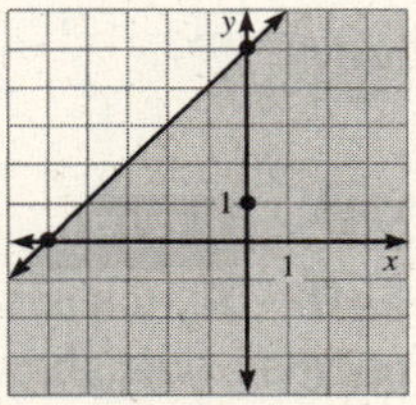

35.

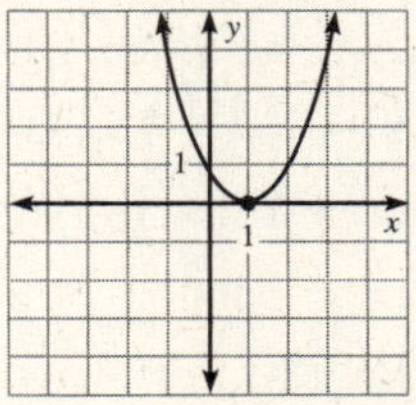

36.

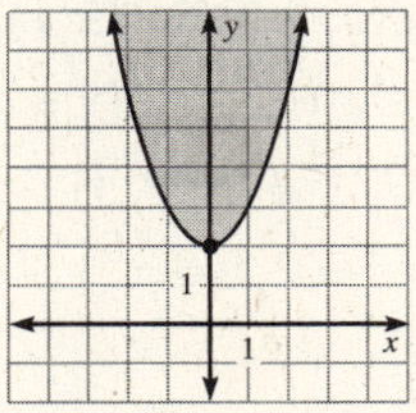

37. $(-2, -9)$ **38.** $(-12, 41)$ **39.** $(3, 2)$

40. no solution **41.** -1 or 2

42. $\dfrac{3}{2}$ or -1 **43.** $y = 12{,}000(1.05)^t$

44. $A = 500\left(1 + \dfrac{0.06}{4}\right)^{4t}$ **45.** $y = 15{,}000(0.91)^t$

Chapter 10

Lesson 10.1

1. cubic, monomial **2.** quadratic, trinomial

3. linear, binomial **4.** quadratic, monomial

5. $-3x^2 - x + 2$ **6.** $-4x^2 + 9x - 8$

7. $8x^2 - 2x - 1$ **8.** $-7x^2 + 3x - 3$

9. $N = 189t^2 - 983t - 307$

Lesson 10.2

1. $2x^2 + 5x + 3$ **2.** $y^2 - 5y + 6$

3. $6a^2 + a - 2$ **4.** $a^3 + 2a^2 - 5a + 12$

5. $2y^3 + 3y^2 - 9y - 5$

6. $a^3 + 2a^2 - 5a + 12$

7. $2y^3 + 3y^2 - 9y - 5$ **8.** $3x^2 + 11x + 6$

Lesson 10.3

1. $x^2 - 25$ **2.** $9x^2 - 4$ **3.** $x^2 - 4$

4. $m^2 + 6m + 9$ **5.** $9x^2 - 12x + 4$

6. $49y^2 + 28y + 4$ **7.** $10x + 25$ **8.** $x^2 - 9$

Quiz 1

1. $3n^2 + 8n + 1$ **2.** $-1y^3 + 8y^2 - 3y + 1$

3. $-9t^4 + 12t^3 - 15t^2$ **4.** $8y^2 - 2y - 6$

5. $m^2 - 8m + 16$ **6.** $9a^2 - 25$

7. $(y^2 + 22y + 120)$ ft^2

Lesson 10.4

1. $6, -6$ **2.** $5, 1$ **3.** $-4, -3$ **4.** 5 **5.** -3

6. -2 **7.** $-3; -1; (-2, -1)$

8. $2; 4; (3, -1)$ **9.** $1; -5; (-2, -9)$

Lesson 10.5

1. $(x + 3)(x + 2)$ **2.** $(x + 1)(x + 5)$

3. $(x + 2)(x + 1)$ **4.** $(x - 2)(x - 1)$

5. $(x - 3)(x - 4)$ **6.** $(x - 2)(x - 3)$

7. $(x - 2)(x + 1)$ **8.** $(x - 6)(x + 2)$

9. $(x - 4)(x + 2)$ **10.** $-3, -5$

11. $2, 6$ **12.** $1, -4$

Lesson 10.6

1. $(5x + 1)(x + 2)$ **2.** $(2x + 3)(x + 1)$

3. $(3x - 7)(x + 1)$ **4.** $(9x + 2)(x + 7)$

5. $(6x - 5)(x - 3)$ **6.** $(4x + 1)(2x + 9)$

7. $-3, -\frac{1}{2}$ **8.** $3, \frac{2}{5}$ **9.** $\frac{2}{3}, -\frac{1}{2}$

Chapter 10 *continued*

Quiz 2

1. $x = -2, x = 6$
2. $x = -3, x = 1$; vertex $(-1, -4)$

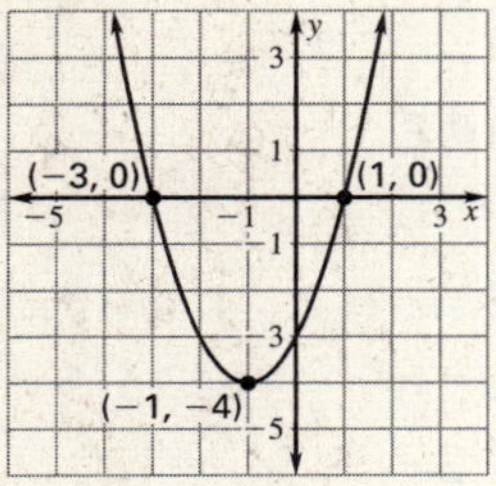

3. $(x - 5)(x - 2)$ 4. $-4, 5$
5. $(4x + 9)(x - 1)$ 6. $\frac{7}{5}, -3$

Lesson 10.7

1. $(4 + 3y)(4 - 3y)$ 2. $(2q + 7)(2q - 7)$
3. $(6 + 5x)(6 - 5x)$ 4. $(x - 9)^2$
5. $(2n + 5)^2$ 6. $(4y + 1)^2$ 7. 10
8. $\frac{1}{2}$ 9. 4 10. ± 7 11. $\pm\frac{8}{3}$ 12. $\pm\frac{9}{2}$

Lesson 10.8

1. $5x(x + 2)$ 2. $2x(2x^3 + 3x^2 + 7)$
3. $3x^2(4x^3 + 2x - 1)$ 4. $3a^2(16a - 1)$
5. $2(a - 1)(a + 1)$ 6. $2x(x + 5)(x + 2)$
7. $4n^2(n - 5)(n - 2)$ 8. $(x - 2)(x + 2)(x - 3)$
9. $2(x - 2)(x + 2)(x + 5)$
10. $3(2x^2 + 3)(x - 4)$
11. $5(x - 3)(x + 3)(x - 4)$
12. $(2y + 3)(4y^2 - 6y + 9)$
13. $(x + 4)(x^2 - 4x + 16)$
14. $(2x + 5)(4x^2 - 10x + 25)$
15. $(3y - 1)(9y^2 + 3y + 1)$
16. $(2y - 3)(4y^2 + 6y + 9)$
17. $(x - 7)(x^2 + 7x + 49)$

Chapter Test A

1. $5x^2 + 7x + 4$ 2. $2x^2 + 3x + 3$
3. $9x^2 + 8x + 10$ 4. $4x^2 + 3x + 1$
5. $-0.0002x^2 + 26x - 120{,}000$ 6. $6x^2 - 10x$
7. $x^2 + 5x + 6$ 8. $2x^2 + 7x + 3$
9. $x^3 + 2x^2 + 2x + 1$ 10. $x^2 - 4$
11. $x^2 + 10x + 25$ 12. $x^2 + 2x + 1$
13. $x = -4$ and $x = 2$ 14. $x = -3$ 15. B
16. C 17. A 18. $(x + 2)(x + 1)$
19. $(x - 3)(x + 2)$ 20. $(x - 5)(x - 2)$
21. $(x - 3)(x + 4)$ 22. length: $x + 3$; width: $x + 2$ 23. $(2x + 3)(x + 1)$
24. $2(3x + 1)(x + 2)$ 25. $(x + 3)(x - 3)$
26. $(x - 4)^2$ 27. $(x + 3)^2$ 28. $2x(x - 2)$
29. $(x^2 - 3)(x + 2)$ 30. $(x^2 + 1)(x + 4)$
31. $x = -1$ and $x = 3$ 32. $x = -3$ and $x = -2$ 33. $x = -4$ and $x = 1$
34. $x = 1$ and $x = 5$ 35. $x = -\frac{1}{3}$ and $x = -\frac{1}{2}$
36. $x = -3$ and $x = -\frac{3}{4}$
37. $x = -6$ and $x = 6$ 38. $x = -6$

Chapter Test B

1. $x^2 + 7x - 2$ 2. $3x^2 + 11x + 3$
3. $17x^2 + 4x - 4$ 4. $11x^2 + 3x + 6$
5. $-0.0003x^2 + 42x - 110{,}000$
6. $24x^3 + 18x^2$ 7. $x^2 - 9x + 20$
8. $4x^2 + 3x - 10$ 9. $x^3 - 2x^2 - 2x - 3$
10. $x^2 - 25$ 11. $x^2 - 16x + 64$
12. $2x^2 + 11x + 12$ 13. $x = -5$ and $x = 1$
14. $x = -\frac{1}{2}$ 15. B 16. C 17. A
18. $(x + 6)(x + 5)$ 19. $(x - 8)(x + 5)$
20. $(x - 7)(x - 2)$ 21. $(x + 7)(x - 5)$
22. length: $x + 4$; width: $x + 3$
23. $(5x + 1)(x + 3)$ 24. $2(3x + 2)(2x + 1)$
25. $(x + 4)(x - 4)$ 26. $(x - 6)^2$ 27. $(x + 5)^2$
28. $x(3x^2 + 9x + 2)$ 29. $(x^2 + 2)(x - 3)$
30. $(x^2 + 5)(x - 1)$ 31. $x = -2$ and $x = 4$
32. $x = -5$ and $x = -4$
33. $x = -6$ and $x = 2$
34. $x = 5$ and $x = 6$ 35. $x = -\frac{1}{4}$ and $x = -1$
36. $x = -\frac{3}{2}$ and $x = -1$
37. $x = -7$ and $x = 7$ 38. $x = 4$

SAT/ACT Chapter Test

1. A 2. B 3. A 4. D 5. C 6. B
7. A 8. C

Alternative Assessment

1. a–c. Complete answers should address these points. **a.** • Equations *i* and *ii* each have 2 solutions and *iii* has no solution. **b.** • Explain that problem *i* can be solved by all three methods, *ii* and *iii* can only be solved by quadratic formula and graphing. Explain reasons why. • Explain that *i* can be easily factored since its discriminant is a perfect square; *ii* cannot be factored but quadratic formula could be used to solve.
• Explain that in *ii* graphing would be harder to obtain an exact answer. • Explain that part *iii* is most easily solved by graphing because one can quickly tell that there are no x-intercepts.
c. • Explain advantages and disadvantages including exact versus approximate answers for graphing, factorability, and how easy or difficult a problem may be to factor.

2. a. Figure 1 perimeter: $4x - 16$ units; Figure 2 perimeter: $3x^2 + 5x - 8$ units **b.** 4 cm; -4 cm which is not possible. *Sample Answer:* One must make sure that the lengths of the sides of the figure are positive numbers. **c.** 12
d. Solutions for x are $\frac{4}{3}$ and -3, however, neither is true because the length of one or more sides of the triangle would be negative. **e.** Figure 1 area: $x^2 - 8x + 16$ square units; Figure 3 area: $2x^2 - 17x + 36$ square units **f.** 66 cm^2
g. 6 (x cannot be 2, otherwise sides would be negative.) **h.** 5 (x cannot be 4, otherwise sides of square would be 0 units long.)

3. *Sample Answer:* To use zero-product property, equation must equal zero.

Chapter 11

Lesson 11.1

1. ± 8 **2.** 16 **3.** 1 **4.** 24 in.

Lesson 11.2

1. $y = \frac{5}{4}x$ **2.** $y = \dfrac{20}{x}$ **3.** 36 in.

4. $l = \dfrac{128}{w}$ **5.** 64 in.; 32 in.; 8 in.; 6.4 in.

Lesson 11.3

1. $\dfrac{3}{4 + x}$ **2.** $\dfrac{x - 7}{x}$ **3.** cannot be simplified

4. $6 - x$ **5.** $\dfrac{x + 1}{2 - x}$ **6.** $\dfrac{-1}{x + 3}$ **7.** $6y - 3$

Quiz 1

1. 20 **2.** 1 **3.** $y = \dfrac{21}{x}$

4. direct variation; $y = 4x$ **5.** $\dfrac{x^2}{6}$ **6.** $x + 2$

Lesson 11.4

1. $\dfrac{2}{x(x - 2)}$ **2.** $\dfrac{x + 3}{2}$ **3.** $\dfrac{x - 7}{5x}$ **4.** $\dfrac{x - 4}{x^2}$

Lesson 11.5

1. $\dfrac{7}{4x}$ **2.** $\dfrac{7x}{10}$ **3.** $\dfrac{5x - 2}{3x + 2}$ **4.** $\dfrac{2}{x + 3}$

5. $\dfrac{x + 6}{2x + 1}$ **6.** $\dfrac{1}{x + 3}$ **7.** $\dfrac{1}{x + 4}$

Lesson 11.6

1. 12 **2.** $36x^2$ **3.** $\dfrac{31}{35x}$ **4.** $\dfrac{9x + 13}{(x + 1)(x + 2)}$

5. $\dfrac{6x + 1}{2x + 8}$ **6.** $\dfrac{x + 3}{3x^2}$ **7.** $\dfrac{-x + 3}{(x + 3)(x + 1)}$

8. $\dfrac{-1}{x + 2}$

Lesson 11.7

1. 5, -2 **2.** -4 **3.** 6, -3 **4.** 3 **5.** 3, -7
6. 10 half-dollars and 2 quarters

Quiz 2

1. $\dfrac{4}{5}$ **2.** $\dfrac{1}{2}$ **3.** 3 **4.** $\dfrac{-11x^2 - 48x}{(2x + 3)(2x - 3)}$

5. $\dfrac{3}{2}$ **6.** 5

Chapter Test A

1. $\dfrac{75}{8}$ **2.** ± 6 **3.** -5 **4.** 6 **5.** $y = 5x$

6. $y = \dfrac{1}{3}x$ **7.** $y = \dfrac{18}{x}$ **8.** $y = \dfrac{75}{x}$ **9.** $\dfrac{x}{5}$

10. $2x$ **11.** -1 **12.** $\dfrac{1}{x + 5}$ **13.** $3x - 1$

Chapter Test A *continued*

14. $x + 6$ **15.** $\frac{5}{2}$ **16.** $\frac{14}{5}$ **17.** $\frac{3}{5}$

18. $\frac{5(x-1)}{x(x+1)}$ **19.** $\frac{1}{(4x+3)(x-6)}$

20. $\frac{x+19}{3x}$ **21.** $\frac{1}{x+2}$ **22.** $\frac{2+3x}{x^2}$

23. $\frac{-11}{5x}$ **24.** 14 **25.** 3 **26.** 8 **27.** 1, 2

Chapter Test B

1. $\frac{9}{2}$ **2.** ± 9 **3.** $\frac{23}{2}$ **4.** $-\frac{3}{4}$ **5.** $y = 8x$

6. $y = \frac{1}{9}x$ **7.** $y = \frac{144}{x}$ **8.** $y = \frac{225}{x}$

9. $3x$ **10.** $x - 4$ **11.** $\frac{1}{x+4}$ **12.** $\frac{1}{x-8}$

13. $4x + 5$ **14.** $2x - 1$ **15.** $\frac{3}{2}$ **16.** $\frac{12}{x}$

17. 32 **18.** $\frac{x}{x-2}$ **19.** $\frac{1}{3}$ **20.** $\frac{x-2}{x+1}$

21. $\frac{3x-1}{x-3}$ **22.** $\frac{x^2+x+5}{x^2}$ **23.** $\frac{3x^2+x+10}{6x^2}$

24. 18 **25.** -4 **26.** 6 **27.** $-2, -1$

SAT/ACT Chapter Test

1. B **2.** D **3.** B **4.** A **5.** C **6.** D

7. B **8.** C **9.** A

Alternative Assessment

1. $A + B = \frac{x+6}{x(x+3)}$; $B \cdot C = \frac{x-3}{x(x+1)^2}$;

$B \div C = \frac{4}{x(x-3)}$

Complete answers should address these points:

a. When adding rational expressions, factor each denominator and then rewrite the expressions so that they have common denominators. Next add fractions and factor the numerator and simplify expression, if possible. **b.** Subtracting is similar to adding except you must use the distributive property for the subtraction. **c.** To multiply rational expressions, multiply numerators and denominators. Then divide out common factors to simplify. **d.** To divide rational expressions, multiply by the reciprocal of the divisor. Then divide out common factors to simplify.

e. Cross multiply to solve $C = D$. To eliminate the denominators in $B + C = D$, multiply both sides of the equation by the least common denominator, then solve the resulting equation.

2. a. inversely; as the rate of pumping increases, the time required to empty the pool decreases.

b. $xy = 35{,}000$; 35,000

c. [Rate of pumping (gallons per hour)] · [Time it takes to pump (hours)] = [Amount of water in pool (gallons)]

The constant of variation is the amount of water in the pool (in gallons). **d.** 3 hours and 20 minutes

Chapter 12

Lesson 12.1

1. The domain is the set of all nonnegative numbers. The range is the set of all numbers greater than or equal to 1.

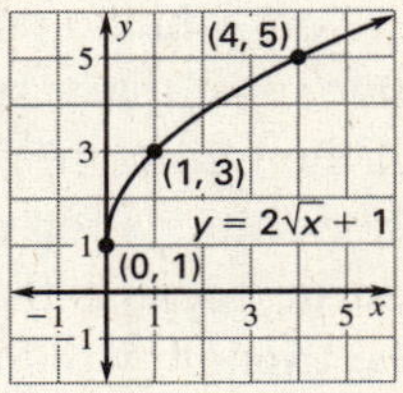

2. The domain is the set of all nonnegative numbers. The range is the set of all numbers greater than or equal to -1.

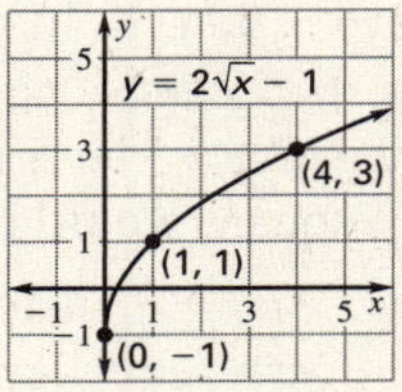

3. The domain is the set of all nonnegative numbers. The range is the set of all numbers greater than or equal to -2.

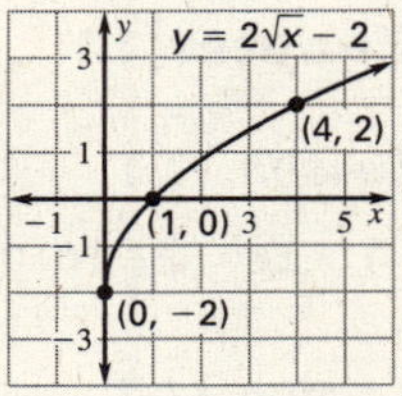

4. The domain is the set of all numbers greater than or equal to 1. The range is the set of all nonnegative numbers.

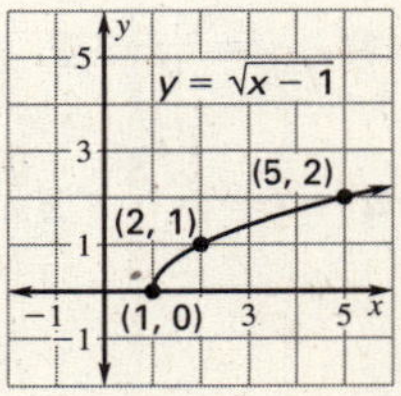

Lesson 12.1 *continued*

5. The domain is the set of all numbers greater than or equal to -1. The range is the set of all nonnegative numbers.

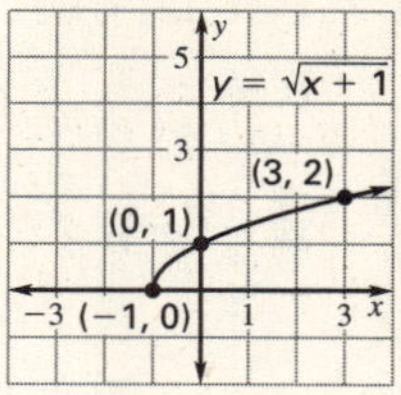

6. The domain is the set of all numbers greater than or equal to 4. The range is the set of all nonnegative numbers.

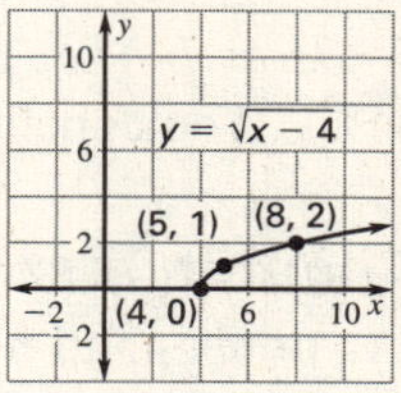

7. 48 ft/sec

Lesson 12.2

1. $4\sqrt{7}$ **2.** $\sqrt{2}$ **3.** $5\sqrt{3}$ **4.** 1

5. $3\sqrt{2}$ **6.** $2\sqrt{10} + 2\sqrt{5}$ **7.** $\frac{4\sqrt{3}}{3}$

8. $\frac{5\sqrt{2}}{4}$ **9.** $-\frac{\sqrt{3}}{6}$ **10.** $19.3\sqrt{5}$ mi/h

Lesson 12.3

1. 7 **2.** 1 **3.** 2 **4.** 2 **5.** no solution **6.** 3

7. about 2.66 cm **8.** about 507 sec

Quiz 1

1. 7 **2.**

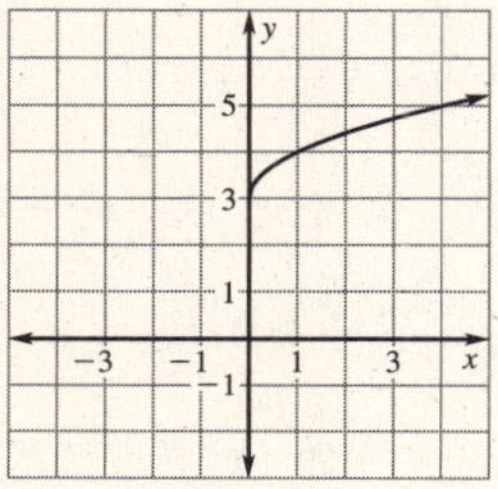

3. $4\sqrt{3}$

4. 4 **5.** 14 **6.** 13.72 lb/in.^{2}

Lesson 12.4

1. 11 **2.** 2 **3.** 9 **4.** 13 **5.** 6 **6.** 10

7. 32 **8.** 27 **9.** 256 **10.** 25

11. 729 **12.** 10,000 **13.** 4 **14.** 6

15. 24 **16.** 81 **17.** 729 **18.** 8

19. $xy^{1/2}$ **20.** $y^{1/2}$ **21.** x^2 **22.** y^2

23. x^3y^2 **24.** $x^{7/3}y^{2/3}$

Lesson 12.5

1. $\frac{3 - \sqrt{17}}{2}, \frac{3 + \sqrt{17}}{2}$

2. $-2 + \sqrt{3}, -2 - \sqrt{3}$

3. $\sqrt{13} - 4, -\sqrt{13} - 4$

4. ± 7, finding square roots because the equation is of the form $ax^2 + c = 0$ **5.** 5, –2, factoring because the quadratic can be easily factored **6.** $-2 + \sqrt{11}, -2 - \sqrt{11}$; completing the square because the quadratic cannot be factored.

Lesson 12.6

1. 15 **2.** $\sqrt{29}$ **3.** 36, 48

4. The lengths are sides of a right triangle.

5. The lengths are not sides of a right triangle.

6. The lengths are sides of a right triangle.

Quiz 2

1. 10 **2.** 9 **3.** 1, -13 **4.** about 10.5 m

5. no, the sum of the squares of two sides does not equal the square of the third side

6. about 20.1 m

Lesson 12.7

1. 5 **2.** 2.83 **3.** 5.39

4. The sum of the squares of the two shorter sides, $\sqrt{34}^2 + \sqrt{65}^2 = 99$, is not equal to the square of the longest side, $\sqrt{97}^2$. By the converse of the Pythagorean theorem, the given points are not the vertices of a triangle.

Lesson 12.8

1. $\left(\frac{5}{2}, 4\right)$ **2.** (1, 0) **3.** (3, 1) **4.** $\frac{\sqrt{13}}{2}$

5. $\sqrt{26}$ **6.** $\sqrt{10}$ **7.** (15, 25)

Answers

Chapter 12 *continued*

Lesson 12.9

1.

Statement	Reason
$ac = bc$	Write orig. prop.
$ac\left(\frac{1}{c}\right) = bc\left(\frac{1}{c}\right)$	Multiplication prop. of equality
$a\left(c \cdot \frac{1}{c}\right) = b\left(c \cdot \frac{1}{c}\right)$	Associative prop. of multiplication
$a(1) = b(1)$	Inverse prop. of mult.
$a = b$	Identity prop. of mult.

2.

Statement	Reason
$a - c = b - c$	Write orig. property.
$a - c + c = b - c + c$	Addition prop. of equality
$a + c - c = b + c - c$	Comm. prop. of add.
$a + c + (-c) = b + c + (-c)$	Subtraction rule
$a + [c + (-c)] = b + [c + (-c)]$	Associative prop. of addition
$a + 0 = b + 0$	Inverse prop. of add.
$a = b$	Identity prop. of add.

3. Answers vary. For example, let $a = 3$ and $b = 4$. $\sqrt{a^2 + b^2} = \sqrt{9 + 16} = 5$ but $a + b = 7$. $\sqrt{a^2 + b^2} \neq a + b$

4. Answers vary. For example, let $a = 3$ and $b = 4$. $a - b = 3 - 4 = -1$ but $b - a = 1$. $a - b \neq b - a$

5. Answers vary. For example, let $a = 2$ and $b = 4$. $a \div b = 2 \div 4 = 0.5$ but $b \div a = 4 \div 2 = 2$. $a \div b \neq b \div a$

6. If $a + b > b + c$, then $a > c$. Assume that $a > c$ is not true. Then $a \leq c$.

Statement	Reason
$a \leq c$	Assume the opposite of $a > c$ is true.
$a + b \leq c + b$	Adding the same number to each side produces an equivalent inequality.

This contradicts the given statement that $a + b > b + c$. Therefore, it is impossible that $a \leq c$. You conclude that $a > c$ is true.

Chapter Test A

1. domain: all nonnegative numbers; range: all nonnegative numbers

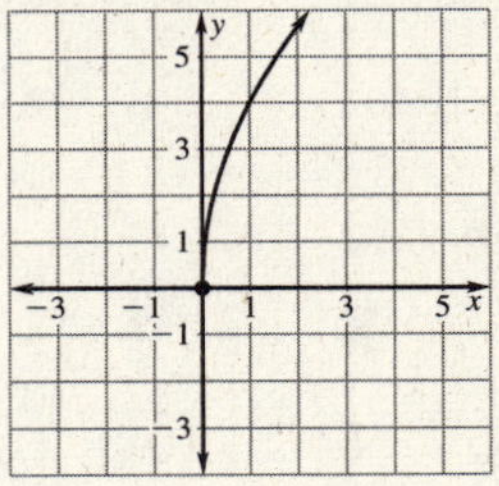

2. domain: all nonnegative numbers; range: all numbers greater than or equal to 2

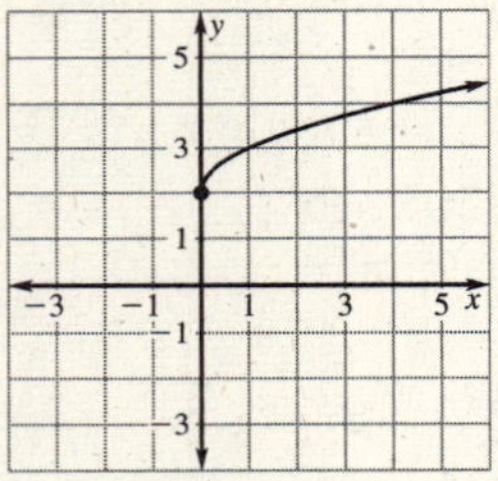

3. $7\sqrt{5}$ **4.** $4\sqrt{3}$ **5.** 10 **6.** $\frac{3\sqrt{2}}{2}$

7. $6\sqrt{10} - 5$ **8.** $\frac{2\sqrt{5}}{5}$ **9.** $x = 4$

10. $x = 12$ **11.** x^2 **12.** x^6

13. $x = -3$ and $x = 1$ **14.** $x = -4 \pm \sqrt{30}$

15. $x = 5$ **16.** $x = 15$ **17.** 5 **18.** 10

19. Yes **20.** No **21.** approximately 12.17 miles

22. (4, 3) **23.** (3, 2) **24.** $610,000

25.

Statement	Reason
$a + 2a = a(1) + 2a$	Identity property.
$= a(1 + 2)$	Distributive property.
$= a(3)$	Substitution property.
$= 3a$	Commutative property of multiplication.

Chapter Test B

1. domain: all nonnegative numbers; range: all numbers greater than or equal to -2

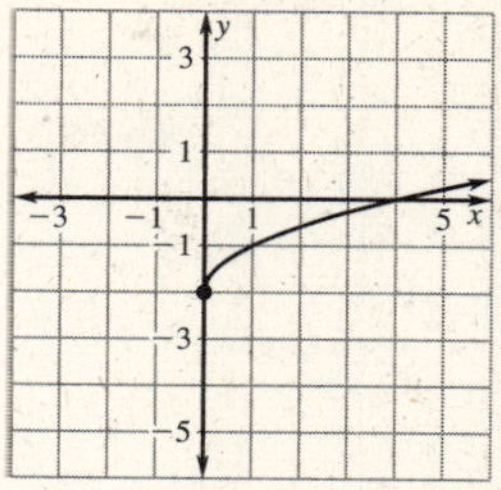

2. domain: all numbers greater than or equal to -1; range: all nonnegative numbers

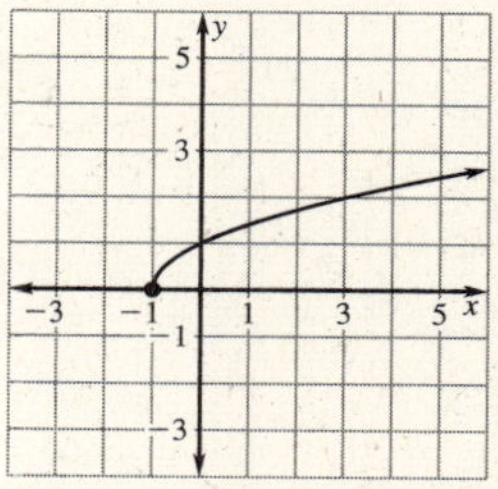

3. $4\sqrt{3}$ **4.** $2\sqrt{5}$ **5.** $4\sqrt{6}+3$ **6.** $\frac{7\sqrt{5}}{5}$

7. 1 **8.** $\frac{48+6\sqrt{3}}{61}$ **9.** $x=9$ **10.** $x=36$

11. $2x^2$ **12.** x^3 **13.** $x=-3\pm\sqrt{13}$

14. $x=-4$ or $x=2$ **15.** $b=15$

16. $x=4$; 6, 8 **17.** 5 **18.** $\sqrt{41}$ **19.** Yes

20. No **21.** approximately 14 miles **22.** $\left(\frac{3}{2},\frac{5}{2}\right)$

23. $\left(-\frac{1}{2},2\right)$ **24.** \$637,500

25. $-a+(a+b)=(-a+a)+b$ Associative property of addition.

$=0+b$ Inverse property of addition.

$=b$ Identity property

SAT/ACT Chapter Test

1. B **2.** D **3.** C **4.** B **5.** D **6.** B **7.** A **8.** A

Alternative Assessment

1. a–c. Complete answers should address these points. **a.** • Explain that the graphs all shift up 2 units when 2 is added to the function, and explain how they all shift down when 1 is subtracted from the function. • Explain that when 3 is added to the x-value in the function, the graphs are shifted 3 units to the left from the parent function. **b.** • Explain that if h is positive, the graph will shift to the right h units, and if h is negative, the graph will shift to the left h units. If k is positive, the graph will shift up k units, and if k is negative, the graph will shift down k units from the parent graph. If either h or k are zero, the graph does not shift for that portion. **c.** • Explain that a negative in front of the function will cause a reflection of the graph in the x-axis.

2. a. $(5, 0), (8, -3), (5, -6)$

b. $3\sqrt{2}$, $3\sqrt{2}$, and 6

c. Yes, it is a right triangle because the sides fit the conditions of the Pythagorean theorem.

d. $6+6\sqrt{2}$ units; 9 square units

e. $5, -11$

3. $6\sqrt{2}$, $6\sqrt{2}$, 12; The original triangle is a right triangle. *Sample answer:* Since the original triangle is a right triangle, the new triangle formed by its midpoints must also be a right triangle.

Cumulative Test

1. 75 **2.** $\sqrt{37}$ **3.** 1 **4.** -436 **5.** m^2

6. a^6b^{12} **7.** $\frac{x}{4y^2}$ **8.** $2\sqrt{14}$ **9.** $5\sqrt{11}$

10. $\frac{\sqrt{2}}{2}$ **11.** $\frac{x-2}{x+2}$ **12.** $\frac{x-3}{5x(x-2)}$

13. $\frac{9}{2m}$ **14.** $\frac{3x+15}{(x+2)(x-1)}$ **15.** 4

16. no solution **17.** $5; -\frac{1}{3}$ **18.** ± 2 **19.** 5; 4

20. $\frac{-1\pm\sqrt{13}}{6}$ **21.** 43.2 **22.** 17 **23.** 2; 4

24. $-\frac{12}{13}$ **25.** $y=\frac{1}{3}x+\frac{7}{3}$ **26.** 12.65

27. $(-1, 2)$ **28.** $m\geq -35$ **29.** $x<-5$

30. $5<x\leq 6$ **31.** $a>5$ or $a<-13$

32. $\frac{1}{3}\leq x\leq 1$ **33.** $(-5, -2)$ **34.** $(2, -1)$

35. $14x^3-3x+4$ **36.** $-12x^3-54x^2+6x$

37. x^2-6x-7 **38.** $6x^2-17x+5$

39. x^3+x^2-6x-8 **40.** $(x+1)(x+7)$

41. $(2x-1)(x+4)$ **42.** $(x+3)^2$

43. $(a-2)(a^2+2a+4)$ **44.** $5(x-3)(x+3)$

Cumulative Test *continued*

45.
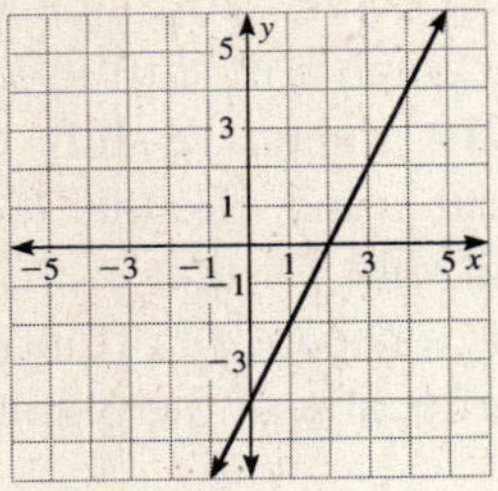

46.
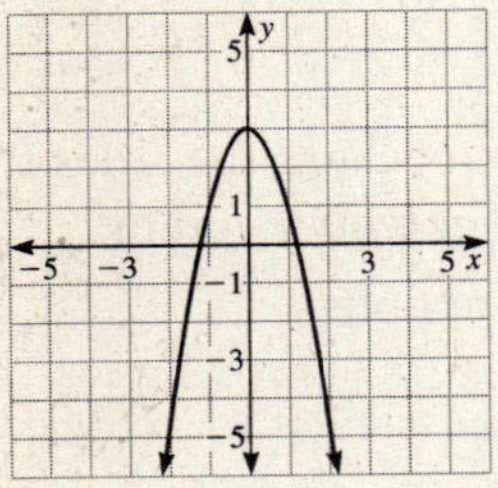

47.
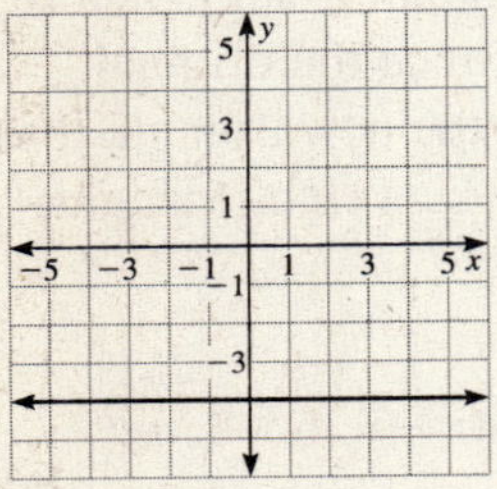

48.
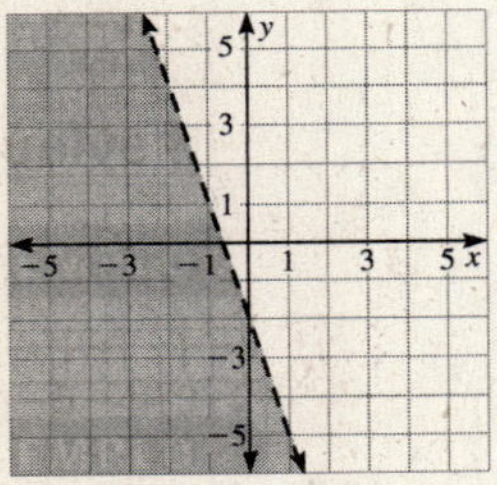

49.
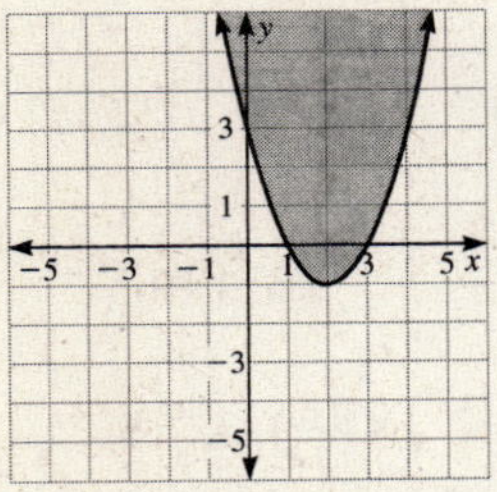